하나의 세포로부터

일러두기

- 이 책은 국립국어원 표준국어대사전의 표기법을 따랐으나, 일부 의학 용어는 의학검색엔진(KMLE)의 번역어를 참고했다.
- 본문 중 각주는 독자의 이해를 돕기 위한 옮긴이 주다.
- 본문 중 용어는 첨자로 원어를 병기하였으며, 유전자명과 학명 등은 원어를 이탤릭체로 표기했다.
- 국내 번역 출간된 도서는 한국어판 제목을 표기했으며, 미출간 도서는 원어를 병기했다.

FROM ONE CELL by Ben Stanger

Copyright © 2023 Ben Stanger

All rights reserved.
This Korean edition was published by Woongjin Think Big Co., Ltd. in 2024 by arrangement with Ben Stanger c/o Writers House, LLC through KCC(Korea Copyright Center Inc.), Seoul.
이 책은 (주)한국저작권센터(KCC)를 통한 저작권자와의 독점계약으로 (주)웅진씽크빅에서 출간되었습니다. 저작권법에 의해 한국 내에서 보호를 받는 저작물이므로 무단전재와 복제를 금합니다.

하나의 세포로부터
우리 안의 우주를 탐험하는 생명과학 오디세이

벤 스탠거 지음 | 양병찬 옮김

웅진 지식하우스

이 책을 향한 찬사

생명의 가장 작은 단위인 세포에 대해 이렇게 길게 그러나 매혹적으로 풀어낼 줄이야! 벤 스탠거는 작은 세포에서 복잡한 인체에 이르는 경이로운 생명의 여정을 선사한다. 세포가 어떻게 소통하고 적응하며 때로는 생명과 질병으로 이어지는지 탐구하는 길은 결코 평탄하지 않지만 포기를 생각할 틈이 없다. 우리의 여정에는 재치, 경이로움, 과학적 정확성, 과학사라는 보도블록이 깔려 있기 때문이다. 독자는 걸음마다 탄성을 지를 것이다. 간은 재생되는데 뇌는 왜 재생하지 않는지, 또 치유를 담당하는 세포가 어떻게 암에 걸릴 수 있는지, 또 과학자들은 그 사실을 어떻게 밝혀냈는지 궁금하지 않았는가? 생명에 관한 가장 큰 생물학적 질문에 대한 놀라운 해답을 제공하는 『하나의 세포로부터』는 페이지마다 유머와 통찰이라는 즐거움이 가득하다. 과학책이 쉽다는 말은 거짓이다. 하지만 "우와!"라는 감탄사가 나온다면 기꺼이 읽을 가치가 있다. 내 안의 작은 우주에 대한 온갖 찬사를 준비하시라.

_이정모(전 국립과천과학관장, 『찬란한 멸종』 저자)

지구상의 모든 생명체는 거대한 '세포들의 사회'. 우리 생명체는 하나의 세포에서 생명을 시작한다. 그렇다면 세포 하나는 어떻게 성숙한 유기체로 성장하는가? 생명의 근원에 관한 중요한 이 질문에 가장 훌륭한 답을 원한다면 반드시 이 책을 읽어야 한다. 암 연구의 세계적인 권위자인 펜실베이니아 대학교 벤 스탠거 교수는 '닭이 먼저가 아니라 달걀이 왜 어떻게 먼저일 수밖에 없는지' 명쾌하게 설명한다.

이 책은 20세기 후반 탄생한 '분자 및 세포생물학'이 이루어낸 지난 50년간의 놀라운 성취를 일목요연하게 서술한다. 이 책의 제목 『하나의 세포로부터』에서 '하나의 세포'란 엄청난 잠재력을 지닌 두 가지 유형의 세포, 즉 접합체와 배아줄기세포를 가리키는데, 이 놀라운 세포들이 어떻게 다른 세포들과 협력해 거대한 생명체로 이르는지 이 책은 추리소설처럼 흥미진진하게 보여준다. 그 과정에서 독자는 21세기 현대 세포생물학의 정수를 맛보게 된다.

아울러, 이 책을 관통하는 거대한 매력은 이 분야 최전선에 있는 학자만이 쓸 수 있는 '생물학자들의 이야기'가 담뿍 담겨 있다는 데 있다. 마치 생물인류학자들이 동물의 유골을 면밀히 조사해 새로운 종이 기존 종에서 어떻게 진화했는지 추적하듯이, 발생생물학자들은 세포의 계통을 추적해 수정란이 어떻게 신생동물로 '진화했는지'를 탐구한다. 이 과정에서 유럽과 미국의 과학자들은 하나의 세포를 어떻게 다르게 바라보는지, 매년 쏟아지는 새로운 발견들이 우리가 세포를 바라보는 관점을 어떻게 바꾸어놓았는지 해석하는, 그래서 생물학의 기저에 놓인 철학을 읽어내는 저자의 통찰에 읽는 내내 고개를 끄덕이게 된다.

독자들은 이 책을 통해 하나의 세포가 가진 놀라운 생명의 경이로움을 만끽할 것이며, 더 나아가 배아의 아름다움과 신비함에 경외감을 표하게 될 것이다. 생명을 가진 모든 이들에게 이 책을 권한다.

_**정재승**(KAIST 뇌인지과학과 교수, 『열두 발자국』 저자)

우리는 어디에서 왔는가. 이는 인류의 원초적 의문이자, 여전히 현재진행형인 탐구이다. 그리고 이제 우리는 그 오래된 질문에 하나의 답을 찾았다. 우리는 모두 단 하나의 세포에서 시작되었다. 그 하나는 우리가 분열을 시작하던 그 첫 번째 수정란이기도 하고, 멀고먼 태고의 지구에 처음 등장했던 스스로를 복제할 줄 하는 첫 유기체이기도 하다. 수정란이 지금의 내가 되기까지, 최초의 생명체가 지구상의 모든 생명체가 되기까지 겪어야 하는 수많은 단계와 복잡한 관계를 단 한 권의 책으로 솜씨 좋게 엮어냈다.

_이은희(하리하라, 과학커뮤니케이터)

처음부터 끝까지 매혹적인 이 책은 우리 인생에서 가장 중요한 여정을 안내한다. 저자는 미래의 삶에 영향을 미칠 과학을 열정적인 태도와 해박한 지식으로 소개하는 여행 가이드다.

_닐 슈빈(고생물학자, 『내 안의 물고기』 저자)

작은 수정란이 어떻게 온전한 사람이 되는지 이해하려는 과학적 탐구에서 인간 생물학의 세계가 열리고 의학에 대한 새로운 아이디어가 이어진다. 이 중요한 과학의 최전선에 대한 감동적이고 훌륭하며 권위 있는 설명이 눈부시고 아름다운 산문으로 표현된 이 책은 당신과 당신의 시작, 그리고 미래에 관한 이야기다.

_대니얼 M. 데이비스(『뷰티풀 큐어』 저자)

우아하고 접근하기 쉬우며 끝없이 흥미진진한 책. 과학 연구와 인류 문화의 풍부한 역사에 깊이 몰입한 작가의 학식과 톡톡 튀는 상상력을 유감없이 보여주며 독자들에게 읽는 즐거움을 선사한다.

_로버트 A. 와인버그(매사추세츠 공과대학교 생물의학 교수, 『암의 생물학』 저자)

모든 과학에서 가장 위대한 미스터리 중 하나는 '개별 수정란이 어떻게 자연과 우리 자신에서 볼 수 있는 아름답고 매우 복잡한 형태의 생명체로 변모하는가'다. 이러한 지식 속에는 언젠가 인류 건강에 혁명을 일으킬 씨앗이 숨어 있다. 명쾌하고 흥미진진한 이 책은 생명 발생의 경이로움과 재생의학의 미래에 대한 놀라운 여정이다.

_**클리프 태빈**(하버드 의과대학 유전학 교수 겸 학과장)

통찰력 있고 박식한 책. 배아발달에 대한 지식의 토대를 만든 주요 실험들로 우리를 안내한다.
_**《월스트리트 저널》**

놀랍고 매혹적인 이야기로 가득 차 있다.
_**《하버드 매거진》**

생물학 역사의 주요 랜드마크를 돌아보는 매혹적인 여행. 독창적인 은유가 돋보인다.
_**《뉴 사이언티스트》**

훌륭한 데뷔작이다. 이 자극적이고 포괄적인 심층 분석에 경탄할 것이다.
_**《퍼블리셔스 위클리》**

의학 연구의 중요한 영역과 그 가능성에 관한 권위 있는 설명.
_**《커커스》**

비어트리스와 윌리엄에게

실수할 자유를 포함하지 않는다면
자유는 누릴 가치가 없다.
- 마하트마 간디

만들어진 것은 만들어진 후에야 사랑받을 수 있지만,
창조된 것은 존재하기 전에 사랑받는다.
- G. K. 체스터턴, 『찰스 디킨스의 작품에 대한 감상과 비평』

모든 패러다임에는 역설이 존재한다.
- 아니 디프랑코, 「패러다임」

(차례)

이 책을 향한 찬사_04

서곡 – 생명의 시작_13

1장 단일세포 문제 : 생명의 근원에 관한 가장 오래된 질문_21

마트료시카_23 | 세포, 자연선택설, 그리고 실험생물학_29 | 반쪽 배아_35 | 스스로를 재건하는 기계_39 | 형성체, 운명을 바꾸는 전환_45 | 미국식 시스템 vs 유럽식 시스템_51

2장 세포의 언어 : 유전자를 읽고 쓰다_57

유전자라는 언어를 배우다_59 | 다윈의 단절 고리, 형태형성 요소_66 | 플라이 룸의 흰 눈 파리_70 | 최초의 유전자 지도_73 | 황이 결핍된 물질_79 | 형질전환물질_84

3장 세포 사회 : 무엇이 세포의 운명을 결정하는가_93

세포 사회의 구성원들_95 | 유전자 수 헤아리기_101 | 비좁은 개구리 실험실에서_105 | 발생 시계를 되돌리는 법_111 | 그 개구리라는 증거_116 | 유전체 동등성과 복제 양 돌리_120

4장 유전자 켜고 끄기 : 파자모 실험과 유전자 코드_129

다락방에서 깨운 바이러스_133 | 먹는 순서를 선택하는 세균_140 | mRNA의 발견_147 | 유전자 조절을 억제하는 것_152 | 전사와 번역이라는 원리_156

5장 유전자와 발생: 파리와 벌레가 가르쳐준 것_165

머리, 어깨, 무릎, 발가락_171 | 하이델베르크 연구_173 | 파리에서 벌레로_179 | 발생의 계보와 궤적_183 | 변이에서 기능으로_190

6장 길 찾기: 어디로, 얼마나, 어떻게 갈 것인가_199

형태발생의 이정표_201 | 위와 아래, 외부와 내부_203 | 위치를 바꾸는 법_211 | 서로 끌어당기는 힘_217 | 관은 어떻게 만들어질까_220 | 크기 조절이라는 미스터리_222 | 움직이는 배아_226

간주곡 - 무르익은 생명의 생물학_231

7장 줄기세포: 또 다른 하나의 세포_239

자연의 거대한 실험_241 | 암을 치료하는 코발트 폭탄_243 | 분석의 과학_248 | 울퉁불퉁한 비장_251 | 또 다른 '하나의 세포'_256 | 1에서 100만으로의 증식_261

8장 세포 연금술: 배아줄기세포가 연 가능성_267

특이한 종양_270 | 배아줄기세포의 시대_274 | 녹아웃 생쥐_281 | 생쥐에서 인간으로_284 | 줄기세포와의 전쟁_286 | 현자의 돌_288 | 세포 아바타, 유도만능줄기세포_294

9장 한 세포의 폭주: 암세포의 진화_301

암의 세포적 기원_304 | 암 치료 연구의 현주소_310 | 종양의 이웃들_318 | 배아 조직의 사악한 도플갱어_321

10장 영원의 눈과 개구리의 발가락: 재생의학의 미래_327

척추손상 환자들_328 | 장기 부전과 재생_331 | 공간에서 길을 잃다_338 | 기관을 처음부터 새로 만든다?_342 | 순탄치 않았던 세포 기반 치료_346 | 희미한 희망_349

11장 낮의 과학과 밤의 과학: 우리에게 남은 과제_357

세포 기억의 복잡성_360 | 유전의 재구성_365 | 인간을 조작하다_373 | 생물학적 문해력_381

피날레 – 다시 돌아온 질문_387

감사의 글_392
용어 해설_394
주_401
찾아보기_427

서곡

생명의 시작

　웃고, 고통을 느끼고, 춤을 추고, 잠을 설치고, 과음하고, 사랑하고, 길을 잃고, 심지어 첫 숨을 터뜨리기에 앞서, 우리 모두는 이미 하나의 여정을 완수한다. 놀라운 성장과 엄청난 상실, 극적인 움직임과 섬뜩한 고요함, 상상할 수 없을 정도로 복잡하면서도 놀라운 재현의 과정을 수반한 여행이다. 그 항해는 먼 과거에서 시작되어 수백만 년의 시행착오와 유전적 기억을 되새기며 나아왔으며, 아직 오지 않은 세대 또한 우리가 어떻게든 항해해온 경로를 따르며 미래로 뻗어나갈 것이다. 이데올로기, 언어, 문화의 차이가 개개의 구성원들 사이를 멀찍이 벌려놓았다 해도, 모든 인류의 출발점은 동일하다. 우리는 가장 단순한 시작, 즉 모태에서 인간으로 태어났다는 공통의 경험으로 묶여 있다.

　우리의 기원을 이해하고자 하는 욕구는 깊다. 직관적으로, 우리는 우리 주변에서 일어나는 일들 가운데 극히 일부분만 관찰할 수 있다는 것을 안다. 그러나 이 제한적인 가시성이 보이지 않는 것을 드러내고자 하는 열망을 막지는 못한다. 우리의 일상적인 인식 너머에 있는 현상은 거부할 수 없는 끌림을 불러일으켜, 우주의 가장자리를 매핑(지도화)하거나 세포의 내부를 조사하는 활동으로 우리를 인도한다. 사물이 어떻게 지금과 같이 되었는지에 대한 인과적 설명은 혼란스러운 공간에 하나의 질서를 부여하는 방식 때문에 특히 매력적이다.

지구상의 모든 동물이 하나의 세포에서 생명을 시작한다는 것, 이는 우리의 기원에 대한 근본적인 진실이다. 하지만 이렇게 복잡한 것을 만드는 데 필요한 모든 정보가 어찌 이토록 단순한 것으로 압축될 수 있는 걸까? 이 독특한 단위^{unit}에서 생성된 수조 개의 세포는 각각이 '무엇이 되고 어디로 가야 하는지'를 어떻게 아는 걸까? 배아^{embryo}의 과거를 더 잘 이해하면, 더 건강한 미래를 영위할 수 있을까? 『하나의 세포로부터』는 이러한 질문에 답하기 위한 노력이다.

이 책은 지금껏 수없이 반복되어온 담론, 즉 하나의 세포가 어떻게 성숙한 유기체로 성장하는지에 대한 이야기다. 나는 동물 생명의 기본단위인 수정란$^{fertilized\,egg}$—접합체^{zygote}라고도 불린다—에서 시작하여 세포, 유전자, 발생학에 대한 현대적 이해에 도달하게 된 과정을 추적하고자 한다. 정상적인 발달에 필요한 운명의 경직성^{rigidity}과 유연성^{pliability} 사이의 균형, 즉 본성^{nature}과 양육^{nurture}의 치열한 기여를 탐구함으로써 하나의 단세포가 어떻게 우리 몸을 구성하는 수많은 세포형^{型}을 낳는지 이해하며, 그 과정에서 줄기세포가 어떤 중추적인 역할을 하는지도 살펴볼 것이다.

배아에 관한 이야기는 화학에 기반을 둔다. 동물을 만드는 데 필요한 모든 정보가 접합체의 DNA에 담겨 있기 때문이다. 따라서 이 여정에서는 유전자에 대한 이해가 초기의 개념에서부터 현재의 지식 수준까지 어떻게 성장했는지 살펴볼 것이다. 유전자와 발생에 관한 근본적인 질문도 중요하다. 세포에 더 이상 필요하지 않은 유전정보는 어떻게 되는가? 세포는 어떻게 유전자의 '폭정tyranny'을 극복하고 획일적인 유전적 명령에 맞서 전문화된 특성을 획득하는가? '후성유전학적 조절epigenetic regulation', 즉 DNA 염기서열과 관련이 없는 유전적 변화는 어떻게 세포의 정체성을 결정하는가?

궁극적으로, 나는 배아의 과학이 우리의 건강이라는 측면과 관련하여 어떠한 방향으로 나아가고 있는지 생각해보고자 한다. 재생의학regenerative medicine이라는 새로운 분야는 배아에서 조직이 형성되는 방식에 대한 이해를 바탕으로 다양한 질병과 질환의 치료에 있어 혁신적인 방법을 제시할 잠재력을 지닌다. 여기서는 배아와 종양 사이의 불안한 유사성, 그리고 발생에 관한 연구가 어떻게 새로운 암 치료법으로 이어지는지 살펴보고, 또 장기 부전organ failure의 원인이 무엇인지, 왜 어떤 기관과 유기체는 재생이 가능한 반면 다른 기관과 유기체는 재생이 불가능한지도 생각해볼 것이다. 더하여 배아에서 얻은 교훈을 의료 현장에 적용하기 위해 진행 중인 노력을 엿보려 한다. 그 노력에는 인공 조직을 만들고 우리의 유전체를 다시 쓰는, 세포 역분화cellular reprogramming와 유전자 편집gene editing처럼 다소 불길하게 느껴지는 과정 또한 포함된다.

이런 종류의 글을 쓰는 일에는 여러 위험이 도사리기 마련이다. 먼저 지나치게 기술적인 영역으로 나아갈 위험이 있다. 이 책에서 다루는 주제들—세포 분화cellular differentiation, 형태발생morphogenesis, 유전학, 줄기세포 생물학 등—은 그 각각이 책 한 권을 가득 채울 수 있을 만큼 복잡한 것들이고, 전문용어의 홍수에 빠지지 않고 분자발생학을 논의하기란 어렵다

(물리학자 스티븐 호킹은 『시간의 역사』를 쓰면서 책에 방정식을 하나 넣을 때마다 판매량이 절반으로 줄어들 것[1]이라는 경고를 들었다). 다른 한편, 과학을 지나치게 단순화하거나 과장에 빠져 유토피아적 또는 디스토피아적 미래에 대한 환상적인 이미지를 만들어낼 위험도 있다.

그러는 대신, 나는 우리의 지식을 구축하고 계속 발전시키는 기초적인 발견에 집중함으로써 선線을 지키고자 한다. 이 책의 제목 『하나의 세포로부터』에서 '하나의 세포'란 엄청난 잠재력을 지닌, '다르지만 서로 연관된' 두 가지 유형의 세포, 즉 접합체와 배아줄기세포를 가리킨다(접합체는 배아 발생 과정에서 신체의 모든 세포를 생성하며, 배아줄기세포도 비슷한 능력을 갖고 있다). 과학자들이 줄기세포를 이용해 다양한 질병을 치료하려 한다는 것은 이제 모두가 안다. 그러나 사람들이 잘 모르는 것은, 우리가 이러한 세포 또는 대리 세포를 통해 달성하고자 하는 일 대부분이 배아에서 이미 일상적으로 이루어지고 있다는 사실이다. 따라서 재생의학이 그 가능성을 확보하기 위해서는 우리의 내부를 들여다보는 것—우리의 몸과 우리의 계통적 조상의 몸이 애초에 어떻게 만들어졌는지 확인하는 것—이 최선이다. 간단히 말하자면, 우리의 발생을 이해해야 한다.

의사이자 발생생물학자, 그리고 지금은 암 생물학자로 이 분야에서 스무 해 넘게 일해온 나는 여전히 배아의 아름다움과 신비함과 보편성에 경외감을 느낀다. 동시에 현직 의사로서, 수많은 질병을 치료할 수 있는 잠재력을 지닌 배아를 임상적 관점에서 관찰한다. 어떤 진전을 보든 수십 가지 새로운 질문에 맞닥뜨리게 되는 것이 연구의 본질이며, 사실상 이러한 끊임없는 지식의 격차가 과학에 거부할 수 없는 매력을 부여한다. 배아발생, 줄기세포, 재생에 관한 이야기가 여전히 계속 쓰이고 있는 것은 바로 그 때문이다. 그럼에도 이 이야기는 결코 지루하지 않으며, 과학자와 철학자, 환자와 의사가 모두 등장하는 설득력 있는 이야기다. 하지만 잊지 말자. 이 이야기의 주인공은 어디까지나 인간을 포함한 모든 동물을 탄생시키는 실체, 바로 배아다.

『하나의 세포로부터』는 배아의 복잡하고도 기적적인 이야기, 우리가 어떻게 생명을 얻게 되는지에 대한 이야기를 들려준다.

(1장)

단일세포 문제

생명의 근원에 관한 가장 오래된 질문

닭이 먼저냐, 달걀이 먼저냐?
– 고대의 수수께끼

아기는 어디에서 올까?

아마 모두가 한 번쯤은 생각해보았을, 보편적이면서도 개인적인 질문이다. 물론 이 질문에 여러 방식으로 답할 수 있겠지만, 우리가 학교에서 자주 듣게 되는 대답은 이렇다. '생명은 난자와 정자의 수정fertilization의 산물인 단일세포로 시작된다.' 이 세포는 한 번 분열하고, 다시 분열하고, 또다시 분열하고, 그러한 분열 과정이 반복되면서 궁극적으로 1조 개 이상의 세포로 구성된 완전한 인간이 탄생하게 된다.

대충 말하자면, 배아발생embryogenesis이라고도 불리는 배아의 발달에 대한 이러한 설명은 정확하다. 하지만 잠시 한발 물러나 이 과정에서 진행되어야 할 모든 것을 따져보면 우리가 여기에 있다는 사실이 그저 경이로울 따름이다. 수정란이 분열함에 따라 그 자손들은 체외에서 설계할 수 없을 만큼 복잡한 구조(기관)로 합쳐진다. 모세포는 분열할 때마다 자신의

DNA를 충실하게 복사하여 딸세포들에 전달하고, 시간이 지남에 따라 딸세포와 그 후손들은 혈액, 뼈, 피부 등 새로운 정체성을 가지며 모세포와 완전히 구별된다.

이러한 세포 활동의 최종 산물은 식량과 물 부족, 포식자나 전염병 혹은 독소의 위협 등 수많은 우발적 상황에 대처할 준비를 갖춘 하나의 신체다. 여차하면 언제든 오류가 생길 수 있지만 용케도 그런 오류는 매우 드물다. 매일 수십억 마리의 동물이 단일세포에서 완전히 형성된 유기체로 성장하는 여정의 마지막 단계를 밟으며, 매일 30만 명 이상의 인간이 같은 과정을 거친다. 배아발생은 지구상에 존재하는 거의 모든 새로운 동물의 1차적이고도 가장 중요한 통과의례이자 실질적인 공급망이다.

이 경이로운 발달은 어쩌면 그토록 원활하고 재현 가능하게 이루어질까? 각각 어떤 식으로 전문화할지, 언제 분열할지, 어디로 갈지, 무엇을 해야 할지 세포는 어떻게 아는 걸까? 발생은 주로 우리의 유전자에 의해 제어되는 걸까, 아니면 환경에 의해 제어될까? 새로운 세대가 태어날 때마다 이 아슬아슬한 발생 과정을 반복하면서, 각각의 종種은 멸종의 위기를 불러일으킬 만한 오류를 어떻게 그토록 확실히 제한할 수 있을까? 그리고 무엇보다도 가장 놀라운 것, 어떻게 단 하나의 세포에서 운동과 호흡과 소화와 감각과 이성의 능력을 갖춘 온전한 동물이 생겨날 수 있을까? 이 수수께끼를 우리는 '단일세포 문제'라고 부르기로 하자.

인류는 고대부터 이러한 질문과 씨름해왔지만 19세기 중반까지는 배아를 정밀하게 관찰할 수 있는 기술이 턱없이 부족했고, 따라서 이 시기 이전에 등장한 발생에 관한 개념은 대부분 불완전하거나 완전히 틀린 것일 수밖에 없었다. 그러나 이제 강력한 분자 도구를 마음껏 사용할 수 있게 되면서 우리는 발생을 조율하는 유전자, 세포, 분자를 특정하고 '우리가 어떻게 존재하게 되는지'를 대략적으로나마 설명할 수 있는 특별한 순간에 이르렀다.

마트료시카

사고실험으로 시작해보려 한다. 먼저 우리가 배아에 대해 무지한 상태이며, 세포나 유전자의 존재조차 알지 못한다고 가정하자. 대신 일상적으로 인식하는 인간의 형태를 크고 작은 신체 부위로 구성된 '하나의 온전한 틀'이라고 상상해보라. 그렇게 머리, 몸통, 팔다리, 눈, 귀, 입, 치아, 손톱, 머리카락 등 눈에 보이는 것 외에는 몸에 대해 아무것도 모르는 상태로 성인에서부터 어린이, 신생아, 나아가 그보다 앞선 상태까지 거슬러 올라가 그 기원을 추적하며 그것이 어떻게 생겨났을지 생각하는 것이다.

쉬운 일은 아니다. 우리가 이와 관련하여 이미 너무 많은 정보, 특히 '신체가 세포로 구성되어 있다'는 사실을 알고 있기 때문이다. 이 간단한 지식은 배아발생을 조직과 신체의 구성 요소인 미세한 단위와 연결한다. 따라서 배아가 세포로 구성되어 있다는 사실을 '모른다'고 상상하기란, 모래언덕이 눈에 잘 보이지 않는 알갱이들로 구성되어 있다는 사실을 이해하지 못한 상태에서 모래언덕을 상상하는 것만큼이나 (나에게는) 황당무계한 일이다. 학습은 일반적으로 일방통행이다.

이러한 개념적 걸림돌을 넘어서기 위해, 나는 아직 학교에서도 그런 것을 배우지 않은 여섯 살짜리 딸아이에게 물어보았다.

"세라, 아기는 어디에서 올까?"

세라는 이런 종류의 질문—그러니까 과학적, 철학적, 형이상학적 명제와 관련한 도발적인 질문—에 익숙했고, 자신의 대답이 나를 얼마나 즐겁게 하는지 잘 알기에 늘 신이 나서 대답하곤 했다(그래도 그렇지, 아기가 어디에서 오는지를 딸이 내게 묻는 것이 아니라 내가 딸에게 묻는다니 일종의 아이러니가 아닐 수 없다).

"엄마 배 속에서요." 아이는 대답했다.

"그래, 맞아." 내가 말했다. "아기가 아직 엄마 배 속에 있는 상태를 배아라고 불러."

"아, 네." 세라는 별 감흥이 없는 듯했다.

"자, 세라." 나는 이어 말했다. "엄마 배 속에 있는 배아는 어떻게 생겼을까?"

아이는 잠시 생각하더니 대답했다. "닭 날개보다 작은, 조그만 아기처럼 생겼어요."

"아, 그렇구나." 내가 말했다. "그럼 그 전에는? 조그만 아기처럼 보이기 전, 이제 막 자라기 시작한 배아는 어떻게 생겼지?"

너무나 당연한 것을 묻는다는 듯, 세라가 웃기 시작했다.

"그 전에는 아주아주 조그만 아기처럼 생겼겠죠, 뭐."

―

잉태의 순간부터 모든 부분이 제자리에 있는, 장차 우리가 될 존재의 축소된 버전인 '전배아 pre-embryo'로 시작한다는 관념을 전성설 preformationism,

前成說이라고 한다. 언뜻 어리석고 단순하게 여겨질 수 있지만, 내 딸의 대답에서 알 수 있듯이 전혀 터무니없는 생각은 아니다. 실제로, 동물이 확대기 아래 놓인 사진의 이미지처럼 미리 형성된 아주 조그마한 아기에서 시작된다는 생각은 세포나 유전자 또는 진화에 무지한 사람이 발생에 관해 가장 직관적으로 떠올리는 개념일 것이다.

초기 그리스인들은 배아의 본질을 두고 오랜 시간 토론했고, 대부분이 '전성'이라는 개념을 지지했다. 하지만 기원전 4세기에 아리스토텔레스 Aristoteles의 새로운 주장이 힘을 얻게 된다. 신체 형태의 완성이 발생에 선행한다면(즉 초기 단계부터 완벽하고 온전하다면), 관찰자의 시야에 그 구조가 단편적인 집합체가 아닌 완전한 단위로서 한꺼번에 들어와야 한다는 추론이었다. 이를 실험하기 위해 아리스토텔레스는 다양한 발생단계에 있는 수십 개의 병아리 배아를 조사했고, 곧 닭의 심장이 다른 기관보다 훨씬 먼저 나타나 운동을 시작한다는 점에 주목함으로써 신체의 각 부분이 이미 형성된 무언가의 확장된 형태가 아니라 순차적으로 생겨난다는 사실을 밝혀냈다. 이 현상은 '동물이 부분과 부분의 점진적인 결합을 통해 성장한다'는 개념을 반영하여 후성epigenesis으로 알려지게 된다. 아리스토텔레스의 논리는 전성론자들을 침묵시켰고,[1] 이후 2000년 동안 후성론이 지배적인 패러다임으로 부상했다.

역설적이게도, 17세기 중반 현미경이 등장하면서 전성설이 다시 인기를 얻게 되었다. 최초의 현미경은 네덜란드의 직물 상인이었던 안톤 판 레이우엔훅Anton van Leeuwenhoek이 발명했다. 그는 천 조각을 구성하는 실의 품질을 제대로 평가하기 위해 현존하는 어떤 렌즈보다도 사물을 크게 확대하는 연마 방식을 고안해냈고, 1670년경에는 취미였던 렌즈 연마를 전업으로 삼게 되었다. 그리고 이 새로운 현미경을 통해 모든 표본을 굴절률에 따라 관찰하던 중 우연히 릴리푸티안 우주 Lilliputian universe,® 즉 과거에는 감지할 수 없었던 작은 생명체들의 세계를 발견했다.

판 레이우엔훅은 우리 주변 어디에나 존재하지만 눈에 보이지 않는 원생동물, 곰팡이, 세균 등 미생물의 세계를 최초로 목격한 사람으로, 그의 눈에 미생물은 마치 축소된 도시 광장에서 움직이는 작은 시민들과 비슷하게 보였다. 그는 이들을 '극미동물 animalcule'이라 불렀는데, 이 이름은 동물 세계의 축소판이라는 의식과 더불어 큰 동물이 그렇듯 이들에게도 풍부하고 복잡한 감각과 기관이 있음을 암시한다. 판 레이우엔훅의 현미경이 점점 더 강력해지면서 그가 발견한 생물체는 그 한계가 없는 듯 점점 더 작아졌다.

현미경으로 난자와 정자의 내부를 들여다보며 아주아주 작은 생명체를 찾아낼 수 있게 되었으니 전성설은 완전히 막을 내렸으리라 생각하기 쉽다. 하지만 니콜라 말브랑슈 Nicolas Malebranche라는 프랑스 신부가 판 레이우엔훅의 계시를 통해 이 이론에 새로운 생명을 불어넣었다. 그가 판 레이우엔훅의 발견에서 얻은 교훈은 '우리의 감각이 우리를 속인다'는 것이었다. 현미경으로 볼 수 있기 전에는 보이지 않던 생명체 군집이 우리 주변에 존재한다면, 분명 보이지 않는 또 다른 세계가 발견되기를 기다리고 있을 터였다. 따라서 더 강력한 기구가 개발되어 더 깊이 들여다볼 수 있게 되면 알 속의 온전한 형태가 유지된 생명체의 증거를 현미경으로 발견할 수 있으리라고 말브랑슈는 주장했다.

® 『걸리버 여행기』에 등장하는 소인국 릴리푸트 Liliput에서 파생된 용어.

실제로 말브랑슈의 전성 개념은 하나의 알에 멈추지 않았다. 그는 '알 속에 있는 각각의 기旣형성된 몸 또한 각각의 기형성된 몸을 가진 알을 지닌다'고 상상했다. 다시 말해, 알 하나하나를 러시아의 마트료시카 인형처럼 '씨앗 속의 씨앗'이 무한히 이어져 있는 세계로 상상한 것이다. 판 레이우엔훅의 극미동물이 지금껏 인간의 탐지를 용케 피해왔다면, 먼훗날 또 다른 기적적인 배열이 드러나지 않을 거라고 누가 장담할 수 있겠는가?

말브랑슈의 사상은 철학과 신학에 뿌리를 두고 있었으나, 그의 이론은 아리스토텔레스의 방법과 결론에 대한 재검토2를 촉구했다. 놀랍게도 이러한 분위기는 전성설의 재등장으로 이어졌다. 그중 가장 영향력 있는 증거를 제시한 사람은 17세기 네덜란드의 박물학자인 얀 스바메르담Jan Swammerdam으로, 그는 부유한 후원자들을 위한 사교 모임에서 곤충을 정밀하게 해부해 보이곤 했다. 특히 땅벌레, 애벌레, 번데기 등의 미성충 동물에 관심이 많았던 스바메르담은 해부를 하던 중 놀라운 것을 관찰했다. 이 유충과 번데기들에 성충의 기관이, 전부는 아닐지언정 대부분 존재했던 것이다. 다리, 날개, 배, 더듬이는 나방이나 나비로 변태하기 전에 이미 자리를 잡고서, 마치 어떤 신호를 기다리는 듯이3 구겨져 있었다.

해부를 통해 신체가 얼마나 이른 시기에 형태를 갖추는지 확인할 수는 없었으나 스바메르담의 관찰은 '기성 형태'라는 개념을 한층 단단히 뒷받침했고, 이후 마르첼로 말피기Marcello Malpighi, 라차로 스팔란차니Lazzaro Spallanzani, 찰스 보닛Charles Bonnet, 알브레히트 폰 할러Albrecht von Haller 등 18세기를 대표하는 박물학자들의 지지와 함께 전성설은 다시 배아의 기원에 대한 지배적인 설명으로 자리 잡게 되었다.

이에 더하여 판 레이우엔훅의 또 다른 관찰 중 하나가 전성설에 새로운 변화를 가져왔다. 이 네덜란드의 렌즈 연마사는 인간의 정자가 꼬리가 달렸고 올챙이처럼 헤엄친다는 점에 주목했다. 이는 정자가 생명은 물론 어쩌면 영혼까지 가지고 있음을 드러내는 증거였다. 그로써 정적인 난자가 아닌 정자야말로 '전배아'의 근원일 수 있다는 가능성이 제기되어, 곧 전성설은 추정상의 신체presumptive body가 여성의 난자 속에 존재한다고 믿는 '난자론ovism'과 남성의 정자 속에 존재한다고 믿는 '정자론spermism'의 두 진영으로 나뉘었다. 정자론자와 난자론자 사이의 논쟁은 그 자체로 생명을 얻었으니, 너무나 시끄러워져서 전성설 자체의 타당성에 대한 의문마저 덮어버릴 정도였다.

이러한 논쟁 속에서 성직자와 상류층도 전성론에 대한 지지를 표명했다. '선행 배아들antecedent embryos의 끝없는 사슬'이라는 개념은 교회에서 세속적인 것과 신적인 것을 이어주는 연결 고리 역할을 했다. 씨앗 속에 무한한 씨앗이 있다는 말브랑슈의 주장이 사실이라면, 과거와 현재와 미래의 모든 생물은 창조의 순간 신성한 불꽃에 의해 만들어졌다는 뜻이 된

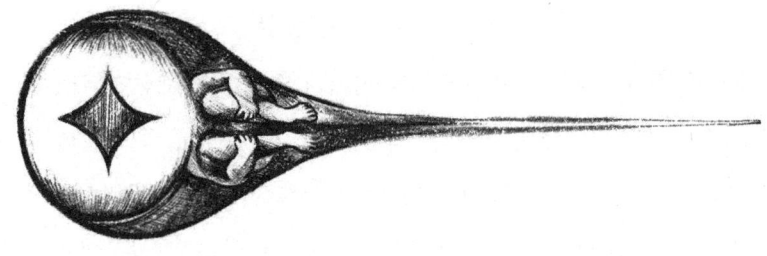

17세기 네덜란드의 현미경 사용자이자 확고한 정자론자였던 니콜라스 하르추커르Nicolaas Hartsoeker는 정자 안에 기형성된 몸이 존재한다고 믿었다. 하지만 실제로 이를 직접 관찰했다고 주장하지는 않았으며, 그의 다이어그램은 단지 추측에 불과했다.
(하르추커르, 『광학 소론Essai de Dioptrique』, 1694에 수록된 것을 일부 수정함.)

다. 이는 신이 모든 인간을 이브의 난소(정자론자라면 아담의 고환)[4] 속에 심어놓았다는 살아 있는 증거였다. 한편 귀족계급은 전성설을 통해 조상의 권리를 정당화할 수 있었다. 그도 그럴 것이, 이 개념은 모든 왕이 기존의 왕을 계승하며 모든 농민은 기존의 농민을 계승한다는 신념을 자연스러운 질서로 정의하기 때문이었다. 종교적, 과학적, 사회적 함의를 지닌 전성설은 권력을 가진 모든 이들을 매료했고, 거의 두 세기 동안 배아발생의 지배적인 모델로 지속되었다.

세포, 자연선택설 그리고 실험생물학

그러다 19세기 중반에 이르러 등장한 두 가지 이론이 아리스토텔레스의 주장에 무게를 실어주면서 저울의 균형을 맞추었다. 그중 하나는 세포이론cell theory으로, 세포가 화학의 원자나 물리학의 광자처럼 생명의 기본 단위를 이룬다는 원리다. '세포cell'라는 단어는 1665년 영국의 과학자 로버트 훅Robert Hooke이 고배율 확대경으로 코르크를 관찰하던 중 벌집의 구멍cell 혹은 수도원의 방cell과 유사한 하위 단위로 나뉘는 현상을 발견하면서 만들어졌다. 그의 추정에 의하면, 식물 조직 1세제곱센티미터당 6000만 개 이상의 단위가 포함되어 있었다. 그러나 훅과 그의 제자들은 이 패턴이 흥미롭긴 해도 써먹을 데가 없다고 생각하여 발견의 중요성을 무시했다(이 글을 읽는 과학자들은 가장 중요한 발견이 얼마나 쉽게 평범한 것으로 간과되는지 다시금 되새기길 바란다).

1839년에 이르러서야, 독일의 식물학자 마티아스 슐라이덴Matthias

Schleiden과 해부학자 테오도어 슈반 Theodor Schwann이 '세포는 생물학의 환원 불가능한 단위이며, 세포보다 작은 것은 살아 있는 것으로 간주할 수 없다'고 선언하며 훅의 발견을 되살렸다. 이들은 식물과 동물은 세포의 복합체로, 판 레이우엔훅의 단세포 극미동물과는 다른 종류의 생명체임을 주장했다. 돌이켜보면 너무나 당연한 얘기다. 판 레이우엔훅의 발견 이후 두 세기 동안 생물학자들은 세포가 더 큰 전체에서 차지하는 부분을 인식하지 못한 채 세포 자체만 바라보았으니, 나무에 사로잡혀 숲을 보지 못한 격이었다. 수많은 새로운 질문이 이어졌다. 세포는 무슨 일을 할까? 세포는 어떻게 작동할까? 오래된 세포는 어떻게 새로운 세포를 생성할까? 1850년대에 이르러 세포를 통해 생물학 세계를 바라보는 이러한 방식은 이전의 모든 가정을 재검토하게 만들었다.

또 다른 획기적인 이론은, 지구상에 존재하는 동물의 다양성이 설계가 아닌 우연에서 비롯한다는 찰스 다윈 Charles Darwin의 통찰을 바탕으로 한 자연선택설 natural selection이었다. 다윈 이전에도 생물학자들은 시간이 지남에 따라 새로운 종이 점진적으로 출현한다는 진화의 원리를 받아들였지만, 그 세부 사항에 대해서는 논쟁이 끊이지 않았다. 프랑스의 박물학자 장 바티스트 라마르크 Jean Baptiste Lamarck는 변이설 transmutation이라는 유명한 이론을 내세우며 '진화란 사용되거나 사용되지 않아 신체 일부가 성장하거나 위축된 결과'라는 가설을 세웠다. 기린의 긴 다리와 목이 '사바나의 아카시아 가지에 도달하고자 애쓴 이전 세대 덕분'이라는 유명한 이야기가 바로 그에게서 나왔다. 라마르크의 세계에서는 필요에 의해 새로운 종이 생겨났다.

반면 다윈의 급진적인 생각[5]은, 적응이 아니라 경쟁이 새로운 종의 형성을 추동한다는 것이었다. 그는 '자연은 끊임없이 새로운 변이, 즉 신체 일부의 크기나 모양 또는 기능을 변화시키는 우연한 편차를 만들어낸다'고 주장했다. 대부분의 경우 이러한 변이는 일종의 오류로 생식능력이 저하된 자손을 낳지만, 때때로 생존과 번식 가능성, 즉 상대적 '적합성 fitness'에 있어 동종보다 뛰어난 자손을 낳아 선택적 우위를 부여할 수도 있다는 것이었다. 적합한 것은 선택되고 부적합한 것은 도태되는 다윈의 세계에서는 필요와 무관하게 새로운 종이 생겨났다.

세포 이론과 자연선택이라는 두 가지 위대한 개념이 19세기 강단과 과학계에 퍼져나가면서 한 가지 분명한 질문이 제기되었다. 진화는 세포 수준에서 어떻게 작동하는가? 진화를 담당하는 형질을 포함한 모든 형질은 수정란을 통해 한 세대에서 다음 세대로 전달될 수밖에 없기에, 이 유전적 전달의 세부 사항을 이해하는 것이 과학자들의 최우선 과제가 되었다.

이것은 전례 없는 질문이었으며, 그 자체로 커다란 걸림돌이었다. 그때껏 생물학은 현장 관찰과 연역적 추론을 통해 이론을 구축하는 자연주의적 전통에 기대어온 터였다. 이러한 접근 방법은 많은 중요한 아이디어를 낳았지만(자연선택이 아마도 가장 커다란 성과일 것이다) 현실 검증을 위한 방책은 거의 제공하지 못했고, 결국 시간의 시험을 견뎌낸 자연주의 이론 가운데 수십 개가 무너져버렸다(다시 살펴보겠지만, 그중 하나는 다윈 자신의 '결함 있는 유전 이론'이었다).

20세기에 접어들 무렵, 자연주의 전통은 차츰 '실험에 기반한 동물계에 대한 새로운 인식'으로 바뀌어갔다. 자연주의와 실험생물학 experimental biology이라 할 수 있는 이 새로운 접근법의 차이를 명확히 밝히기 위해 하나의 비유를 들어보고자 한다. 진자시계가 주어지고, 그 작동 원리를 알아내라는 요청을 받았다고 상상해보자. 먼저 우리는 자연주의적 접근 방법인 관찰과 추론을 통해 많은 것을 알 수 있다. 예컨대 시곗바늘의 규칙적인 움직임과 그 방식, 각 바늘의 회전과 다른 두 바늘의 회전 사이에 나타나는 연관성, 초침과 분침과 시침의 주기가 1:60으로 일정하다는 점 등등. 그러나 시계의 작동 원리, 즉 시곗바늘이 움직이는 원인이나 바늘 사이의 물리적인 연관성에 대한 질문을 받을 경우, 관찰만으로는 고작해야 추측밖에 할 수 없을 것이다. 이 질문에 답하는 유일한 방법은 시계를 열어 내부를 들여다보고 그 메커니즘을 명확히 이해할 때까지 부품을 만지작거리는 것뿐이다.

그리하여 과학자들은 배아를 관찰하는 대신 조작하여 한 부분의 파괴가 전체에 어떤 영향을 미치는지 확인하기 시작했다. 현장에서 경력을 쌓으며 세밀한 분류법을 만들어온 자연주의자들은 이에 의구심을 품었다. 실험실의 고립된 환경에서 세포를 연구하는 것만으로 중요한 무언가를 알아낼 수 있을까? 혁신적인 기술이 으레 그러하듯, 바야흐로 실험생물학은 과학의 세계를 변화시키려 하고 있었다.

●

배아발생은 수정으로 시작되는데, 수정이란 두 개의 생식세포 gamete(정자와 난자라는 '반쪽 세포')가 융합하여 단세포 배아, 즉 접합체가 되는 과정을 말한다. 아리스토텔레스 시대 이전에도 사람들은 새로운 동물을 형성하는 데 필요한 모든 것이 수정란 안에 들어 있다고 이해했다. 그러나 세포 이론은 신체가 새로운 세포의 축적을 통해 성장한다는 점을 분명히 밝혀냈고, 이는 곧 세포분열이 필수적인 과정임을 뜻했다. 이후 1800년대 후반 현미경 사용자들이 이 현상을 직접 관찰할 수 있는 방법을 개발하여, 세포가 두 개의 세포로 분열할 때 그 안에 있는 작은 실(이후 염색체라 불리게 된다)이 분리되어 생성된 딸세포 속으로 들어간다는 것을 보여주었다.

배아발생 초기에 일어나는 세포분열,[6] 즉 접합체가 수백 개의 세포로

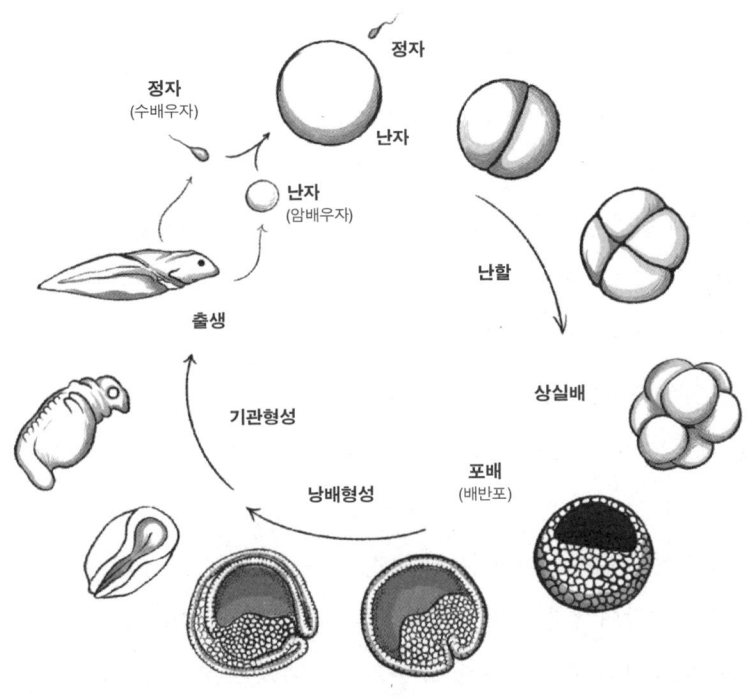

수정 후 생겨난 단세포 배아는 분열을 거치며, 분열할 때마다 세포의 크기가 줄어든다. 여러 번의 분열을 거친 배아는 상실배(오디 모양의 배아)로 간주되며, 100개 이상의 세포를 갖게 되면 포배(포유류의 경우 배반포)라고 부른다. 배아가 커지면서 낭배형성은 모든 기관이 형성되는 세 개의 배엽germ layer으로 귀결된다(기관형성). 배아는 태어날 준비가 될 때까지 계속 성숙하며, 태어난 후 성적으로 성숙하여 자신의 배우자(난자 또는 정자)를 완성하고 이 주기를 반복할 수 있다.

1장 단일세포 문제

이루어진 군집으로 확장될 때 일어나는 세포분열은 다른 단계의 세포분열과 다르다. 대부분의 경우 '세포가 자라는 기간'이 세포분열에 선행되므로 분열 후 각 딸세포의 크기는 모세포와 거의 동일하다. 하지만 배아발생 초기에는 분열 전 성장growth before division이 일어나지 않는다. 대신 각 세포의 중간에 얇은 벽이 형성되어 세포가 반으로 나뉘며 작은 두 개의 새로운 세포가 만들어지는데, 난할cleavage이라 불리는 이 과정은 배아가 포배blastula라는 구형의 세포 덩어리 형태를 갖출 때까지 계속 반복된다.

종합적으로 이러한 관찰은 발생의 본질, 그리고 접합체 내부의 지침과 관련한 일련의 질문을 낳았다. 세포가 분열할 때 이러한 지침은 어떻게 되는가? 발생 지침은 세포가 분열할 때마다 분할되어 두 개의 딸세포(할구blastomere)에 할당될까(포커 게임에서 각 플레이어가 한 벌의 카드 중 서로 다른 패를 받는 것처럼)? 아니면 각 세포에 동일하고 완전한 지침이 주어질까(완전한 카드 한 벌씩 주어지는 것처럼)? 그리고 가장 흥미로운 질문이 이어진다. 발생을 위한 정보는 어디에, 어떤 형태로 저장되는가?

19세기 후반 독일의 동물학자 아우구스트 바이스만August Weismann은 각 딸세포에 서로 다른 패가 주어진다고 주장했다. 하나의 난자에는 난자의 여러 부분에 분산되어 있는 작은 정보 조각들—그가 생식질germ plasm이라 부르던 일종의 결정 요인determinant 7—이 들어 있으며, 각 정보 조각은 난자의 다른 부분에 국한되어 나중에 생성될 조직의 청사진을 코딩한다는 것이 그의 추측이었다. 만약 이 주장이 사실이라면, 난할에서 발생하는 각 딸세포는 공장노동자가 단일 부품의 조립과 관련된 지침만 숙지하듯이 발생에 필요한 전체 지침의 일부만 받게 된다는 것을 뜻했다. 이후 발생의 모자이크 모델mosaic model로 알려지게 되는 바이스만의 생각은 여러 면에서 전성설로의 퇴보나 다름없었다. 세포 이론이 '기형성된 몸'에 대한 이론을 구닥다리로 만든 터였다. 세포가 가장 작은 생명체 단위라면, 알 안에 더 작은 형태의 생명체, 즉 '씨앗 속의 씨앗'은 존재할 수 없지 않은가. 하지만 그렇다고 발생을 유도하는 정보가 기형성된 패턴으로 존재할 수 없다는 뜻은 아니었다. 바이스만은 이 정보가 난자의 여러 부분에 국한되어 있다는 이론을 제시했다. 그가 보기에 접합체는 이미 완성된 지그소 퍼즐과 같았으며, 각 조각의 운명은 난자의 어느 부분에서 유래하는지에 따라 결정되었다. 그의 주장과 관련하여, 이후 생물학자 스티븐 제이 굴드Stephen Jay Gould는 이러한 의문을 던진다. "만일 난자가 정말로 조직화되지 않은 균질 물질이어서 기형성된 부분을 갖지 않는다면, 어떤 신비로운 지시 없이 어찌 그렇게 놀라운 복잡성을 만들어낼 수 있을까?"[8]

반쪽 배아

한편 모자이크 모델에는 다른 장점도 있었다. 1800년대 후반, 생물학자들은 세포 안에서 미세한 '소기관organelle'을 발견했지만 그 용도를 알 수 없었다. 나중에 세포의 유전물질이 들어 있는 것으로 밝혀진 핵nucleus을 포함하여 미토콘드리아, 골지체, 소포체 네트워크 등 각기 다른 모양을 가진 다양한 소기관들이 기술되었으니, 이제 이런 조각들 중 하나 이상이 딸세포에 고르지 않은 방식으로 분포됨으로써 세포가 독립적인 경로를 따라 발달하도록 유도하는 방식을 쉽게 상상할 수 있게 되었다.

1888년 독일의 의사 빌헬름 루Wilhelm Roux가 바이스만의 모자이크 모델을 실험에 적용했다. 그는 자연주의에 대항하는 반란의 지도자를 자처하며 관찰만으로는 생물학에 대한 만족스러운 그림을 그릴 수 없다고 주장했다. 자연주의자들처럼 조직과 세포의 행동에 대해 이론을 세우기보다, 그는 실험을 통해 동물 발생의 바탕이 되는 사건 전체의 연쇄를 이해하고자 했다. 기계장치의 작동을 확인할 때처럼 생물학적 표본을 떼어내어 그 조각들을 조작하는 일은 오로지 실험실의 통제된 환경에서만 가능할 것이었다. "추측을 현실과 대조해야 한다." 그것이 루의 신조였다.

루의 철학에서 두 번째 기둥을 이루는 것은, 동물에게 무생물과 구별되는 고유한 특성—열정, 영혼, 정신—같은 것은 없다는 생각이었다. 그에게 자연계의 모든 것은 물리학과 화학의 산물로, 그 기본 법칙에 따라 움직였다. 개구리와 인간은 산과 개울을 형성하는 힘과 동일한 힘에 의해 빚어졌으며 두 범주는 복잡성의 정도만 다를 뿐이라고 그는 믿었다. 하지만 '단일세포 문제'에 이르자 루는 혼란에 빠졌다. 동물을 구성하는 수십억 개의 세포가 어떻게 하나의 세포에서 시작하여 적절한 장소로 이동하고 적절한 기능을 수행하는지 도무지 상상할 수가 없었던 것이다. 무엇보다 혼란스러운 점은, 스스로 조립하는 듯 보이는 이 실체를 물리학과 화학의 법칙으로 어떻게 설명하느냐 하는 것이었다.

이때 바이스만의 모델이 매력적인 해답을 제시했다. 만일 동물의 특정 부분을 낳는 각 영역이 난자 속에 미리 조립되어 있는 거라면 배아의 기적적인 능력에 대한 설명이 가능했다. 난자의 여러 부분에 정보 조각이 숨어 있고, 그 공간이 배아발생을 안내하는 것이라고 루는 상상했다. 하지만 모자이크 모델은 어디까지나 모델일 뿐, 루에게는 증거가 필요했다.

결국 그는 '세포 파괴cellular ablation'라는 전략을 선택했다. 즉, 배아발생의 가장 초기 단계에서 할구를 죽인 뒤 살아남은 세포에 어떤 일이 일어나는지 관찰하는 방식이었다. 바이스만의 이론이 옳다면 수정란이 분열할 때 발생 지침의 일부만 각 딸세포에게 전달되어야 했다. 따라서 두 딸세포 중 하나가 죽을 경우 전체 지침을 전달받지 않은 생존 세포는 배아의 일부만 생성할 터였다. 반대로 모자이크 모델이 틀렸다면, 살아남은 세포는 불행한 자매 세포의 운명까지 짊어진 채 마치 아무 일도 없었던 듯 온전한 배아로 성장할 것이었다.

이 실험을 위해 루는 실험실의 통제된 환경에서 비교적 크고 수정이 가능한 개구리 알을 사용하기로 했다. 그는 현미경의 접안렌즈를 열심히 들여다보며 첫 번째 난할을 기다렸고, 곧 갓 수정된 알의 양쪽에 작은 고랑이 형성되기 시작했다. 분열이 완료되자 루는 빨갛게 달궈진 바늘—그 끝이 세포의 직경보다 훨씬 더 가늘다—을 사용하여 두 개의 딸세포 중 하나를 찔렀다. 그런 뒤 생존자의 반응을 확인하겠다는 일념에 사로잡혀 다음 배아로 계속 넘어가며 연쇄살인을 저질렀다.

다음 날 외상을 입은 배아들을 검사해보니, 바이스만의 이론에서 예측되었던 것과 같은 결과가 나왔다. 각각의 세포 사체는 무정형 덩어리로 남아 있었지만, 살아남은 쌍둥이 세포는 주변 환경에 전혀 개의치 않고 정상적인 발생 프로그램을 수행하며 계속 성숙해나갔다. 그 결과 배아의 한쪽만 정상적으로 발생하고 다른 한쪽은 생명이 없는, 기괴한 '반쪽 배아'들이 페트리접시를 가득 메웠다. 루는 실험을 한 단계 더 진행하여, 배아가 두 번 분열하여 총 네 개의 할구가 생길 때까지 기다렸다가 바늘로 찔렀다. 결과는 첫 번째 실험과 일치했다. 네 개의 할구 중 하나를 죽인 뒤 몇 시간 동안 나머지 세 할구를 방치하면 4분의 3쪽짜리 배아를 만들 수 있었다. 반대로 같은 단계에서 세 할구를 죽이면 4분의 1쪽짜리 배아가 만들어졌다. 그가 무엇을 하든, 살아남은 세포들은 자매의 운명을 전혀 감지하지 못한 채 독자적으로 움직였다.[9]

액면 그대로 받아들인다면 이는 모자이크 모델을 입증하는 강력한 증거였다. 살아남은 세포가 어떤 식으로든 사전에 프로그래밍 되지 않았다면 어떻게 이 독립적인 궤적을 설명할 수 있겠는가? 이는 루 혼자만의 생각이 아니었다. 비슷한 시기 프랑스의 생물학자 로랑 샤브리Laurent Chabry가 멍게(선박의 선체나 해저 바위에 달라붙어 사는 감자 모양의 무척추동물) 실험을 통해 멍게의 분리된 할구들이 정해진 발생 경로를 따르며 전체에 각각의 방식으로 기여한다[10]는 사실을 발견해낸 것이다.

바이스만이 그랬듯, 루는 발생의 청사진이 공간적으로 조직화된 방식으로 알에 분포해 있으며, 미세하고도 3차원 구조로 단단하게 엮여 있음이 틀림없다는 결론을 내렸다. 하지만 그러한 결론에 도달하는 과정에서 루는 치명적인 계산 착오를 범했으니, 이 오류는 과학의 수많은 발견이 그렇듯 우연히 밝혀질 것이었다.

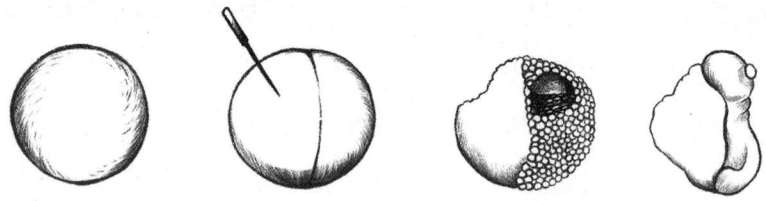

빌헬름 루는 배아세포가 독자적(또는 모자이크적) 발생 경로를 따른다고 믿었다. 이를 테스트하기 위해, 그는 뜨거운 바늘로 개구리의 2세포 배아two-celled embryo의 할구 중 하나를 죽였다. 살아남은 세포는 배아의 절반만 형성했는데, 루는 이를 '각 세포가 독자적인 방식으로 발생한다'는 증거로 받아들였다.

스스로를 재건하는 기계

그 우연의 주인공은 박사학위를 취득한 지 얼마 되지 않은 22세의 과학자 한스 드리슈Hans Driesch였다. 넓은 세상을 보고 싶었던 드리슈는 1889년 논문을 완성한 뒤 극동으로 여행을 떠나, 자신이 성장한 독일에서와 달리 전체론적 관점에서 자연 세계를 바라보는 철학을 흡수했다. 이후 고국으로 돌아가던 중 그는 당시 알렉상드르 뒤마Alexandre Dumas가 "천국의 꽃"이라 묘사한 베수비오산 근처의 도시 나폴리에 닿았고, 잠시 쉬어가려 했던 이곳은 이후 10년 동안 드리슈의 보금자리가 되었다.

나폴리는 19세기 후반 유럽에서 가장 활기찬 도시 중 하나였을 뿐 아니라, 그즈음 건립된 생물의학 연구 센터인 동물학 연구소Stazione Zoologica의 본거지이기도 했다. 이 연구소는 새로운 연구 패러다임을 구축하여, 마치 예술가에게 스튜디오와 물품을 빌려주듯 과학자들에게 실험 공간과 장비를 대여하고 있었다. 그 모델은 큰 성공을 거두었고, 대학 생활의 경쟁적인 요구에서 벗어나 연구에 몰두하고자 하는 과학자들이 전 세계에서 몰려들었다(운 좋게 휴직 허가를 받을 수 있는 경우라면 말이다). 게다가 나폴리만에서 아주 가까운 곳에 위치하여 연구에 필요한 해양 생물에 쉽게 접근할 수 있었기에, 연구자들에게는 이보다 더 좋은 기회가 없었다.

부유한 가정에서 자란 드리슈는 대학교수 자리를 갈망할 이유가 없었고, 이러한 자유로움은 두말할 것 없이 (본국으로 돌아가면 번거로운 교수직이 기다리고 있는) 연구소의 다른 동료들의 심기를 불편하게 했을 것이다. 이탈리아에 남기로 한 그의 결심에는 연구소의 과학적 명성이 주요한 몫을 했겠지만, 나폴리의 밤 문화 역시 하나의 즐거운 이유가 되었다. 그는 나폴리를 거점으로 삼아 지중해는 물론 북아프리카 및 아시아 전역을 여행했으며, 독신남이라는 자신의 이점을 최대한 활용했다.

드리슈로 말하자면, 진지한 기질에 쾌락에 대한 욕구가 거의 없던 루와는 모든 면에서 완전히 딴판이었다. 과학에 있어서도 그 두 사람은 크게 달랐다. 루는 신중하고 유능한 과학자로서 연구실에 앉아 모든 세부 사항에 집중했으며, 과학적 의문이 제기되면 열심히 새로운 장치를 만들거나 새로운 기술을 발명했다. 실험을 수행할 때 가장 섬세한 작업을 수행하는 그의 능력은 타의 추종을 불허해서, 실험실의 은어로 '금손 good hands'이라 불릴 정도였다. 반면에 드리슈는 '곰손'이었다. 그는 매사에 서툴렀고, 루의 주특기인 인내심과 손재주가 부족했다. 따라서 그는 정교한 도구나 섬세한 조작이 필요 없는 방식으로 실험을 진행했는데, 아이러니하게도 이러한 간결함 덕분에 루가 놓친 것을 발견할 수 있었다.

○

대부분의 동시대 과학자들이 그랬듯 드리슈 또한 루의 '모자이크 모델 확인'에 흥미를 느꼈고, 연구소에 적응하기 위한 방편으로 그 실험을 반복하고자 했다. 하지만 루가 따르는 고된 프로토콜을 사용할 능력과 인내심이 부족했기에 그는 더 간단한 기술을 선택했다. 개구리 대신, 수천 개의 안테나 같은 감각기관을 가진 손바닥만 한 성게를 사용하기로 한 것이다. 개구리와 마찬가지로 성게도 알이 커서 초기 배아를 연구하기가 수월했다. 또 다른 장점은, 성게가 만灣에서 서식하기 때문에 쉽게 수집할 수 있다는 것이었다. 하지만 드리슈가 이 해양 생물을 선택한 가장 중요한 이유는 뭐니 뭐니 해도 성게의 놀라운 회복력에 있었다. 이후 그가 언급한 바에 따르면 "성게 알은 죽지 않고 연구자의 개입을 견뎌냈다."

드리슈의 또 다른 일탈은 전술의 변화와 관련된 것이다. 고도의 손재주가 필요한 세포 파괴 대신, 그는 현대판 솔로몬처럼 배아를 쪼개는 방식으로 세포를 간단히 분리했다. 연구소의 친구인 리하르트 헤르트비히Richard Hertwig와 오스카 헤르트비히Oskar Hertwig 형제가 성게 배아를 세게 흔들면 할구가 분리된다는 사실을 알아낸 터였다. 원칙적으로 드리슈는 더 간단한 방법으로 모자이크적 발생을 연구한 셈이다. 루가 '자매가 죽어버린 할구의 운명'을 따라갔다면 드리슈는 '서로 분리된 할구의 운명'을 따라갔다는 차이점이 있을 뿐이었다.

1891년 여름, 그는 실험을 진행했다. 수십 마리의 성게를 수집한 뒤 알과 정자를 분리하고 시험관에서 섞어 수정이 이루어지도록 했다. 예측 가능한 시점에 접합체는 첫 번째 분열을 완료하여 2세포 배아로 시험관을 채웠다. '큐' 사인이었다. 잠시 시험관을 세차게 흔들어 할구를 흩어지게 하자 2세포가 있던 자리에 단세포만 남았다. 분리된 할구들은 이후 몇 시간에 걸쳐 규칙적인 분열을 계속하여 포도송이처럼 생긴 세포 덩어리—포배—의 형태를 갖추었다. 이제 드리슈는 훨씬 더 부드러운 손길로 배아를 페트리접시에 옮긴 뒤 신선한 바닷물을 채워 하룻밤 동안 성숙시켰다.

아침이면 루의 반쪽 배아에 상응하는 성게 조직, 즉 기형이되 알아볼 수 있는 조직 조각이 나오리라고 드리슈는 (희망적으로) 예상했다. 하지만 웬걸! 접시는 움직임으로 충만했다. 외견상 정상적인 모습의—평균보다는 작지만 모든 면에서 별다른 차이가 없는—성게 유생이 접시 속에서 이리저리 바쁘게 헤엄치고 있었다. 그가 흔들어 풀어준 각 할구는 거의 정상에 가까운 발생을 보였는데, 이는 믿을 수 없는 결과11였다. 실험을 여러 번 반복했지만 결과는 매번 같았다. 이제 드리슈는 루의 발자취를 따라 수정된 성게 알이 두 번째 분열을 마칠 때까지 기다렸다가 흔들었다. 그러자 놀랍게도 각 할구는, 개구리 실험에서 루가 관찰했던 4분의 1짜리나 4분의 3짜리 배아와는 전혀 다른 새로운 동물을 스스로 생성해냈다.

드리슈의 연구 결과가 마침내 루에게 전달되었지만, 이 명망 높은 교수는 고개를 절레절레 흔들었다(드리슈가 "루의 이론은 이제 폐기되어야 한다"고 선언했던 일에는 분명 이러한 반응이 한몫했을 것이다). 루의 손에서 세포의 운명은 주변 환경과 무관하게 결정적인, 혹은 독자적인 특성을 지니고 있

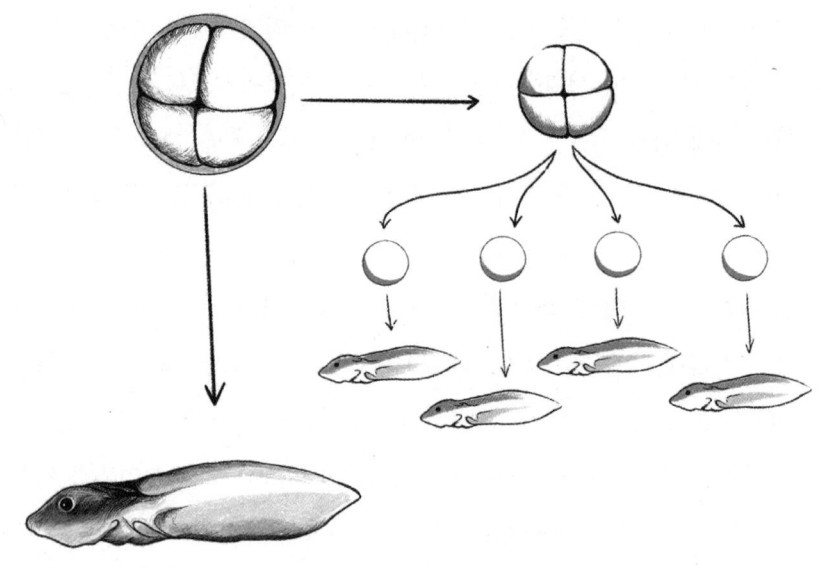

한스 드리슈는 할구들을 죽이는 대신 분리하여 각 할구가 완전한 배아를 생성할 수 있다는 사실을 발견했다. 루의 연구 결과와는 달리, 이 결과는 초기 배아에서 각 세포의 운명이 주변 환경에 따라 조건부로 바뀔 수 있음을 보여주었다.

었다. 하지만 드리슈의 손에서 세포의 운명은 조건부였으니, 세포가 단독으로 존재하는지 아니면 자매와 연결되어 있는지에 따라 달라졌다. 두 사람의 연구 결과는 양립할 수 없는 것이었다. 이 불일치는 개구리와 성게의 차이에서 비롯한 결과였을까? 둘 중 누군가 실수를 범한 것일까? 두 결과 모두 옳을 수 있을까?

두 연구자는 복잡한 기계에 접근하듯 배아에 접근하여 시계나 자동차 같은 기계를 연구하듯 배아의 작동 원리를 이해하고자 노력했다. 하지만 절반이나 4분의 1로 잘리고도 스스로를 재건해내는 기계라니, 그런 것을 어떻게 이해한단 말인가?

○

발생의 여정은 예측할 수 없는 불확실성과 위험으로 가득 찬 항해다. 세포는 분열할 때마다 수십억 개의 DNA 문자를 읽고 복사하고 해석하며, 동물이 성체가 될 때까지 그 과정을 수없이 반복한다. 세포에서 일어나는 대부분의 분자 처리 과정은 정확도가 99.9퍼센트를 넘을 정도로 정밀하다. 그러나 수조 개의 세포가 관여하는 엄청난 규모의 프로젝트인 만큼 오류가 발생할 수밖에 없다(세포가 분열할 때마다 10억 번의 연산을 수행한다면, 오류율이 0.01퍼센트라 해도 수천 건의 실수가 나오게 된다). 이러한 불가피한 오류에, 자연은 가소성plasticity이라는 조절 과정을 통해 대처한다(GPS가 방향을 놓친 뒤 경로를 재설정하는 과정을 발생학에 대입하면 이해하기 쉬울 것이다). 성게의 경우, 흔들린 할구는 발생 과정을 변화시킴으로써 성게의 일부가 아닌 완전히 새로운 성게를 탄생시켰다. 드리슈의 발견은 가소성의 교과서적인 사례로, 눈치 빠른 독자들은 이미 짐작했겠지만 일란성 쌍둥이와 세쌍둥이 등을 탄생시키는 방법이기도 하다.

하지만 조건부 행동의 증거를 발견하지 못한 루의 발견은 어떻게 설명할 수 있을까? 가소성의 실패였을까?

루의 실험 설계를 좀 더 자세히 살펴볼 필요가 있다. 달궈진 바늘로 할구를 죽일 때, 루는 세포 사체의 존재가 그 자체로는 아무런 영향을 미치지 않으리라 가정했다. 하지만 이 가정이 틀렸다면?[12] 혹시 자체적인 발생 잠재력이 없는 죽은 세포가 여전히 자매 세포에 영향을 미칠 수 있는 걸까? 놀랍게도 대답은 '그렇다'로 밝혀졌다. 루의 개입 이후 죽어버린 세포의 사체는 여전히 무덤 너머에서 메시지를 보낼 수 있었다. 그리고 그 세포들이 전달한 메시지는 다음과 같았다. "나 아직 여기 있어!" 루의 개입을 받은 생존자들은 자매가 아직 살아 있다 믿고, 환상 속의 반쪽이 보내는 신호에 따라 자신의 발생을 축소함으로써 '완전한 배아' 대신 '반쪽 배아'[13]를 형성한 것이었다.

드리슈는 이를 깨닫지 못한 채 '성게 흔들기'로 문제를 우회했는데, 그 결과 이웃의 억제 영향inhibitory influence으로부터 분리된 성게의 할구들은 과거 접합체로서 지니고 있던 잠재력을 회복할 수 있었다.

루와 드리슈가 실험을 수행할 당시 세포의 가소성이라는 개념은 직관에 반하는 것이었다. 어떻게 세포가 갑자기 '마음을 바꿀' 수 있을까? 이 개념의 설계자인 드리슈가 누구보다 강력하게 이 개념에 문제를 제기했다. 세포의 운명처럼 중요한 요소가 우연에 맡겨진다고 상상하기에는 배아발생 과정이 너무도 정확하며 재현 가능한 것이었기 때문이다. 세포가 변화하는 환경에 어떻게 적응하는지 이해할 수 없었던 드리슈는 다른 설명을 찾기 시작했다. 그는 아리스토텔레스가 '생명력' 또는 '영혼'이라는 의미로 만든 엔텔레키entelechy라는 용어를 끌어와 이 불가사의한 현상을 설명했다. 어떤 신비로운 영향이 아니라면 어찌 세포의 행동이 그리도 극적으로 바뀔 수 있을까? 1910년 무렵, 드리슈는 실험생물학을 완전히 포기하고 남은 생애 동안 철학, 초심리학, 심지어 심령 연구에 몰두했다. 그는 바이스만의 모자이크 모델을 뒤흔들었지만, 그것을 대체할 새로운 모델을 찾지 못했다. 그는 이제 정신을 놓은 듯 보였다.

형성체, 운명을 바꾸는 전환

1896년, 한스 슈페만Hans Spemann이라는 27세의 독일 생물학자가 결핵에 걸렸다. 의학, 동물학, 물리학을 아우르는 학업을 마칠 즈음이었다. 침대에 누워 지내던 이 생물학자는 긴 요양 기간의 지루함을 달래기 위해 간병인에게 과학과 관련한 읽을거리를 가져다달라고 요청했다. 그렇게 손에 잡히는 대로 무엇이든 탐독하던 중, 슈페만은 우연히 『생식질: 유전의 이론Das Keimplasma: Eine Theorie der Vererbung』이라는 제목의 책을 발견했다. 이것은 아우구스트 바이스만의 논문으로, 유전과 발생에 대한 위대한 생물학자의 생각을 개괄한 담론이었다. 슈페만은 그때껏 발생학이나 단세포 문제에 대해 깊이 생각해본 적이 없었지만, 이제 그 매력에 푹 빠지기 시작했다. 바이스만의 모든 저술을 탐독한 뒤에는 루와 드리슈, 그리고 그들의 연구에 대한 논평으로 넘어갔다.

드리슈를 실험과학에서 멀어지게 만들었던 것과 같은 질문이 그에게도 떠올랐다. 스스로를 재건해내는 기계(배아)를 어떻게 이해할 수 있을까? 배아세포를 파괴하거나 이웃 세포와 분리하지 않고 배아세포가 내리는 '결정'을 연구할 수 있는 다른 방법은 없을까? 이 질문이 슈페만을 괴롭혔고, 그는 병상에 누운 채 몸이 나은 뒤 그 공백을 메울 만한 다양한 방법들을 상상했다.

그가 떠올린 방법은 세포 이식cellular transplantation이라는 실험적 접근으로, 하나의 배아에서 다른 배아로 세포를 옮기는 것이었다. 이식 과정에서 추출된 세포는 공여자donor에서 유래한 것과 동일한 부위든 완전히 새로운 부위든 수혜자recipient의 신체 어느 곳에나 배치될 수 있었다. 슈페만은 이식된 세포가 하는 일을 관찰함으로써 그들의 운명이 고정적(결정론적)인지 조건부(가소적)인지 판단할 수 있으리라 추론했다. 이는 가난한 꽃장수 소녀 엘리자 둘리틀이 런던의 거리에서 뽑혀 나와 언어학자 헨리 히긴스의 상류층 가정으로 옮겨지는 내용을 담은 조지 버나드 쇼의 희곡 「피그말리온」과 유사한 실험이다. 희곡에서 주요한 문제는 엘리자가 새로운 환경에 적응할 수 있느냐 하는 것이었다(실제로 적응했다). 생물학자인 슈페만은 이와 비슷한 관점에서 이식을 바라보았다. 이식은 가소성의 속성, 즉 배아세포가 주어진 발생 경로를 따르도록 이미 조건화되어 있는지, 혹은 새로운 환경에 적응하는지를 파악하는 방법이었다.

병석에서 일어난 뒤 슈페만은 흔한 동물인 줄무늬영원striped newt의 배아를 이용해 자신의 아이디어를 실행에 옮기기 시작했다. 루와 마찬가지로 슈페만도 손재주가 좋아 부서지기 쉬운 표본을 다루는 데 능했다.[14] 세포 이식을 위해서는 고도의 섬세한 기술이 필요했기에 이는 필수적인 능력이었다. 슈페만은 배아를 잡고 이동시키기 위한 도구, 즉 (조직을 자르고 추출하기 위한) 머리칼 고리hair loop와 (이식편graft을 제자리에 밀어 넣기 위한) 특수 마이크로피펫을 직접 개발했다. 세균 오염이 하루의 작업을 망치기 십상이므로 이 모든 작업은 현미경 접안렌즈를 통해 엄격한 멸균 조건을 확인하면서 수행해야 했다.

슈페만은 이후 20년 동안 수백 개의 조직 패치(작은 세포군群)를 한 배아에서 다른 배아로 옮기며 기술을 완성해갔고, 재배치된 세포가 거의 항상 새로운 환경의 특성을 갖는 일관된 패턴을 발견했다. 예컨대 공여자의 등back에서 수혜자의 배belly로 세포를 옮기면, 이식된 세포는 마치 원래부터 그곳에 있었던 것처럼 '배'라는 정체성을 갖게 되었다. 다른 '출처-목

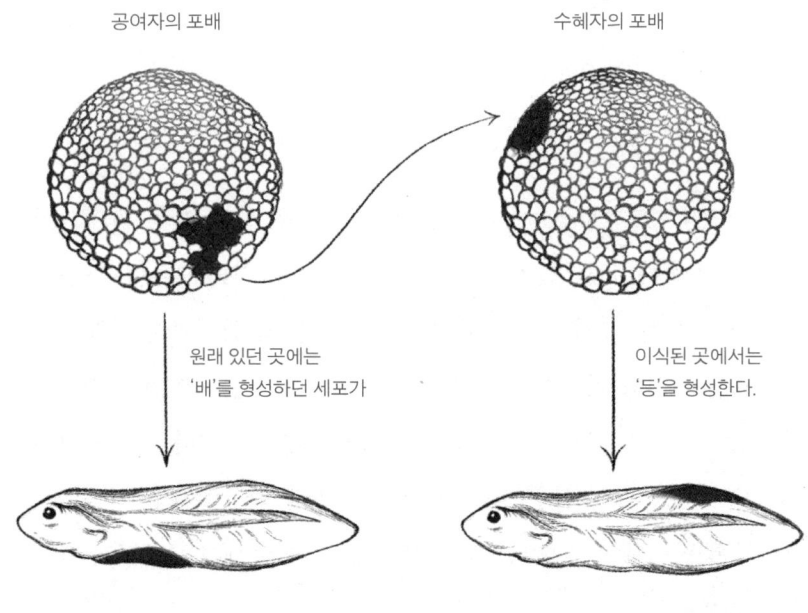

젊은 배아를 대상으로 한 슈페만의 세포 이식 실험은 세포 가소성의 원리를 확실하게 보여주었다.

적지 조합'도 동일한 패턴을 따랐다. 조직의 출처나 목적지에 관계없이, 재배치된 세포는 늘 새로운 환경에 쉽게 적응하는 것으로 나타났다. 마치 미세한 엘리자 둘리틀이 런던 상류사회에 동화되는 모습을 지켜보는 것 같았다. 가소성의 명백한 예시였다.

슈페만은 이 속성의 두 번째 중요한 특징도 발견했는데, 바로 이식편의 가소성이 공여자의 성숙도에 따라 달라진다는 점이었다. 이식된 조직의 원천이 아직 젊을 경우(즉 포배 단계라면), 재배치된 세포는 새로운 환경에 적응했다. 그러나 이식이 나중에 수행된 경우에는 배아의 성숙도에 따라 세포가 공여자의 몸에 있을 때와 비슷한 행동을 보이는 경향이 나타났다. 즉, 세포는 배아가 노화함에 따라 원래의 발생 경로에 더욱 충실했다.

가소성은 젊음의 특권으로 밝혀진 셈이다.

프랑크푸르트 대학교에 재학 중이던 스물두 살의 여성 힐데 만골트 Hilde Mangold가 아니었다면 이야기는 여기서 끝났을지도 모른다. 아주 우연히, 만골트는 객원교수로 방문한 슈페만의 강연에 참석하게 되었다. 슈페만은 세포 이식의 기술적인 어려움을 숨기지 않았다. 하지만 열정 넘치는 만골트는 그 어려움에 좌절하기보다 기술을 배우고 싶다는 열망에 사로잡혔다. 그녀는 박사과정 학생으로서 슈페만의 연구실에 자리를 요청하여 허가를 받아냈고, 1920년 프라이부르크로 이주하여 슈페만과 함께 일하게 되었다.

만골트가 미세 작업에 특출한 재능을 가졌기에, 슈페만은 놀라운 재생 능력을 가진 민물 히드라에 관한 프로젝트를 그녀에게 맡겼다. 민물 폴립을 뒤집어놓고 그 결과 나타나는 행동을 조사하는 과제로, 고도의 손재주가 필요한 일이었다. 1년 동안 좌절과 실패를 거듭하고도 아무런 진전이 없자 만골트는 슈페만에게 새로운 프로젝트를 제안했다. 슈페만은 망설였지만, 그 역시 자신이 부여한 과제를 수행할 수 없음을 깨닫고 이내 수락했다.

만골트의 새 프로젝트는 영원 배아의 등에 홈을 형성하는 작은 세포군, 즉 배순^{背脣}으로 알려진 부위를 연구하는 것이었다. 슈페만이 이전 연구를 통해 배아가 극적인 변화를 겪는 중요한 과정인 낭배형성이 바로 이 배순에서 시작된다는 사실을 밝혀낸 터였다. 낭배형성에 대해서는 나중에 더 자세히 설명할 텐데, 일단은 배순이 '작은 함몰부'에서 '큰 싱크홀'로 성장하면서 결국 주변 세포를 삼켜 배아 내부로 운반하는 일련의 세포 곡예라고 생각하면 된다. 슈페만이 배순에 관심을 갖게 된 건 이 세포군이 '젊음의 가소성' 규칙을 무시하는 듯 보였기 때문이다. 이식된 후 새로운 환경에 적응하는 포배의 다른 세포들과 달리, 배순세포는 그대로 두었을 때와 똑같이 행동하며 낭배형성을 준비하기 위해 구멍을 만들었던 것이다. 이 작은 조직 패치에는 분명 무언가 특별한 점이 있을 것이므로, 만골트는 이에 대한 추가 조사를 맡게 되었다.

무슨 일이 일어나는 건지 온전히 이해하기 위해 만골트는 이식된 세포와 그 주변 세포의 행동을 추적할 작정이었고, 이를 위해서는 공여자와 숙주(수혜자)를 구분할 수단이 필요했다. 그녀는 슈페만이 직접 고안해낸 방법을 쓰기로 했다. 슈페만은 이전 연구에서 두 종의 영원—짙은 피부를 가진 종 *Triton taeniatus*과 희미한 피부를 가진 종 *Triton cristatus*—을 이용한 바 있었다. 두 종은 가까운 친척이라 배아 이식을 받아들일 수 있었고, 색소의 차이 덕분에 양쪽에서 각 세포의 출처를 파악하기도 쉬웠다.

1921년 봄, 만골트는 두 종류의 영원 배아 사이에서 수백 번의 이식을 수행했다. 대부분의 실험 대상이 세균에 오염되어, 성숙기까지 살아남은 이식편은 단 한 개뿐이었다. 그런데 놀랍게도 이식 부위에서 두 번째 배아가 자라기 시작했고, 이 배아들은 일종의 결합 쌍둥이(일명 샴쌍둥이)였다. 이어 새로운 쌍둥이의 색소침착을 검사했을 때 또 다른 놀라움이 찾아왔다. 만골트는 이식 자체가 이소성 웃자람 ectopic outgrowth을 일으킨 것으로 추측했으나, 관찰 결과 새로운 배아에는 공여자와 숙주 모두의 세포가 포함되어 있었다. 이것이 의미하는 바는 단 하나뿐이었다. 이식된 세포가 새로운 이웃 세포를 설득하여 다른 발생 과정을 채택하도록 유도함으로써 거울상 배아 mirror-image embryo를 형성한 것이다. 운명을 바꾸는 이러한 전환은 배아 유도 embryonic induction라 알려지게 되는데, 이는 엘리자 둘리틀이 히긴스 교수의 지도로 코크니 Cockney [*] 가 되어가는 것에 비견할 만한 세포적 현상이었다.

세포가 발생 과정에서 자신들만 이해할 수 있는 소통 방식을 사용하여 서로 '대화'를 나눈다는 사실에는 더 이상 의심의 여지가 없었다. 드리슈가 어떤 신비로운 영향 때문이라고 설명한 이 현상을 이제 과학자들은 제대로 연구할 것이었다. 성게와 개구리에서는 이웃 세포 간에 전달되는 메시지가 자매의 생성을 중단시킬 수 있었다. 반대로 영원의 배반포에서는 작은 세포군의 메시지가 다른 효과를 일으켜 쌍둥이의 형성을 촉진했다.

---

[*] 런던의 노동자 계층, 또는 그들이 사용하는 언어를 일컫는 말.

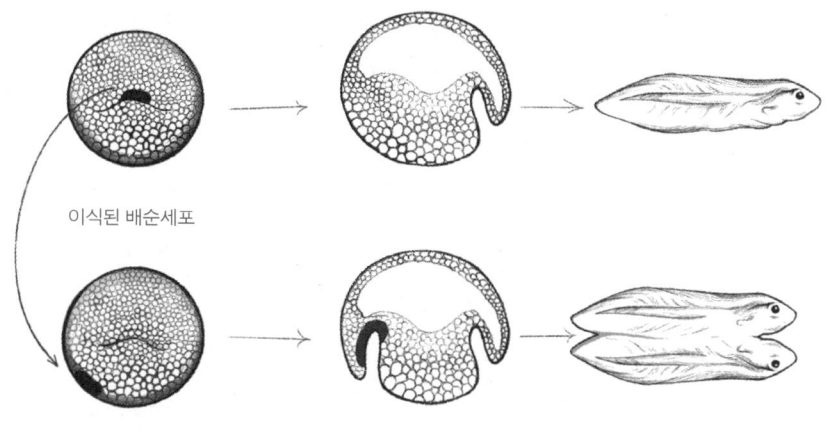

이식된 배순세포

슈페만과 그의 제자 힐데 만골트는 낭배형성 단계 배아의 배순세포dorsal lip cells에 특별한 속성이 있다는 사실을 발견했다. 형성체라고 불리는 이 조직은 두 번째 배아의 형성을 유도할 수 있었다.

슈페만은 배순세포가 가진 힘을 포착하기 위해 이 작은 조직에 '형성체organizer'15라는 특별한 이름을 붙였다. 유도현상이 발생학의 핵심 개념으로 굳어지면서 그는 1935년 노벨상을 수상했지만, 결정적인 실험을 수행했던 제자 만골트는 노벨상 수상에 참여하지 못했고 자신의 발견이 과학계에 미치는 영향도 보지 못했다. 1924년 9월, 부엌의 휘발유 히터가 폭발하면서 만골트는 스물여섯의 나이에 비극적인 죽음을 맞이했다. 그녀의 논문이 발표된 직후였다.16

미국식 시스템 vs 유럽식 시스템

20세기의 위대한 생물학자 중 하나인 시드니 브레너Sydney Brenner는 발생이 유럽식 계획과 미국식 계획 중 한 가지 방식을 통해 진행될 수 있다고 말한 바 있다. 유럽식 계획에서는 계통lineage이 모든 것이므로 세포가 '어디에 있는지'보다 '어디에서 왔는지'가 훨씬 중요하다. 반면 미국식 계획은 보다 평등주의적이어서 세포의 출처source보다 위치location가 더 중요하다. 브레너의 표현을 빌리자면, 유럽식 계획에서 세포는 "부모가 시키는 대로" 행동하는 반면 미국식 계획에서는 "이웃이 시키는 대로" 행동한다.

브레너의 은유는 가소성과 그 반대 개념인 전념성commitment의 차이를 드러낸다. 계통에 의해 정체성이 정의되는 세포(유럽식 시스템)는 태어날 때부터 하나의 궤적을 위해 다듬어져 있기 때문에 선택지가 제한적이다. 반대로 그러한 제약 없이 태어난 세포(미국식 시스템)의 경우, 선택지가 열려 있어서 경험에 따라 미래 경로가 결정된다. 배아는 가소적 세포와 전념적 세포의 혼합물로, 그 균형이 발생 초기에는 가소성, 나중에는 전념성 쪽으로 기운다. 많은 사람들이 그렇듯, 세포도 나이가 들면서 그 방식이 고정되는 셈이다.

다르게 보면 브레너의 은유는 본성과 양육에 관한 오랜 논쟁—우리의 생물학이 미리 결정되어 '내장된' 것인지, 아니면 외부 영향에 개방되어 있는 불확정적인 것인지에 대한 논쟁—을 재론하는 방식이라 할 수 있다. 지금까지 언급된 문제들, 즉 전성론자와 후성론자 간의 논쟁, 그리고 전념성과 가소성이라는 보다 현대적인 의미의 논쟁 모두 본성과 양육 사이의 긴장을 드러낸다. 하지만 경험과 상식이 보여주듯 어느 쪽도 독점적이라 말할 수는 없다.

미국식 시스템이 우세할 때도 있고 유럽식 시스템이 우세할 때도 있다. 가소성은 배아세포가 진로를 바꾸고 발생에 내재된 불가피한 오류에 적응할 수 있는 잠재력을 제공한다. 하지만 모든 세포의 운명이 다른 세포의 행동에만 의존한다면, 즉 모든 것이 상대적이라면 애초에 배아에 구조가 부여될 필요가 없을 것이다. 전념성―가소성의 상실 또는 부재―은 이러한 구조의 원천으로, 발생 중인 세포에 방향을 제시하는 안정적인 준거틀과 일종의 랜드마크를 제공한다. 발생이 정상적으로 진행되려면 일부 세포는 변화에 열려 있어야 하며, 또 다른 세포는 특정한 소임을 다하겠노라 서약―규율과 편법 사이에서 타협―해야 한다. 결국 우리의 발생적 기원은 역설로 가득 차 있다. 동물을 탄생시키는 단일세포는 타고난 궤적을 지니지만, 그 궤적을 바꿀 수 있는 능력 또한 보유하고 있다. 이 점에서 드리슈는 옳았다. 배아는 다른 어떤 기계와도 다르다.

바로 이 역설 덕분에, 과거 세대는 내 딸이 떠올린 "아주아주 조그만 아기"처럼 난자 안에 미리 형성된 상태로 존재하는 동물을 상상하게 되었다. 루와 드리슈는 전념성과 가소성 사이의 갈등을 이해할 수 없었고, 본성과 양육이라는 이분법을 거의 매일 목격했던 슈페만은 그 근간을 추측할 수 있을 뿐이었다. 실제로 배아를 밀어붙이는 무형의 발생력developmental force이 존재하지만, 그것은 드리슈가 상상했던 엔텔레키나 '영혼'과 다르다. 오히려 발생에 추진력을 부여하고 전념성과 가소성 사이의 균형을 조정하는 실체는 화학과 물리학의 모든 법칙에 예속된다. 수천 년 전 아리스토텔레스가 그랬던 것처럼 드리슈가 인식한 그 신비한 외력external force은, 수십억 년에 걸쳐 각 접합체에 '발생 청사진'을 부여한 진화의 보이지 않는 손이다.

말하자면, 단일세포 문제에 대한 해결책은 우리의 유전자에 내재되어 있었다.

(2장)

세포의 언어

유전자를 읽고 쓰다

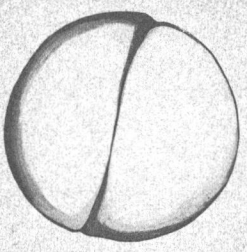

가느다란 실에 삶과 운명이 걸려 있다.
- 알렉상드르 뒤마, 『몬테크리스토 백작』

시간은 화살처럼 직선을 그리며 휙 날아가고,
파리는 바나나처럼 곡선을 그리며 요리조리 날아간다.
- 그루초 막스

여느 실험실이 그렇듯, 컬럼비아 대학교 셔머혼 홀의 613호실, 즉 '플라이 룸Fly Room'이라는 애칭으로 알려진 실험실 또한 협소하기 짝이 없었다. 너비 7미터에 폭 5미터로 넓은 거실 크기에 불과한 이곳에는 책상 여덟 개가 꽉 들어차 있었고, 플라이 룸이라는 별명답게 초파리를 끌어당기는 과일 찌꺼기며 음식 조각들이 곳곳의 틈새와 구석에 남아 바퀴벌레와 곰팡이로 이루어진 2차 생태계를 형성했다. 이제는 전설이 된 이 실험실의 인간 거주자들은 각자의 실험에, 혹은 동료의 실험 중 결함을 찾아내는 일에 너무도 몰두한 나머지 비위생적인 환경을 의식하지 못했다. 외부 방문객으로서는 이 너저분하고 시끄러운 공간에서(게다가 상상을 초월하는 그 냄새란!) 대체 어떤 작업이 이루어지는지 알기 어려울 것이다. 하지만 이곳이야말로 유전학과 화학의 세계가 처음으로 만나 생물학의 흐름을 바꾸어낸 역사의 현장이다.

플라이 룸은 켄터키 출신으로 예리한 지성과 협업 능력을 갖춘 발생학자 토머스 헌트 모건Thomas Hunt Morgan의 작업실이었다. 모건은 자연주의라는 과학적 식단scientific diet, 즉 다윈의 표현을 빌리자면 "어떤 연관성이 있을 수 있는 모든 종류의 사실을 끈기 있게 축적하고 성찰하는"[1] 18~19세기의 과학적 접근 방식을 통해 성장했다. 학생 시절 모건은 자연주의자들의 방법을 마스터했고, 존스 홉킨스 대학교에서 쓴 박사 논문—바다거미의 발생에 대한 복잡한 설명—은 그 기술적 방법론descriptive methodology의 견본이나 다름없었다.

1890년, 모건은 브린 모어 칼리지의 두 생물학 강사 중 하나로 교수직을 맡게 되었다. 빡빡한 강의 일정에 시달려 실험 연구를 할 시간이 거의 없었음에도 불구하고 그는 대서양 건너편에서 시작된 과학 문헌의 진보를 따라잡기 위한 노력을 아끼지 않았다. 유럽인들이 루와 그 추종자들의 영향을 받아 생물학적 탐구의 규칙을 바꾸고 있었다. 단순한 관찰에 점점 더 몰두하던 그들은 메커니즘, 즉 유기체가 생겨나는 원인과 결과의 규칙에 보다 많은 관심을 기울이기 시작했다. 모건이 여러 논문을 통해 목격한 바, 유럽의 연구자들은 자연주의에 등을 돌리고 보다 기계론적이며 인과적인 접근 방법을 선호하는 듯했다. 이에 모건 또한 자신이 지금껏 천착해 온 방법에 결함이 있는 것은 아닌지 의문을 품기 시작했다. 4년 동안 학부 생물학을 가르쳤던 모건은 더 이상 실험의 방관자에 머물러 있을 수 없다고 생각했다. 그는 과학에 대한 새로운 접근법이 실제로 작동하는지를 직접 보고 싶었고, 그러기 위해서는 본바닥인 유럽으로 가야 했다.

모건이 유럽에서 받은 교육과 이후 플라이 룸에서 이룬 업적은 과학의 궤도를 바꾸어 진화, 유전, 유전자에 대한 모호한 개념에 물리적 실체를 부여했다. 그러나 그의 여정—나아가 그 계시—을 이해하려면 먼저 유전자나 DNA와 같은 것이 존재한다는 사실을 알기 이전의 시대로 거슬러 올라가, 유전의 개념이 어디에서 비롯하였는지를 살펴봐야 한다.

유전자라는 언어를 배우다

발생이라는 각본은 유전자의 언어로 쓰여 있다. 유전자는 유기체의 성별, 모양, 크기부터 건강과 행동에 이르기까지 삶의 모든 측면에 영향을 미친다. 유전자는 잉태의 순간부터 우리를 형성하며, 신체적 특징뿐 아니라 성격, 지능, 질병, 수명에도 관여한다. 유전자는 수정되는 순간부터 발생의 모든 단계에 개입하고, 출생과 그 이후까지 배아의 운명을 결정짓는다. 우리의 인생을 둘러싼 모든 일—건강과 행복, 강점과 약점, 도전과 성공과 실패—과 관련해, 유전자는 비록 속삭임일지라도 발언권을 행사한다. 유전자는 관용구와 (말 그대로) 진화하는 어휘가 풍부한, 훌륭한 언어를 가지고 있다. 그 철자, 구두점, 구문의 기본을 파악한 분자생물학자들이 이 유전적 언어의 주인이 되었다. 그리고 나중에 살펴보겠지만, 우리는 유전자의 언어를 읽고 쓸 뿐 아니라 편집도 할 수 있다.

그러나 150년 전만 해도 유전적 언어가 존재한다는 건 상상조차 할 수 없었다. 두 가지 발견 경로—유전의 규칙을 정의한 유전학자의 노력, 그리고 유전의 물질적 기초에 초점을 맞춘 생화학자의 노력—를 통해 인간 또한 점차 그 언어를 유창하게 구사할 수 있게 되었지만, 20세기 중반까지 두 길은 내내 분리된 채 평행선을 그려갔다. 그리고 이 두 경로가 통합되면서부터 발생생물학자들은 분자적 측면에서 단일세포 문제를 탐구할 수 있게 된다.

역사적으로 유전은 깊은 고민의 대상이 아니었다. 유전을 설명하는 가장 일반적인 틀은 '혼합blending'이라는 개념으로, 빨간색과 노란색 물감을 섞으면 주황색이 만들어지는 것처럼 자식 또한 양쪽 부모의 혼합물이라는 것이었다. 이는 키, 얼굴형, 피부색 등 자녀의 신체적 특성이 일반적으로 부모의 것과 비슷하다는 관찰 결과와 일치하는 편의주의적 개념이었다. 선사시대의 농업 세계에도 이러한 생각이 통용되어, 농부들은 바람직한 특징을 가진 동식물을 교배하여 자손에 양쪽 부모의 최고 형질을 물려주고자 했다.

그러나 혼합 개념에는 미흡한 면이 있었다. 예컨대 눈 색깔만 해도 그랬다. 파란 눈을 가진 어머니와 갈색 눈을 가진 아버지 사이에서 태어난 자녀의 눈은, 혼합의 관점에서 예상됐던 것과 달리 중간색이 아닌 파란색 또는 갈색이었다. 또 다른 예로 유럽의 귀족 가문에서 발병하는 '왕족병', 혈우병을 들 수 있다. 이 질병이 유전된다는 점에는 의심의 여지가 없었지만, 묘하게도 세대를 건너뛰어 남성에게만 나타나곤 했던 것이다. 하지만 이러한 예외에도 불구하고 혼합 개념은 여전히 지지를 받았고, 유전이라는 게 시간과 진지한 관심을 쏟을 만큼 자극적인 주제임을 알아차린 생물학자는 거의 없었다.

유전에 대한 관심은 다윈의 자연선택설, 즉 우연히 발생한 새로운 형질이 수혜자의 경쟁력을 높일 경우 새로운 종이 출현한다는 획기적인 이론이 소개되면서 크게 대두되었다. 자연선택설이 한 세대에서 다음 세대로의 형질 전달에 기반을 두고 있으므로 유전은 갑자기 진화론의 핵심으로 자리 잡았다. 하지만 다윈의 최초 논문에는 유전에 대한 설명이 없었고(그도 그럴 것이 다윈 역시 혼합 개념을 믿었기 때문이다),[2] 비평가들은 그 틈새를 집요하게 파고들었다.

이에 대응하여, 다윈은 1868년 범생설 pangenesis이라는 부가적인 가설로 빈틈을 메우려 노력했다. 조직이 제뮬 gemmule이라는 작은 유전적 단편을 방출하며, 이것이 전신을 순환한 뒤 난자와 정자에 정착하여 다음 세대로 전달될 수 있다고 가정한 것이다. 다윈은 동물의 일생 동안 환경적 압력이 제뮬의 구성을 수정하여 더 긴 부리나 더 바른 자세를 다음 세대로 대물림할 수 있다고 상상했는데, 이 새로운 이론은 장 바티스트 라마르크의 변이 transmutation 개념―기린의 목이 긴 것은 조상들이 목을 길게 뻗었기 때문이라는 믿음―과 모순되지 않았으며 오히려 이를 수용했다.

자연선택이 자연주의의 모든 가능성을 강조한다면, 범생설은 그 결함을 드러낸다. 한 가지 유용한 예로, 모자이크 발생 모델의 창시자인 아우구스트 바이스만이 수행한 연구를 살펴볼 수 있다. 바이스만은 암컷 조상이 겪은 불행한 사고로 인해 꼬리가 짧아진 고양이 품종에 관한 이야기를 듣고(수레바퀴가 어미의 꼬리를 밟고 지나갔다는 얘기였다) 자신만의 작은 진화 실험에 대한 아이디어를 얻었다. 그는 열두 마리의 생쥐와 다섯 세대에 걸친 그 자손들의 꼬리를 절단하여 꼬리가 짧아진 새로운 품종의 생쥐가 탄생하는지 확인하고자 했다. 총 900마리가 넘는 쥐를 조사했지만[3] 비정상적인 꼬리를 가진 쥐는 단 한 마리도 태어나지 않았다. 획득형질은 유전될 수 없다는 사실이 완전히 증명된 것은 아니나, 이로써 라마르크의 이론에 대한 열광은 점차 사그라졌다. 다윈조차 수 세기에 걸친 남성 할례에도 불구하고 유대인에게서 생식기의 포피가 사라지지 않았다는 사실에 주목하면서 자신이 내세운 가설의 결함을 인식하게 되었다.⁴

범생설은 가치 있는 시도였으나 결국 유전 현상에 대한 미진한 설명만을 제공할 뿐이었다. 이어 다윈의 이론을 변형하여 새로운 용어를 사용한 다른 이론들이 등장하기 시작했다(그중 하나는 '제뮬'을 '범유전자 pangene'라는 단어로 대체했는데 이것이 이후 '유전자 gene'의 어원적 선구자 역할을 했을지 모른다). 이에 더하여 형질이 무정형의 증기가 아닌 특정한 물리적 실체를 지닐 거라는 생각이 설득력을 얻기 시작했지만 그 물리적 단위가 무엇인지, 어떻게 작동하는지는 정의할 방법이 없었다. 한마디로, 이 분야는 아직 미개척지에 가까웠다.

'유전학의 아버지'로 널리 알려진 요한 멘델 Johann Mendel 은 사실 그러한 호칭을 차지할 가능성이 희박한 인물이었다. 현재 체코의 일부인 슐레지엔의 가족 농장에서 자란 멘델은 정원과 벌통을 돌보는 허드렛일을 했으나, 그중 어느 것도 특별히 좋아하지 않았다. 대신 그는 책에 매료되어 어린 시절의 대부분을 침대에서 책을 읽으며 보냈다. 그러면서 '경작하고 심고 가꾸는 하찮은 일보다 더 원대한 계획'이 자신을 기다리고 있다는 다소 오만한 생각을 품었는데, 역설적이게도 이후 그 하찮은 원예 작업이 그에게 커다란 명성을 안겨주게 된다.

멘델의 집안은 부유하지 않았고, 요한은 밭에서 일하기를 꺼렸기 때문에 가족에게 재정적 부담이 되었다. 부모님은 그에게 "독서와 사색이라는 습관을 계속 유지하려면 스스로 비용을 지불해야 한다"라고 선언했다. 자신만만하던 그는 어린 학생들을 지도하며 생계를 유지하기로 했지만, 결국 넘치는 학구열이 재정 능력을 압도하기 시작했다. 모든 선택지를 고려한 뒤, 마침내 멘델은 가톨릭교회가 자신에게 추가적인 (세속적) 교육을 위한 자금을 지원할지 모른다는 희망을 품고 종교로 눈을 돌렸다.

멘델의 도박은 성공했다. 그의 고향집에서 160킬로미터쯤 떨어진 브르노의 성 토마스 수도원은 기도보다 학문과 연구를 강조하는 철학을 받아들였는데, 이는 "지식을 통해 지혜를 얻는다per scientiam ad sapientiam"5라는 아우구스티누스의 교리를 따른 행보였다. 1843년 그레고르Gregor라는 이름으로 서원을 하고 수도원에 입회한 멘델은 곧 수도원의 진보적인 수도원장 시릴 나프Cyril Napp의 눈에 띄었다. 나프는 멘델을 향한 하느님의 계획에 회중을 이끄는 일은 포함되지 않는다 믿고 이 젊은 수도사에게 일반적인 의식—기도 인도, 병자와 빈자에 대한 돌봄, 기타 사제의 의무—을 면제해주었다.

본당 사제가 되고 싶지 않았던 멘델은 이로써 엄청난 안도감을 느꼈다. 나프는 계속해서 이 젊은 수도사를 돌보았고, 몇 년 뒤에는 수도원의 비용으로 멘델이 빈 대학교에서 공부할 수 있도록 주선했다. 바로 그곳에서, 멘델은 처음 유전에 대해 생각하기 시작했다. 그의 교수들은 다른 자연주의자들과 마찬가지로 혼합을 강조했으나 멘델은 수학과 물리학이라는 보다 정량적인 학문도 수강했고, 그리하여 유전 또한 원소의 성질이나 자기장의 힘을 지배하는 규칙적인 체계의 지배를 받는지에 대해 호기심을 느끼게 되었다. 그는 유전을 이해하는 또 다른 방법, 즉 (수학적으로 정의된) 연관성을 통해 혼합된 형질을 보다 정확하게 예측하는 방법이 있을지 모른다고 생각했다. 이러한 관계를 좇다 보면 최소한 새롭고 유용한 품종의 식물과 동물을 번식시킬 수 있을 것 같았다. 또한 천체를 안내하는 뉴턴의 운동법칙처럼 자연의 근본적인 원리를 밝혀내게 될지도 몰랐다.

수도원으로 돌아와 지역 김나지움에서 파트타임으로 교편을 잡은 뒤에도 그의 생각은 줄곧 유전 문제로 돌아왔다. 그러던 어느 날 수도원 경내를 거닐던 멘델은 수도원 구석과 틈새에 사는 생쥐들을 보게 되었다. 일부는 검은색, 일부는 흰색, 일부는 회색이었다. 그의 머릿속에 의문이 떠올랐다. 생쥐의 털가죽 색깔은 어떤 규칙에 따라 선택되는 걸까? 번식을 통해 정량화된 패턴을 파악할 수 있지 않을까? 그는 확인해보기로 마음먹었다. 실험실을 가득 채운 악취를 무시한 채, 멘델은 다양한 색깔의 생쥐를 포획하여 교배를 시작했다. 그러나 진전을 이루기도 전에 주교가 실험 중단을 요구했다. 수도사가 동물의 성관계 현장에 있는 것이 부적절하다는 이유였다. 멘델은 이에 응했지만, 이후 "주교는 식물 또한 성관계를 갖는다는 단순한 사실을 모른다"라고 투덜댔다.

돌이켜보면, 주교의 간섭은 그에게 행운이었다. 이제는 우리 모두 알지만 당시 멘델은 몰랐던 사실이 있으니, 생쥐의 털색은 수많은 유전자가 관여하는 '복잡한' 형질이라는 점이다. 멘델이 생쥐에 집착했다면 연구는 아무런 성과를 내지 못했을 공산이 크다. 그 대신 멘델은 성 토마스 수도원 경내에 있는 5에이커 규모의 정원—수백 종의 식물이 자라고 있는 곳—에서 새로운 연구 소재를 발견했다. 이 '식물의 놀이터'에서 멘델의 관심을 끈 것은 완두 *Pisum sativum*였다. 생쥐가 그랬듯 완두도 쉽게 도표화할 수 있는 독특한 특성을 보였던 것이다. 즉, 어떤 완두는 키가 큰 반면 어떤 것은 작았고, 어떤 것은 흰 꽃을 피우는 반면 어떤 것은 보라색 꽃을 피웠으며, 어떤 것은 매끈한 씨앗을 만드는 반면 어떤 것은 주름진 씨앗을 만들었다. 특히 유용한 요인은 이러한 형질이 '순종purebred'이라는 점이었는데, 이는 특정 형질이 한 세대에서 다음 세대까지 그대로 유지된다는 것을 의미했다. 멘델은 일곱 가지 순종 특성, 즉 표현형phenotype — 꽃의 색깔, 씨앗의 색깔, 꼬투리의 색깔, 꽃의 위치, 식물의 키, 씨앗의 모양, 꼬투리의 모양 — 에 초점을 맞추어 각 특성을 가진 식물들을 교배하기 시작했다.

이러한 접근 방법 자체는 새로운 것이 아니었다. 수 세기에 걸쳐 농부들은 더 튼튼하고 수확량이나 맛이 좋은 작물을 찾기 위해 비슷한 교배를 해왔다. 하지만 멘델은 이전의 육종가들이 생각하지 못했던 일, 그러니까 '계산'을 해냈다. 키 큰 식물과 키 작은 식물을 교배하면 키 큰 자손, 중간 키 자손, 키 작은 자손이 각각 얼마나 나올까? 흰색 꽃과 보라색 꽃을 가진 식물을 교배하면 몇 가지 색의 자손이 생길까? 그리고 이 자손들을 서로 교배하여 2세대, 즉 잡종intercross을 탄생시키면 그 색의 수는 어떻게 될까?

거의 즉시, 혼합 이론에 문제가 있다는 사실이 분명해졌다. 다양한 결과가 나오는 대신, 일부 형질이 다른 형질에 비해 더 많이 나왔으니 말이다. 예컨대 키 큰 식물과 키 작은 식물을 교배하면, 혼합 이론에서 예상했던 중간 키는 전혀 나타나지 않고 키 큰 식물만 나왔다. '큰 키'가 '작은 키'에 대해 어느 정도의 지배권, 즉 우성성dominance을 보인 것이다. 그리고 멘델이 이 1세대의 자손들을 교배하자 상황은 더욱 흥미로워졌다. 한 세대를 건너뛰고 그다음 세대의 일부에서 작은 키라는 형질이 갑자기 다시 나타났기 때문이다. 이는 '작은 키'를 규정하는 정보가 키 큰 부모 속에 숨겨진 채 지속된다는 것을 의미했다.

    1856년부터 1863년 사이에 멘델은 약 3만 종류에 이르는 식물을 조사하여 눈에 보이는 표현형을 점수화하고 패턴을 찾았다. 터무니없으리만치 엄청난 양의 작업이었지만 그 노력은 결실을 맺었다. 그가 관찰한 모든 표현형의 빈도에서 단 하나의 놀라운 관계가 드러난 것이다. 순종 교배의 2세대에서, 기이하게도 '3대 1'이라는 재현 가능한 비율이 나타났다. 키 작은 식물 한 송이당 키 큰 식물 세 송이가 있었고, 흰색 꽃을 피우는 식물 한 송이당 보라색 꽃을 피우는 식물 세 송이가 있었다. 키 큰 식물이 흰 꽃을 피우든 보라색 꽃을 피우든, 각각의 형질은 독립적으로 유전되어 3대 1이라는 매혹적인 비율을 이루었다. 그가 찾고자 했던 수학적 정밀성, 즉 유전의 보편적 논리였다. 이제 남은 과제는 이를 이해하는 것이었다.

다윈의 단절 고리, 형태형성 요소

    시간이 지남에 따라 멘델은 패턴을 설명할 수 있는 대수적 모델algebraic model을 완성해갔다. 그는 자신의 데이터가 이진법 단위로 정의되는 형질, 즉 '형태형성 요소form-building element'와 가장 일치한다고 추론했다. 이 요소들이 수컷(꽃가루)과 암컷(밑씨)*에서 각각 동일한 양으로 공급되며, 큰 키나 보라색과 같은 '우성' 또는 작은 키나 흰색과 같은 '열성'의 대립유전자

---

* 암술의 씨방 속에 있는 기관으로, 꽃가루를 받아 수정하면 자라서 씨앗이 된다.

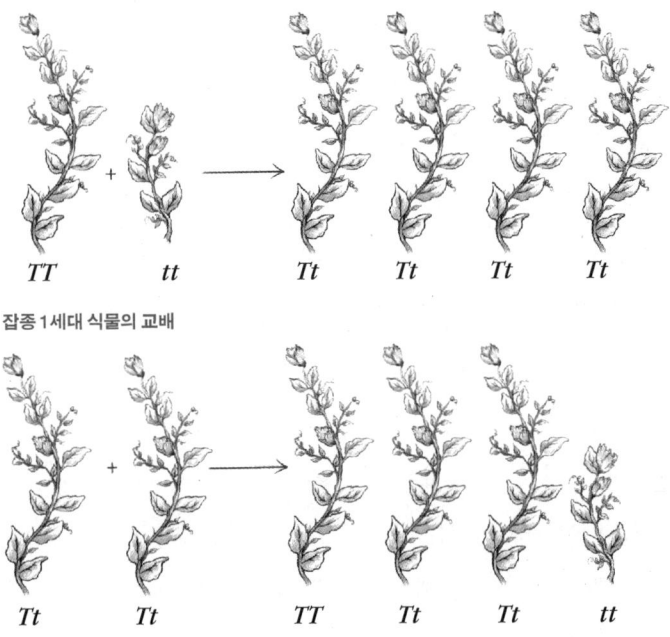

순종인 키 큰 완두콩 식물(유전형 TT)과 키 작은 완두콩 식물(유전형 tt) 사이의 멘델식 교배. T 대립유전자는 t 대립유전자에 대해 우성이다. 따라서 이 교배로 인해 생성된 잡종 1세대—키 큰 대립유전자 한 개와 키 작은 대립유전자 한 개(유전형 Tt)를 가짐—은 모두 키가 크다. 잡종 1세대를 교배하면 잡종 2세대에서 키 큰 식물과 키 작은 식물이 모두 생산되며, 각 식물의 키는 유전형에 따라 달라진다.

allele 중 하나를 취하는 것 같았다. 그는 편의상 우성 대립유전자는 대문자(키의 경우 T)로, 열성 대립유전자는 소문자(t)로 표기했다. 순종 키 큰 식물(TT)과 순종 키 작은 식물(tt)을 교배하면 Tt 자손만 나오는데, T가 t보다 우성이므로 이 첫 자손 세대는 모두 키가 크다. 그러나 Tt 식물을 다른 Tt 식물과 교배하면(그다음 세대를 만들면), 대립유전자가 네 가지 방식(TT, Tt, tT, tt)으로 무작위로 결합하기 때문에 상황이 더 복잡해진다. 그중 세

조합(TT, Tt, tT)은 우성인 T 대립유전자의 우세로 인해 키 큰 식물을 만드는 반면, 열성인 t 대립유전자가 두 개인 조합(tt)은 키 작은 식물을 만들어낸다. 따라서 3대 1이라는 비율이 나온다.

멘델의 형태형성 요소—오늘날 우리가 '유전자'라 부르는 것—은 진화론의 단절 고리missing link이자 자연선택 모델을 완성하는 통찰이었다. 하지만 멘델의 생전에는 이 개념이 그가 의도한 청중(다윈)에게 전달되지 못했다. 1865년 브르노에서 행한 두 차례의 강연을 통해 이 이론을 발표하고 형질을 지배하는 우성 및 열성 대립유전자에 대한 수학적 증거를 제시했으나, 정작 청중들은 자신이 새로운 유전 이론의 증인이라는 사실을 깨닫지 못한 채, 그저 한 수도사가 정원 가꾸기에 대해 이야기하나 보다 생각할 뿐이었다. 이듬해 멘델은 자신의 연구 결과를 「식물 교잡 실험Experiments in Plant Hybridization」이라는 제목으로 무명 저널인 《브륀 자연사학회 회보Proceedings of the Natural History Society of Brünn》에 발표했다. 이 논문은 그 즉시 사라졌다. 원고를 '본' 학자는 소수에 불과했고, 원고를 '읽은' 극소수 학자들조차 이를 유전의 포괄적 설명이 아닌 식물 육종에 대한 실험으로만 받아들였다. 멘델이 직접 10여 명의 과학자에게 사본을 보냈지만, 돌아온 것은 그의 연구를 폄하하는 단 한 통의 회신뿐이었다.[8] 그 중요성에도 불구하고 멘델의 연구 결과는 수십 년 동안 공개되지 않은 채 도서관 서가에서 '방치된 걸작'으로 먼지를 뒤집어쓰고 있었다.

멘델이 마침내 인정을 받은 것은 세상을 떠나고 약 30년이 지난 뒤였다. 세 명의 식물학자가 식물에서 동일한 3대 1의 비율을 목격했고, 뒤이어 그동안 거의 알려지지 않았던 그의 원고가 우연히 발견되었다. 그 30여 년 사이에 많은 변화가 있었으니, 1865년 당시에는 완고하기만 했던 과학계가 '눈에 보이지 않지만 수학적으로 정의된 유전 단위의 존재' 가능성에 주목하기 시작한 터였다. 새로운 아이디어들이 꽃을 피웠는데, 그중 가장 흥미로운 것은 다윈 이론의 빈틈, 즉 '단절 고리'와 관련된 것이었다. 생물학자들은 변이가 처음에 어떻게 발생하고 어떻게 자손에게 전달되는지 궁금해하며 이 단절 고리를 찾고자 노력했고, 이들에게 멘델의 모델은 납득할 만한 해답이 되었다.

20세기 초 네덜란드에서 가장 존경받는 식물학자이자 멘델의 논문을 '재발견'한 이들 중 하나인 휘호 더 프리스 Hugo de Vries 또한 이러한 견해를 지지했다. 더 프리스는 완두콩이 아니라 달맞이꽃 *Oenothera lamarckiana*을 연구했는데, 처음부터 정원에 존재하던 변이를 면밀히 관찰한 멘델과 달리 그는 놀랍게도 "갑자기 생겨난 새로운 형질을 관찰했다"라고 주장했다. 잎의 모양이나 식물의 크기에 나타나는 이러한 변화를 더 프리스는 '기형 monstrosity'이라 부르다가 이후 '변이 mutation'로 용어를 변경했다. 중요한 것은 그 변이가 일회적인 현상이 아니라, 새로운 형질을 다음 세대로 전달하여 사실상 새로운 유기체를 생성한다는 점이었다. 유전자의 원래 이름인 멘델의 '형태형성 요소'는 기존 형질을 유전시킬 뿐 아니라 새로운 형질의 출현에도 영향을 미칠 터였다.

플라이 룸의 흰 눈 파리

켄터키 출신의 젊은 발생학자 토머스 헌트 모건을 다시 만나보자. 가장 흥미로운 생물학이 태동하고 있는 유럽으로 이주하고자 마음먹은 그는, 마침내 1894년 브린 모어 칼리지에 휴직계를 낸 뒤 (배아 실험을 주도한 한스 드리슈 같은 학자들이 과학의 한계를 뛰어넘고 있던) 나폴리의 동물학 연구소로 향했다. 그는 당시 배아의 진로 변경 능력인 가소성 연구에 열중하고 있던 드리슈와 금세 친구가 되었다. 모건은 드리슈를 안내자 삼아, 낮에는 세포분열을 연구하고 밤에는 나폴리의 풍경과 냄새와 소리를 탐험하며 새로운 환경에 빠르게 적응했다. 자연주의자로서 과학적 훈련을 받아온 그는 서서히 더 깊은 수준의 분석으로 나아가, 단순한 관찰자에서 개입자로, 유기체에서 세포로, 분류학에서 메커니즘으로 전환해갔다.

1904년 유럽에서 귀국한 모건은 컬럼비아 대학교 동물학과에 합류하여 대학원생들을 가르치기 시작했다. 그러던 어느 날 페르난두스 페인Fernandus Payne이라는 학생이 프로젝트 아이디어를 가지고 그의 연구실로 찾아왔다. 한 동물을 어둠 속에서 여러 세대에 걸쳐 사육하면 어떻게 될까요? 혹시 눈이 멀지 않을까요? 모건은 페인의 아이디어에 큰 흥미를 느끼지 못했다. 성공 가능성이 거의 없다고 생각한 것이다(게다가 쥐 꼬리의 유전적 변화를 강제하려던 바이스만의 시도와 너무 닮았기 때문이기도 했다). 그보다 그의 관심을 끌었던 것은 페인이 연구에 사용하자고 제안한 동물, 즉 초파리 Drosophila melanogaster였다.[9]

유럽에 있을 때만 해도 초파리를 연구할 생각이 전혀 없었지만, 그 즈음 모건의 귀에는 초파리에 관한 이야기가 자주 들려왔다. 썩어가는 과일이나 채소를 먹고 사는 이 곤충은 생후 2~3주 만에 성적으로 성숙하여 수백 마리씩 번식한다. 페인은 초파리의 이러한 특성을 활용하여 한 학기에 열 세대에 걸친 번식 전략을 세우고자 했다. 그러나 모건의 생각은 달랐다.10 특히 그는 휘호 더 프리스가 관찰했다고 주장한 달맞이꽃의 새로운 변이주, 이른바 기형에 대해 생각하며 동물에서도 비슷한 현상을 관찰할 수 있을지 궁금해했다. 초파리는 번식 속도가 빠르니 몇 주 안에 수만 마리의 생물을 관찰할 수 있을 것이었다. 실험 대상으로는 그야말로 안성맞춤이었다. 동료들의 격려와 페인의 초파리에 힘입어, 모건은 '100만 분의 1의 초파리'를 찾기 위해 수년에 걸친 조사에 착수했다. 그런 초파리가 어떤 모습일지 예측할 수 없지만, 어떤 식으로든 다른 모든 초파리와 다르리라는 점만은 알고 있었다.

플라이 룸은 그렇게 탄생했다.

"흰 눈 파리white-eyed fly는 어때?" 병상에 누워 있던 모건의 아내가 물었다.

1910년 1월, 셋째 아이를 출산한 지 사흘째였고, 아내는 여전히 병원에서 회복 중이었다. 쉴 새 없이 실험실 소식을 쏟아내던 모건은 그제야 문득 자신이 어디에 있는지 생각해내고 말을 멈추었다가 잠시 뒤에 물었다. "그나저나, 아기는 어때?"11

며칠 전 자신이 기다리던 특별한 파리가 발견된 터라 모건은 실험에 온 정신이 팔려 있었다. 조사 대상 초파리 군집이 담긴 우유병 중 하나에서, 썩은 음식물 찌꺼기와 수십 마리의 다른 파리들 사이를 헤집고 다니는 한 마리의 동물을 목격한 것이다. 이 파리가 특별했던 건, 보통 파리의 눈을 특징짓는 '선명한 붉은 구球' 대신 '색 없이 허여멀건 구'를 가지고 있기 때문이었다. 직접 표본을 보았음에도 모건이 자신의 감각을 믿게 되기까지는 시간이 조금 걸렸다.

변이 초파리를 찾는 일은 애초에 그가 예상했던 것보다 훨씬 힘들었다. 아무 성과 없이 곤충을 사육해온 지 벌써 몇 년째였다. 그러던 어느 날 그간 면밀히 관찰해온 수천 마리의 다른 파리들과는 다른 특이체outlier가 갑자기 나타났으니 모건으로서도 얼른 믿기 어려웠을 것이다. 혹시라도 붉은 기운이 보이지 않는지, 즉 색소 결핍이 아니라 발달 지연developmental delay이 아닐지 싶어 모건은 매일 이 곤충을 조사했다. 그가 찾는 현상은 '단순한 지연'이 아니라 '지속적이고 유전 가능한 변화'였기 때문이다. 시간이 지나도 파리의 눈이 붉어지지 않자, 비로소 모건은 행운을 받아들이기 시작했다. 별다른 환호도 축하도 없이, 그는 새로 발견한 표본과 그 원인으로 여겨지는 유전자에 화이트white라는 별명12을 붙여주었다.

'흰색 눈'이라는 표현형의 유전 여부를 확인하려면 짝짓기가 필요했다. 소중한 표본을 잃지 않기 위해 신중을 기해가며, 모건은 흰색 변이 파리와 붉은 눈을 가진 정상 파리의 짝짓기를 시도했다. 맥 빠지게도 이 1세대 잡종, 이른바 'F1 세대'의 모든 파리는 붉은 눈을 가진 것으로 나타났다. 하지만 멘델이 실험한 완두콩의 열성형질—작은 키와 흰색 꽃—이 한 세대를 '건너뛰는' 듯 보였다는 사실을 떠올리며 그는 계속 연구를 진행했다. 그리고 F2 세대에 이르러 실망은 기쁨으로 바뀌었다. F1 세대의 자손들이 멘델의 예상과 정확히 일치하는 결과를 보였기 때문이다. 붉은 눈을 가진 파리 세 마리마다 달처럼 창백한 눈을 가진 파리가 한 마리씩 끼어 있었다.

모건은 이 결과에서 두 가지 결론을 도출했다. 첫째, 더 프리스가 식물에서 보여주었듯, 동물에서도 변이가 자연적으로 발생할 수 있다는 점이었다. 둘째, 식물과 동물은 동일한 유전 규칙을 따르는 우성 및 열성 대립유전자를 가진 것으로 나타났다. 하지만 유전 패턴에 뭔가 이상한 점이 눈에 띄었으니, 파리의 눈 색깔과 성별 사이에 예상치 못한 관계가 있다는 것이었다. 즉, F2 세대의 암컷 파리는 모두 붉은 눈을 가졌지만, 수컷 파리는 절반이 흰 눈을 가진 것으로 나타났다(수컷과 암컷을 합쳐야만 3대 1의 비율이 분명해졌다). 이 형질은 멘델의 열성 대립유전자처럼 작동하는 동시에, 파리에서만 관찰되는 특이한 방식을 보였다. 어떤 식으로든 성별이 흰 눈의 유전을 제한하고 있었던 것이다. 하지만 어떤 식으로?

최초의 유전자 지도

혼합의 시대에 유전은 세포 내부 또는 외부에 실체화되지 않은 특성, 즉 '천상의 성질'을 지닌 존재였다. 그러나 새롭게 인식된 유전자는 차원이 달랐다. 그것은 정량화, 측정, 예측이 가능한 유전 요소$^{hereditary\ element}$였다. 유전자가 유전단위를 구성한다는 사실을 받아들이자 과거의 어설픈 개념은 더 이상 유효하지 않게 되었다. 과학자들은 유전, 진화, 발생을 '아직 발견되지 않은 세포 내 화학물질의 결과물'이라는 구체적인 용어로 일컫기 시작했다. 유전자가 머무는 '집^{home}'이 반드시 존재하리라고 자신 있게 말할 수 있었다.

그 집을 구성하는 것은 세포의 핵에 위치한 '염색체chromosomes'라는 작은 세포 조각이었다. 일반적인 상황에서는 볼 수 없으나, '발색단chromophore' 염료를 쓰면 세포분열 중인 염색체가 부서진 흑연 같은 작은 얼룩으로 응축되어 빛을 낸다(염색체라는 이름은 이 특성에서 유래한다). 현미경 사용자들은 세포 이론의 초기부터 이 입자를 관찰해왔으나, 대부분의 세포 구성 요소와 마찬가지로 염색체의 기능은 알려지지 않았다. 그러다 20세기에 접어들어 그 신비한 입자를 연구하던 미국의 대학원생 월터 서튼Walter Sutton이 거의 모든 세포가 노아의 방주에 탄 동물처럼 '서로 짝이 맞는' 짝수의 염색체를 지녔다는 것을 관찰했다. 하지만 예외가 있었으니, 생식세포였다. 동물의 난자와 정자는 한 벌의 '짝 없는' 염색체를 가지고 있다가, 수정 후 난자와 정자가 융합하면 접합체가 다시금 한 쌍의 염색체를 회복하는 모습을 보였다. 이러한 분리와 재결합 패턴이 (그즈음 재발견된) 멘델의 유전 원리와 매우 유사하다는 점에 착안하여, 서튼은 염색체가 멘델의 우성 및 열성 대립유전자의 물리적 전달자physical conveyor라는 가설을 세웠다.

같은 시기에 나폴리 동물학 연구소의 또 다른 베테랑이자 독일 출신의 과학자 테오도어 보베리Theodor Boveri도 비슷한 결론에 도달했다. 보베리는 드리슈가 가장 좋아하는 동물인 성게를 이용해 두 개 이상의 정자로 수정된 난자를 얻는 데 성공했는데, 그 결과 탄생한 접합체 대부분은 염색체가 너무 많아 이른 죽음을 맞이했다. 그러나 종종 새로 수정된 난자가 여분의 염색체를 버렸고, 이런 일이 발생하면 성게는 정상적으로 성장하는 듯 보였다. 서튼과 보베리는 독립적으로 연구하여 포괄적인 유전 이론을 제시했고, 이후 그들의 이론은 정설로 채택되었다. 염색체라는 작은 물질 덩어리가 유기체 발생의 청사진을 구성하는 '유전적으로 일치하는 쌍'의 물리적 화신이라는 이론이었다. 또한 이들의 연구에서 '배아는 염색체를 헤아리는 수단을 지니며, 정확한 수를 가진 배아만이 정상적으로 발생한다'는 사실이 밝혀졌다.

처음에 토머스 헌트 모건은 서튼과 보베리의 염색체 유전 이론 chromosomal theory of heredity을 무시하며 그 지지자들을 '염색체 족속'[13]이라고 비꼬았다. 하지만 화이트를 발견한 계기로 보베리와 서튼이 옳았을지도 모른다는 생각을 하게 되었다. 혹시 염색체가 파리의 눈 색깔과 성별 사이의 이상한 연관성에 영향을 미치는 건 아닐까?

모건의 제자 중 하나인 네티 스티븐스 Nettie Stevens가 그 해답을 제시했다. 스티븐스는 스승과 마찬가지로 나폴리 동물 연구소를 거쳤는데, 그곳에서 잠시나마 보베리와 일할 기회가 있었다. 보베리의 염색체 연구에서 영감을 받은 스티븐스는 브린 모어 칼리지로 돌아와 곤충의 유전 단위에 초점을 맞춘 연구 프로그램을 수립했다. 암컷과 수컷 곤충의 염색체 구성이 다르다는 이전 연구를 바탕으로, 그는 일반적으로 암컷은 두 개, 수컷은 한 개만 보유하는 염색체인 'X 요소'에 집중했다. 그러던 중 많은 수컷 곤충이 하나의 X 염색체와 함께 (그보다 작은) '외톨이 염색체'를 가지고 있다는 사실을 알게 되었으니, 스티븐스는 이 변칙적인 염색체—이후 'Y 요소'라 불린다—가 수컷의 성별을 결정한다는 이론을 세웠다. 물론 이것은 정확한 이론이었다.[14]

모건은 스티븐스의 이론이 화이트의 특이한 유전 패턴을 설명할 수 있을지도 모른다고 생각했다. 초파리를 더 자세히 조사해보니, 역시나 곤충의 염색체 구성이 성별과 상관관계를 보이는 것으로 나타났다. 암컷 파리는 두 개의 일치하는 X 요소를 가진 반면, 수컷은 두 개의 불일치하는 염색체(X 요소와 Y 요소)를 가지고 있었다. 이 사실은 모건에게 큰 통찰을 주었다. 만약 눈 색깔을 결정하는 유전적 결정 요인이 X 염색체와 물리적으로 연결되어 있다면? 그럴 경우 X가 하나뿐인 수컷은 흰 눈을 가지기 쉬운 반면, X가 둘인 암컷은 그렇지 못한 이유를 설명할 수 있을 것이었다.

이에 대해 보다 자세히 알아보자. 우선, 단일 X 염색체에 열성인 화이트 대립유전자(w)를 가진 수컷 파리가 있다고 가정하여 그 유전형을 'X^wY'로 표시한다. 이 파리는 변이 형태의 유전자 활동이 저지되지 않을 테니 흰색 눈을 가질 것으로 예상할 수 있다. 반면 암컷 파리가 화이트 대립유전자를 물려받을 경우 다른 X 염색체는 여전히 정상 대립유전자(+)를 가지고 있을 것이며(따라서 유전형은 X^wX^+로 표기된다), 그 결과 흰색 변이의 열성적 특성으로 인해, 정상 대립유전자가 변이 대립유전자의 활동을 대체함으로써 X^wX^+인 암컷에게 붉은 눈을 부여하게 된다.

이 가설을 검증하고자, 모건은 암컷 파리가 우연히 두 개의 변이 X(X^wX^w)를 물려받을 때까지 오랫동안 사육을 이어갔다.[15] 마침내 흰 눈을 가진 암컷이 나타나기 시작했다. '흰 눈'이라는 형질을 코딩하는 정보가 X 요소의 물질 내에 있다'라는 해석은 놀랍도록 단순하면서도 혁명적인 것이었다. '결정 요인'이라 부르든, '형태형성 요소'라 부르든, '유전자'라 부르든, 그것은 유전적 지시heritable directive를 물리적으로 구현한 것이었다. 그 순간부터 유전의 형질을 결정하는 단위는 더 이상 추상적인 요인이나 무정형 입자가 아니었다. 염색체라는 착색된 물질 어딘가에 존재하는 물리적 존재, 즉 화학적 실체가 된 것이다.

그 후 몇 달에 걸쳐 모건의 연구 팀은 10여 가지의 새로운 변이—기형적인 날개나 특이한 몸 색깔을 유발하는 변이—를 발견했다. 흰 눈을 발견하기까지 수년이라는 시간이 걸렸지만, 방법을 깨우치자 새로운 변이는 의외로 쉽게 식별되었다. 여느 신생 분야가 그렇듯 유전학[16]은 곧 과학계를 휩쓸기 시작했다.

플라이 룸의 과학자들이 더욱 자세한 조사에 착수하자 멘델의 단순한 예측에서 훨씬 벗어난 흥미롭고 예상치 못한 유전 패턴이 속속 나타났다. 모건이 발견한 다른 열성 변이주도 그중 하나였다. 한 변이주인 버밀리온 $vermillion(v)$ 은 선명한 주홍색 눈을, 또 다른 변이주인 미니어처 $miniatere(m)$ 는 성장이 저해된 기형적 날개(소형 날개)를 지니고 있었다. 독립적으로 사육된 각 변이주는 화이트와 비슷하게 행동했으며, 상호 간의 교배에서 예상되는 비율로 변이 표현형을 낳았다(성별 관련 유전의 패턴도 동일했다). 하지만 초파리의 두 가지 형질을 조합하는 것은 매우 까다로운 작업이었고, 모건은 그 과정에서 뜻밖의 결과를 얻었다.

그것은 멘델이 완두콩에서 관찰한 것과는 전혀 다른, 놀라운 결과였다. 완두콩의 모든 형질은 독립적으로 유전되는 듯 보였으며, 멘델은 원하는 키, 꽃 색깔, 씨앗 모양을 원하는 대로 조합하여 식물을 만들었다(그는 완두콩을 교배하며 이러한 형질의 조합 비율을 예상할 수 있었다). 하지만 초파리의 경우에는 뭔가 다른 것, 즉 형질을 제어하는 유전자가 독립적으로 행동하지 못하게 하는 어떤 힘이 작용하고 있었다. 유전정보의 물리적 특성을 이해한 모건이 보기에 이는 단 한 가지, 즉 형질을 코딩하는 유전자가 같은 염색체 안에서 물리적으로 연관(연결)되어 있음을 의미했다.

컬럼비아 대학교 3학년생이던 앨프리드 스터티번트 Alfred Sturtevant는 이 데이터를 보다 주의 깊게 살펴보았다. 그는 곧 교배 결과 태어난 자손 대부분이 주홍색 눈과 소형 날개 모두를 갖지만, 두 형질 중 하나만 갖는 자손은 거의 없다는 사실을 발견했다. 그리고 어떤 형질들의 경우, '함께 유전되는 비율'이 멘델의 예상을 벗어나는 것으로 밝혀졌다. 그 정도는 형질마다 다양했지만, 1~10퍼센트의 범위 안에 있었다. 스터티번트는 이 '연관된 유전자 linked genes'를 '기차의 같은 칸에 앉은 승객' 혹은 '간격이 넓은 칸에 앉은 승객'에 비유했다. 기차가 가상의 여행을 계속하는 동안 객차는 주기적으로 분리되고 교체된다. 이때 멀리 떨어진 객차에 앉은 승객은 서로 다른 열차에 탑승할 가능성이 높지만, 같은 객차에 앉은 승객은 줄곧 같은 열차에 탑승하여 동일한 목적지에 도착하게 된다. 다시 말해, 두 여행자가 헤어지거나 함께할 가능성은 좌석 사이의 거리에 따라 달라진다.

스터티번트는 이 논리를 유전에 적용하여, '두 유전자가 염색체 내에서 서로 가까울수록 따로따로 유전될 확률이 낮아진다'는 사실을 깨달았다. 실제로 새로운 조합을 만들어내는 유일한 방법은 염색체를 물리적으로 재구성[17]하는 것이었다. 한 염색체 내에서 멀리 떨어져 있거나 서로 다른 염색체에 위치한 유전자의 경우, 멘델의 법칙에 따라 다소 무작위적인 조합으로 유전되기 때문에 이러한 문제에 직면하지 않을 것이다. 그러나 한 염색체 내에서 서로 가까이 위치한 유전자의 경우 그렇게 자유롭게 분포할 수 없다. 주홍색 눈과 소형 날개를 분리하는 데 어려움이 있었던 것은 두 형질을 코딩하는 유전자가 서로 너무 가깝기 때문이었다![18]

어느 날 밤, 원래 과제를 방치한 채 스터티번트는 '연결된 두 유전자가 분리될 가능성'을 기준으로 X 염색체에 있는 여섯 개 유전자의 상대적 위치를 도표화함으로써 최초의 '유전자 지도 genetic map'[19]를 만들었다. 이후 몇 년 동안 플라이 룸에서는 수십 개의 초파리 유전자의 상대적 위치를 기록한 더 상세한 지도들이 등장했다. 이 작업은 '유전자는 어디에 있는가?'라는 하나의 질문에 대한 해답을 제시했지만, 동시에 다른 새로운 질문들을 제기했다. 유전자는 무엇으로 만들어지는가? 성게의 색깔과 모양을 결정하고, 성게와 인간을 구별하는 염색체 내의 화학물질은 무엇인가? 멘델, 더 프리스, 모건의 유전적 전통과는 완전히 분리된 과학적 계보를 가진 화학자만이 답할 수 있는 질문이었다.

황이 결핍된 물질

1800년대 후반, 튀빙겐이 내려다보이는 독일의 한 성城에서 프리드리히 미셔 Friedrich Miescher라는 젊은 의사가 고름을 연구하고 있었다. 25세의 미셔는 스위스의 의사 집안 출신으로, 부모는 그 역시 의학에 입문하도록 교육시켰다. 미셔는 전문의 시험에 합격하는 등 모든 과정을 거쳤지만, 진료실에서 보내는 시간이 늘어날수록 (불만을 듣고 조언을 건네도 치료 효과를 거의 보이지 않는) 환자들에게 점점 지쳐갔다. 그에게 더 흥미로웠던 것은 화학의 새로운 영역, 즉 세포의 작용에 화학 원리를 적용하는 일이었고,

많은 사람은 이것이야말로 인간의 생리학에 대한 지식을 발전시키는 가장 좋은 방법이라고 믿었다. 1868년 미셔는 짐을 싸서 튀빙겐으로 이주하여, 유명한 화학자 펠릭스 호페 자일러Felix Hoppe-Seyler의 견습생이 되었다.

1860년대에 이르러 세포가 모든 조직과 유기체의 기본단위라는 세포이론이 정설로 자리 잡으면서 연구자들은 세포 내부를 더욱 깊숙이 들여다보게 되었다. 그 결과 세포의 하위 구획, 즉 '소기관'이라는 새로운 세계가 드러났고, 그 기능이 밝혀지는 것은 시간문제였다. 많은 연구자들이 표준화된 자연주의 접근 방법을 적용하여 이 작은 구조의 특성을 분석하고 그 목적을 추측하는 데 시간을 보냈다. 그러나 소수의 화학자, 그중에서도 호페 자일러는 이러한 세포 내 영역의 정확한 분자 구성을 규명하고자 했다.

아치형 방이 딸린 호페 자일러의 실험실은 한때 성의 세탁소로 사용되던 공간에 자리 잡고 있었으니, 세탁통은 넓은 테이블로, 빨래판은 플라스크, 비커, 교반기Stirrer, 발열체로 교체되었다. 벽을 가득 채운 캐비닛에는 세포와 조직을 해체하여 그 구성 요소로 환원시키는 반응성 화학물질이 들어 있었다. 이러한 물질—산, 알칼리, 용매, 알코올—을 적절한 농도와 조합과 순서에 따라 첨가하고 원하는 온도로 가열하면 모든 물질의 분자 구성을 드러낼 수 있었다. 이는 메스와 가위 대신 분자와 반응을 이용해 생체 조직을 해부하는 수단이었다.

스승의 지시에 따라, 미셔는 인근 병원에서 버려진 수술용 드레싱을 구해 온 뒤 고름이 묻은 붕대에서 세포를 분리했다. 고름에는 백혈구leukocyte(leuko는 '흰색', cyte는 '세포'를 의미하는 그리스어다)가 포화되어 있기 때문에 미셔는 화농성 시재료starting material에서 그것을 쉽게 분리할 수 있었고, 이는 그의 목적에 잘 들어맞는 방식이었다. 호페 자일러가 이 젊은 견습생에게 내린 과제는 간단했다. '질병과 관련된 세포에서 가장 큰 소기관인 핵의 화학적 특성을 정의하라.'

미셔는 화학자답게 일련의 체계적인 추출과 정제와 반응 실험을 진행했다. 먼저 온전한 세포와 찌꺼기를 분리해야 했는데, 이것은 비교적 손쉬운 작업으로 분해 징후가 보이는 것을 모두 버리기만 하면 되었다. 다음 단계는 세포의 나머지 부분으로부터 핵을 분리하는 것이었다. 그때껏 한 번도 해본 적이 없었지만, 미셔는 곧 희석된 염산 용액을 사용하면 세포가 적당히 부서져 그 내용물 대부분은 떠내려가고 핵은 그대로 남게 된다[20]는 사실을 발견했다. 마지막으로는 돼지의 위뼉에서 분리한 펩신이라는 물질을 이용해 샘플을 처리했는데, 이것이 남아 있는 오염물을 제거해주는 듯했다. 정제된 핵을 현미경으로 관찰한 미셔는 작업에 사용할 깨끗한 샘플을 확보했다고 확신했다. 이제 화학적 해부를 진행함으로써 그 안의 물질을 드러낼 준비가 갖추어진 셈이었다.

물질을 화학적 수준에서 완전히 이해하려면 세 가지 실험적 이정표—성분을 결정하고, 구조를 해명하고, 합성을 이루는 것—에 도달해야 한다. 첫 번째 단계인 성분 결정은 물질을 구성 요소로 환원하는 화학적 분해 작업으로, 무수한 시행착오와 무차별적 노력이 필요하다. 두 번째 단계인 구조 결정은 또 다른 문제다. 같은 원소로 이루어진 화합물이라도 그 원소들이 어떻게 결합하느냐에 따라 전혀 다른 형태[21]를 띨 수 있기 때문이다. 화학구조 중에는 직관적인 추론이 가능한 것이 있는가 하면 슈퍼컴

퓨터를 동원해야 하는 것도 있기에 이 작업은 늘 아슬아슬한 퍼즐과도 같다. 그리고 마지막 단계인 화합물 합성, 즉 구성 요소를 이용해 새로운 물질을 만드는 일은 화학자에게 궁극적인 성공 척도라 할 수 있다. 미셔는 화학자의 모든 기술을 새로 정제된 핵에 적용하기 시작했다. 일부 화학물질은 핵을 파열시켜 점성이 있는 용액을 만들었고, 다른 화학물질은 시간이 지남에 따라 점점 더 뚜렷해지는 순백색의 가느다란 면사綿絲 같은 물질을 만들어냈다.

미셔는 화학적 체크리스트를 통해 핵에서 추출한 물질을 점점 더 가혹한 조건에 노출시키며 원소 구성을 알아냈고, 이를 '뉴클레인nuclein'이라고 부르기로 했다. 이 물질에는 호페 자일러와 동료 화학자들이 생체 조직에서 발견한 다른 세포 구성 요소들과 공통된 원소들이 포함되어 있었다. 이 원소들―탄소, 산소, 질소―은 단백질을 포함한 대부분의 생물학적 물질에 공통적으로 존재하는 것들이었지만, 뉴클레인은 인(P)이 풍부한 반면 황(S)은 거의 포함되어 있지 않다는 점에서 차별성을 보였다.

미셔는 1870년 지도교수의 축복을 받으며 연구 결과를 발표했다. 그는 자신이 정제해낸 물질에 특별한 무언가가 있다는, 언젠가 그것이 단백질만큼이나 중요한 물질로 밝혀지리라는 다소 편파적인 기대를 가졌다. 그러나 그가 바라던 열광적인 반응은 오지 않았으니, 미셔도 멘델이 겪었던 것과 같은 무명의 운명을 겪게 된다. '최초의 조잡한 DNA 정제물'인 뉴클레인이 비로소 그 가치를 인정받기까지는 수십 년을 기다려야 할 것이었다.

1920년 무렵에는 많은 과학자들이 모건과 스터티번트의 결론, 즉 '유전자가 세포의 핵에 존재하며, 염색체에 선형적으로 조립되어 있다'는 주장을 받아들인 상태였다. 그렇다면 핵산nucleic acid(뉴클레인의 새로운 이름)이 유전물질의 확실한 후보[22]가 되지 못한 이유는 무엇일까? 아이러니하게도 그것이 너무 단순하다고 여겨졌기 때문이었다.

미셔의 초기 연구에 이어진 분석 결과, 핵산은 다음과 같은 세 가지 분자 성분으로 구성되어 있는 것으로 밝혀졌다. (1) 인산 nucleic acid(높은 인 함량의 원천), (2) 디옥시리보스 deoxyribose(당의 일종), (3) 네 가지 염기base—아데닌(A), 구아닌(G), 티민(T), 시토신(C)—중 하나. 과학자들은 핵산의 화학구조, 즉 이러한 구성 요소들이 3차원 공간에서 어떻게 배열될 수 있는지를 추측하기 시작했고, 그중 피버스 레벤Phoebus Levene이라는 러시아 출신의 의사가 핵산이 '네 가지 염기의 반복 요소', 말하자면 당sugar과 인산염의 '골격'을 바탕으로 조립된 A, G, T, C의 무작위 혼합물이라는 결론을 내렸다. 그 단조로운 구조로 미루어, 핵산은 유전정보를 담고 있기보다는 핵 내에서 모종의 기계적 기능을 수행할 가능성이 더 높아 보였다. 레벤의 탁월함이 그 모델에 신뢰성을 부여했으니, 과학자들은 이제 핵산을 유전물질로 간주하지 않게 되었다.

반면 단백질은 훨씬 더 유망한 후보였다. 핵산의 네 가지 염기보다 훨씬 많은 스무 개의 '아미노산' 알파벳으로 구성된 단백질은 세포에서 가장 풍부한 고분자macromolecule이다. 단백질의 서열과 구조는 아미노산의 고유한 순서에 의해 정의되며, 그 결과 방대한 양의 조합 정보가 생성된다. 예컨대 아미노산이 다섯 개만 있는 단백질의 경우에도 무려 300만 개(20^5)의 조합[23]이 가능하다. 자연계에 존재하는 대부분의 단백질은 수백 개의 아미노산을 순서대로 포함하고 있기 때문에 코딩이 가능한 잠재적 '단어'의 수는 엄청나게 많으며, 이러한 다양성으로 인해 단백질은 다양한 모양과 크기와 기능으로 조립될 수 있다. 단백질 세계에서 가능한 엄청난 변이들을 고려하면 다른 후보 물질, 특히 단조로운 구조를 가진 핵산을 유전물질로 고려할 필요성은 절실하지 않았다. 핵산은 곧 전성기를 맞이할 터이나, 당분간은 마크 트웨인의 말마따나 "진실이 멋진 이야기를 방해하게 하지 말라Never let the truth get in the way of a good story"는 원칙에 만족해야 했다.

형질전환물질

1918년 스페인 독감의 유행으로 5000만 명에서 1억 명이 사망했다. 당시 세계 인구의 3~5퍼센트에 이르는 숫자였다. 대부분의 사인死因은 바이러스 자체가 아니라 폐의 취약한 방어력을 파고든 세균 감염이었다. 이 악몽 같은 유행병이 발생하고 몇 년 뒤, 영국의 세균학자 프레더릭 그리피스Frederick Griffith는 호흡기에 흔히 서식하는 세균 중 하나인 폐렴구균 Streptococcus pneumoniae을 연구하기 시작했다. 그는 폐렴 환자로부터 샘플을 채취하여 실험실에서 세균을 배양한 후 이를 생쥐에게 주입했다.

배양된 세균은 증상을 거의 일으키지 않는 'R'형과 일반적으로 숙주를 살해하는 맹독성 균인 'S'형의 두 그룹으로 나뉘었다.[24] 그리피스는 일련의 영리한 실험을 통해 둘을 혼합함으로써 독성 균주lethal strain의 치명적인 특성이 양성 균주benign strain에게 옮겨질 수 있음을 알아냈다. 이러한 현상은 혼합 과정에 앞서 독성 세균을 열熱로 죽여도 발생했는데, 이는 독성 균주의 회복성(그는 이를 '형질전환물질transforming principle'이라 불렀다)이 형질의 유전적 전파에 관여한다는 것을 시사했다.

뉴욕 록펠러 대학교의 의사이자 과학자인 오즈월드 에이버리Oswald Avery에게 그리피스의 관찰은 세균학계를 넘어서는 중요한 의미로 다가왔다. 폐렴구균을 연구해온 에이버리는 그리피스의 추종자가 되었고, 은퇴를 앞둔 1940년대 초 이 영국 과학자의 연구 결과를 통해 유전의 화학적 기초를 이해하기로 마음먹었다. 세포를 양성에서 독성으로 변형시킨 것은 단백질이었을까? 만약 그렇다면, 이 특별한 단백질의 본질은 무엇일까? 혹은 예상치 못한 다른 물질이 세균의 치명적인 행동을 촉발했을까?

콜린 매클라우드Colin MacLeod와 매클린 매카티Maclyn McCarty라는 두 동료의 도움을 받아, 에이버리는 그 원인 물질을 밝히기 위한 탐구를 시작했다. 먼저 그는 독성이 있는 S 균주에서 세포를 추출하여 화학 성분—단백질, 탄수화물, 지질, 핵산—으로 분리했다. 그런 다음 R 균주를 각 분획에서 배양한 뒤 어떤 것이 양성 세균을 독성을 지닌 형태로 변형시키는지 확인했다. 과학계와 세 록펠러 과학자들의 기대와 달리 단백질 분획은 치명적인 특성을 부여하지 못했고, 대신 그러한 특성은 핵산 분획에 존재하는 것으로 나타났다. 이전에는 너무 단순하다는 이유로 유전의 매개체에서 배제된 이 물질은 DNA—정확한 명칭은 데옥시리보핵산deoxyribonucleic acid—로, 삶과 죽음의 차이를 결정짓는 것으로 알려졌다.

실험 결과를 설명한 1944년의 논문에서, 록펠러의 과학자들은 그리피스의 형질전환물질이 "전부는 아닐지언정 대체로"[25] DNA로 구성되어 있다고 선언했다. 그러나 과학계의 정설과 충돌하는 이들의 연구 결과는 큰 반발에 부딪쳤다. 유전자가 단백질로 구성되어 있다는 믿음에 모든 경력을 걸었던 수많은 과학자들이 조용히 넘어갈 리 만무했다. 대부분의 불만은 '에이버리의 핵산 분획에 약간의 단백질—치명적인 형질전환을 일으킬 수 있는 미세한 오염 물질—이 여전히 포함될 가능성'을 중심으로 제기되었다. 에이버리, 매클라우드, 매카티는 단백질 분해 효소protease가 독성 전파에 영향을 미치지 않는다는 사실을 입증하는 등 반대론자들을 설득하기 위해 할 수 있는 모든 노력을 했다. 그러나 회의론자들은 유전자가 단백질로 만들어졌다는 생각에 집착하며 굳건히 버텼다.

결국 그들의 반론을 잠재운 것은 생화학이 아닌 바이러스학이었다. 에이버리 팀의 연구실로부터 80킬로미터도 채 떨어지지 않은 롱아일랜드의 콜드 스프링 하버 연구소에서, 앨프리드 허시Alfred Hershey와 마사 체이스Martha Chase라는 두 과학자가 박테리오파지bacteriophage—세균세포를 감염시키는 바이러스—를 연구하고 있었다. 다른 모든 바이러스처럼 파지 또한 단백질 껍질에 포장된 핵산 코어nucleic acid core로 구성되어 있으며, 세균의 세포 표면에 달라붙어 내부에 유전적 '화물'을 주입함으로써 숙주를 감염시킨다. 그러나 바이러스는 스스로 번식할 수 없기 때문에 파지는 숙주 내에 이미 존재하는 번식 메커니즘을 탈취해야 하며, 그로써 일련의 바이러스 복제 과정이 시작된다.

허시와 체이스는 바이러스의 DNA와 단백질 중 어떤 것이 바이러스 전파를 담당하는지 알아내고자 영리한 방법을 고안해냈다. 한 실험 설정에서는 방사성 황radioactive sulphur이 있는 상태에서 파지가 복제되도록 함으로써 바이러스의 단백질에 표지를 붙이고(황이 없는 물질인 DNA는 이 조건에서 표지되지 않은 상태로 남아 있었다), 이어 별도의 실험에서는 방사성 인 radioacrive phosphorus이 있는 상태에서 바이러스를 배양함으로써 DNA에 표지를 붙였다(이 경우 일부 단백질에도 방사능이 표지되지만, 대부분의 방사능은 DNA에서 파생된다). 마지막으로, 허시와 체이스는 각각의 바이러스 배양액을 신선한 세균과 따로따로 혼합했다. 그러면 바이러스가 세포를 감염시키기에 충분한 시간이 지난 뒤 세균세포에 '표지된 황', '표지된 인', 또는 두 가지가 모두 포함되어 있는지 확인하기만 하면 되었다. 결과는 너무나 명확했다. 세포에 들어간 유일한 물질은 방사성 인이었고, 방사성 황은 내부로 들어가지 않은 채 표면에 남아 있었다.

새로운 바이러스를 만들기 위한 모든 지침은 오로지 DNA만이 가지고 있었다.

유전학 연구를 시작하기 전까지 모건은 멘델의 이론에 의구심을 품고 있었다. 동물의 발생은 너무나 복잡해 완두의 키를 좌우하는 형태형성 요소처럼 단순한 것으로 결정될 리 없다는 게 그의 생각이었다. 대부분의 동물 형질은 단일 유전자에 의해 결정되지 않으니 그의 직감이 틀렸다고 단정할 수는 없다. 인간의 키에는 100개 이상의 유전자가, 지능에는 1000개 이상의 유전자가 영향을 미치는 것으로 알려져 있으며, 각각은 전체 결과의 지극히 작은 부분에만 기여할 뿐이니 말이다. 그러나 단일 유전자에 영향을 미치는 변이도 때로 극적인 영향력을 발휘한다. 잘못 배치된 C, 혹은 잘못된 T—인간 세포의 DNA를 구성하는 수십억 개의 글자 중 단 하나의 오자誤字—가 잘못된 위치에 발생하면, 단어의 의미를 바꿈으로써 치명적인 질병이나 선천성 이상을 초래하게 된다.

유전자는 인체의 제안이나 명령에 의해 작동할 수 있다.

유기체 DNA의 총합을 우리는 '유전체genome'라 부른다. 유전체의 크기는 생물마다 다르지만, 놀랍게도 유기체의 복잡성과는 거의 관계가 없다. 인간의 유전체는 60억 개가 조금 넘는 염기로 구성되며, 23개 염색체의 두 사본에 균등하게 나뉘어 있다. 반면 일부 물고기는 그보다 열 배나 큰 유전체를 지닌다(그렇다고 물고기가 인간보다 더 복잡한 존재임을 암시하는 단서는 거의 없다). 포유류를 포함한 대부분의 유전체에서 단백질 코딩 유전자로 구성되어 있는 것은 DNA의 일부분에 불과하며, 나머지—지금껏 '쓰레기 DNA junk DNA'라 불려온 것들—가 그 사이의 공간을 차지한다. 따라서 유전체의 크기만 가지고 '얼마나 많은 유전자가 포함되어 있는지' 또는 '유기체가 그 유전자를 어떻게 사용하는지'를 예측할 수는 없다. 예컨대 8억 개의 염기를 가진 성게 유전체의 경우 그 크기가 인간 유전체의 약 10분의 1밖에 안 되지만, 유전자 수는 2만 개에서 2만 5000개로 인간과 거의 동일하다.

DNA가 유전물질이라는 인식이 생물학에 혁명을 일으키기까지는 예상보다 오랜 시간이 걸렸다. 핵산이 그 역할을 하기에 너무 단순하다고 생각했던 건 'DNA의 전체적 구성'이 아니라 '염기의 순서'가 중요하다는 사

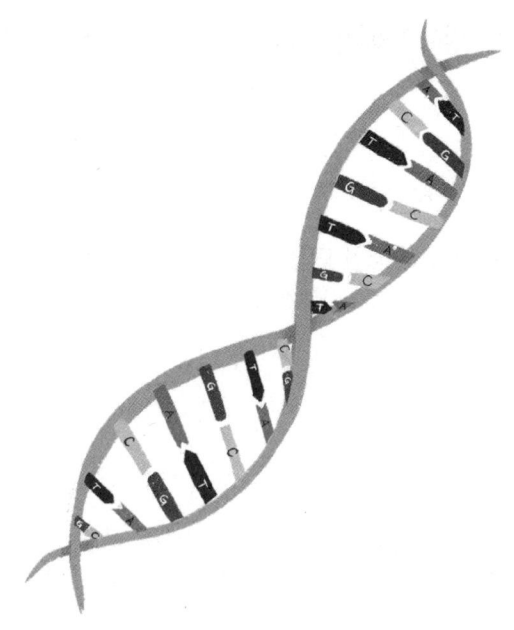

두 가닥의 DNA는 꼬인 사다리처럼 서로를 감고 있으며, 사다리의 가로대는 화학적 친화력을 가진 염기 쌍—아데닌(A)과 티민(T), 시토신(C)과 구아닌(G)—으로 구성되어 있다.

실을 고려하지 않았기 때문인데, 이것이 생물학자 스티븐 제이 굴드가 '개념적 자물쇠 conceptual lock'라고 불렀듯이 일종의 걸림돌이 되어 우리의 이해를 방해한 셈이다. 그 자물쇠는 1953년 제임스 왓슨과 프랜시스 크릭이 (지금은 유명한) 이중나선 모델을 발표하면서 마침내 풀렸고, DNA의 네 알파벳 G, A, C, T가 다양한 방식으로 배열됨으로써 거의 무한한 수의 유전자 단어를 만드는 메커니즘이 백일하에 드러났다.

완두콩과 고름에 대한 연구에서 비롯하여 초파리와 파지로 탄력을 받은 유전학은, 1950년대 중반에 이르러 세포와 유기체 수준에서 유전에 대한 기초적인 인식으로 발전했다. 유전자, 즉 멘델이 최초로 해독한 유전정보 꾸러미는 진화 과정에서 새로운 종의 출현뿐 아니라 발생 과정에서 새로운 유기체의 형성을 유도하는 역할을 담당하고 있었다. 차세대 과학자들이 당면한 과제는, 이 유전 기계의 내부 작동 원리를 이해하고, 어떻게 하나의 세포에서 성체 동물이 탄생할 수 있는지를 알아내는 것이었다.

3장

세포 사회

무엇이 세포의 운명을 결정하는가

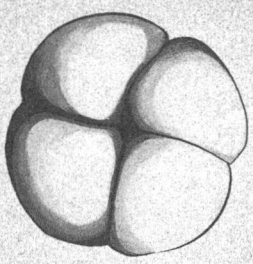

내가 과거의 나라고 가정하지 말라.
— 윌리엄 셰익스피어, 「헨리 4세」

....

 당신이 20세기의 위대한 돌파구 중 하나를 만들어냈지만, 아무도 당신을 믿어주지 않는다고 상상해보라. 학생 시절, 곤충에 대한 당신의 열정을 응원하는 사람은 아무도 없었다. 학부생 시절, 당신더러 생물학을 공부하라고 부추긴 사람은 아무도 없었다. 그 누구도 당신이 무슨 일을 하는지 신경 쓰지 않았다. 그렇다면 엄청난 일을 해내고 아무도 예상하지 못했던 결과를 얻은 지금, 다른 누군가에게 그 결과에 대한 확신을 심어주기란 거의 불가능에 가깝다. 선배와 동료들이 보기에 당신은 자격증도 경험도 없는 사람이다. 당신을 진지하게 받아들이는 이는 아무도 없다. 당신은 아무것도 아니다.
 1957년 가을 옥스퍼드 대학교 동물학과의 작은 실험실에서, 존 거든 John Gurdon이라는 나긋나긋한 말투의 대학원생이 바로 그러한 곤경에 처해 있었다. 바야흐로 생물학에서 놀라운 발견이 이루어지던 시기였다. 불과

몇 년 전 허시와 체이스가 DNA가 유전정보의 전달자라는 사실을 증명하고, 왓슨과 크릭이 그 분자가 이중나선 구조로 존재한다는 사실을 발표한 터였다. 이 발견들을 신호로, 새롭게 밝혀진 유전 언어의 구문과 문법을 이해하기 위한 경쟁이 시작되었다. 하지만 가까스로 대학원에 입학한 거든에게 이는 부차적인 문제였다. 물론 그는 주변에서 일어나는 모든 분자적 발견, 즉 세포가 DNA를 읽고, 복사하고, 복구하는 방법을 밝혀낸 연구에 많은 호기심을 가졌다. 그러나 그 발견들은 커다란 캔버스에 그려진 섬세한 붓질처럼 여겨졌으니, 그는 아직 비어 있는 공간에 더 큰 관심을 기울였다.

거든은 발생생물학자로서 지렁이, 캥거루, 인간 등 다양하고 복잡한 동물이 모두 하나의 미세한 세포에서 비롯한다는 놀라운 사실, 즉 '단일 세포 문제'에 집착했다. 분자생물학자들이 세부적인 연구에 몰두하던 시절에도 이것은 그다지 주목받지 않던 문제였다. 거든은 더 큰 그림, 즉 유전자가 협력하여 유기체를 형성하는 원리를 이해하는 데 관심이 있었다. 이 탐구는 궁극적으로 성숙한 세포에서 동물을 복제한 최초의 과학자로 그의 이름을 알리고, 유전자와 발생 사이의 기본 관계를 확립하는 연구로 이어질 것이었다. 그는 결국 생물학계 최고의 상을 수상하게 될 것이었다. 하지만 이 모든 일이 일어나기 전에, 그는 회의적인 세상을 상대로 자신이 틀리지 않았음을 납득시켜야 했다.

세포 사회의 구성원들

신체의 모든 기관은 세포로 이루어진 사회이며, 모든 세포는 그 사회적 질서 내에서 각자의 위치와 역할을 부여받는다. 우리 몸의 기관을 구성하는 세포 사회는 발생 과정에서 천천히 만들어지고, 모든 거래가 그 안에서 이루어진다. 몸 전체에 산소를 운반하는 적혈구, 엄청난 하중을 견디는 근육세포, 제 생명을 희생해 피부의 보호막을 만드는 각질형성세포 등, 평범하고 반복적인 일을 하는 세포들이 있다. 각 조직에 기능과 특성을 부여하는 것은 바로 이러한 '블루칼라' 노동자들이다. 물론 숙련공들도 있다. 조골세포 osteoblast 와 파골세포 osteoclast 는 뼈의 건설 및 철거를 담당하고, 장세포는 섭취된 음식물에서 영양분을 추출하며, 내분비세포는 호르몬을 통해 조직 전체에서 세포들의 활동을 동기화한다. 이러한 세포 노동자들은 관리 계층—생산량을 측정하고 필요에 따라 생산 속도를 설정하는 뉴런—의 감독을 받는다. 그리고 모든 사회가 그렇듯 우리 조직을 구성하는 세포 집단에도 문제아—걷잡을 수 없이 성장하여 생명을 위협하는 암으로 발전하거나, 일탈 행위로 흉터를 남기는 악당 세포—가 존재한다. 이들이 일으키는 문제를 해결하기 위해, 인체는 재난을 조기에 진압하는 호중구 neutrophil 와 대식세포 macrophage, 언제든 불청객을 발견하는 즉시 추방(또는 처형)할 준비가 되어 있는 림프구 lymphocyte—공격적인 국경 순찰대를 떠올리면 이해하기 쉬울 것이다—등 응급 요원들을 고용한다. 두 가지 일을 동시에 수행하는 세포도 있는데, 예컨대 별세포 stellate cell 의 경우 평소 비타민 A를 저장하는 본연의 업무를 수행하다가, 유사시에는 손상된 조직을 강화하기 위해 콘크리트를 치는 보조 업무를 맡는다.

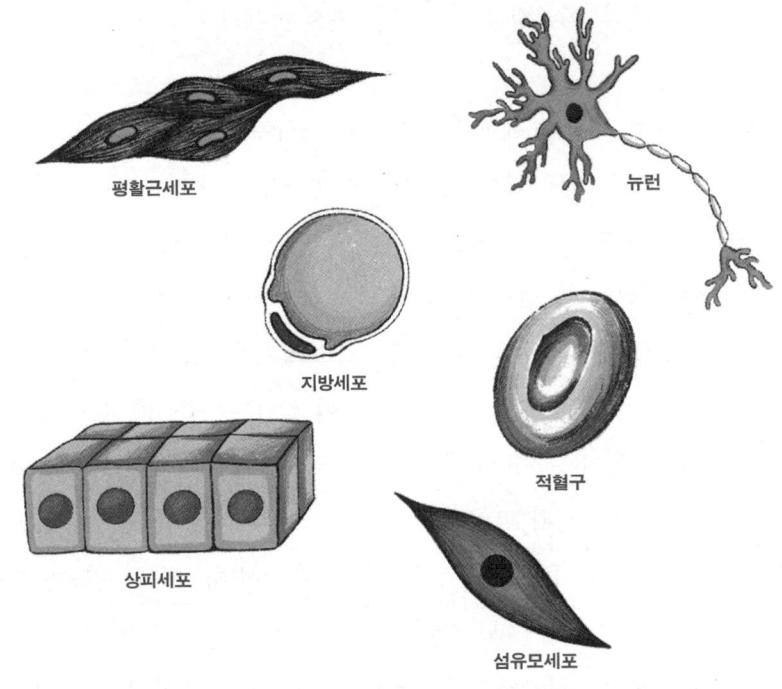

우리 몸을 구성하는 다양한 유형의 세포는 각기 다른 구조로 자신의 기능을 뒷받침한다. 이 그림에는 평활근세포smooth muscle cell(소화관 및 횡격막과 같은 조직을 수축시키는 역할을 함), 지방세포adipocyte(지방을 저장함), 뉴런(신경계 내에서 신호를 전달함), 적혈구(온몸에 산소를 운반함), 상피세포epithelial cell(외부와의 장벽 역할을 함) 층, 섬유모세포fibroblast(신체의 결합조직을 형성함)가 나와 있다.

내부 커뮤니티를 구성하는 이러한 세포들은 단순히 공존하며 각자의 임무를 독자적으로 수행하는 데 그치지 않는다. 그들은 적극적으로 소통하고 협력하며 서로를 지원한다. 부상이나 침공이 발생하면 어떤 세포는 추가 피해를 막고 다른 세포는 재건을 위해 노력하는 등, 모두가 힘을 합친다. 평온한 시기에는 자원을 절약하고 힘을 비축하여 이후 다가올지 모를 어려운 시기를 대비한다. 세포는 이기적인 행동을 거의 하지 않고 대의를 위해 애쓴다. 요컨대, 우리 몸의 기관은 여러 면에서 유토피아적인 세포 집합체이다.

거대한 대왕고래부터 작디작은 구더기까지, 거의 모든 다세포동물의 세포 사회는 난자와 정자의 융합물인 단세포 배아에서 시작된다. 현미경으로 들여다본 접합체는 뚜렷한 특징이 거의 없는 단순한 구체球體로, 앞으로 울려 퍼질 생명의 교향곡의 원천이라고는 상상하기 힘든 소박한 존재다. 그럼에도 불구하고 우리 몸의 모든 조직, 즉 우리의 형태를 결정하는 뼈와 팔다리를 움직이는 근육, 생명의 발생에 대해 숙고할 수 있게 하는 뇌가 모두 이 하나의 원시세포에서 비롯한다는 점은 우리 존재의 가장 기본적인 사실이다.

배아는 접합체에서 성체로 성장하는 과정에서 엄청난 도전에 직면한다. 갓 태어난 신생아는 1조 개 이상의 세포를 지니며, 성인은 이보다 열 배 이상 많은 세포를 지닌다. 이러한 양적 성장을 달성하기 위해 접합체는 메트로놈과 같은 정밀도로 분열하며, 출생 전에 40회 이상 복제 과정을 반복한다. 수가 증가함에 따라 세포는 점점 다양해지기 시작하고, 분화 과정을 거치며 자유로운 '행위자'에서 헌신적인 '노동자'로 전환된다. 분화는 세포 사회에 독특한 직업적 구성을 부여함으로써 각 기관이 일꾼, 공급자, 관리자, 방어자의 적절한 조합을 갖출 수 있도록 한다. 하지만 그 대가도 있다. 개별 세포의 경우, 하나의 전문화된 경로에 헌신하면 다른 선택의 문이 닫히기 때문이다. 심장의 일부가 된 세포는 신장에 합류할 기회를 포기하고, 그 반대의 경우도 마찬가지다.

분화는 발생의 블랙박스와도 같다. 배아가 열 개 이상의 세포로 분열하면 표면에 남아 있는 세포를 제외한 나머지는 내부에 파묻혀서 보이지 않는다. 그처럼 세포를 특정 직업으로 안내하는 사건이 숨겨져 있으므로, '세포 전문화'의 신비를 풀고자 하는 사람으로선 괴로울 수밖에 없다. 보다 심각한 문제는, 설령 배아의 내부를 들여다볼 수 있다 해도 세포의 직업 선택에 대한 정보를 거의 얻지 못하리라는 점이다. 발생 중인 세포가 "나는 연골이 될 거야" 혹은 "나는 피부가 될 거야"라며 미리 자신이 선택한 직업을 발표하는 일은 없다. 분화는 이미 전문화 결정이 내려진 뒤에야 나타난다.

척추동물의 경우 접합체가 두 개의 세포로, 네 개의 세포로, 여덟 개의 세포로 여러 번 분열하면 포배(포유류의 경우 배반포)라 불리는, 속이 빈 공이 형성된다. 양서류나 포유류가 발생을 시작한 지 몇 시간 혹은 며칠 안에 도달하는 이 초기 단계에서 배아의 세포들은 아직 직분에 전념하지 않으며, 따라서 어느 정도 상호 교환이 가능하다. 사람으로 치면 모든 잠재적 운명을 지닌 영유아기에 해당한다 할 수 있을 텐데, 바로 이것이 드리슈와 슈페만이 발견한 '가소성'이다. 하지만 그다음 단계인 낭배형성 시기는 분화가 본격적으로 시작되는, 말하자면 격동의 청소년기로, 이 시기에는 발생 메커니즘을 구분하기가 특히 어렵다.

분화 과정은 우리의 세포 사회에 다양성을 부여한다. 그렇다면 다양한 세포 집합체는 어떻게 생겨날까? 어떤 세포는 흡수성 장세포가 되고, 어떤 세포는 혈액의 산소를 운반하는 적혈구가 되고, 또 어떤 세포는 골격의 골기질 bony matrix을 형성하도록 지시하는 것은 무엇일까? 모종의 신비한 영향을 받아 이런 종류의 결정을 내리는 것일까? 아니면 어떤 고위 기관, 즉 필요에 따라 빈자리를 채우고 새로운 인력을 신체의 올바른 위치로 안내하는 '인사관리 책임자'에 의해 결정되는 것일까?

존 거든은 다소 우회적인 경로로 과학의 길에 들어섰다. 영국 서리 Surrey의 작은 마을에서 소년 시절을 보낸 그는 집 근처에 서식하는 나방과 나비의 끝없이 다양한 무늬에 반해 곤충에 매료되었다. 애벌레를 키우며 변태 과정을 관찰하고, 자신의 몸무게만큼이나 무거운 곤충학 교과서에 의존하여 곤충의 종을 분류하며 표본을 들여다보면 시간이 삽시간에 흘러갔다. 이 생물들의 다양성에는 한계가 없고 이들에 대해 던질 수 있는 질문도 끝이 없는 듯했다. 이미 나비 전문가였던 그는 이 놀라운 생명체를 연구하며 사는 것보다 더 만족스러운 삶은 없으리라 생각했다.

하지만 타이밍이 좋지 않았다. 1933년에 태어난 거든은 제2차 세계대전의 여파로 영국의 중등교육 시스템이 호기심과 도그마에 도전하는 태도를 용납하지 않던 시기에 청소년으로 성장했다. 그는 암기 위주의 주입식 교육에 도무지 적응할 수가 없었다. 15세기부터 왕자, 공작, 백작의 인큐베이터 역할을 해온 엘리트 학교인 이튼 스쿨의 교사들은 애벌레에 대한 이 10대 학생의 집착에 차츰 실망을 느꼈고, 마침내 거든의 지도교사는 그가 과학적으로 무능하다고 선언했다. "물론 자네는 과학자가 되고 싶겠지." 그 생물학의 대가는 이렇게 말했다. "하지만 현재 상황으로 볼 때, 그건 말도 안 되는 일이네. 간단한 생물학적 지식조차 흡수하지 못한다면 전문가가 할 수 있는 일을 할 수 없을 테고, 이는 자네 자신과 자넬 가르쳐야 하는 사람들 모두에게 시간 낭비야." 거든은 자신이 생물학과 학생 250여 명 중 꼴찌라는 사실을 알게 되었다.[1]

풀이 죽은 그는 잠시 군대에 갈까 고민하다가, 고대 그리스어와 라틴어로 관심을 돌렸다. 곤충을 연구할 수 없다면, 차라리 고대 언어와 문화를 연구하는 직업을 택해야겠다는 생각이었다. 그러다 그의 진로에 영향을 미칠 첫 번째 운명의 반전이 찾아왔다. 옥스퍼드 고전학과에 지원했으나 다른 과를 알아보라는 통보를 받은 것이다. 두 번째 진로마저 불가능해졌지만 이것이 그에겐 실낱같은 희망으로 작용했다. 꿩 대신 닭이라고, 아직 자리가 남아 있는 과학 분과 중 동물학과를 선택하면 어떨까? 자신이 사랑하는 곤충의 세계로 돌아갈 수 있다는 생각에 거든은 얼른 지원서를 수정했고, 개인 교사의 도움을 받아 이전에 도무지 할 수 없었던 '암기'라는 과제를 어렵사리 해냈다.

1년 뒤, 거든은 입학시험을 통과하여 옥스퍼드 동물학과에 과학 특기생으로 입학했다. 하지만 또 다른 걸림돌이 그를 기다리고 있었다. 사실 그는 딱정벌레, 나방, 벌, 개미 등에 초점을 맞춘 곤충학과로 전과할 계획이었는데, 놀랍게도 거든의 전과 신청은 거절당했다. 곤충생물학자들이 그를 원하지 않았다. 행운은 그를 들었다 놨다 하며 희망을 부추기다가 기어코 그의 앞길을 막아버리는 듯했다.

돌이켜보면 그것은 젊은 생물학자에게 일어날 수 있었던 최고의 일이었다. 그 일을 통해 친절하고 이해심 많은 교수인 미하일 피시버그Michail Fischberg에게서 발생학을 배우게 되었기 때문이다. 곤충만큼 거든을 사로잡지는 못했지만 발생학 또한 꽤 매력적인 학문이었다. 성장하는 배아의 모양과 형태에 큰 관심을 기울이는 발생학자들을 지켜보면서, 그는 애벌레와 나비의 복잡한 날개와 가슴 무늬를 떠올렸다. 수업에서 배운 것 외에는 배아발생에 대해 아는 바가 거의 없었지만 그런 건 중요하지 않았다. 아무도 그에게 손을 내밀지 않을 때, 피시버그는 거든에게 기회를 줄 준비가

되어 있었다. 스물세 살에 거든은 피시버그의 연구실에 자리를 잡고 배아의 신비에 대해 깊이 생각하기 시작했다.

유전자 수 헤아리기

그보다 한 세기 앞서, 또 다른 곤충 마니아인 독일의 생물학자 아우구스트 바이스만은 빌헬름 루의 '반쪽 배아' 실험에 영감을 준 발생 모델인 생식질 이론을 제안한 바 있다. 이 이론의 전제는, 각 세포가 분열 과정에서 불균등하게 분포하는 '결정 요인'(유전자의 선행 개념)이라는 고유한 유전적 요인을 지니고 있다는 것이었다. 바이스만은 세포 사회—근육세포, 혈액세포, 뉴런—에서 세포의 위치는 해당 세포가 지닌 결정 요인의 조합에 의해 결정된다고 가정했다. 그에 따르면 접합체—다른 모든 세포가 파생되는 단일세포—에는 완전한 결정 요인이 포함되어 있어야 했다. 따라서 생식질 이론은 분화를 유전적 희석 과정으로 보며, 분열 과정 중 어떤 유전자를 보유하고 어떤 유전자를 잃었는지에 따라 각 세포의 위치가 결정된다는 것이 그 골자다.

인간의 직업 선택 과정에 비유하면 바이스만의 이론을 보다 쉽게 이해할 수 있을 것이다. 한 아기가 건축, 농업, 의학, 요가 강사 등 상상할 수 있는 모든 직업에 대한 안내서가 들어 있는 종합적인 도서관을 가지고 태어난다고 상상해보자. 그런 다음, 아이가 성장함에 따라 책이 몇 권만 남을 때까지 나머지 책들을 선택적으로 제거하는 전지전능한 사서를 떠올리는 것이다.[2] 성인이 되어 직업 선택과 관련한 지침을 얻고자 반쯤 빈 책장을 둘러보던 젊은이는 자신의 선택지가 이미 어느 정도 정해졌음을 알게 되고, 그의 결정은 서가에 남아 있는 안내서들에 의해 좌우된다. 다시 말해 이 이론은 '상실을 통한 구성' 모델로, 발생이 끝날 때 어떤 명령이 남아 지속되고 있는지에 따라 지시 사항이 결정되는 일종의 '명령어 분리 추출'이라 할 수 있다.

바이스만의 이론은 중요한 예측을 가능케 했다. 그 내용인즉, 만약 이 모델이 맞는다면—즉 발생의 경로가 '세포가 전문화하면서 흘리는 유전자'로 가득 차 있다면—분화는 일방통행을 의미한다는 사실이다. 일단 특정 직업에 정착한 세포는 다른 직업으로 전환할 수 없는데, 그것은 직업 전환을 허용하는 지침서가 존재하지 않기 때문이다.

쉽게 말해, 한번 근육세포는 영원한 근육세포요, 한번 뉴런은 영원한 뉴런이라는 얘기다.

1883년에 발표된 바이스만의 이론은 명쾌했지만 검증하기가 여간 어렵지 않았다. 사실, 한스 드리슈는 성게 배아의 초기 세포가 새로운 동물을 탄생시킬 수 있음을 보여주었고, 이는 초기 배아가 결정 요인을 잃지 않았다는 분명한 증거였다. 그러나 실험은 세포가 각각의 직업에 정착한 이후 어떤 일이 일어나는지에 대해서는 아무것도 말해주지 않았다. 아마도 바이스만의 결정 요인은 더 발전된 단계에 이르러서야 분화의 관행을 시작했을 것이다. 실제로 드리슈도 배아가 자라면서 할구의 동물 형성 능력이 약해지기 시작하며, 배아가 여덟 개 이상의 세포를 갖게 되면 새로운 성게를 형성하는 개별적인 능력은 사실상 전무하다는 점을 관찰한 터였다.

바이스만의 모델은 각 유형의 세포가 서로 다른 고유한 유전적 요소를 가지고 있음을 예측했으니, 이 이론을 확인하는 가장 간단한 방법은 다양한 조직에 포함된 유전자의 수를 헤아리는 것이다. 하지만 최근까지만 해도 이러한 그 직접적인 수치화의 방법이 전무했다. 게다가 정교한 도구가 발달한 오늘날에도 단일세포의 유전자 수를 정확하게 헤아리기란 쉽지 않다. 바이스만의 이론이 세포 분화에 적용되는지 확인하려면, 발생의 블랙박스 내부를 들여다볼 또 다른 방법이 필요했다.

반세기 후, 전염성 있는 미소와 연구에 대한 열정을 지닌 염색체 과학자 밥 브리그스$^{Bob\ Briggs}$가 그 해답을 제시했다. 거든과 마찬가지로, 브리그스도 과학자가 되기까지 힘든 경로를 걸어와야 했다. 뉴햄프셔주의 시골에서 태어나 조부모 밑에서 가난하게 자란 그는 신발 공장에서 일하고 작은 댄스 밴드에서 밴조를 연주하며 돈을 벌었다. 과학 분야에서 경력을 쌓고자 그는 대공황 시기에 하버드에서 박사학위를 취득하겠다는 야심 찬 계획을 세웠고, 천신만고 끝에 뜻을 이루어 필라델피아의 란케나우 병원에서 연구원으로 일하며 염색체에 관심을 집중하기 시작했다.

초기 실험에서, 브리그스는 염색체 함량과 발생 사이의 관계를 이해하고자 노력했다. 테오도어 보베리가 성게에서 이러한 유형의 문제를 해결했으니 생쥐도 비슷한 행동을 보이는지 확인할 생각이었다. 그는 먼저 실험을 통해 염색체가 너무 많거나 적은 세포를 만들었는데, 그 과정에서 특이한 실험에 대한 아이디어가 떠올랐다. 염색체와 유전물질이 모두 포함된 세포의 핵을 가져다가 핵이 제거된 난세포에 이식하면 어떻게 될까? 수년 전 한스 슈페만 또한 새로 이식한 핵에서 새로운 동물이 자라날 수 있을

지 궁금해하며 이 "환상적인 실험"을 제안한 바 있었다. 슈페만은 뛰어난 기술과 경험을 바탕으로 핵이식nuclear transplantation이라는 목표에 거의 근접했지만, 완전한 실행에는 이르지 못했다. 브리그스는 더 현대적인 장비를 갖춘 지금은 그 일을 해낼 수 있으리라 믿었다.[4]

그가 제출한 연구비 신청서를 검토한 국립보건원의 심사관들은 이것이 허황된 계획이라며 단칼에 거부했다. 하지만 브리그스는 인내심을 갖고 어렵사리 자금을 모아서 미세 작업 경험이 있는 뉴욕 대학교 대학원생 토머스 킹Thomas King을 고용했다. 킹은 알이 큰 북방표범개구리(라나 *Rana pipiens*)를 이용하면 좋겠다고 제안했다. 브리그스는 이에 동의했고, 작업이 시작되었다.

킹은 마이크로피펫을 이용해 개구리 알의 외막에 구멍을 뚫고 부드럽게 흡입하면 세포의 핵이 추출되고, 이로써 유전물질이 없는 세포 자루인 '제핵enucleated' 세포체를 만들 수 있다는 사실을 알아냈다. 그런 다음, 동일한 절차로 포배 단계에 있는 개구리 알에서 핵을 분리한 뒤 이를 제핵 세포체에 옮겨 넣어 기존에 있던 핵을 새로운 핵으로 대체했다. 브리그스는 핵 제거자로, 킹은 주입자로 일하며 1950년부터 1952년까지 2년에 걸쳐 핵이식 기술을 개선했다. 놀랍게도 이 기술은 성공했다. 대부분의 세포가 침습적인 시술에서 살아남았을 뿐 아니라, 그렇게 탄생한 하이브리드 세포 가운데 적어도 3분의 1이 무사히 올챙이로 성장했다. 브리그스의 '허황된 계획'은 핵이 수정란 속에 있다고 착각하도록 속이는 것이었다. 그리고 이로써 브리그스와 킹은 자신도 모르는 사이 동물 복제를 위한 첫발을 내디딘 셈이었다.

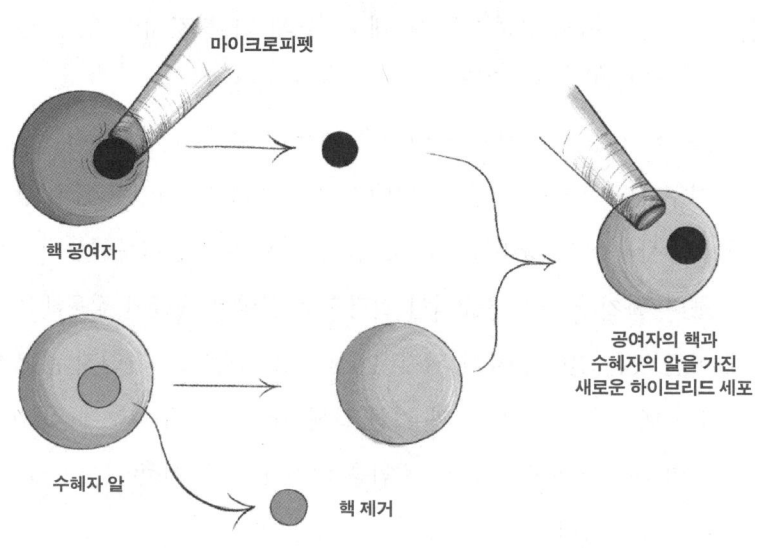

핵이식을 하는 동안, 연구자는 마이크로피펫을 사용하여 한 세포(공여자)에서 핵을 분리한다. 이와 동시에 난자의 핵도 제거되어 제핵 세포체(수혜자)만 남게 된다. 공여자의 핵이 수혜자의 난자에 이식되면 그 결과 '하이브리드 세포'가 발생한다. 이러한 '잡종'이 성숙한 동물로 성장할 수 있다면, 공여자의 핵에는 발생이 진행되는 데 필요한 모든 정보(유전자)가 포함되어 있는 것이다.

비좁은 개구리 실험실에서

한편 존 거든은 옥스퍼드에서 실험발생학자로서의 삶에 안착하고 있었다. 그가 몸담은 곳은 개구리 실험실이었는데, 이는 실험 공간이 비좁고 재정도 빠듯하다는 것을 의미했다. 연구의 대상인 미끄러운 양서류가 작은 공간 대부분을 차지하고 사육용 수조와 번식용 수조가 바닥부터 천장까지 쌓여 있어, 연구원들이 사용할 수 있는 공간은 극히 제한적이었다. 피시버그의 실험실에서 개구리들은 진흙과 조류藻類가 가득한 연못과 달리 깨끗한 물에서 생활하며 야생 개구리들과 다를 것 없이 알을 낳고 올챙이를 부화시키는 등 왕성한 번식력을 과시했다.

거든의 자리는 그나마 덜 비좁은 연구실 한쪽 구석이었지만 그래도 다른 연구자 서너 명과 팔꿈치를 맞댄 채 공유해야 했고, 두 명 이상의 과학자가 동시에 특정 장비를 필요로 할 경우엔 일종의 병목현상이 발생하기도 했다. 하지만 거의 종교적인 열정으로 실험실 생활에 적응해온 거든에게 이런 것은 전혀 문제가 되지 않았다. 그는 밤낮을 가리지 않고 연구실에서 지냈으니, 그 마른 몸과 거친 갈색 머리는 언제든 눈에 띄었다. 휴식을 취할 때는 간단한 스쿼시 게임을 하거나 추운 계절에는 스케이트를 타며 시간을 보냈다.

거든이 그렇게 열정에 굶주리며 일하게 된 동기는 무엇이었을까? 과거 자신을 거부했던 이튼의 과학 교사나 옥스퍼드의 곤충학과 교수진에게 가치를 증명하기 위해서였을까? 혹은 아들을 학문적 방랑자로 여기던 부모를 안심시키기 위해서였을까? 그것도 아니면 자신의 자리가 당장 위험에 처하지 않을 환경, 즉 자신에게 맞는 곳을 드디어 찾아냈다는 사실에 안도하고, 열심히 노력하면 그 상태가 계속 유지되리라 생각했기 때문이었을까?

모든 요인이 그 추진력에 기여했을 수 있지만, 여느 과학자들이 공감하는 거든의 주된 동기는 일종의 사냥, 즉 남들이 모르는 퍼즐을 혼자서만 풀 수 있는 기회였다. 새로운 자연적 사실을 발견하고, 이름을 붙이고, 그 특징을 설명하는 최초의 사람이 되는 즐거움은 말로 형언할 수 없었다. 거든은 교실에서의 주입식 교육을 거부하고 스스로 설계한 지식의 길을 통해 자연 세계에 대한 이해 방식을 깨우치며 자랐고, 이러한 독립성이 그를 초심자에서 실험주의자로 변모시켰다. 피시버그의 연구실에서는 온전히 혼자 일한다는 사실이 부담으로 느껴지지 않았다. 오히려 그것은 신이 내린 선물이었다.

곤충을 향한 열정과 어린 시절의 집착에 더하여 또 다른 요소도 그를 특별하게 만들었다. 거든은 축소 모형 제작에 일가견이 있었다. 기차, 배, 비행기 등의 축소 모형을 만드는 것은 20세기 영국에서 흔한 취미였지만, 거든은 이를 한 차원 더 높은 수준으로 끌어올렸다. 그는 호두 껍데기 반쪽을 비워 영국 군함 모형을 제작하기도 했는데, 이는 나이 많고 경험이 풍부한 소수의 애호가들이나 가능한 섬세하고 까다로운 작업이었다. 그런 거든에게 핵이식—정교한 손재주를 필요로 하는 브리그스와 킹의 기술—을 마스터하라는 피시버그의 지시는 엄청난 행운이나 마찬가지였다. 순수한 즐거움을 좇아 시작했던 일로 박사학위까지 받을 수 있게 되었으니 말이다. 손과 정신의 이상적인 결합을 통해 작업을 이어가며, 거든은 그동안 겪어온 고통스러운 좌절과 실패를 떨쳐낼 수 있었다. 학계에서 자신의 자리를 찾기 위한 오랜 고군분투 끝에 마침내 그는 물 만난 고기가 되었다.

어느 날 거든이 수조에 손을 뻗자, 안에 있던 암컷 개구리가 깜짝 놀라 회색빛 몸을 아치형으로 구부리더니 뒷다리로 바닥을 힘껏 차며 물을 튀기고 바닥에 놓인 수많은 알들을 흩트려놓았다. 거든은 잠시 전날 밤 산란한 알을 이용해 작업할까 생각했지만, 그동안의 시행착오를 통해 신선한 알을 수확해야 일이 더 잘 풀린다는 사실을 알고 있었다. 그는 신속하고 단호하게 손을 놀려 젤라틴으로 덮인 개구리의 미끄러운 피부를 단단히 잡았다. 그런 다음 포접^{amplexus}, 즉 수컷 개구리가 알을 수정시키려고 올라타는 행위를 흉내 내기 위해 집게손가락으로 암컷 개구리의 총배설강^{cloaca}®을 눌렀다. 몇 초 뒤, 거든은 개구리의 다리를 벌리고 척추 아래쪽에 압력을 가함으로써 신경계의 은밀한 구석에서 무의식적인 충동을 일으켰다. 개구리는 발길질을 하고 몸부림치며 그의 손아귀에서 벗어나려 했지만, 인내심 있게 기다리자 곧 수백만 년 전 자연이 부여한 임무를 수행하기 위해 자리를 잡고 수백 개의 새로운 알을 낳기 시작했다. 거든은 그 알을 밑에 놓인 용기에 모았다.

알은 비스듬히 기운 천체 모형처럼 한쪽은 짙은 색을 띠고 다른 한쪽은 옅은 노란색을 띤 아름다운 구체였다. 거든은 유리 배양접시에 알을 넣고 스포이트로 소량의 개구리 정자를 뿌렸다. 암수 개구리를 짝짓기 시키는 대신 이런 방식을 이용하면 모든 알이 동시에 수정될 수 있었다. 몇 분 지나지 않아 대부분의 난자가 정자에 의해 수정되었고, 새로 형성된 배아들이 성숙을 향한 행진을 시작하며 세포 수가 20분마다 정확하게 두 배씩 증가했다. 다른 모든 동물 종에서 볼 수 있듯이, 이 배아도 분열을 거듭할 때마다 커지는 것이 아니라 각각의 딸세포가 모세포의 절반 크기로 자랐다.[6] 몇 시간 만에 배양접시는 수십 개의 포배로 가득 차게 되었는데, 각각의 포배는 수백 개의 세포로 빽빽하게 들어차 있음에도 불구하고 그것이 유래한 알보다 크지 않았다. 그리고 며칠이 지나자 올챙이들이 그 공간을 가득 메웠다.

◉ 배설기관과 생식기관을 겸하는 구멍. 양서류, 파충류, 조류, 단공류單孔類 따위에서 볼 수 있다.

이러한 발생 과정을 지켜보면서, 거든은 포배의 원시세포 중 하나가 올챙이 혹은 (예비) 개구리의 전문화된 특성을 더 많이 가지면 어떤 일이 일어날지 궁금해졌다. 올챙이에겐 (영양분을 향해 다가가거나 포식자로부터 멀어지기 위한) 꼬리, (섭취한 먹이를 소화하기 위한) 장, (숨을 쉬기 위한) 아가미, (이 모든 것을 제어하기 위한) 신경계 등이 필요할 터였다. 하지만 발생 초기 단계에는 그 구성 요소들이 결핍되어 있었다. 그렇다면 바이스만이 생식질 이론에서 예측한 대로 유전자와 염색체가 해체되어 각기 다른 세포로 분류되는 걸까? 이것이 분화의 비밀일까? 그 답은 아직 알 수 없었으나, 그는 자신이 마스터해야 할 핵이식 기술이 이를 알아내는 방법이 되리라 확신하기 시작했다.

거든의 첫 시도는 실패로 끝났다. 옥스퍼드는 물론 전 세계 어느 곳에서도 브리그스와 킹의 절차를 재현한 과학자는 없었다. 그들의 논문에 기술된 내용은 정확했지만, 글로 된 설명으로는 그 방법의 미묘한 차이를 포착할 수 없었기에 거든으로서는 대략적인 지침서만 가지고 작업하는 셈이었다. 첫 번째 과제인 마이크로피펫 제작은 비교적 수월하게 해결되었다. 먼저 거든은 연필심만 한 길이의 속 빈 유리 막대를 구해 불 위에 매달아 놓고 가운데가 부드러워지기를 기다렸다. 그런 다음 양쪽 끝을 조심스럽게 잡아당겨 중심부가 세포 지름보다 좁아질 때까지 유리관을 늘였고, 이로써 한 시간 만에 하루 동안 실험할 수 있을 만큼 많은 양의 마이크로피펫을 만들 수 있었다.

가장 큰 문제는 따로 있었다. 마이크로피펫의 가느다란 끄트머리를 알의 외막에 대고 밀었을 때 아무런 일도 일어나지 않았던 것이다. 물로 채워진 풍선을 손가락으로 누르면 움푹 들어가기만 할 뿐 그 표면에 구멍이 생기지 않는 것처럼, 마이크로피펫은 그가 의도한 대로 부드러운 껍질에 구멍을 뚫는 대신 변형만 일으킬 뿐이었다. 난자를 둘러싼 젤라틴 피부가 너무도 탄력적이라 그 안에 있는 귀중한 핵을 추출할 수가 없었다. 브리그스와 킹이 사용한 라나의 경우 알을 뒤덮은 막이 단단해 바늘로 쉽게 뚫을 수 있었지만, 피시버그의 연구실에서 사용한 아프리카발톱개구리(제노푸스 *Xenopus laevis*)는 그와 달랐다. 거든은 보다 날카로운 바늘이면 가능할지 모른다는 생각에 더 미세한 피펫을 만들었으나, 오히려 표면의 압력에 의해 피펫 끝이 부러지는 문제가 발생했다. 그는 교착상태에 빠졌다.

그때, 과거에도 중요한 순간 거든을 위해 개입했던 운명이 이번에는 현미경이라는 형태로 나타나 다시 그를 구해주었다. 대부분의 현미경은 일반 전구처럼 단순한 빛에 의존해 피사체를 비추는 반면, 피시버그는 최근 자외선 광원을 사용하는 새 현미경을 구입한 터였다. 이런저런 방법을 시도하던 거든은 알이 자외선을 받으면 그 탄성이 다소 느슨해진다는 사실을 우연히 발견했고, 그리하여 마침내 세포 내부에 접근할 수 있게 되었다. 행운은 여기서 끝나지 않았다. 핵을 추출하기 위해 피펫을 알에 찔러 넣던 중 자외선이 수혜자 세포의 핵과 유전물질을 파괴했음을 알게 된 것이다. 자외선 노출로 세포에 접근하는 동시에 추출에 필요한 구획을 파괴하는 일거양득의 효과를 거둔 셈이었다.

갑자기 삶 전체가 수월해지는 것 같았다. 이제 난자를 자외선에 노출시키는 것만으로도 수혜의 조건이 갖추어져 핵 제거가 불필요해졌으니 말이다. 공여자의 핵을 추출하는 경우에는 자외선 노출 없이도 마이크로 피펫을 쉽게 찔러 넣을 수 있는 포배 단계 이상의 성숙한 세포를 대상으로 시행되기 때문에 훨씬 더 간단했다.

모든 요소를 갖추자 거든의 실험은 마침내 궤도에 올라섰다. 이후 몇 달에 걸쳐 그는 이식 기술을 완벽히 숙달했고, 브리그스와 킹의 연구 결과를 쉽게 재현하여 포배에서 추출한 핵을 방사선이 조사照射된 알에 이식함으로써 올챙이를 심지어 개구리로 만드는 데 성공했다. 이에 만족하지 않고 그는 각 단계가 최대한 효율적인 방식으로 진행될 때까지 실험과 개선을 이어가, 마침내 한 번에 수십 번의 핵이식을 수행할 수 있게 되었다. 이제 고든에게 핵이식은 자동차 운전이나 스쿼시 게임처럼 자연스러운 일이었다.

발생 시계를 되돌리는 법

한편, 필라델피아에서는 밥 브리그스와 토머스 킹이 연구 결과를 확장하고자 애쓰고 있었다. 초기의 성공, 즉 이식된 핵에서 새로운 유기체를 생성한 일은 그들의 명성을 드높인 기술적 쾌거였다. 그러나 이는 진정한 개념적 또는 실용적 돌파구라기보다 말 그대로 하나의 절차에 불과했다. 동시에, 그 무렵 브리그스는 이 절차를 생식질 이론의 시험대로 삼을 수 있음을 깨달았다. 바이스만의 이론이 맞는다면 더 전문화된 세포가 미분화된 세포보다 적은 수의 결정 요인(유전자)을 포함해야 하는데, 핵이식이 성공했다는 것은 초기 실험에 사용했던 핵이 많은 수의 유전자를 잃지 않왔다는 점을 의미했다. 그렇지 않고서야 어떻게 온전한 개구리를 새로 탄생시킬 수 있었겠는가!

그때까지 브리그스와 킹은 대부분 분화가 일어나기 이전의 발생단계인 포배의 세포에서 채취한 핵만을 사용해온 터였다. 다시 말해, 그들이 바이스만의 모델에 대해 이야기하기에는 다소 이른 감이 있었다. 생식질 이론을 제대로 검증하려면 공여자의 핵은 보다 전문화된 세포—다양한 기관의 특성을 갖기 시작한 세포—에서 채취해야 했다. 그래야만 '이식된 핵이 여전히 발생을 지원할 수 있을까?'라는 중요한 질문을 던질 수 있었다. 사실상 핵이식은, 세포가 전문화되면서 유전자를 잃었는지의 여부를 측정하는 대신 분화된 이후의 세포를 조사하여 그 과정에서 무언가가 손실되었는지를 질문함으로써 '유전자 수 헤아리기$^{gene-counting}$'라는 문제를 거꾸로 해결하는 방안이 될 수 있었다.

그리하여 브리그스와 킹은 보다 성숙한 배아, 즉 전문화 과정을 시작했거나 (낭배 단계) 원시 신경계(신경배^{neurula} 단계) 또는 꼬리 발생(올챙이 단계)까지 진행된 배아에 관심을 돌렸다. 두 사람은 배아의 여러 부분에서 핵을 추출한 뒤 각 발생단계에서 핵이식의 성공 여부를 평가했다. 그 결과, 분화 과정이 진행될수록 하이브리드 배아가 탄생할 확률은 급격히 떨어지는 것으로 나타났다. 더 발달한 낭배에서 채취한 핵의 성공률은 미성숙한 포배에서 채취한 핵의 절반에 불과했고, 신경배 단계에서 채취한 핵은 발생 잠재력이 거의 없었다. 배아가 꼬리싹^{tailbud}을 발달시키거나 심장 박동을 시작할 무렵에는 성공 확률이 0에 수렴했다.[7]

이는 생식질 이론이 암시하는 결과와 맞아떨어졌다. 만일 전문화된 세포—이를테면 뉴런—로의 성장이 다른 유형의 세포에 대한 지침을 상실한다는 것을 의미한다면, 그 세포의 핵은 더 이상 발생을 지원할 능력을 지니지 못할 것이다. 이에 더하여 모든 분화된 세포에도 동일한 한계가 적용되어야 했다. 이 새로운 실험은 바이스만의 유전자 박탈^{gene forfeiture} 모델을 훌륭하게 뒷받침하는 듯했다.

경험 부족에도 불구하고(아니, 어쩌면 그 때문에) 존 거든은 이러한 해석에 이의를 제기했다. 브리그스와 킹은 '부정적 결과'를 얻었는데, 사실상 이는 '무無결과'—원하던 특정 결과를 얻지 못함—라 부르는 편이 더 적절할 것이었다. 이런 일이 발생할 경우 과학자는 그것이 유의미한 것인지 아닌지를 판단해야 하는 까다로운 입장에 처하게 된다. 브리그스와 킹의 새로운 이식 실험에서는 이전 실험에서처럼 올챙이의 탄생이 아닌 올챙이 부족^{a dearth of tadpoles}으로 귀결되었는데, 이는 여러 교란 요인으로 인한 결과일 수 있었다. 예를 들어, 전문화된 세포가 미성숙 세포보다 더 취약했다면 섬세한 이식 과정에서 세포의 핵이 손상되기 쉬웠을 테고, 그렇다면 유전자 손실이 아니라 기술적인 문제가 실패의 원인으로 작용한 셈이다.

거든이 보기에, 브리그스와 킹의 연구 결과는 바이스만의 이론을 확증하지도 반박하지도 않았다. 그들의 초기 연구는 꽤 설득력이 있었으나 (결국 거든은 그들의 결과를 재현했다), 이후의 결론은 불안정해 보였다. 핵이식이 얼마나 어려운지 직접 경험했기에, 그 또한 필라델피아의 과학자들이 생물학이 아닌 기술적 결함으로 인해 잘못된 결론에 도달했을 가능성을 쉽게 상상할 수 있었다.

거든은 그들의 해석에 의문을 제기함으로써 직업적 위험을 감수했다. 1950년대 후반 브리그스는 핵이식의 발명가로 과학계에서 높은 지위를 얻었지만, 거든은 여전히 피시버그의 실험실에서 고군분투하고 있었다. 졸업을 하려면 과학 저널에 논문이 실려야 하는데, 기존의 도그마에 도전하는 것은 그에게 최선의 전략이 아니었다. 동료들은 그에게 다른 프로젝트를 알아보라고 충고했다. 자신이 사용하고 있는 바로 그 기술의 발명가들과 굳이 경쟁할 이유가 무엇이겠는가?

동료들의 조언은 합리적이었지만, 지금의 자리에 이르기까지 극복해온 모든 어려움이 그를 대담하게 만들었다. 젊고, 고집 세며, 아직 평판이 나쁘지 않았던 거든은 집중력을 잃지 않고 올바르게 실험을 수행하면 모든 것이 잘 풀리리라 확신하며 작업을 계속 이어갔다.[8]

핵이식 기술을 마스터하기 위해, 거든은 브리그스와 킹의 프로토콜에 두 가지 변화를 시도했다. 첫 번째 차이점은 핵 제거 방식으로, 미국인들이 이식 전에 난자의 '핵'을 제거한 반면 거든은 자외선을 이용해 난자의 '유전물질'을 제거했다. 두 번째이자 더 중요한 차이점은 실험 대상과 관련된 것이었다. 브리그스와 킹이 사용한 라나는 알이 크고 핵이 커서 조작이 쉬웠지만 한 가지 큰 단점이 있었다. 암컷 라나가 봄에만 알을 낳기 때문에 이 미국인 과학자들은 짧은 시간 안에 모든 실험을 완료해야 했다.

바로 이 점이 피시버그가 제노푸스를 실험 대상으로 선택한 결정적 이유였다. 라나의 경우와 달리, 연구자들은 암컷 제노푸스에게 생식 호르몬을 주입함으로써 알을 낳도록 유도할 수 있었고, 따라서 1년 내내 배아를 얻는 것이 가능했다. 젤라틴 같은 겉껍질 때문에 처음에는 큰 어려움을 주었던 제노푸스의 알을 사용함으로써, 거든은 원할 때마다 실험을 할 수 있다는 큰 이점을 얻게 된 것이다. 이제 그는 본능에 따라 섬세한 절차를 수행하고 모든 것을 완벽하게 통제하며 하루에 수십 번씩 이식을 수행했다. 브리그스와 킹이 발견한 것과는 다른 무언가를 발견할 수 있을까? 어느새 그의 목표는 '기존 연구 결과의 재현'에서 '새로운 발견'으로 바뀌었다. 그는 마침내 자신의 모든 기술적·지적 지식을, 언뜻 단순해 보이는 하나의 질문에 쏟아부을 준비가 되어 있었다. '분화된 세포는 새로운 유기체를 만드는 데 필요한 모든 지침을 보유하고 있을까?'

그 답을 얻기까지는 그리 오랜 시간이 걸리지 않았다. 거든은 전에 사용했던 미성숙 배아세포 대신 이미 분화가 진행된 세포에서 핵을 추출했고, 어떤 경우에는 브리그스와 킹이 사용했던 세포보다 발생이 더 진전된 세포를 사용하기도 했다. 두 필라델피아 과학자의 결론이 맞는다면 이 세포들은 '대체 운명$_{\text{alternate fate}}$', 즉 일종의 유전적 탈피를 규정하는 유전자를 잃어야 했다. 하나의 세포에서 개구리를 만들기 위해서는 그러한 유전자가 반드시 필요하므로, 브리그스와 킹의 실험이 그랬듯 거든의 새로운 실험은 성공하지 못해야 했다.

하지만 그는 성공했다.

거든은 더욱 성숙한 배아—심장박동이 시작된, 혹은 신경계가 생긴 배아—의 핵으로 하이브리드 세포를 만들었는데, 이들도 정상적인 발생을 거쳐 정상적인 올챙이가 되었고, 어떤 경우에는 개구리로 자라나기까지 했다. 핵이식이 오래된 세포를 다시 태어날 수 있게끔 하는, 말하자면

'세포 세례'의 역할을 하는 듯했다. 물론 거든의 이식이 매번 성공한 것은 아니며, 브리그스와 킹이 관찰한 바와 같이 성숙한 핵을 사용할수록 성공 확률이 감소했던 것은 사실이다. 하지만 실험이 조금이라도 작동한다는 자체로 놀라운 현상이라 할 만했다. 이것은 결코 부정적인 결과가 아니었다! 불과 하루 전까지만 해도 고도로 전문화된 직분을 수행하던 핵이 이제 새로운 생명체의 형성을 지휘하고 있었다. 훗날 회고했듯이, 거든은 분화된 세포가 과거에 학습했던 모든 것을 잊고 새롭게 삶을 시작하는 모습을 지켜보고 있었다.

그 개구리라는 증거

과학자들은 일반적으로 축제를 즐기는 사람들이 아니다. 발견의 기쁨은 곧 의심으로 바뀌기 때문에, 실험실에서 환희는 일종의 예외적인 사건이라 할 수 있다. 혹시 실험 과정에서 어떤 실수가 있었던 건 아닐까? 만약 그렇다면, 실험을 실패로 이끈 교란 요인이나 계산 착오는 무엇이었을까? 이러한 의문이 특히 심각해지는 것은 자신의 결과가 이전에 보고된 연구 결과와 상충될 때이다. 그리고 기존의 연구 결과가 권위 있는 연구팀에서 나온 것이라면 그 심각성은 두 배로 커진다.

이러한 자기비판의 고비를 넘기면 또 다른 장애물, 즉 동료 심사 절차가 남아 있다. 연구 결과를 발표하기 전 해당 분야에 종사하는 동료 전문가들의 면밀한 검토를 수반하는 이 회의론 가득한 관행은, 연구자가 고려하지 못한 기술적 오류, 누락된 통제 요인, 결함 있는 논리를 식별하기 위해 고안되었다. 따라서 아무리 중요한 연구 결과가 나왔다 해도 기쁨은 대개 오래가지 못하며, 철저한 평가와 비판, 해체와 재조립을 거쳐 최종적으로 논문 출판이 승인될 즈음에는 발견의 흥분 같은 건 이미 사라진 지 오래다.

거든에게도 상황은 다르지 않았고, 발견의 기쁨을 만끽하는 짜릿한 순간은 결국 덧없고 침울한 시간으로 변모했다. 처음엔 이식 실험에서 탄생한 올챙이와 개구리를 지켜보며 정말 굉장하다고 생각했으나, 곧장 불안감이 엄습했다. '이게 정말 맞을까? 기술적 오류나 계산 착오로 인한 인공물은 아닐까?' 자신이 힘든 싸움에 직면해 있음을, 다른 이들의 의심과 무시를 감당해야 할 수밖에 없음을 그는 잘 알고 있었다. 거든은 연구소에 들어온 지 1년밖에 되지 않은 수습생에 불과했고, 그의 관찰은 그가 사용한 바로 그 방법을 개척한 브리그스와 킹의 실험에 정면으로 모순되는 것이었다. 세상이 이 실험 결과를 그들의 결과보다 우위에 둘 리 만무했다. 심지어 그를 지지했던 피시버그조차 자신의 제자가 어딘가에서 실수를 저지른 것이 분명하다고 내심 믿고 있었다.

거든은 대부분의 비판이 자신의 연구 방법을 겨냥하리라 짐작했다. 비평가들은 그가 자외선을 통해 숙주세포의 핵을 무력화함으로써 핵 제거 단계를 생략했다는 사실을 문제 삼을 터였다. 이는 절차를 더 수월하게 만들었지만, '거든이 난자의 핵을 파괴했다고 믿었을 뿐, 실제로는 파괴하지 않았다면?'이라는 불안한 전망이 제기될 것이었다. 핵이 산산조각 난 것처럼 보이더라도 일부 혹은 모든 유전자가 살아 있을 가능성을 배제하지 못하기 때문이다. 그럴 경우, 하이브리드 세포에는 두 가지 잠재적 유전정보원—이식된(공여자) 핵의 유전자와 파괴되지 않은(숙주) 핵의 유전자—이 존재할 수 있었다. 그때까지의 실험으로는 올챙이와 개구리의 탄생에 어느 쪽이 기여했는지, 혹은 둘 다 기여했는지 확인할 방법이 없었다. 그는 비평가들의 비웃음, 즉 자신의 무능을 선언한 오래전 과학 교사의 평가만큼이나 사기를 떨어뜨릴 반응을 상상했다.

"당신이 밝혀낸 건 개구리 알에서 개구리가 태어날 수 있다는 사실, 그 이상도 이하도 아닙니다!" 그들은 분명 이렇게 말할 것이었다. "자외선이 숙주의 핵을 파괴했다고 확신한다면, 그걸 증명해봐요."

그러면 이제 어떻게 한다?

거든은 프로토콜 수정을 고려했으나, 곧바로 이러한 접근 방식을 제외시켰다. (그가 여전히 의도한 대로 효과가 있다고 믿은) 자외선이라는 지름길은 하나의 선물과도 같았으니, 도무지 그것을 포기할 마음이 나지 않았다. 브리그스와 킹이 했던 것처럼 숙주세포의 핵을 추출하여 폐기하는 것이 가장 확실한 방법이겠지만, 이는 곧 원점으로 돌아가는 것을 의미했다.

보다 못한 피시버그가 구출에 나섰다. 거든의 지도교수인 그는 30년 전 슈페만과 만골트가 형성체 실험에서 사용했던 방법, 즉 공여자 세포와 숙주세포를 구별하는 방법이 필요하다고 생각했다. '유전적 표지자genetic marker'가 있으면 공여자와 숙주 중 어느 쪽 핵이 새로운 동물의 근원인지 명확히 알 수 있을 것이었다. 다행히 피시버그는 완벽한 실험 대상을 염두에 두고 있었다. 그것은 제노푸스의 또 다른 변이주로, 그동안 거든이 실험해온 대상과 모든 면에서 동일하되 딱 한 가지 예외가 있었다. 즉, 그 제노푸스의 세포는 현미경으로 쉽게 구별되는 핵 내의 작은 구조물인 '핵소체^{nucleolus}'에 결함을 가지고 있었다.10 따라서 이 표지자는 개구리가 (독특한 핵소체를 가진) 이식된 핵의 산물인지, 아니면 (정상적인 핵소체를 가진) 숙주 핵의 산물인지를 드러낼 터였다. 그리하여 예상했던 대로 결과가 나왔을 때 거든이 얼마나 안도했을지 능히 짐작할 만하다. 그의 교잡란$^{hybrid\ egg}$에서 태어난 올챙이와 개구리에는 항상 공여자의 흔적이 남아 있었다. 유전정보의 세포 내 운반자인 핵이 모든 신체 부위가 완성된 새로운 동물을 탄생시킬 수 있다는 뜻이었다.11

한편 거든은 자신의 주장을 굳건히 할 또 다른 방법을 생각해냈다. 어떤 세포를 이식 공여자로 삼을지 무작위로 선택하는 대신, 그는 세포의 외관을 보고 분화되었다 확신할 수 있는 세포를 골라냈다. 비평가들도 그런 공여자―예컨대 손가락 모양의 돌기인 미세융모^{microvillus}가 특수한 흡수 기능을 수행하는 특정 장세포―를 가리켜 아직 분화되기 전의 세포라고 주장하기는 어려울 것이었다. 이식된 핵이 유전자를 잃지 않았다는 추가 증거를 찾던 거든은, 핵이식으로 생산된 동물에서 채취한 핵이 다른 세대에서도 동일한 효율로 씨를 파종한다는 사실을 보여주었다. 즉, 핵이식 과정을 몇 번이고 반복하면 여러 세대에 걸쳐 자손을 낳을 수 있었다.

시간이 지남에 따라 거든은 공여자와 숙주의 구별을 가능케 하는 더욱 확실한 표지자들을 발견했다. 가장 극적인 실험 결과 중 하나는, 흰 알비노 개구리에서 채취한 핵을 정상 색소 암컷의 알에 이식하자 알비노 새끼가 나온 일이었다. 기술의 비약적인 발전과 함께 거든의 실험은 더 성숙한 핵 공여자,12 즉 전문화된 특징이 분명한 세포로 확대되었다. 데이터가 쏟아져 나왔고, 연구 결과에 이의를 제기했던 브리그스도 마침내는 옥스

새로운 개구리가 숙주가 아닌 공여자의 핵에서 태어났다는 것을 증명하기 위해, 거든은 알비노(흰색) 개구리에서 채취한 핵을 정상 색소를 가진 암컷(맨 위 한가운데)의 알에 이식했다. 공여자에서 유래한 자손은 모두 알비노 개구리, 즉 복제 개구리였다!

퍼드 과학자의 결과를 받아들이게 되었다. 거든은 '가장 전문화된 세포'의 발생 시계developmental clock를 재설정함으로써 발생의 근본적인 특징을 정의했다. 바야흐로 복제cloning의 시대가 시작되는 순간이었다.

유전체 동등성과 복제 양 돌리

올더스 헉슬리는 『멋진 신세계』[13]에서 인간 복제가 일상화된 가상의 문명에 생명을 불어넣었다. 소설의 초반에서 그는 소위 '보카놉스키 공정 Bokanovsky process'을 사용해 대량의 동일한 개체를 생성하는 공장의 모습을 묘사한다.

공장장은 "보카놉스키 공정"이라고 반복해서 말했고, 견학 온 학생들은 작은 노트에 밑줄을 그었다. 하나의 난자, 하나의 배아, 한 명의 성인. 이것이 정상이다. 하지만 보카놉스키의 알은 싹을 틔우고, 성장하고, 분열한다. 여덟 개에서 아흔여섯 개까지 싹이 트는데, 모든 싹이 완벽하게 형성된 배아이며, 모든 배아는 온전한 크기의 성인으로 성장한다. 전에는 한 명만 자랐던 곳에서 아흔여섯 명의 인간이 성장하는 것이다. 진보란 바로 이런 것이다.

브리그스와 킹은 라나의 핵이식 기술을 개척함으로써 동물 복제(초기 연구에서 그는 이미 이 용어를 사용했다)를 향한 첫발을 내디뎠다. 그에 이어서 거든이 완전히 분화된 세포의 핵으로 동물을 만듦으로써 그 작업을 다른 차원으로 끌어올렸다.[14] 거든의 연구는 모든 동물 종에서 얻은 핵으로부터 새롭고 유전적으로 동일한 생물체, 즉 클론을 만드는 일이 이론적으로 가능하다는 점을 시사했으니, 인간 또한 예외는 아니었다(그 사회적·윤리적 의미는 이후 다시 다루도록 하자). 거든의 연구 결과는 생물학에 근본적인 영향을 미쳤다. 분화된 세포에서 채취한 핵이 동물을 탄생시킬 수 있다는 사실은 '발생에 필요한 유전적 지침[15]이 여전히 그 핵 안에 존재한다'는 것을 의미했기 때문이다. 바이스만의 이론은 마침내 틀린 것으로 판명되었다. 세포는 분화 과정에서 유전자를 잃지 않았다. 그 대신, 신체의 모든 세포는 유전체 동등성genomic equivalence이라는 원리로 알려진 완전한 유전자 세트를 가지고 있었다.

이후 전 세계의 수많은 과학자들이 거든의 연구를 다른 종, 특히 포유류로 확장하고자 시도했다. 토끼, 생쥐, 돼지, 소, 원숭이 등을 이용해 그의 성공을 재현하려 했지만 이는 번번이 실패로 돌아갔다. 배아가 여덟 개 또는 열여섯 개 미만의 세포로 구성된 배아발생의 가장 초기 단계에서 추출한 핵을 사용함으로써 핵이식에 성공한 사례가 있긴 하지만, 보다 성숙한 포유류는 물론 성체 동물 배아의 핵을 사용해 핵이식을 할 수 있는 사람은 아무도 없었다. 이제 과학자들은 오직 개구리만 복제 능력을 보유한 것은 아닌지 의구심을 품기 시작했다. 유전체 동등성은 이 수륙양용 생물의 고유한 특성일까?

거든의 실험으로부터 거의 40년이 지난 1997년에야 그 우려는 종식되었다. 키스 캠벨Keith Campbell과 이언 윌머트Ian Wilmut가 이끄는 스코틀랜드 연구 팀이 성체 암소의 젖샘 핵을 양의 제핵 난자enucleated egg에 이식하여 복제 양 돌리Dolly를 탄생시킨 것이다. 라나에서 제노푸스로의 전환이 거든의 성공에 결정적인 역할을 했듯이, 캠벨과 윌머트에게는 '세포 내부 시계의 특징'이라는 작은 기술적 디테일이 모든 차이를 만들었다. 난자는 보통 수개월 또는 수년 동안 눈에 띄지 않게 휴면 상태로 존재하며, 수정이 일어나 분열할 때까지 잠에서 깨어나지 않는다. 하지만 1960년대에서 1980년대까지 포유류의 핵이식을 시도했다가 실패한 대부분의 과학자들은 이 점을 간과한 채 실험실에서 배양된, 분열 속도가 빠른 세포만을 사용했다. 캠벨과 윌머트는 '세포분열이 정지된 상태의 난자의 경우 빠르게 분열하는 세포에서 유래한 핵을 받아들일 준비가 되어 있지 않을 수 있으며, 이러한 불일치로 인해 복제 과정이 실패에 이를 수 있다'고 가정했다. 그리하여 핵을 추출하기에 앞서 분열 속도를 늦춤으로써 공여자 세포를 다시 휴면 상태로 돌려놓는 간단한 해결책을 시도했고, 그 결과 돌리가 탄생했다.[16]

포유류의 핵이식은 기술적으로 매우 까다로운 작업이며, 개구리에 비하면 그 성공률이 현저히 낮다. 그럼에도 불구하고 캠벨과 윌머트의 성공은 포유류 복제에 폭발적인 동기를 부여했다. 이후 현재까지 핵이식은 수천 번 성공적으로 수행되어, 생쥐는 물론 고양이, 개, 염소, 물소, 노새, 말, 가우르(인도들소), 낙타, 원숭이가 포함된 복제 동물원을 만들 수 있을 정도다. 심지어 동물이 죽고 몇 년이 지난 뒤에도 냉동된 사체에서 추출한 핵을 이용해 클론을 만드는 데 성공하기도 했다. 복제가 성공할 때마다 유전체 동등성에 대한 주장은 더욱 강력해졌고, 곧 다음과 같은 원리가 확립되었다.

접합체에서 성체가 될 때까지, 세포는 필요 없는 유전자를 포함한 모든 유전자를 보유한다.

여러 주장에도 불구하고 복제 인간 아기[17]에 대한 신뢰할 만한 보고는 아직 전무하다. 하지만 역사가 말해주듯 기술적인 문제는 충분히 극복할 수 있다. 다만 윤리적 문제가 존재한다. 다시 살펴보겠지만 이러한 유형의 생식 기술에 대한 윤리적인 고려 사항은 복잡하기 짝이 없다. 예컨대 보카놉스키 공정과 같이 유전적으로 동일한 인간을 만들 수 있다는 전망은 상상만 해도 끔찍하지 않은가! 그러나 핵이식을 통해 병든 세포를 대체할 건강한 세포를 만들어 다양한 퇴행성 질환을 치료할 수 있다는 보다 희망적인 전망은 어떨까? 그 발전이 어느 쪽으로 향하든, 복제 기술은 브리그스와 킹, 거든이 개구리 알을 작은 바늘로 찔러보기 시작하던 시기에는 상상조차 할 수 없었던 다양한 가능성을 열어준다.

어린 시절 과학으로부터 멀어졌다가 다시 과학으로 돌아온 굴곡진 운명에서 대학원생 시절 다른 이들이 간과한 것을 발견하게 된 계기에 이르기까지, 존 거든의 경력 전체에 걸쳐 우연은 매우 크고 중대한 역할을 했다. 여러 면에서 그가 걸어간 길은 외부의 영향에 반응하는 동시에 내부의 나침반을 따라 자신의 길을 찾아가는 세포의 예측할 수 없는 여정을 떠올리게 한다. 이미 살펴보았듯, 배아발생이야말로 본성과 양육의 시너지로 이루어지는 전형적인 사례라 할 수 있으니 말이다.

2012년 노벨 의학상을 비롯해 거의 모든 생물학상을 휩쓴 거든은 젊은 시절 자신을 괴롭혔던 사건들—지도교사의 혹독한 평가, 군입대나 취업 포기, 곤충학과 입학 거절—을 일련의 행운으로 여기게 되었다. 이 우연한 사건들은 그를 곤충에서 멀어지게 했지만, 만일 처음에 꿈꾸었던 대로 경력을 쌓았다면 결국 그가 이루어낸 과학적 공헌은 불가능했을 터였다.

그럼에도 불구하고, 그를 생물학의 매력으로 이끈 '날아다니는 생물'에 대한 주제가 나오면 거든의 눈은 여전히 기쁨과 열정으로 빛난다. "언젠가 연구실을 떠나면, 이후에는 곤충을 대상으로 나방 무늬의 원인을 알아내기 위한 실험을 해보고 싶습니다."[18] 그는 나방과 나비의 무늬를 극도로 세밀하게 분류하며 수년을 보냈던 18~19세기 사제들을 떠올리곤 한다. 이러한 분류법은 현대 곤충학자들의 실험에도 여전히 사용되며, 그 설명이 매우 포괄적이라 자연이 드러낸 무늬뿐 아니라 생략하기로 선택한 무늬에 대한 통찰도 담겨 있다. 곤충의 몸을 장식하는 아름다운 무늬가 단순한 유전적 용어로 이해하기에는 너무 복잡할 수 있다고, 거든은 열정적으로 손짓하며 설명한다.

어떤 면에서는 이것이 바로 거든의 실험이 우리에게 가르쳐준 발생학의 본질이다. 유전자만으로는 운명을 결정할 수 없다는 것. 놀라운 다양성에도 불구하고 신체의 모든 세포는 동일한 유전정보를 가지며, 이것이 바로 유전자 내용만으로는 세포의 운명을 규정하기에 불충분하다는 증거다. 뉴런은 자신이 신경세포임을 '알고', 근육세포 또한 자신이 근육세포임을 '알지만', 두 세포는 동일한 유전적 지침서를 가진다.

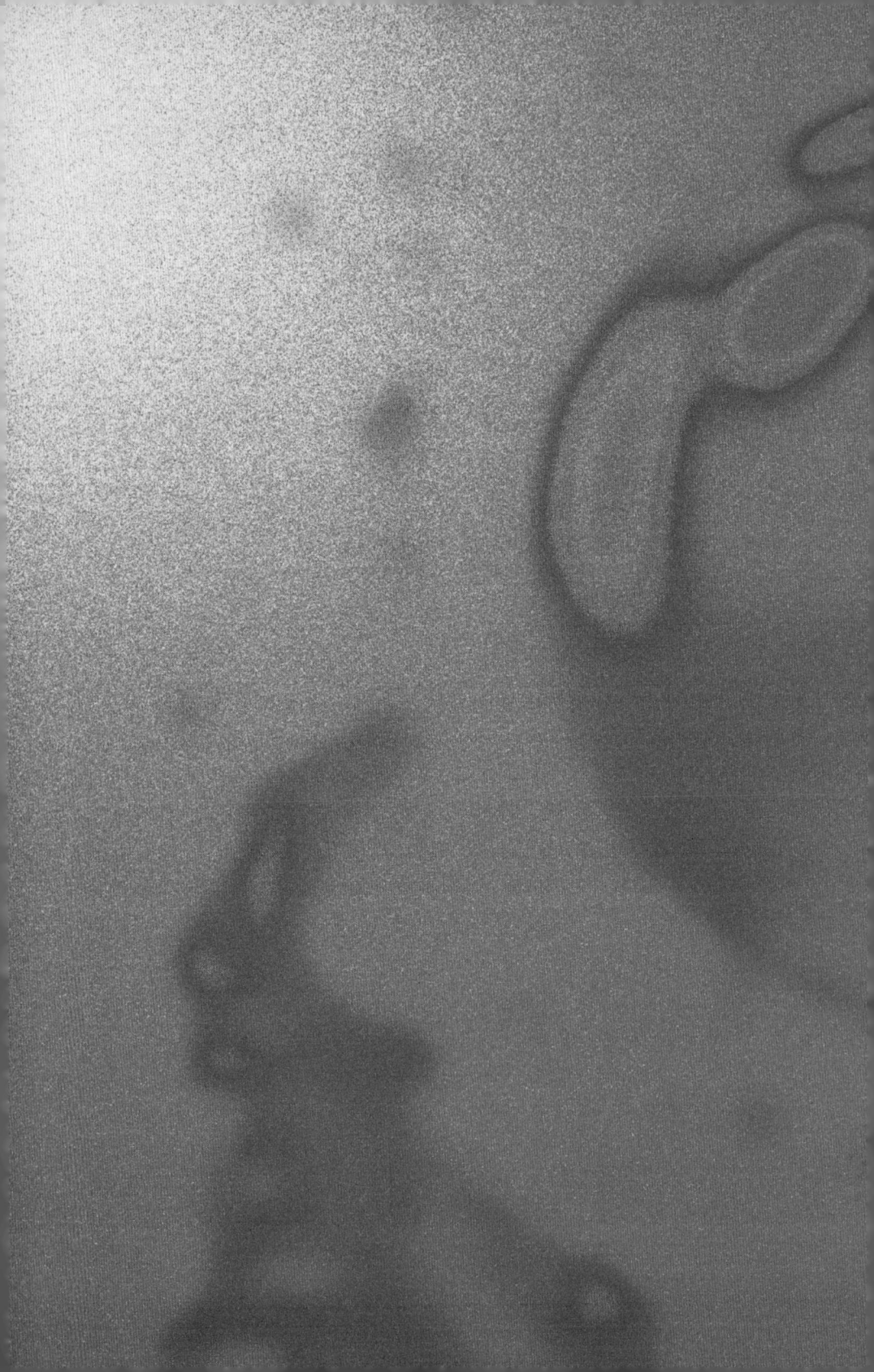

(4장)

유전자 켜고 끄기

파자모 실험과 유전자 코드

과학은 모든 것에 대해 운만 떼고
결론에 대해서는 일절 함구한다.
- 빅토르 위고, 『지적인 자서전Intellectual Autobiography』

엘리엇이 시에 대해 말한 내용은 DNA에도 그대로 적용된다.
"모든 의미는 해석이라는 열쇠에 달려 있다."
- 조나 레러, 『프루스트는 신경과학자였다』

....

막 30대에 들어선 프랑수아 자코브François Jacob는 마지막이 될지도 모른다는 생각에 두려움과 긴장을 느끼며 앙드레 르워프André Lwoff의 연구실로 들어갔다. 몇 년 전 튀니지와 노르망디에서 자유 프랑스군의 일원으로 나치와 싸우며 군 복무를 마친 그는 전후戰後의 공백기 동안 개인적인 방향감각을 모두 잃은 상태였다. 10대 시절에는 외과 의사가 되어 메스와 붕대로 병자를 치료하는 것이 꿈이었지만, 전장에서 입은 다리 부상과 이후 수년간에 걸친 수술, 합병증, 재활 치료로 인해 몸과 마음이 멍들 대로 멍들어 있었다. 만신창이가 된 채 파리로 돌아온 그는 의사가 될 수 없으리라는 사실을 마음 깊이 인지하면서도 성실하게 의학 공부를 마쳤다. 이후 여러 일을 시도해보았으나 그에게 맞는 일은 없었다. 전후 대도시의 다른 많은 사람들처럼, 프랑수아 자코브도 어느새 운명의 흐름에 이끌려 목적을 찾아 방황하는 사람이 되어 있었다.

그러다 어느 디너파티에서 우연히 다른 손님을 소개받았다. 허버트 역시 30세의 참전용사로 자코브와 묘하리만치 비슷한 사연을 가지고 있었다. 그 또한 의사가 되기를 희망했지만 전쟁이 끝난 뒤 꿈을 포기했다는 것이다. 하지만 둘의 닮은 점은 거기까지였다. 허버트는 최근 모종의 급진적인 도전—아무런 자격 없이 과학 분야에서 경력을 쌓는 일—을 시작한 터였다. 자코브는 무척 놀랐다. 새롭고 지적으로 도전적인 무언가를 시작한다는 것은 전혀 생각하지 못한 대안이었기 때문이다. 심지어 30세라는 나이에 그런 불가능해 보이는 목표를 세우고 실현해나간다니, 얼마나 대담한 사람인가!

새로운 지인이 연구실의 일상—효모 배양을 관리하고 그 특성을 기록하는 일—에 대해 들려주는 동안, 자코브는 그에게서 그러한 업무에 적합해 보이는 어떤 자질도 발견할 수 없었다. 허버트는 그보다 똑똑하거나 지식이 풍부해 보이지 않았고, 직업을 바꾸기에 앞서 특별한 기술이나 재능을 갖추지도 않았다. 하지만 아무런 경험이 없음에도, 전혀 주눅 들지 않고 파리의 유명하고 존경받는 연구소에서 자신의 길을 찾은 것이었다.

자코브는 지난 10여 년 동안 느낄 수 없던 희망이라는 감정이 마음속에서 솟아오르는 것을 느낄 수 있었다.

그는 새로운 마음가짐으로 파스퇴르 연구소—한 세기 전 미생물이 질병을 일으킨다는 사실을 증명한 루이 파스퇴르Louis Pasteur의 이름을 딴 세계적인 연구 기관—에 지원했다. 입학 허가가 떨어졌다. 이후 1년에 걸쳐 그는 세균학, 바이러스학, 면역학으로 구성된 연구소의 '그랑 쿠르Grand Cours' 과정을 수강했다. 과학의 엄격한 방법과 단순한 진리가 그의 마음에 큰 반향을 불러일으켰다. 마침내 연수가 끝나고, 실제적인 연구를 지도해줄 실험실 멘토를 선택할 시간이 찾아왔다.

자코브는 연구소의 키 크고 세련된 미생물학 책임자인 앙드레 르워프를 찾아갔다. 르워프의 연구실에서는 앨프리드 허시와 마사 체이스가 DNA의 유전적 특성을 확인하는 데 사용한 박테리오파지, 즉 '세균 잡는 바이러스'를 연구하고 있었다. 하지만 자코브는 연구의 구체적인 내용보다 르워프의 명성에 끌렸고, 그가 자신을 진정한 과학자로 만들어주리라는 마음에 이 총괄 연구 책임자에게 자리를 달라고 여러 차례 요청했다. 그러나 르워프는 매번 연구실이 꽉 찼다며 정중하게 거부했다(사실 자코브의 경험이 일천했으니 그로서는 문전박대를 할 만도 했다).

그리하여 르워프의 연구실에 들어갈 희망을 거의 포기한 1950년 여름 어느 날, 이 책임자의 태도에서 무언가 다른 점이 느껴졌다. 그는 자코브를 친근하게 대했고, 눈빛에도 내면의 따뜻함이 묻어났다.

"소식 들었소? 우리가 프로파지prophage의 유도 방법을 발견했소." 르워프가 미소를 지으며 말했다.

"정말입니까?" 자코브는 최대한 흥분 어린 목소리로 반응했다. 사실 그는 프로파지니 유도니 하는 것에 대해 들어본 적이 없었다. 하지만 7년간의 방황이 자코브에게 그 자신도 몰랐던 대담함을 선사했다.

"혹시 파지 연구에 관심이 있소?" 르워프가 물었다.

"제가 지금껏 하고 싶어 했던 일이 바로 그겁니다!" 이렇게 자코브는 눈 딱 감고 미래로 뛰어들었다.[1]

르워프가 말한 프로파지는 '람다$^{lamda, \lambda}$'라는 위성 모양의 바이러스다. 다른 모든 바이러스처럼 람다 역시 스스로 번식하지 못하며 숙주—장내 미생물인 대장균—에 의존하여 새로운 바이러스 입자를 생성한다. 이 바이러스는 먼저 세균세포 표면의 수용체, 즉 바이러스가 도킹 스테이션으로 사용하게끔 진화한 단백질에 달라붙은 다음 자신의 DNA를 세균세포 안으로 주입한다.

유전체가 숙주 안에 안전하게 들어가면, 람다 파지는 간단하지만 중요한 결정을 내려야 한다. 깨어 있을 것인가, 아니면 수면 모드로 전환할 것인가. 대부분의 경우 결정은 감염 당시 세포의 대사 상태에 따라 달라진다. 충분한 영양분이 공급될 경우, 바이러스는 기회를 포착하여 번식한다. 세포의 DNA 복제 메커니즘을 작동시켜 수십 개의 새로운 바이러스 입자를 생성함으로써 이를 달성하는 것이다. 그러면 숙주가 감당하기에는 부담이 너무 커지고, 결국 세포가 터져버리는 용균溶菌 현상이 발생한다. 이러한 복제 상태를 용균 회로$^{lytic\ cycle}$라 부른다. 반면에 영양분이 부족할 경우, 바이러스는 휴면 상태에 진입하여 더 좋은 조건이 될 때까지 동면한다. 이러한 휴면 상태는 용원 회로$^{lysogenic\ cycle}$라 부른다.

용균이든 용원이든, 선택의 결과는 파지와 숙주 모두에게 중요한 영향을 미친다. 용원은 침입자가 시간을 버는 동안 세균세포가 자신의 사업을 이어갈 수 있게 하는 반면, 용균은 세균의 죽음과 바이러스의 새로운 생명을 의미한다. 프로파지란 파지가 세균의 염색체에서 편안하게 잠자고 있는 용원 상태를 뜻하며, 따라서 르워프의 이야기는 일종의 바이러스 알람

시계처럼 잠자고 있는 파지를 깨우는 방법을 알아냈다는 의미였다(그는 세포를 자외선에 노출함으로써 이 과제를 해결했다).

파지의 행동을 조절하는 시스템이 '단일세포 문제'와 직접적으로 관련되어 있다는 사실을 르워프와 자코브가 알 리 만무했다. 겉으로 보기에 이 단순한 유기체는 훨씬 더 복잡한 인체의 작동 방식과 전혀 닮지 않았으니 말이다. 하지만 자연은 진화 문제와 관련해 동일한 해결책을 반복해서 사용하며, 그 과정에서 미생물과 인간은 서로 연결되기 마련이다. 결과적으로 세포 사회에서 세포를 제자리에 할당하는 힘은 파지의 수면 습관을 지배하는 힘과 닮아 있을 수밖에 없다.

다락방에서 깨운 바이러스

만일 세포의 운명이 유전적 조성에 의해 결정된다는 아우구스트 바이스만의 주장이 옳았다면 배아발생을 이해하기가 훨씬 더 쉬웠을 것이다. 유전체의 변화는 진화 과정에서 새로운 종이 생겨나는 과정과 정확히 일치하기 때문이다. 하지만 3장에서 존 거든이 설명했듯이, 세포의 분화 경로는 유전적 요소가 아니라 다른 요인에 의해 결정된다. 뇌, 신장, 심장, 폐의 세포는 닮은 점이 거의 없지만 모두 거의 동일한 DNA 서열을 갖는다. 이 유전체 동등성 현상은 분명한 의문을 제기한다. 신체의 모든 세포가 균일하고 변하지 않는 유전자 세트를 가지고 있다면, 왜 모든 세포가 똑같지 않을까? 한 세포 유형을 다른 세포 유형과 구별 짓는 것은 무엇일까?

그 답은 유전자 조절gene regulation, 즉 특정 세포에서 유전체의 각 부분을 해독 가능하게 하거나 은폐하는 과정에 있다.

배아발생을 연극에 비유하자면, 유전체는 대본이요 세포는 배우와 스태프라 할 수 있다. 제작이 시작되기 전부터 모든 관련자—배우, 제작 스태프, 디자이너, 감독—는 대본의 전체 사본을 받아 무대에서 일어날 모든 순간을 머릿속에 그려본다. 배우의 경우, 자신의 대사를 암기하는 것만으로는 충분하지 않다. 캐릭터의 동기와 욕망, 두려움, 능력 등이 모두 대본에 담겨 있기 때문에 대본의 구석구석을 샅샅이 알아야 한다. 제작진도 의상, 세트 디자인, 조명, 음향에 대한 맥락을 알아야 하므로 전체 대본을 가지고 있어야 한다. 대본은 스토리가 어디서 시작되고 어디로 나아갈 것인지를 지시하며 연극의 큰 줄기를 정의한다.

그와 마찬가지로 발생 중인 세포 각각은 대본의 전체 사본, 즉 유전체를 받아 평생 동안 가지고 다닌다. 세포들은 자신의 역할을 배우며 유전체 텍스트의 특정 부분에 강조 표시를 하고, 여백에 메모를 남긴다. 이것이 바로 유전자 조절의 본질이다. 각 세포가 유전체에서 어떤 대사에 집중하고 어떤 대사를 무시할지 표시하는 것이다. 배아발생 내내 계속되는 리허설을 통해, 중요한 대사는 강화되고 그렇지 않은 대사는 억제된다. 동물이 태어날 무렵 세포들은 발현된 유전자에 의존하여 신체라는 무대에서 식별할 수 있는 자신의 역할을 학습한다. 유전자 조절은 각 세포에 고유한 목소리를 부여함으로써 신체의 다른 모든 세포와 구별한다.

만일 앙드레 르워프에게 '파지가 어떻게 용균과 용원 사이를 전환하는가'라는 질문을 던졌다면, 유전자 조절이라는 답은 제일 마지막에 나왔을 것이다. 그도 그럴 것이, 당시에는 유전물질을 조절할 수 있다는 개념이 완전히 낯선 것이었으니 말이다. 이는 르워프가 유전자의 중요성을 의심했기 때문이 아니라, 오히려 유전자를 너무 중요하게 여긴 나머지 더 일상적이고 평범한 세포 활동에 유전자가 관여한다는 것을 상상할 수 없었기 때문이라고 봐야 한다. 다만 그는 '질량작용 mass action' 모델, 즉 효소—세포 내의 화학반응을 촉진하는 단백질—가 세포의 행동을 전적으로 담당하고 유전자는 전면에 나서지 않는다고 가정했다. 다시 말해 유전물질인 DNA는 어디까지나 소극적인 행위자로서, 경이로운 발생에 시동을 거는 것은 사실이나 그 관리에는 완전히 손을 뗀다고 생각했던 것이다.

1950년 9월, 프랑수아 자코브는 파스퇴르 연구소의 꼭대기 층에 있는 르워프의 실험실에 자리 잡았다. 건물의 웅장한 망사르드 지붕◉ 바로 아래, 르워프가 '르 그르니에le Grenier(다락방)'라 부르던 이곳은 반세기 전 드리슈, 보베리, 모건에게 과학적 실험의 장을 제공했던 나폴리 동물 연구소와 많은 공통점을 가지고 있었다. 자코브는 활기찬 지적 활동이 이루어지며 호기심과 담론의 영역을 형성하는 다락방의 비좁은 실험실에, 또 거기 스며든 강렬함과 목적의식에 금세 매료되었다.

다락방의 통로는 과학자들이 수시로 드나들며 최신 연구 결과를 공유하는 공용 공간이자 활동의 중심지 역할을 했다. 하지만 그들이 모여드는 또 다른 공간이 있었으니, 바로 자코브의 방이었다. 모두가 앉을 수 있을 만큼 커다란 테이블이 자리한 곳으로는 그 방이 유일했기 때문이다. 시계

◉ 경사가 급하게 꺾인 지붕. 아래 지붕에 채광창을 내어 다락으로 쓰게 되어 있다.

가 오후 1시를 가리키면 다락방의 과학자들은 유리 물병과 고기 혹은 치즈 샌드위치가 담긴 도시락통을 들고 나타나 테이블 앞 의자를 차지했다.

식사가 끝나면 토론이 시작되곤 했다. 누군가 아이디어를 꺼내면 그룹은 그것을 분해하여 각 조각을 자세히 살피고 더 적합한 모양으로 재조립하거나 폐기했다. 모든 개념이 불려 나와 반죽되고, 뒤집히고, 갈리고, 체에 걸리고, 잘게 분쇄되었다. 토론의 주제는 과학적인 것, 개인적인 것 또는 정치적인 것이 될 수도 있었고, 진지한 것에서 가벼운 것을 오갔으며, 그룹 토론에서 일대일 토론으로 순식간에 바뀌기도 했다. 저널에 실린 기사, 최근 출간된 서적, 여행, 전쟁 회고담, 원자폭탄을 개발하는 과학자들의 역할과 책임, 매카시즘의 교묘한 영향, 프랑스 정치 등 모든 주제가 화제로 떠올랐다. 그러나 시계가 2시를 가리키면 전직 레지스탕스 투사였던 자코브가 바라는 건 오직 하나, 하루의 실험을 계속할 수 있도록 모두가 자리를 비워주는 것[2]뿐이었다.

배아발생은 정의상 다세포동물의 특성이다. 그러나 1940년대에 생물학자들은 정반대 방향, 즉 선배들이 다뤘던 성게, 개구리, 영원, 파리를 벗어나 더욱 단순한 유기체—세균과 그 기생자인 파지—로 고개를 돌리기 시작했다. 이러한 변화를 주도한 것은 생물학의 가장 기본적 단위인 세포의 내부 작용을 먼저 이해하지 못하면 복잡한 동물의 생물학을 이해할 수 없다고 주장한 캘리포니아 공과대학(캘테크)의 물리학자이자 생물학자 막스 델브뤼크 Max Delbrück였다. 어떤 세포와 어떤 유기체인지는 그에게 중요하지 않았다. 실제로 시스템은 단순할수록 좋았다. 델브뤼크가 보기에 동물은 너무 엉망진창이라 근본적으로 중요한 어떤 것도 얻을 수 없었다.

그가 실험 대상을 미생물로 전환한 것에는 실용적인 이유도 있었다. 동물세포를 배양하여 성장시키는 작업은 번거롭고 비용이 많이 드는 데다(오늘날에도 마찬가지다) 미생물을 차단하기 위해 정해진 배양 조건과 무균 기술도 필요했다. 반면 세균은 당, 아미노산, 염분과 같은 기본적인 구성 요소만 있으면 평범한 배양액에서도 자랐다. 게다가 세균세포는 20분에 한 번이라는 놀랍도록 빠른 속도로 분열했다. 이는 세균세포 하나가 하루 만에 1000조 마리의 자손을 낳을 수 있다는 뜻이었다(파지는 그보다 훨씬 더 많은 자손을 낳을 수 있다).

델브뤼크의 견해는 20세기 중반의 분자생물학자들을 자극했고, 이들은 미생물을 이용해 인상적인 연구 실적을 쌓았다. 오즈월드 에이버리가 치명적인 폐렴구균 실험을 통해 DNA가 유전물질(형질전환물질)이라는 결론을 내린 이후, 마사 체이스와 알프레드 허시가 파지 실험을 통해 이를 확인한 바 있었다. 델브뤼크는 바로 이 미생물을 사용하여 생물학자 살바도르 루리아 Salvador Luria와 함께 '변이는 환경이 가하는 선택압 selective pressure 의 결과가 아니라 자발적으로 발생한다'는 사실을 보여주었다. 다윈이 거의 한 세기 전에 제안했던 자연선택의 원리를 실험적으로 증명해낸 셈이다.

그러나 파지 시스템의 단순함에도 불구하고 람다 유도 작용에 대한 연구는 르워프나 자코브의 예상보다 까다로운 일이었다. 의문이 많았지만 이를 해결할 수 있는 도구는 원시적이었다. 한 가지 지속적인 미스터리는, 파지 유도에서 숙주가 하는 역할이었다. 파지가 자유의지를 가지고 스스로 잠을 잘지 혹은 깨어 있을지 결정할 리 만무했기 때문이다. 비교적 그럴듯한 시나리오는, 세균세포가 이 문제에 대해 발언권을 가지며 바이러스와 숙주 사이의 상호작용이 '결정'을 중재한다는 것이었다. 자코브는 대장균 숙주에 자신의 모든 에너지를 쏟아붓기로 결심했다.

1954년 박사학위 논문—미생물학에 대해 소개하는 논문이었지만 새로운 통찰은 없었다—작성을 마친 후, 자코브는 접합conjugation이라는 세균의 짝짓기 형태를 연구하던 파스퇴르의 동료 연구원 엘리 울만Élie Wollman과 친구가 되었다. 1940년대에 조슈아 레더버그Joshua Lederberg와 에드워드 테이텀Edward Tatum이 발견한 접합은 세포로 하여금 환경 스트레스에 대처하기 위한 수단으로 유전물질을 공유할 수 있게 해준다(항생제 내성이 확산되는 주요 메커니즘이 바로 이러한 유형의 유전적 공유다). 이 분야의 전문용어를 빌리자면 유전자를 전달하는 세균 균주는 '수컷', 유전물질을 받을 수는 있지만 전달하지 못하는 균주를 '암컷'이라 부른다. 그 과정을 제대로 이해할 수는 없었지만 캘테크에서 델브뤼크와 함께 이를 연구하던 울만은 조금씩 진전을 이뤄가고 있었다.

그 진전 중 하나는, 수십 년 전 모건과 스터티번트가 만든 초파리 염색체 지도와 유사한 세균 염색체 지도를 만드는 데 접합을 사용할 수 있다는 점이었다. 울만이 "접합의 희열"이라 부르는 미생물의 짝짓기 과정을 다양한 시점—수컷과 암컷 세포를 섞은 지 10분, 20분, 30분 후—에 중단하고 각 구간에서 어떤 형질이 전이되는지 관찰하면 해당 형질을 코딩하는 유전자의 염색체상 순서를 알 수 있었다. 예컨대 10분 후에 형질 X가, 20분 뒤에는 형질 X와 Y가, 30분 뒤에는 형질 X, Y, Z가 모두 전달되었다면, 염색체에서 해당 유전자의 순서[3]는 X-Y-Z가 되어야 했다. 전하는 이야기에 따르면 울만은 세균의 짝짓기를 위한 도구[4]로 아내 오딜의 주방용 믹서를 사용했다고 한다.

울만과 함께 자코브는 끝없는 계산을 반복하며 세균 염색체 지도 작성에 매진했다. 그리고 파지 유도를 규명하기 위한 몇 가지 실험을 직접 수행하던 중, 그는 한 가지 결과에 주목했다. 잠자는 파지를 가진 세포(용원성 수컷)를 '순진무구한' 세포(감염되지 않은 암컷)에 접합하자 바이러스가 거의 즉시 깨어나는 것이었다! 자코브는 이 현상을 '접합체 유도 zygotic induction'라고 명명했다. 잠자는 바이러스를 깨우는 새로운 방식, 그러나 르워프가 그토록 열광했던 자외선 노출과는 다른 방식이었다. 이에 더하여 이 결과는 보다 깊은 통찰을 안겨주었으니, 그는 프로파지를 깨우는 것이 알람시계가 아니라 분자 진정제 molecular sedative (즉, 바이러스 복제를 억제하는 요인)으로부터의 해방이라는 사실을 깨달았다. 접합은 바이러스 유전체를 '진정제가 없는 세포'에 들어가도록 허용했고, 이 현상은 잠자던 바이러스를 깨우기에 충분했다. 그렇다면, 파지가 잠을 자는 것은 무언가 부족해서가 아니었다. 그보다는 용원성 세포의 무언가가 적극적으로 수면을 강요하기 때문이었다.

이것은 반드시 기억해두어야 할 사실이었다. 언젠가 모종의 용도로 이를 사용할 수 있으리라. 하지만 당장은 자코브 자신도 분자 진정제가 무엇인지, 어떻게 작용하는지 도무지 감을 잡을 수 없었다. 파지의 작동 방식은 그 어느 때보다도 불가사의하기만 했다.

먹는 순서를 선택하는 세균

다락방에서 살아남기 위해서는 강심장이 되어야 했다. 논쟁은 때로 열정적이고 때로 은밀했지만, 비판이 쏟아질 때마다 가설을 확인하거나 반박할 수 있는 새로운 실험 아이디어가 나왔기 때문에 그 자체로 유의미한 관행이었다. 각 논쟁은 배제해야 할 또 다른 가능성, 새로운 분석, 앞으로 나아갈 길을 드러내 보였다. 세균과 파지의 번식 속도—한 시간 안에 두 배로 증가하는 속도—는 연구자들의 일과에 딱 들어맞았다. 그들은 점심시간에 토론하고, 오후에 실험을 준비하고, 다음 날 아침에 결과를 검토한 뒤, 다시 점심시간에 새로운 결과를 발표했다. 가설, 반박, 개선의 사이클이 끊임없이 반복되었다.

자코브와 르워프의 맞은편에서는 자코브보다 10년쯤 선배인 또 다른 미생물학자가 세균의 식습관에 몰두하고 있었다. 자크 모노 Jacques Monod는 전쟁 전에 과학 훈련을 마쳤기에 자코브가 겪었던 전장의 시련과 고문으로 인한 방황을 용케 피할 수 있었다. 학부를 졸업하고 박사학위를 받기 전까지, 모노는 음악과 항해를 즐기며 훨씬 여유롭게 과학의 세계에 입문했다.

대학원생 시절에 그는 다양한 식단, 특히 탄수화물 당 carbohydrate sugar에 대한 세균의 반응에 관심을 가졌다. 포도당이나 젖당 중 하나의 당만 공급했을 때, 세균은 예상대로 공급된 당이 고갈될 때까지 기하급수적으로 분열했다. 그러나 포도당과 젖당을 동시에 세균에게 제공하자 흥미로운 패턴이 나타났다. 세균이 성장 중 멈추었다가 다시 성장하는 패턴을 보인 것이다. 그는 이를 이원영양 생장 diauxie growth(그리스어에서 유래한 단어로 auxein은

'자라다'를, di는 '2'를 뜻한다)이라고 불렀다.

모노는 성장곡선의 서로 다른 부분이 각기 다른 당의 활용에 해당하리라 추측했으며, 이후 그것을 확인했다. 처음에 세균은 포도당을 소비함으로써 곡선의 첫 번째 단계에 연료를 공급하고, 포도당이 사라지면 휴식기(유도기)를 거친 뒤 다시 젖당이 사라질 때까지 젖당을 소비했다. 모노가 특히 흥미롭게 여긴 것은 두 성장 단계 사이에 있는 휴식기였는데, 이는 한 당에서 다른 당으로의 전환을 조절하는 일종의 분자 스위치molecular switch가 존재함을 뜻했다. 즉, 세균은 먹이를 한꺼번에 먹어치우는 것이 아

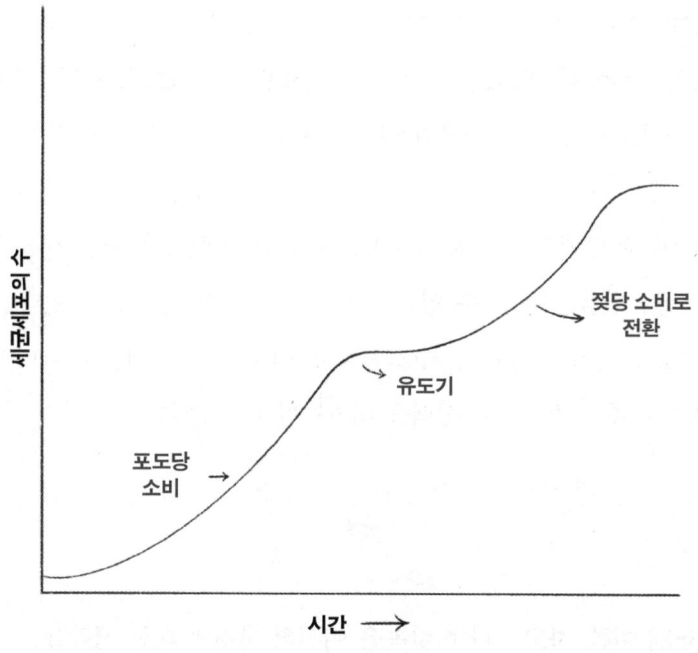

포도당과 젖당이라는 두 가지 당이 혼합된 식단이 주어지면, 세균세포는 먼저 포도당을 소비한 다음 대사 프로그램을 변경하여 젖당으로 전환한다. 이러한 식이 '결정'에 따른 성장 패턴을 이원영양 생장이라고 한다.

니라, 먼저 먹을 것과 다음에 먹을 것을 선택한 다음 한 번에 한 코스씩 먹는 듯 보였다.

이에 대해 자세히 연구하던 모노는 세균이 젖당을 섭취하기 전에 몇 가지 준비 과정을 거친다는 사실을 깨달았다. 구체적으로, 세포는 두 종류의 특수 단백질을 합성해야 했다. 주변 배지에서 당을 세포로 가져오는 채널(투과효소permease)과 젖당 분자를 더 작고 사용 가능한 조각으로 자르는 효소(갈락토시다아제galactosidase)5였다. 투과효소와 갈락토시다아제가 모두 없으면, 젖당을 먹인 세포는 당을 흡수하거나 분해하지 못해 굶주리게 된다.

반면에 포도당 식단은 세균이 가장 좋아하는 먹이이므로 아무런 준비가 필요하지 않았다. 포도당을 먹고 사는 세포는 투과효소도 갈락토시다아제도 생산하지 않았다. 세균의 입장에서 필요 없는 단백질을 만드는 데 에너지를 소비하는 것은 낭비일 터였다. 하지만 젖당이 유일한 먹이가 되었을 땐 이 두 단백질을 새로 합성(또는 유도)해야 했으니, 이는 세균이 어떤 먹이 공급원을 이용할 수 있는지에 따라 분자적 '결정'을 내린다는 일종의 '미생물 섭식 논리'를 암시했다. 이후 이 시스템은 세균뿐 아니라 모든 세포가 어떠한 방식으로 선택을 내리는지 알려주었다.

1958년 여름, 자코브의 머릿속은 여전히 파지에 대한 생각으로 가득했다. 그는 접합에 관한 강의 준비와 긴 연구 여정에, 말하자면 학자의 삶에 지쳐가고 있었다. 확실히 지난 4년은 좋은 시간이었다. 울만과의 작업이 성과를 이루었고 그럭저럭 좋은 평판을 쌓았으니 말이다. 하지만 무언가 그를 괴롭혔다. 애초에 그를 르워프의 연구실로 이끌었던 과제―파지의 비밀 해명―를 소홀히 했다는 점, 세균의 접합에 대한 연구도 그 목표를 달성하는 데 거의 도움이 되지 않았다는 사실이었다.

아니, 도움이 되지 않았다고는 할 수 없었다. 울만과 함께 일하던 초기에 얻어낸 한 가지 결과가 있지 않은가. 접합에 관한 실험으로 그는 파지를 휴면 상태로 유지하는 것이 '알람시계의 부재'가 아니라 '분자 진정제'라는 사실을 밝혀낸 터였다. 이 발견은 '유전자 대본'과 그 '세포적 출력' 사이에 하나 또는 그 이상의 중간 매개체가 개입한다는, 아직 밝혀지지 않은 분자 조절 시스템을 암시했다. 당시 자코브는 울만과의 연구에 몰두한 나머지 그 관찰에서 더 나아가지 못했지만, 이제는 새로운 과학적 도전과 새로운 협력자를 맞이할 준비가 되어 있었다.

우연히도 모노 역시 커다란 벽에 부딪힌 상태였다. 세균의 접합을 처음 발견한 미국의 과학자 조슈아 레더버그가 대장균의 변이 균주를 여러 개 보내왔는데, 이 변이균은 단일 유전자에 결함―하나 이상의 당을 소화할 수 없는 변이―를 가지고 있었다. 모노는 특히 젖당을 먹으면 더 이상 생존할 수 없는 변이, 이른바 '랙 변이 lac mutant'에 관심을 기울였다. 세균이 한 번에 모든 것을 쉽게 섭취할 수 있음에도 왜 굳이 두 코스짜리 식사를 하는지 이해하는 데 이 변이가 중요한 열쇠가 되리라고 그는 믿었다.

레더버그의 접근 방법은 변이를 이용한 생물학 연구에 커다란 진화를 가져왔다. 휘호 더 프리스와 토마스 헌트 모건이 발견한 최초의 변이가 유전적 대물림의 핵심 원리 중 많은 부분을 확립하고 1940년대에 이르러 DNA가 유전의 분자로 밝혀지면서, 미생물학자들은 변이가 세포와 유기체의 기능에 대한 연구에도 사용될 수 있다는 사실을 깨달은 참이었다. 유전자의 부재에 따른 결과를 주의 깊게 조사하면 해당 유전자의 정상적인 역할에 대해 알 수 있기 때문이었다. 이는 분전반의 퓨즈를 하나씩 풀어가며 집의 전기 배선을 이해하는 것과 동일한 방식이었다.

모노는 레더버그의 랙 변이 유전자군의 특성을 분석하여, 그것들을 각각 *lacY*, *lacZ*, *lacI*라고 명명했다. 연구 결과 두 개의 변이 유전자(*lacY*와 *lacZ*)는 젖당을 전혀 소화할 수 없는 반면, 세 번째 변이 유전자(*lacI*)는 성장 지연 없이 곧바로 젖당을 소화하는 것으로 밝혀졌다. 하지만 이러한 행동의 분자적 근거는 여전히 미스터리였다. 모노는 갈락토시다아제 단백질의 양을 측정할 수 있는 항체를 이용해 이 세 유전자의 기능을 이해하기로 마음먹었다.

처음에는 아무런 걸림돌 없이 일사천리로 진행되었다. 선행 연구에서 변이균 *lacY*와 *lacZ*의 정상 버전은 젖당 섭취에 필수적인 것으로 밝혀진 두 가지 단백질을 코딩하는 것으로 밝혀졌다. *lacY* 유전자는 투과효소라는 수송체를, *lacZ* 유전자는 갈락토시다아제라는 효소를 코딩했다. 따라서 해석은 비교적 간단했다. 두 변이균 모두 젖당을 먹고 살 수 없을 것이다. 젖당을 섭취하거나 소화할 수 있는 수단이 부족하기 때문이다.

그러나 유전자, 단백질, 기능에 대한 일관된 그림이 그려지기 시작한 것은 모노가 세 번째 변이균인 *lacI* 균주의 작용을 이해하느라 고심할 때였다. 이 균주는 젖당 대사를 위한 수송체와 효소를 유도하지 않더라도 젖당을 먹고 살 수 있는 균주였다. 모노는 갈락토시다아제를 인식할 수 있는 항체를 사용하여 '젖당이 없는 상태에서도 *lacI* 변이균에는 이 효소가 늘 존재한다'는 사실을 밝혀냈다. 이것은 어불성설이었다. 과거의 모든 연구들은 '젖당의 흡수 및 분해 수단을 먼저 유도해야만 젖당의 대사가 가능하다'고 보았으니 말이다. 그러나 정말로 *lacI* 변이균은 그런 것들을 유도할 필요가 없었다.

점심시간마다 동료들의 일일 연구 보고를 묵묵히 듣고 있던 자코브는 모노의 이야기에서 자신의 연구와 비슷한 점을 알아차렸다. 혹시 *lacI* 유전자의 역할이 갈락토시다아제의 합성을 방해하는 건 아닐까? 파지를 사용한 그의 실험이 억제성 분자 진정제를 암시했듯이, 모노의 실험에서도 *lacI*가 억제자^{inhibitor} 역할을 하는 게 아닐까? 어쩌면 지금 두 과학자 모두 억제자—모노의 경우 세포가 젖당을 소화하지 못하게 하는 억제자, 자코브의 경우 프로파지가 깨어나지 못하게 하는 억제자—를 다루고 있는 것인지도 몰랐다.

자코브는 이 나이 많은 동료에게 제안했다. 보아하니 혼자서 연구를 이어가기 힘든 건 피차 마찬가지인 듯한데, 둘이 힘을 합치면 어떨까요? 자신의 접합 기술과 모노의 변이균 컬렉션을 합치면 이 수수께끼 같은 분자 장벽의 퍼즐도 마침내 풀릴지도 모른다는 생각에 그는 가슴이 뛰었다.

모노가 냉동고 문을 열었다. 그 안에는 서리로 뒤덮인 상자들이 쌓여 있었다. 모노가 1년 넘게 연구해온 변이균의 보금자리였다. 모노는 곧 자신이 찾던 것을 발견했다. 손가락만 한 시험관 열두 개. 각각의 내용물을 식별하는 기호는 모노만이 해독할 수 있는 낙서 같았다. 미생물학자는 이를 살펴보다가 시험관 두 개를 골라냈고, 필요한 것을 찾은 듯 만족스러운 표정으로 상자를 다시 냉동고에 넣은 뒤 자코브가 기다리고 있는 실험실 작업대로 걸어갔다.

이제 자코브의 차례였다. 그는 끝에 작은 철사 고리가 달린 가느다란 금속 막대를 만들었다. 이어 작은 불꽃에 고리 끝을 대고 살균하여 이전 실험에서 남았을지 모를 마지막 세균의 흔적까지 제거했다. 그런 다음 모노가 가져온 냉동 시험관 중 하나의 뚜껑을 열고 뜨거운 고리를 그 바닥까지 밀어 넣어 얼어붙은 물질의 표면을 녹였다. 그러자 한 방울도 안 되는 소량의 액체가 고리에 달라붙었다. 냉동 상태에서도 1마이크로리터당 수백만 마리의 세균이 생존할 수 있으니, 그 정도면 새로운 배양액에 파종하기에 충분했다. 자코브는 고리를 액체 배지가 담긴 플라스크에 넣고 저은 뒤 모노가 가져온 두 번째 시험관을 대상으로 동일한 절차를 반복했다. 플라스크를 인큐베이터에 넣고 몇 시간이 지나자 배양액이 혼탁해졌다. 이제 미생물의 짝짓기 의식인 접합을 준비할 수 있게 되었다.

1959년, 자코브와 모노의 협력은 번창 일로를 걸었다. 이 두 파리지앵에 더하여 세 번째 과학자, 캘리포니아 대학교 버클리에서 안식년을 보내던 미국의 생화학자 아트 파디Art Pardee가 합류했고, 이들은 강력한 두뇌 공조를 이루기 시작했다. 여기서 몇 가지 기술적 진보가 이루어졌으니, 그중 가장 중요한 것은 ONPG라는 젖당의 화학적 유사체였다.[6] ONPG는 갈락토시다아제가 존재할 때 무색에서 노란색으로 변했는데, 이러한 현상 덕분에 효소의 활성을 훨씬 더 수월하게 측정할 수 있어 연구자들은 유도 과정에서 효소가 얼마나 축적되었는지 제대로 판단할 수 있었다.

하지만 각 실험마다 일주일의 시간이 필요했기 때문에, 과학자들은 어떤 순열permutation을 우선순위에 둘지 결정해야 했다. 그들은 대조군, 즉 다음과 같은 두 가지 균주의 짝짓기에서 탄생한 잡종부터 시작하기로 합의했다. 먼저 젖당이 있을 때만 갈락토시다아제를 생성하는 정상(또는 야생형) 수컷, 그리고 갈락토시다아제 유전자^{lacZ}와 미지의 억제 유전자^{lacI}가 모두 결여된 암컷. 참고로 이것을 다락방에서 사용된 난해한 용어로 표시하자면 다음과 같다.

$$♂ lacZ^+ lacI^+ \times ♀ lacZ^- lacI^- \text{⦁}$$

자코브, 모노, 파디는 정확히 10분 간격으로 접합 쌍에서 샘플을 수집한 뒤, 그것을 아래층으로 가져가 ONPG로 갈락토시다아제 수치를 측정했다. 두 시간 만에 결과가 나왔다. 갈락토시다아제는 두 균주가 혼합된 뒤 빠르게 나타나, 접합이 시작된 지 몇 분 만에 최대 합성 속도에 도달했다. 그러나 30분이 지나자 갈락토시다아제의 생성이 중단되었고,7 이후에는 유도자^{inducer}인 젖당을 첨가해야만 다시 생성되었다.

이 무해하게만 보이는 결과에서, 자코브는 상황이 예전과 같지 않을 것임을 즉시 알아차릴 수 있었다.

mRNA의 발견

실험에 이름을 붙이는 경우는 드물다. 하지만 파디(Pa), 자코브(Ja),

⦁ 여기서 x는 교배를 의미하며, +와 −는 각각 유전자의 유무를 뜻한다.

모노(Mo)가 수행한 연구는 그 중요성이 워낙 컸기에 예외적으로 세 설계자를 기리기 위해 '파자모 실험PaJaMo experiment'이라 명명되었다. 실험의 설계는 간단했지만, 그 해석은 정신적 부담이 큰 작업이었다(다만 자코브와 그의 동료들은 변이, 교배, 유도자에 대한 세부 사항에 몰두해 있었기에 비교적 수월하게 그 의미를 해석할 수 있었다).

파자모 실험은 몇 가지 시사점을 남겼다. 첫째, 유전자가 조절될 수 있음을 직접 보여주었다. 과학자들이 연구를 시작할 당시에는 젖당이 갈락토시다아제 및 투과효소와 직접적으로 상호작용 한다는 것이 일반적인 견해였다. 예컨대 '갈락토시다아제는 세포에 항상 존재하되 비활성 상태로 있다가 젖당과의 화학적 상호작용으로 인해 활성화된다'는 것이 그럴듯한 설명이었다. 그러나 파지의 접합체 유도와 관련한 자코브의 초기 실험이 그랬듯, 파자모 실험은 '유도가 갈락토시다아제 유전자 수준에서 일어난다'는 사실을 드러냈다. 접합을 통해 전달된 것은 단백질이 아니라 유전자였기 때문이다. 다시 말해, 유전자 자체가 빠른 유도의 원천이었다.

두 번째 시사점은 유전자가 조절되는 방식과 관련한 것으로, 이 과정은 이후 '억제repression'라 불리게 되었다. 모노는 *lacI*가 갈락토시다아제와 투과효소의 생성을 억제한다는 사실을 알고 있었지만, 어떻게 그렇게 하는지는 이해하지 못했다. 하지만 이제 그 메커니즘이 어느 정도 명확해졌다. 접합을 통해 *lacZ*와 *lacI*를 모두 포함하는 야생형 세균의 유전체가, 두 유전자가 모두 결여된 세포에 들어가게 된 것이다. 유전자 전달이 일어나면, 억제자(*lacI*의 산물)가 없기 때문에 갈락토시다아제(*lacZ*의 산물)는 빠르게 생성될 수 있었다. 그러나 시간이 지나면서 억제자도 만들어져(접합을 통해 억제자의 유전자도 도입되었으므로), 30분 후 갈락토시다아제의 합성이 중단되었다. 말하자면, *lacI* 유전자는 단백질 생성물(갈락토시다아제)이 아닌 *lacZ* 유전자와의 직접적인 상호작용을 통해 억제 효과를 발휘하는 듯했다. 다만, 어떻게 이런 일이 일어나는지는 여전한 미스터리였다.

마지막으로 세 번째 시사점은 유전자와 단백질 사이의 단절 고리로 추정되는 것과 관련이 있었다. 몇 년 전 조지 비들George Beadle과 에드워드 테이텀이 유전자가 단백질과 일대일 대응 관계8로 존재한다—각 단백질은 단일 유전자에 의해 코딩되며, 각 유전자는 단일 단백질을 코딩한다—는 사실을 발견한 바 있었다. 그러나 이 획기적인 발견은 해결되지 못한 의문을 남겼으니, (뉴클레오타이드nucleotide 언어로 작성된) 유전적 청사진에서 정보가 어떻게 (아미노산 언어로 작성된) 단백질 생성물로 변환되는가 하는 것이었다. 이를 설명하려면 새로운 패러다임이 필요했는데, 바로 파자모 실험이 그 둘 사이의 중개자 역할을 하는 가상의 메신저를 암시하고 있었다.

지금까지의 논의가 이해하기 어려웠다고 해서 실망할 필요는 없다. 자코브 자신도 연구 결과를 이해하기까지 오랜 시간이 걸렸으니 말이다. 그 결과의 중요성에는 의심의 여지가 없었지만, 퍼즐 조각을 조립하여 유전자 조절에 대한 일관된 그림—유전자와 단백질 생성물 사이의 분자적 연결—을 그려내는 것은 너무도 엄청난 도전이었다. 다양한 모델을 하나씩 떠올리며 그는 수많은 가능성을 가늠해보았다. 그리고 매번, '중개자 가설middleman hypothesis'로 돌아왔다.

1959년 가을, 이러한 아이디어를 시험해 볼 수 있는 기회가 찾아왔다.

코펜하겐에서 당대 최고의 생화학자와 유전학자 들이 참석하는 학회가 열린 것이다. 아이디어가 아직 거칠게 다듬어진 상태이긴 했지만, 그는 자신의 생각을 저돌적으로 밀어붙일 수 있을 만큼 대담했다. 다락방에서 늘 지켜봐온 관행, 즉 최고의 인재들에게 아이디어를 제시하고 그들의 생각을 듣는 것이야말로 파자모 실험에서 도출한 중개자 모델의 장점과 결함에 대해 판단하는 가장 좋은 방법일 것이었다. 회의장을 가득 메운 내로라하는 과학자들 앞에서, 자코브는 갈락토시다아제 수치의 급격한 상승과 점진적인 하락을 설명하기 위해 수명이 짧고 불안정한 '메신저'—그는 이 불가사의한 분자를 'X'라 불렀다—의 존재를 제안했다. 주로 정황증거에 기반한 직관으로부터 나온 가설이었고, 따라서 당연히 과학자들은 꼬리에 꼬리를 무는 질문과 비판들로 이 아이디어를 찢어버릴 것이었다.

그러나 웬걸, 회의장에는 침묵이 흘렀다. 동의는 없지만 항의도 없었다. 청중석에는 프랜시스 크릭과 시드니 브레너Sydney Brenner가 앉아 열심히 귀를 기울이고 있었다. 6년 전 DNA의 구조(유명한 왓슨-크릭의 이중나선)를 규명한 크릭은 이미 저명한 생물학자[9]였지만, 다음 장에서 더 자세히 소개할 브레너는 명성을 얻기까지 아직 몇 년을 더 기다려야 하는 시점이었다. 이 순간 두 사람은 자코브의 발목을 잡았던 질문, 즉 '어떻게 DNA의 지침이 단백질 합성으로 귀결되는가'에 집중했다. 크릭은 유전정보가 한 방향(DNA → 단백질)으로만 흘러갈 수 있고 그 반대는 불가능하다고 주장한 바 있었다. 하지만 그가 '중심원리central dogma'라 부른 이 명제는 정보가 어떻게 이동하는지를 설명하지 못했다. X라는 중간체에 의존한다는 허점에도 불구하고, 크릭과 브레너는 자코브의 제안에 장점이 있음을 인정할 수밖에 없었다. 그들은 더 많은 이야기를 듣고 싶었다.

이듬해 봄, 케임브리지 대학교의 선임 연구원으로 자리를 옮긴 브레너가 작은 모임을 주최했다. 크릭과 다른 저명한 생물학자들, 그리고 자코브도 그 모임에 초대되었다. 모임은 킹스 칼리지에 있는 브레너의 연구실에서 열렸고, 모든 참가자들이 각자의 생각을 기탄없이 이야기할 수 있는 편안한 분위기에서 진행되었다. 마치 살인 사건의 증거인 양, 전 세계의 다양한 실험실에서 수행된 실험 결과가 토론의 주제로 올라왔다. 물론 핵심 질문은 이것이었다. '유전자와 그 단백질 산물 사이에는 무엇이 존재할까?'

그룹 내에서 하나의 모델이 떠오르기 시작했다. 분자 X가 그 중심에 있음을 알고 자코브는 소스라치게 놀랐다. 대화가 진행되면서 X의 독특한 특성이 점점 분명해졌다. X는 빠르게 생성될 뿐 아니라 빠르게 파괴되었으니, 이는 세포 내에 있는 다른 물질 대부분과 구별되는 특징이었다. 브레너와 크릭은 이러한 특징을 가진 물질—파지인 람다와 유사하나 분명히 구별 가능한 세균이 박테리오파지에 감염되자마자 나타나는 분자—가 최근에 기술되었다는 사실을 떠올리고 서로를 바라보았다. 문제의 분자는 특별한 유형의 리보핵산ribonucleic acid, RNA으로, 세포 내 전체 RNA[10]의 아주 작은 부분을 구성하기에 그동안은 무시되어온 DNA의 화학적 친척이었다. 하지만 이 분자의 행동이 X와 완전히 똑같았으므로, 브레너와 자코브는 이 분자에 '메신저 RNAmRNA'라는 이름을 붙였다.

두 과학자는—자코브는 막스 델브뤼크의 초청으로, 브레너는 새로운 교수인 매트 메셀슨Matt Meselson의 초청으로—다가오는 여름을 캘테크에서 보내기로 했다. 날이 저물어 다른 과학자들이 브레너의 거실에서 술과 음악을 즐기는 동안, 자코브와 브레너는 연구실에 남아 DNA와 단백질 사이의 중간 매개체로서의 mRNA를 밝혀낼 실험을 계획했다.

1960년 여름, 두 과학자는 메셀슨이 기다리고 있는 캘리포니아 남부로 향했다. 자코브의 흥미로운 가설을 듣자 메셀슨은 X의 존재를 확인하거나 반박하고 그 성격을 더 자세히 규명할 수 있는 몇 가지 기술을 개선하기 위해 노력했다. 우여곡절이 많고, 실망과 행복이 반복되는 길이었다. 하지만 9월이 되었을 무렵 과학자들은 필요한 모든 증거를 확보했다. mRNA는 유전자와 해당 단백질 사이에 자리 잡은 크릭의 중심원리에서 확고한 위치를 차지하게 되었다.

유전자 조절을 억제하는 것

이러한 발견만큼이나 중요한 것은, 그것이 파자모 실험 결과의 일부, 즉 '유전자 조절이 반드시 mRNA라는 중간체를 통해 일어난다'는 사실만을 설명한다는 점이었다. 그러므로 파자모 실험의 또 다른 결과, 즉 '유전자 조절이 억제자를 통해 일어난다'는 점은 여전히 수수께끼로 남아 있었다. 자코브의 마음은 파지와 대장균 사이를 오가며, 이질적으로 보이는 그 두 시스템에서 유전자와 해당 단백질이 어떻게 조절될 수 있는지에 대한 설명을 찾았다.

기존의 통념은 '유도자가 단백질에 직접 작용하여 단백질의 합성이나 활성을 자극한다'는 것이었다. 하지만 자코브는 이 설명에 뭔가 문제가 있음을 알았다. 파지와 세균은, 마치 브레이크에 의해 서 있는 언덕 위의 자동차처럼 언제라도 다시 단백질을 생산할 태세를 갖추고 있었다. 세균의 경우, *lacI*가 분자 브레이크의 역할을 수행함으로써 갈락토시다아제와 투과효소의 생성을 차단했다. 그러나 젖당이 존재하면 브레이크가 풀렸다. 람다의 경우, 아직 정체가 밝혀지지 않은 억제자가 바이러스 단백질의 생산을 차단함으로써, 프로파지의 유도자인 자외선이 파지의 용균 회로에 걸린 브레이크를 해제할 때까지 파지를 용원성 '가수면' 상태로 유지했다. 유도자의 역할이 단순히 억제자를 비활성화하는 것이라면, 유도는 결국 '유도'가 아니라 '억제로부터의 해방'인 셈이었다. 자코브를 비롯한 과학자들 전부가 문제를 거꾸로 바라보고 있었던 것이다.

이 모든 사실이 개념적으로는 도움이 되었지만, 억제자가 분자 수준에서 어떻게 작동하는지, 즉 화학적 측면에서 해당 유전자에서 단백질이 생성되는 것을 어떻게 방해하는지를 설명하지는 못했다. 그리고 이러한 의문을 해결하려고 애쓰던 자코브는 다시 한 번 개념적 걸림돌에 직면하게 되었다.

나는 1장에서 신체가 세포로 이루어져 있다는 사실이나 모래언덕이 알갱이로 이루어져 있다는 사실을 '모른다'는 것, 심지어 일시적으로라도 잊는다는 것이 얼마나 어려운지에 대해 이야기한 바 있다. 유전자 조절의 분자 메커니즘에 대해서도 사정은 마찬가지다. 자코브가 직면한 과제는, 말하자면 유전자의 물리적 구현인 DNA 분자가 자체적인 조절에 참여한다는 사실을 모르는 채 유전자가 어떻게 켜지거나 꺼지는지를 이해하는 것이었다. 지금은 잊어버리기 불가능한 이 사실이, 1960년에는 상상도 할 수 없는 개념이었다. 거의 모든 생물학자와 화학자들은 DNA를 '생명 자체를 공격하지 않고는 사실상 조작할 수 없는 신성한 대상'으로 간주했다. 그에 반해 단백질은 한 번에 한 분자씩 DNA 주형template에서 합성된다고 가정했는데, 이는 한 명의 장인이 한정판 석판화를 찍어내는 것에 비견되는 힘든 과정이었다.

자코브는 이러한 생각이 옳지 않음을 알고 있었다. 파자모 실험에서 갈락토시다아제 효소가 유도되는 속도가 이처럼 느리고 순차적인 모델과 양립할 수는 없었기 때문이다. 세균은 유도 이후 너무도 짧은 사이에 너무 많은 단백질을 만들어냈으니, 이는 '사본에서 사본이 만들어지는 모델'에 부합하는 결과였다. 이에 더하여 유전자와 단백질 사이에 존재하는 새로운 중간체, 즉 mRNA 또한 유전자 조절 체계에서 한자리를 차지할 가능성이 있었다.

그러나 자코브의 방향성을 무엇보다 확실하게 돌려놓은 것은 파지와 세균 시스템이 공유하는 특징이었다. 그때까지는 거의 주목받지 못했으나, 그가 관찰한바 이들 시스템에서는 여러 단백질이 동시에 생산되고 있었다. 대장균에서는 유도(젖당 첨가)를 통해 투과효소와 갈락토시다아제가 거의 동일한 타이밍에 생성되었고, 람다의 경우 이 동시성이 보다 극적으로 나타나, 잠자는 파지가 깨어나도록 유도하자 두세 개가 아닌 수십 개의 단백질이 되살아났다. 재차 언급하자면, 단백질이 해당 유전자에서 한 번에 하나씩 합성된다고 가정할 경우엔 도무지 말이 되지 않는 현상이었다.

번뜩이는 통찰이 뇌리에 떠오른 것은 자코브가 극장에서 아내 리즈와 함께 영화를 보고 있을 때였다. 그 자신의 말을 빌리자면 "당연한 것에 대한 놀라움"을 느낀, 진정한 '아하!'의 순간이었다. 억제자들이 그처럼 조직적으로 행동할 수 있는 곳이 있다면 단 한 곳, 바로 DNA 자체뿐이었다!

마침내 그를 가로막고 있던 개념적 장벽에 균열이 생긴 것이다.

"방금 중요한 생각을 떠올린 것 같아." 그는 극장을 나서며 리즈에게 말했다.

이제 자코브는 새로운 관점에서 전체 시스템을 다시 구축해야 했다. 실속 없는 아이디어들의 홍수 속에서 이리저리 떠밀린 끝에, 마침내 그는 올바른 방식으로 억제자에 대해 생각할 수 있게 되었다. 만약 억제자가 DNA와 상호작용 한다면, 해당 메시지의 생성을 확실히 억제할 수 있을 터였다. '유전자의 스위치가 꺼져 있는 것은 억제자가 해당 mRNA의 합성을 차단했기 때문'이라는 모델이 구체화되기 시작했다. 거꾸로 말하면, 유전자의 스위치가 켜져 있는 것은 억제자가 없어서 해당 mRNA가 만들어지기 때문이었다.

그러나 '유전자 발현expression을 조절하는 간단한 스위치'라는 이 모델을 보다 세련되게 다듬어야 할 필요가 있었다. 자코브가 보기에는 모노야말로 완벽한 시험 케이스였다. 물론 이 나이 든 과학자는 그의 이론을 이단으로 여길 터였으니, 그것이 DNA의 범접할 수 없는 본질[11]과 모순되는 개념이기 때문이었다. 그런 모노를 설득할 수만 있다면 전 세계를 설득할 수 있으리라고 자코브는 생각했다.

예상했던 대로 그의 파트너는 강력히 저항했다. 하지만 르워프에게 그랬던 것처럼, 자코브는 포기하지 않고 꾸준히 모노의 연구실 문을 두드렸다. 마침내 모노의 이마에 주름이 잡히기 시작했다. 호기심을 느끼고 있다는 증거였다. 이 선배 과학자가 억제자 모델에 반대할 때마다 자코브는 새로운 논리를 제시하며 설득을 이어갔고, 모노는 점차 이 이론의 본질, 더 중요하게는 그 우아함을 이해하기 시작했다. 논쟁은 더 이상 자코브와 모노가 아니라 모노와 모노의 싸움이 되었다. 그는 양쪽 질문을 모두 공격하고 방어하면서 찬성과 반대의 균형을 맞추고 있었다. 모노가 자코브의 편에 서는 것은 이제 시간문제였다. 자코브는 자신이 이겼음을 확신했다.

전사와 번역이라는 원리

이후 몇 달에 걸쳐 자코브와 모노는 일련의 확인 실험을 통해 모델을 개선함으로써 유전자 조절 원리에 대한 이해의 틀을 구축했다. 이 모델의 본질은 오늘날에도 여전히 유효하며, 세부적인 내용은 세균과 파지에서 처음 밝혀졌으나 그 기본 원리는 지구상의 모든 생명체에 적용된다.

유전자 조절의 첫 번째 단계는 DNA가 mRNA로 변환되는 전사transcription 과정이다. 전사는 핵산 '염기쌍 형성base pairing'의 우아한 경제성을 활용하는데, 그 화학적 원리는 특정 염기가 상보적인 파트너에 대해 갖는 화학적 친화력—시토신(C)은 구아닌(G)에, 아데닌(A)은 티민(T)에 끌리는 현상—을 통해 DNA 이중나선의 두 가닥을 결합하는 것이다. 예컨대 한 가닥의 DNA에 GAATTC라는 염기서열이 포함되어 있다면, 이중나선의 다른 가닥에 해당하는 염기서열은 CTTAAG여야 한다. 전사가 진행되는 동안 두 개의 DNA 가닥은 분리되고 RNA 중합효소RNA polymerase로 알려진 효소가 그 사이를 통과하며 DNA 가닥 중 하나를 '읽는다'. 그 결과, 마치 음화필름에서 사진이 인화되는 것처럼 DNA 주형의 거울상과 흡사한 mRNA 분자[12]가 만들어진다.

자코브-모노 모델의 핵심은, 억제자가 특정 DNA 서열에 결합함으로

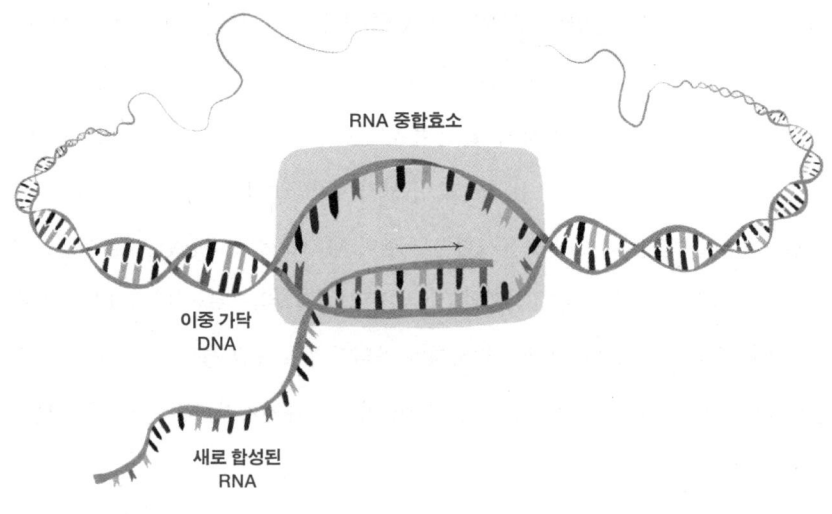

'전사'란 DNA 주형에서 메시지(mRNA)가 생성되는 것을 말한다. DNA 이중나선의 두 가닥이 분리되면 RNA 중합효소가 두 가닥 중 하나에서 거울상 사본을 합성한다. DNA에 내장된 염기서열은 적절한 위치에서 전사가 시작되고 끝날 수 있도록 RNA 중합효소에 지침을 제공한다. 합성이 완료되면, mRNA 분자는 핵에서 세포질로 운반되어 단백질로 번역될 수 있다.

써 전사―유전자에서의 mRNA 합성―를 조절한다는 점이다. 유전자 스위치가 꺼진 상태에서는 억제자가 나이트클럽의 경비원처럼 작동하여, 자신이 지키는 유전자에 접근하는 RNA 중합효소를 내쫓는다. 반면 유전자 스위치가 켜진 상태에서는 경비원이 퇴근하여 문이 활짝 열리고, 따라서 RNA 중합효소는 자유롭게 활동하며[13] 풍부한 mRNA 메시지를 생성한다.

보다 구체적인 예시를 위해 대장균의 식단으로 돌아가, 젖당이 세포로 하여금 당을 섭취(투과효소)하고 소화(갈락토시다아제)하는 단백질을 만들도록 유도하는 과정을 살펴보자. 젖당이 없으면 *lacI* 유전자의 산물인 억제자 단백질이 투과효소와 갈락토시다아제를 코딩하는 DNA 서열인 *lacY*와 *lacZ*에 결합함으로써 RNA 중합효소를 차단하며, 결과적으로 mRNA가 생성되지 않는다. 그러나 젖당이 소량이라도 존재하면, 젖당은 억제자와 결합하여 DNA에서 떨어져 나온다. 억제자가 사라졌으므로 이제 RNA 중합효소는 *lacY* 및 *lacZ* 유전자에 도달하여 다량의 mRNA 사본을 생성할 수 있다. (이와 유사한 시스템이 파지에서도 작동한다. 바이러스에 의해 코딩된 단백질이 파지 유전체의 DNA 서열에 결합함으로써 바이러스 복제에 필요한 mRNA 합성을 막는 것이다. 하지만 자외선에 노출될 경우엔—르워프가 발견한 '프로파지의 유도'—억제자가 파괴되어 이러한 유전자와 그 치명적인 단백질 산물이 발현될 수 있다.)

　자코브와 모노의 모델은 각종 질문들로 가득한 판도라의 상자를 열었다. 만일 억제자가 유전자 스위치를 꺼서 전사를 조절한다면, 유전자 스위치를 켜는 다른 단백질, 즉 활성화자activator도 존재하지 않을까? (존재한다.) 특정 DNA 서열은 유전자의 단백질 산물과 무관하게 억제자 및 활성화자의 도킹 부위 역할만 하는 것일까? (그렇다.) 동물에도 이러한 미생물의 유전자 조절 시스템에 대응하는 것이 있을까? (있다.) 이 모델이 세포가 불변의 단일 대본에 직면하여 다양한 정체성을 가지는 이유를 설명할 수 있을까? (부분적으로 가능하다.)

　식물에서 동물에 이르기까지 모든 유기체는 전사 조절에 엄청난 에너지를 쏟는다는 사실이 밝혀졌다. 유전체에 의해 코딩된 많은 전사 억제자 transcriptional repressor 외에도 세포에는 비슷한 수의 전사 활성화자 transcriptional activator가 포함되어 있는데, 이 활성화자들은 RNA 중합효소의 활동을 강화함으로써 유전자 스위치를 켜는 역할을 한다. 전사를 조절하는 단백질인 억제자와 활성화자를 통칭하여 전사인자 transcriptional factor라고 하며, 이들의 유일한 목적은 유전자에 발언권을 부여하거나 침묵시키는 것이다. 인간 유전체에는 1500개에 달하는 전사인자가 포함되어 있는데, 이는 전체 유전체의 5~10퍼센트에 해당한다. 그 주요 목적이 다른 단백질의 생산을 조절하는 것임을 감안하면 놀라울 정도로 높은 수치다.

그렇지만 한 걸음 물러서서 생각해보면 조절에 대한 이만한 투자는 생명에 필수적이라는 사실을 깨닫게 된다. 고정된 지침을 지닌 정적인 유전체는 세포가 환경에 반응할 수도, 다른 세포와 소통할 수도 없게 만들 것이다. 앞 장에서 살펴본 가소성, 즉 세포 손실이나 세포 사회를 형성하는 사건에 대처하는 배아의 능력은 유연한 유전체 없이 불가능하다. 전사 조절은 세포가 변화하는 환경에 적응하는, 가장 일반적이며 가장 오래된 방법이다. 따라서 성장에서 회복, 감각에서 기억에 이르기까지 상상할 수 있는 거의 모든 생물학적 과정은 다양한 DNA 서열이 mRNA로 변환되는 속도로부터 영향을 받는다.

전사는 세포의 유전체 정보 조절 과정 중 하나의 단계일 뿐이다. 다음 단계는 번역translation, 즉 mRNA의 뉴클레오타이드 염기 문자열을 단백질의 아미노산 문자열로 변환하는 과정이다. mRNA에서 단백질로의 변환은 DNA에서 mRNA로의 변환보다 훨씬 더 복잡하다. DNA와 RNA의 뉴클레오타이드 알파벳은 네 개에 불과하지만, 단백질의 아미노산 알파벳은 총 스무 개로 구성되어 있기 때문이다. 따라서 DNA 주형에서 mRNA의 정확한 합성을 가능케 하는 염기쌍 형성은 이 번역 과정 중 다른 역할을 맡는다. 덧붙이자면, mRNA 분자에서 아미노산 사슬을 형성하기 위해서는 분자적 언어 개편14이 필요하기 때문에 '전사'와 구별되는 '번역'이라는 용어는 특히 적절하다 할 수 있다.

1950년대 중반, 물리학자 조지 가모브George Gamow는 '유전자의 뉴클레오타이드 서열에서 해당 단백질의 아미노산 서열로의 분자적 도약'에 대한 모델을 제안했다. 그는 뉴클레오티드 염기를 세 개씩 그룹 혹은 코드로 (예를 들면 AAA, ATA, ATT 등으로) 묶어 해석하는 시스템을 총 64가지의 가능한 방식(4×4×4)으로 조합할 경우 단백질의 빌딩 블록을 구성하는 스무 가지 아미노산을 충분히 암호화할 수 있다고 추론했다. 두 개의 뉴클레오타이드를 기반으로 하는 코드는 필요한 스무 개의 가능한 순열에 미치지 못하고(4×4=16), 네 개 이상의 뉴클레오타이드를 기반으로 하는 코드는 순열의 수가 너무 많아(4×4×4×4=256) 낭비나 다름없어 보였으니, 그에겐 이 트리플릿 코드triplet code가 가장 적합하리라 여겨졌다.

아닌 게 아니라, '3'은 번역에 있어 마법의 숫자다. 유전자가 해당 mRNA 분자로 전사되면, 또 다른 효소 복합체인 리보솜ribosome은 메시지를 스캔하여 단백질 생성을 지시하는 특정한 세 글자 단어를 찾기 시작한다. '코돈codon'이라 불리는 이 세 글자 조합은 성장하는 단백질 사슬에 어떤 아미노산을 추가해야 하는지를 규정한다. 마셜 니런버그Marshall Nirenberg, 하인리히 마테이Heinrich Matthaei, 하르 고빈드 코라나Har Gobind Khorana, 필립 레더Philip Leder를 비롯한 과학자 그룹은 자코브과 모노의 발견 이후 불과 몇 년 만에 DNA에 포함된 각 암호의 의미를 해당 아미노산과 연결시키는 데 성공했다. 그 결과 '유전자 코드genetic code'라는, 살아 있는 로제타 스톤이 탄생했다. 이것은 생물학에서 핵심적인 자연 상수로, 물리학으로 치면 뉴턴의 만유인력의 법칙에 비견되는 업적이다.

유전자 코드의 해독은 분자생물학의 탄생을 알렸다. 이 암호를 통해 유전자의 DNA 서열에서 그에 상응하는 단백질의 아미노산 서열을 유추할 수 있게 되었기 때문이다. 생화학자들은 DNA 염기서열을 분석하고 조작하는 더 빠르고 우수한 기술을 개발함으로써 세포의 내부 작용을 들여다보는 전례 없는 창을 열었다(오늘날, 유전자의 DNA 서열은 단백질의 아미노산 서열보다 더 빠르게 결정될 수 있다). 그리고 과학자들은 염기 하나, 아미노

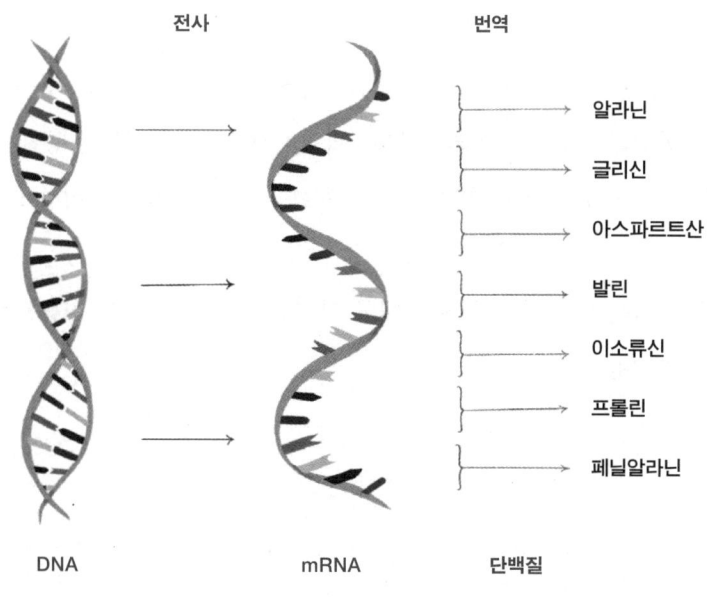

유전자는 코돈이라는 세 글자 단어로 단백질 코딩 정보를 암호화한다. 유전자가 mRNA로 전사되면, 또 다른 분자 기계인 리보솜이 각 세 글자 단어를 단백질을 구성하는 스무 개의 아미노산 중 하나로 변환한다. 각 아미노산은 순차적으로 추가되어 각 단백질마다 고유한 서열을 가진 문자열을 형성한다. 세 개의 코돈(TGA, TAA, TAG)은 아무런 아미노산도 코딩하지 않으며, 확장되는 아미노산 사슬에게 '언제 확장을 멈출 것인지'를 알려준다. 이러한 '종결 코돈termination codon'은 아미노산으로 구성된 단백질 문장의 끝에서 마침표 역할을 한다.

산 하나의 미세한 분자적 차이가 단백질, 세포, 조직, 유기체에 중대한 영향을 미칠 수 있다는 사실 또한 발견했다.

여러 세대에 걸쳐 유전적 다양성은 생물학자의 가장 위대한 도구이자 스승이었다. 다윈의 탐구를 자극한 '종의 다양성'과 멘델로 하여금 유전 법칙을 공식화하도록 한 '식물의 크기 및 색상 변이'만 떠올려보아도 그렇다. 하지만 이러한 변이의 근거, 즉 종의 다양화나 그 안에 있는 무수한 세포 사회를 낳는 메커니즘에 대해서는 알기 어려웠다. 기형 파리와 탈선한 미생물이 아무리 많이 만들어져도 생물학자들은 그 인과관계를 규명하거나 조사할 수단을 갖지 못했다.

이제 유전자 및 유전자 조절에 대한 새로운 과학이 이 모든 것을 바꾸려 하고 있었다. 분자생물학의 도구와 세포 언어 해독의 지침을 통해, 연구자들은 드디어 '유전자 대본이 세포로 하여금 향후 여정을 준비하게 하는 방식'을 이해하기 시작했다. 1970년대에 마침내 유전학과 발생학이 합쳐지면서, 우리는 단일세포 문제에 대한 자연의 복잡한 해법을 처음으로 조망하게 되었다.

(5장)

유전자와 발생
파리와 벌레가 가르쳐준 것

너희들은 벌레에서 인간이 되기 위한 여정을 걸어왔지만,
너희들 내면의 많은 부분은 여전히 벌레다.
한때 너희들은 유인원이었고,
지금도 인간은 그 어떤 유인원보다 더 유인원에 가깝다.
— 프리드리히 니체, 『차라투스투라는 이렇게 말했다』

발생 중인 세포에서 우리는 두 가지 측면을 살펴볼 필요가 있다. 무엇what, 그리고 어떻게how. '무엇'은 세포가 세포 사회에 기여하면서 어떤 일을 하는지에 대한 기술적記述的인 측면이요, '어떻게'는 그 근본 원인, 즉 배아발생의 경이로움을 연출하는 화학적·물리적 프로그램에 관한 것이다. 다시 말해 '무엇'은 우리 눈에 보이는 사물에 관한 것이고, '어떻게'는 생기 없는 원소를 가져와 생명을 불어넣는 메커니즘, 그러니까 기계 속 유령ghost-in-the-machine⊛에 관한 것이라 할 수 있다. 아리스토텔레스가 잠재력을 현실로 전환하는 신비로운 힘인 '엔텔레키'를 언급할 때 염두에 두었던 것이 바로 이 '어떻게'였다.

⊛ '기계 속 유령'은 심신 이원론mind-body dualism과 관련한 철학적 용어다. 영국의 철학자 길버트 라일이 『마음의 개념』(1949)에서 "정신적·육체적 활동은 동시에 발생하지만 개별적으로 발생한다"는 데카르트의 견해를 강조하기 위해 이 용어를 도입했다.

5장 유전자와 발생

19세기 후반까지만 해도 자연주의자와 철학자들은 자연 세계를 깔끔한 범주로 정리하는 '무엇'에만 집중했다. 실험발생학의 초기 선구자들—루, 드리슈, 슈페만—또한, 배아가 성숙해가는 경로를 명확히 보여주는 발생의 기본 원리를 밝혀내면서도 '어떻게'에 대한 탐구는 피상적인 수준에 머물렀을 뿐이다. 그러다 생물학적 현상만큼이나 생명의 화학에 관심을 보인 차세대 과학자들에 의해 비로소 발생의 방법('어떻게')이 본격적으로 탐구되기 시작했다. 동물이 단세포 조상과 밀접한 관련이 있음을 알았기에, 배아발생을 거치지 않는 미생물이 그 발견의 주요한 원천이라는 점은 것은 이들에게 문제가 되지 않았다.

"대장균에게 진실인 것은 코끼리에게도 진실이다!" 모노는 이렇게 선언했다.

1960년대에 유전자 코드가 해독되면서 분자생물학자들은 세포의 언어에 접근할 수 있게 되었다. 하지만 처음에는 읽을 수 있는 것이 거의 없었다. 생물학의 핵심 원리, 즉 '정보가 DNA에서 mRNA를 거쳐 단백질로 흐른다'는 사실은 실험실에서 합성한 핵산 실험에서 밝혀졌다. 생물학자들이 세포의 발생을 제대로 이해하려면 세포의 역할과 위치를 결정하는 실체, 즉 자연적으로 발생하는 DNA 서열이 필요했다. 생물학자들은 조금 더 기다려야 했다. 그들이 원하는 DNA나 mRNA 조각을 분리하고, 그 서열을 분석하고, 대량으로 생산하고, 운반할 수 있는 실험 도구인 '재조합recombinant' DNA 기술의 혁명은 아직 10년 넘게 남아 있었기 때문이다.

'유전학genetics'이라는 용어는 사람에 따라 다른 의미를 지닐 수 있다. 가장 넓은 의미에서, 유전학은 유전 또는 DNA와 관련된 모든 것을 뜻한다. 아들이 어머니의 눈을 닮았다면 우리는 그 형질이 유전에 기인한다고 볼 수 있다. 암의 '가족력'을 운운하는 경우도 마찬가지다. 이 단어는 유사성 외에도 차이점을 강조하는 데 이용되거나 오용된다. 인종, 신체 크기, 성적 취향, 성격, 범죄 성향과 같은 특성은 모두 잘못되거나 부정확한 '유전적' 근거를 통해 전체 집단을 격리하거나 비하하는 편리한 방법으로 사용되었다. 개체군유전학자population geneticist들은 한 종 내에서 유전자 변이(또는 대립유전자)의 전파에 관심을 두는 반면, 분자유전학자들은 유전물질 자체에 초점을 맞춘다.

여기서 이야기하는 '유전학'은 완전히 다른 의미로, 생물학을 연구하기 위해 유전된 변이, 즉 변이체mutant를 사용하는 것을 뜻한다. 즉, 유전학은 하나의 접근 방법이다. 이 방법은 예상치 못한 생물학적 통찰을 이끌어낼 수 있으며, 선험적 지식이 거의 필요하지 않다는 점에서 그 힘과 아름다움이 돋보인다. 유전학적 접근 방법의 논리는 간단하다. 변칙을 관찰함으로써 일반을 이해하는 것이다. 유전자의 변이(변경된 유전형)가 새롭거나 다른 형질(변경된 표현형)을 유발하는 경우, 문제의 유전자는 어떤 식으로든 그 형질과 연관되어 있을 수밖에 없다. 그 덕분에 변이 표현형을 역이용하여 베일에 싸여 있던 세포 과정의 분자적 토대를 포착하고 풀어내는 생물학이 가능해졌다.

토머스 헌트 모건이 획기적으로 발견한 화이트white 변이를 떠올려보자. 모건은 수년의 노력 끝에 이 특별한 파리를 발견했고, 이는 유전자가 염색체에 물리적으로 존재한다는 공식적인 증거를 제공했다. 하지만 모건의 발견에는 다른 의미도 있었다. 화이트의 변이가 무색 눈을 만들었다는 것은 '해당 유전자가 변이되지 않거나 야생형일 경우엔 파리의 눈에 전형적인 붉은 색조를 부여한다'는 사실을 암시했다(모건은 초파리의 눈 색깔을 자세히 연구할 수 있는 도구가 부족했지만, 몇 년 뒤 다른 연구자들이 '화이트 유전자가 발생 중인 파리의 눈에 붉은 색소를 전달하는 단백질을 코딩한다'는 사실을 발견함으로써 해당 유전자가 없을 때 안구 백색증이 발생하는 이유를 설명했다). 요컨대 유전학은 하나의 해답을 제공하며, 그 해답의 의미를 이해하는 것이 바로 유전학자의 몫이다.

유전학적 접근 방법의 목표는 기존 가설을 검증하는 것이 아니라 새로운 가설을 생성하는 것이며, 따라서 이는 어디로든 이어질 수 있다. 유전학적 탐험, 즉 특정한 이상을 가진 변이체를 찾기 위한 노력의 결과는 질서 정연한 모델이 되기도 하고 혼돈으로 이어지기도 한다. 이처럼 예측이 불가한 유전학적 접근은 소심한 이들에게 다소 부적절한 방식이라 할 만하다. 그러나 이제 곧 만나게 될 과학자들처럼 충분한 추진력과 비전을 가진 이들에게는, 유전학이 메커니즘의 장막을 걷어내고 배아발생과 단일세포 문제의 근본적인 비밀을 밝히는 중요한 도구, 즉 '어떻게'를 위한 출발점으로 작용한다.

재조합 DNA 기술의 혁명이 한창 진행 중이던 1978년, 독일 하이델베르크에 새로 설립된 유럽 분자생물학 연구소 European Molecular Biology Laboratory, EMBL에서는 에리크 비샤우스 Eric Wieschaus와 크리스티아네 뉘슬라인 폴하르트 Christiane Nüsslein-Volhard가 초파리 연구소를 꾸렸다. 비샤우스는 예일 대학교에서 박사학위를 받고 바젤과 취리히에서 박사 후 과정을 마친 뒤 41세의 나이에 하이델베르크로 이주한 미국인이었다. 앨라배마주 버밍엄에서 성장하던 어린 시절, 비샤우스는 성인이 된 자신의 모습을 예술가로 상상했다. 하지만 고등학교 때 캔자스 대학교의 여름 프로그램을 통해 '과학 연구는 시각예술과 다르지만 새로운 방식으로 세상을 바라보고자 하는 욕구는 그에 결코 뒤지지 않는다'는 사실을 깨달았고, 창의력을 충족시킬 수 있는 대안이라 확신하여 과학을 선택하게 되었다. 비샤우스보다 다섯 살 많은 뉘슬라인 폴하르트는 전후 서독의 임시 수도였던 프랑크푸르트에서 자랐다. 어려서부터 자연에 대한 애정을 키워온 그녀는 아직 소녀 시절이었던 열두 살 무렵 생물학자가 되겠다고 선언했다. 어린 시절 서리의 들판을 거닐며 자연에 대한 애정을 키웠던 존 거든과 마찬가지로 그녀 또한 주의가 산만해 학교 수업에 좀처럼 집중하지 못했고(당시 교사의 표현에 따르면 그녀는 "확실히 게으른"[1] 학생이었다), 거든이 그랬듯 그녀 역시 교실이 아닌 실험실에서 자신의 열정을 발견했다.

 두 연구자는 바젤에서 저명한 초파리 생물학자인 발터 게링 Walter Gehring과 함께 연구하던 중 만났다. 게링은 유전자 염기서열을 빠르고 저렴하게 분석할 수 있는 능력이 보편화되면 발생 연구에 큰 변화가 이루어지리라 생각했다. 근본적인 분자 원리에는 신경 쓰지 않은 채 변이 곤충을 식별하고 비정상성을 분류하는 데 만족했던 과거 초파리 유전학자들의 접근 방법과는 완전히 다른 방식이 될 터였다. 게링은 DNA 서열 분석이 언젠가 '무엇'과 '어떻게' 사이의 간극을 메워줄 것이라고 예측했다.

 비샤우스와 뉘슬라인 폴하르트는 즉각적인 반응을 보였다. 두 사람은 유전학을 활용하여 발생을 이해하려는 게링의 비전을 공유했고, 각자의 배경이 그 비전 실현에 필요한 상호 보완적인 기술을 제공했다. 비샤우스는 숙련된 초파리 생물학자였지만 분자적 지식이 부족했다. 반면 뉘슬라인 폴하르트는 경험이 풍부한 분자생물학자로, 박사학위를 취득한 뒤 자코브와 모노가 그 존재를 예상했던 '전사 엔진engine of transcription'인 RNA 중합효소를 연구해왔지만 이제 생명체와 분리된 분자에 지쳐가고 있었다. 그러던 참에 변이 유전자에 초점을 맞춘 게링의 연구실에서 자신의 전문적인 분자 지식을 배아발생의 최전선에 적용할 수 있음을 깨달은 것이다. 하이델베르크에 공동 연구소를 설립할 기회를 맞이하자, 두 과학자는 곧장 이 일에 뛰어들었다.

그들은 특히 세포가 배아에서 올바른 위치로 이동하는 과정인 패턴화patterning에 관심이 많았다. 지난 반세기에 걸쳐 과학자들은 형태에 관여하는 유전자—변이가 일어날 경우 기형적인 날개, 다리, 몸통을 만드는 유전자—를 다수 발견한 터였다. 하지만 비샤우스와 뉘슬라인 폴하르트는 발생에 대한 보다 포괄적인 관점, 즉 신체의 구성을 이끄는 분자적 청사진을 찾고자 했다. 두 사람은 게링 연구실의 비좁은 통로에서, 또 저녁 식사 자리에서 긴 대화를 나누며 이를 달성하기 위한 전략을 구상했다. 계획에는 물론 유전학적 접근 방법이 포함되었으니, 그들은 이를 통해 파리의 구조를 지배하는 일부 유전자뿐 아니라 모든 유전자를 식별하게 되리라고 상상했다.

위험부담이 큰 일이었다. 그도 그럴 것이 두 과학자 모두 40대였고, 연구소를 설립해야 하는 중요한 시기에 도달해 있었기 때문이다. 대학원생이나 박사 후 과정 시절에 누릴 수 있는 멘토의 노련한 지도 같은 것도 없이 자신의 가치와 독립성을 스스로 증명해야 하는, 대부분의 과학자들이 학계 경력에서 가장 압박감을 느끼는 시기였다. 이 중요한 시기에 논문을 발표하고 연구비를 확보함으로써 연구 경력의 추진력을 얻지 못한다면 미래가 불투명해질 터였다. 두 조교수가 박사 후 과정을 보다 연장하는 안전한 방법을 택한다고 해도 이를 비난할 사람은 없었다. 하지만 그들은 원대한 아이디어를 품고 있었으니, 그것이 이들을 성공으로 이끌지 혹은 나락으로 떨어뜨릴지는 아무도 예상할 수 없었다.

머리, 어깨, 무릎, 발가락

노랑초파리 Drosophila melanogaster 는 동물의 발생 연구에 더없이 이상적인 주제다. 모든 동물이 공유하는 배아발생의 특징을 밝힐 수 있을 만큼 복잡하면서도, 정밀한 조사에 어려움이 없을 만큼 단순한 곤충이기 때문이다. 분자 수준에서 파리와 포유류는 많은 유사점을 공유하는데, 그중에는 진화적으로 보존되어 세포 사회 형성을 안내하는 프로그램이 포함되어 있다. 물론 중대한 차이점도 존재한다. 그 하나는 난자가 수정된 직후, 즉 배아가 아직 초기 단계에 머물러 있을 때 나타난다. 개구리나 포유류와 같이 진화적으로 '진보한' 동물은 연속적인 세포분열(난할)을 통해 초기 형태가 형성되지만, 파리의 배아는 수정 이후 몇 시간 동안 세포 수가 증가하지 않고 핵만 증식한다. 증식하는 핵을 둘러싸는 막벽 membranous wall 이 형성되지 않기 때문에 파리의 초기 발생단계는 전적으로 단일세포의 범위 내에서 이루어지며, 그 결과 이전에 난자가 차지하고 있던 세포질 공간에 합포체 syncytium, 즉 한 무리의 핵이 빽빽이 들어서게 된다. 배아가 정확히 열세 번의 핵분열을 거쳐 약 6000개의 핵이 모인 뒤에야 핵 사이에 경계가 형성되어 개별 세포가 구분되는데, 이러한 세포 분리 단계 이전의 배아를 합포체 배반엽 syncytial blastoderm 2이라고 한다.

배반엽(배아원기)에는 뚜렷한 구조가 없지만 그 밑바탕에는 기본 조직이 자리한다. 무정형으로 보이는 이 '핵 주머니'의 각 영역은 공간 정보를 가지며, 여기에는 공간에서 자신의 위치와 향후 성충 파리에서의 역할에 대한 감각이 담겨 있다. 놀랍게도 이러한 공간 인식은 세포 경계가 형성되기도 전에 이루어진다. 따라서 각 핵의 미래는, 그 핵에서 생겨날 세포가 존재하기 전부터 예측 가능하다. 배반엽의 한쪽 끝에 있는 핵은 파리의 머리를 형성하고, 다른 쪽 끝에 있는 핵은 생식기를 형성하며, 중간에 있는 핵은 가슴과 배를 형성할 것이다. 다시 말해 곤충의 전체 모양은 배반엽을 구성하는 핵에 이미 예고되어 있는 셈이다.

언뜻 보기에 이러한 '사전 패턴'의 존재는 동물의 형태가 잉태 순간부터 이미 정해져 있다는 전성설과 바이스만의 모자이크 모델로의 후퇴로 여겨질 수 있다. 한스 드리슈를 시작으로 수많은 생물학자들이 발생 결정론이 옳지 않음을 밝혀냈고, 19세기 후반에 이르러 모자이크 모델은 이론으로서 거의 폐기되었으니, 핵의 운명을 초파리 배반엽 내에서의 위치에 따라 예측할 수 있다는 것은 통념에 위배되는 개념으로 보인다.

이러한 역설에서 벗어나려면, 먼저 '운명'이라는 단어의 의미를 발생의 맥락에서 이해해야 한다.『옥스퍼드 영어 사전』에서는 운명을 "철학적·대중적 신념 체계에 따라 모든 사건 또는 특정 사건을 태초부터 변경할 수 없이 미리 결정짓는 원리, 힘, 또는 행위 주체성"으로 정의한다. 따라서 셰익스피어의 줄리어스 시저가 "신이 의도한 종말을 피할 수 있는 것은 무엇인가?"라고 물었을 때 그 대답은 의심의 여지가 없다. 일상생활에서와 마찬가지로 문학에서도, 운명은 돌에 새겨진 선지자의 예언처럼 불변의 예정으로 받아들여진다. 운명은 피할 수 없는 것을 설명한다.

그러나 배아에서 운명은 다른 의미를 갖는다. 여기서 운명이란 조직이나 세포를 그대로 놔두면 일어날 수 있는 결과, 즉 기본값^{default}을 뜻한다. 이는 필연적인 것이 아닌데, 상황이 바뀌면—세포가 새로운 환경에 처하게 되면—모든 것이 달라지기 때문이다. 배아의 운명은 예상 궤적을 설명하지만 여전히 가변적이다. 본질적으로 드리슈의 성게와 슈페만의 도룡농에서 관찰되는 것과 동일한 현상으로 볼 수 있다. 즉, 배반엽의 핵에 어떤 미래가 기다리고 있든 그 미래는 조건부라는 것이다.

발생이 조금 더 진행되어 각 핵 주위에 막이 형성되면 발생 중인 파리는 애벌레로 변모한다(애벌레란 변태 과정, 즉 배아에서 성충으로의 전환을 준비하기 시작하는 유충이라고 생각하면 된다). 무정형의 배반엽과 달리 파리의 애벌레는 한 개의 머리와 열한 개의 분절로 질서 있게 구성되어 있다. 각 분절은 고유한 정체성을 지녀, 머리에서 가까운 세 개의 분절은 파리의 가슴을 형성하고 나머지 여덟 개의 분절은 배를 형성한다. 이러한 구조를 구성하는 세포는 성숙함에 따라 가소성을 잃다가 파리가 애벌레 단계에 도달하면 그 대부분이 세포 사회에서 특정 역할에 전념하게 된다.

사람처럼 세포도 나이가 들면서 자신의 방식에 고착되는 셈이다.

하이델베르크 연구

모건이 흰 눈 파리를 발견한 이후 거의 70년에 걸쳐 과학자들은 수십 가지의 초파리 변이를 발견했다. 눈, 날개, 다리, 기타 신체 부위의 모양이나 색깔이 불규칙한 이러한 유전적 이상은 배아의 비밀을 밝히는 새로운 창窓을 제공했다. 그중 가장 기괴한 종류의 변이, 이른바 호메오 변이 homeotic mutation는 파리 몸의 한 부분이 다른 부분으로 대체되어 예컨대 더듬이가 있어야 할 곳에 날개나 다리가 하나 더 있는 기형 파리를 탄생시키기도 했다.

하지만 동물의 형태를 결정하는 유전적 논리를 이해하는 데 있어 모건의 변이 발견 방식에는 심각한 한계가 있었다. 일단, 그 과정이 너무 지루했다. 그도 그럴 것이, 변이를 한 번에 하나씩 찾기 위해서는 엄청난 부지런함과 헌신이 필요했을 테니 말이다. 게다가 이런 방법으로는 변이 곤충이 성충으로 변모할 때까지 생존하는 변이만 찾아낼 수 있었다. 애벌레 단계나 그 이전의 배아 형성에 중요한 역할을 하는 유전자는 확인될 만큼 오래 살아남지 못했고, 따라서 비샤우스와 뉘슬라인 폴하르트가 관심을 가졌던 유전자, 즉 곤충의 기본 구조에 대한 청사진으로 작용할 유전자는

정상 파리

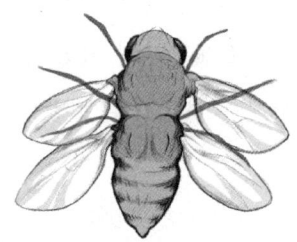
바이소랙스 변이 파리

호메오 변이는 한 신체 부위가 다른 신체 부위로 대체되는 것을 말한다. 바이소랙스bithorax(이중 가슴) 변이 파리의 경우, 평균곤haltere—균형을 잡는 데 사용되는 부속물—이 될 운명이었던 가슴의 한 부분이 두 번째 날개 쌍을 생성한다.

이 같은 방법으로 드러나기 어려울 터였다. 배아의 패턴을 조절하는 가장 중요한 유전자를 정확히 찾아내고 싶다면 다른 방식으로 접근해야 했다.

그러나 여기에는 한 가지 난제가 도사리고 있었다. 변이가 발생할 경우, 관심 있는 변이 파리의 탄생을 막는 유전자를 어떻게 식별할 수 있을까?

하이델베르크의 과학자들은 영리한 해결책을 고안해냈다. 배아 치사성致死性이라는 난관을 극복할 방법을 찾는 대신, 이를 역이용하여 유충 단계에서 살아남지 못한 변이를 찾아내는 맞춤형 접근 방식을 떠올린 것이다. 물론 완벽한 전략은 아니었다. 배아 치사로 귀결되는 유전자 중 일부는 배아 형성에 아무런 역할을 하지 않을 수도 있기 때문이다(예를 들어, 세포의 유지에 광범위한 영향을 미치는 단백질을 코딩하는 유전자의 변이도 발생 초기 단계에서 배아 치사로 이어질 수 있다). 그러나 배아에 치명적인 유전자 풀에는 비샤우스와 뉘슬라인 폴하르트가 원했던 종류의 유전자, 즉 '파리가 어떻게 형태를 갖추게 되는지'를 설명하는 유전자가 포함될 가능성이 높았다.

그들이 가장 먼저 해야 할 일은 변이를 생성하는 것이었다. 모건이 그랬듯이 변이가 자연적으로 발생하기를 기다리는 대신(모건이 흰 눈 파리가 나타나기를 기다리면서 보낸 몇 년을 떠올려보라), 연구진은 훗날 노벨상을 공동 수상하게 되는 초파리 유전학자 에드 루이스 Ed Lewis가 개발한 방법을 사용했다. 루이스는 파리를 에틸메탄설포네이트 ethyl methanesulfonate, EMS— 독성 화학물질로, DNA에 달라붙어 구아닌(G)을 아데닌(A)으로 변환한다—에 노출시키면 효율적으로 변이 정자를 생성할 수 있음을 알아낸 바 있었다. 뉘슬라인 폴하르트와 비샤우스도 이 방법을 사용하되, 루이스처럼 성체의 표현형을 찾는 대신 파리의 유충에 영향을 미치는 변이, 특히 더 이상의 발생을 막는 변이를 찾아보기로 했다.

유전자 탐색을 준비하는 동안 얼마나 많은 변이를 검토해야 할 것인지는 그저 추측할 수밖에 없었는데, 그 예상치가 실로 어마어마했다. 초파리의 유전체에는 1만 5000개 이상의 유전자가 포함되어 있으며, 확률 법칙에 따라 모든 유전자의 변이를 한 번 이상 확인하려면 4만 개의 독립적인 변이체를 평가해야 한다는 계산이 나왔다. 이처럼 방대한 작업을 수행하기 위해서는 새로운 기술이 필요했다. 어쨌든 EMS 접근 방법을 쓰면 적어도 매주 수천 개의 변이 정자가 생성되므로 필요한 만큼의 변이는 확보하게 되는 셈이었다.

이 대규모 프로젝트를 관리하기 위해, 연구진은 한 번에 수십 가지 변이체를 생성·조작·보관할 수 있는 고高처리량 시험 장비를 급히 마련하는 한편, 다른 유전적 트릭을 적용했다. 변이 정자에 의존한 변이 유발 전략에서는 이형접합heterozygous 자손(아버지로부터 변이 대립유전자 하나와 어머니로부터 정상 대립유전자 하나를 물려받은 파리)만이 생성되었는데, 표현형을 나타내리라 예상되는 것은 동형접합homozygous 파리(두 개의 비정상 대립유전자를 지닌)였기 때문이다. 이에 하이델베르크의 과학자들은 1세대(F1)의 자손을 교배함으로써 동형접합 변이를 포함하는 2세대(F2) 및 3세대(F3)를 만들어냈다. 분석이 이루어지는 동안 이전 세대를 보존하고 각 변이체를 분리함으로써, 동형접합체가 죽더라도 과학자들은 자신들이 원하는 이형접합 변이체를 복구할 수 있었다.

초파리 애벌레가 갑옷을 입은 듯 두르고 있는 반투명 큐티클cuticle⊛은 아코디언처럼 구부러지고 확장되는 시가 모양의 키틴질 껍질로, 외관이 다소 평범해 보인다. 하지만 유충이 성장함에 따라 새로 형성된 조직이 큐티클을 누르면 조직의 형태가 조각품처럼 각인되는데, 이 각인은 매우 정밀해서 애벌레의 털과 주름 등 아주 세세한 부분까지 포착할 수 있다. 비샤우스와 뉘슬라인 폴하르트의 노련한 눈에, 초파리 애벌레의 큐티클은 모든 배아가 겪는 사고에 대한 반영구적인 기록물이었다.

하이델베르크 연구 프로젝트가 준비되기까지 거의 2년이 걸렸으나, 그 실행은 몇 달의 시간으로 충분했다. 수많은 시험관과 엄청난 사육, 끝없는 인내심을 필요로 하는 무차별적인 접근 방법이었다. 과학자들은 절차를 자동화하기 위해 최선을 다했지만 여전히 수작업이 필요한 과정이 있었는데, 바로 유충의 이상 여부를 스캔하는 작업이었다. 배아 치사에 초점을 맞출 경우 성체가 되지 못한 변이체만 찾아내고 나머지는 무시해도 되기 때문에 이 작업은 매우 중요했다. 스캔 작업이 끝난 뒤에는 유의미한 배아―'흥미로운' 방식으로 죽은 배아―를 찾는 것이 관건이었다.

하이델베르크 과학자들에게는 서로 마주 보고 앉아 양방향 현미경으로 변이 큐티클을 하나씩 빠르게 스캔하여 표현형을 찾아내는 일이 매일의 일과가 되었다. 패턴이 정상이면(대부분의 변이가 그랬는데) 그 변이체는 폐기되었으며, 패턴이 비정상적이면 그 변이체는 보관되었다. 이와 관련하여 의

⊛ 생물의 체표를 덮고 있는 세포의 분비 물질이 굳어 생기는 '막 모양의 각질층'을 총칭한다.

견의 불일치는 거의 없었고, 마침내 모든 작업을 마친 뒤 약 1만 8000개의 배아 치명 변이주를 선별한 결과, 초파리 큐티클의 모양을 의미 있는 방식으로 변화시킨 120개의 유전자[3]가 발견되었다. 이 유전자들이 동물 형태의 '마스터 조절자master regulator'가 되기를 바라며, 그들은 플라이 룸의 전통에 따라 하이델베르크 변이주들에 독특한 기형적 외모를 반영하는 인

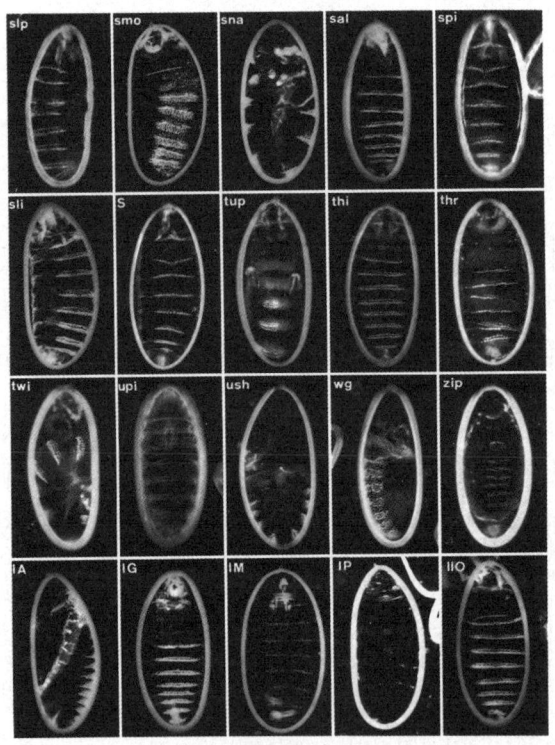

하이델베르크 연구에서 발견된 변이는 다양한 방식으로 초파리 애벌레의 큐티클-분절 패턴을 방해했다. 크기에 대한 감을 잡기 위해 힌트를 주자면, 각 유충의 길이는 3~4밀리미터다.

상적인 이름—헌치백^{bunchback}(곱사등이), 런트$^{runt◉}$ 등—을 부여했다.

하이델베르크 연구에서 그토록 적은 수의 유전자가 발견된 것은 꽤나 놀라운 일이다. 생각해보면 초파리 유전체의 훨씬 더 많은 부분이 곤충의 구성에 사용될 수 있으리라 여겨지기 때문이다. 예를 들어 파리의 몸을 바닥에서부터 꼭대기까지 복잡한 구조로 이루어진 도시라고 상상해보자. 도시계획가와 토목 엔지니어는 가스와 전기, 구역 설정, 폐기물 관리, 통신, 대중교통, 도로, 식량 접근성과 같은 기본 인프라를 개발하고 감독한다. 배아에서 이러한 프로젝트 관리와 인프라 개발은 패턴화 유전자$^{patterning gene}$가 담당한다. 하지만 수천 명의 기획자와 엔지니어가 투입되어야 하는 도시와 달리 초파리는 120여 개의 유전자[3]만으로 이 일을 수행하며, 심지어 24시간 안에 모든 작업을 완료한다. 로마는 하루아침에 지어지지 않았지만 초파리 유충을 만드는 데 걸리는 시간[4]은 그 정도로 충분하며, 이는 소수의 유전적 감독관에게 달려 있다. 아마 다른 가능성도 얼마든지 있었을 것이다. 그러나 자연은 검소함을 바탕으로 소수의 지도층에 체제를 세우는 임무를 부여하고, 시간이 지남에 따라 각각의 책임을 점진적으로 조정했다.

파리에서 벌레로

도버해협 건너편에서, 시드니 브레너도 유전학적 접근 방법을 사용하

◉ 한배에서 태어난 새끼 중에서 가장 작고 약한 녀석을 일컫는 말.

고 있었다. 프랑수아 자코브를 도와 'mRNA가 유전자와 그 단백질 산물 사이의 중간체 역할을 한다'는 사실을 증명했던 브레너는, 이 획기적인 발견 이후 분자에서 배아로 관심을 돌렸다. 하지만 하이델베르크의 과학자들과 달리 그가 주로 관심을 쏟은 대상은 '형태'가 아니라 '행동'이었다.

흥미진진한 생물학적 발전이 이루어지던 20세기 중반, 브레너는 유럽이나 미국과는 멀리 떨어진 남아프리카에서 성장했다. 그에겐 한 가지 특별한 장점이 있었으니, 읽은 것을 모두 소화하고 기억하는 능력이었다. 그가 다른 사람들이 놓친 연결 고리를 볼 수 있었던 것도 이러한 능력과 독학 경력, 외부인이라는 신분 덕분이었을 것이다. 브레너는 남아프리카공화국 비트바테르스란트 대학교 의과대학에 진학했지만 의사가 되겠다는 생각은 일찌감치 포기했다. 생리학의 기초를 설명하는 기초과학이 그의 상상력과 열정을 사로잡았기 때문이었다. 그는 남아공에서 박사학위를 취득한 뒤 영국에서 연구 펠로십을 시작했고, 그대로 눌러앉아 남은 경력을 쌓았다. 그리고 그곳에서(특히 자코브와 함께 캘테크에서 보낸 여름 동안) 분자생물학자로서 두각을 나타내기 시작했다. 1970년대 초에 이를 무렵 그는 이 분야를 '세부적인 질문으로 가득 찬 토끼 굴'로 인식하고 있었다. 발생이 어떻게 이루어지는지를 다루고자 한다면 DNA와 RNA를 분리해서 연구하는 것만으로는 한계가 있다는 생각이 들었다. 일찍이 유전자와 단백질 생성물 사이의 간극을 메우는 데 기여했으니, 이제 유전자와 기능을 연결하고자 시도하는 것은 당연한 일이었다.

따라서 브레너를 생화학자에서 발생생물학자의 길로 이끈 것은 비샤우스와 뉘슬라인폴하르트를 이끌었던 것과 동일한 질문이었다. 유전자는 어떻게 발생을 조절하는가? 그러나 가장 흥미롭고 복잡한 신체 구조인 신경계에 초점을 맞추었기에, 그의 목표는 두 사람의 것보다 더 구체적이었고 어떤 면에서는 더 대담했다. 모든 행동이 이루어지는 도구인 뉴런의 놀라운 네트워크를 구성하고 형성하는 것은 무엇일까? 브레너는 유전자에서 시작해야 하며 올바른 전략을 세우면 유전자가 무엇인지 알아낼 수 있으리라고 결론지었다.

실험용 유기체의 선택은 매우 중요했다. 분자생물학자로서 브레너가 연구했던 미생물의 경우, 자코브와 모노가 탐구했던 식습관이나 수면 습관보다 정교한 행동이 없었기 때문에 실험에 적합하지 않았다. 동시에 포유류나 양서류처럼 복잡한 두뇌와 행동을 가진 동물도 부적합하긴 마찬가지였다. 고작해야 수천 개의 뉴런을 가진 파리조차 이런 종류의 실험을 하기에는 너무 벅찬 시스템이었다. 이상적인 대상은 유전체가 작고 해부학적 구조가 단순하면서도 행동을 측정하고 기록할 수 있을 만큼 충분히 발달한 생물이어야 했다. 마침내 1970년, 브레너는 자신의 연구 대상을 발견했다. '예쁜꼬마선충 *Caenorhabditis elegans*'이라는 이름을 가진 소박한 막대 모양의 선충이었다.

브레너 덕분에 무명의 설움을 벗을 때까지 예쁜꼬마선충에 대한 정보는 사실상 전무했다. 투명한 몸체에 길이가 1밀리미터에 불과한 이 벌레는 먹고, 움직이고, 숨쉬고, 번식하는 등 여느 동물과 다름없이 행동한다. 하지만 초파리와 달리 방치해도 날아가지 않으며 한천으로 채워진 배양접시에서 3주 동안 행복하게 천수를 누린다. 키우는 데 거의 비용이 들지 않는다는 점도 매력적이다. 이들은 대장균을 먹이 삼아 살아가고, 한 마리가 수백 마리의 새끼를 낳을 만큼 엄청난 번식력을 자랑한다. 실험용 동물 중에서는 유지 관리가 가장 쉬운 편에 속한다. 하지만 브레너에게 가장 매혹적인 것은 예쁜꼬마선충의 행동이었다. 이 벌레의 움직임은 예측 가능했다. 보상을 향해 미끄러지듯 움직이고 위험을 피하는 원시적인 행동은 유전자 연구에 더없이 적합했다.

케임브리지에 있는 세계적인 분자생물학 연구소Laboratory of Molecular Biology의 모든 구성원이 브레너의 열정을 공유한 것은 아니었다. '시드니의 벌레'에 대한 농담이 만연했고, 브레너는 존경과 호기심, 그리고 의심의 대상이 되었다. 물론 의심 어린 눈초리를 보내는 이들에게도 그럴 만한 이유가 있었다. 파리나 개구리처럼 '이미 확립된' 유기체를 연구하면 엄청난 양의 작업을 피할 수 있을 텐데, 굳이 밑바닥에서부터 다시 시작한다니! 하지만 브레너에게는 이것이 기회였다. 행동에 대한 유전학 연구는 단순한 것으로 시작해야 한다는 것이 그의 지론이었고, 예쁜꼬마선충은 말 그대로 단순한 벌레[5]였다.

브레너의 유전학적 접근 방법은 EMS에 의존하여 변이를 유도한다는 점에서 하이델베르크의 과학자들이 사용한 것과 비슷했지만, 한 가지 커다란 차이점[6]이 있었다. 브레너는 비정상적인 형태를 갖는 변이체보다는 비정상적인 행동을 하는 변이체, 즉 종의 전매특허인 '한천 위를 우아하게 미끄러지기'에 영 소질이 없는 벌레를 찾았다.

그가 발견한 변이체들은 끝없이 빙글빙글 돌거나 미끄러지는 대신 비틀거리거나 제자리에 얼어붙어 옴짝달싹하지 않았는데, 연구 결과 총 77개의 유전자가 파괴되어 협응력이 부족해진 것으로 나타났다. 이에 따라 그는 해당 유전자군에 '협응력 부족 uncoordinated'이라는 의미로 '*unc* 변이'라는 이름을 붙인 뒤 순차적으로 번호를 매겼다(*unc-1*, *unc-2*, *unc-3* 등). 아직 개구리나 파리처럼 실험용 유기체, 즉 발견을 위한 도구로서의 가치는 증명되지 않았으나 전망이 꽤 밝아 보였다. 그 작동 방식은 알 수 없을지언정, 이 벌레는 어떤 식으로든 신경계 구성이나 기능에 필요한 유전자를 보유하고 있었다. 하이델베르크 연구에서 확인된 120개의 형태 결정 유전자처럼, 이 유전자들을 비롯한 발생학적으로 중요한 유전자들이 어떤 역할을 하는지 알아내기까지는 관련 기술이 더 발전할 때까지 기다려야 할 터였다.

발생의 계보와 궤적

1974년에 발표된 브레너의 *unc* 변이에 대한 설명은 아무런 파장을 일으키지 못했다.7 원인 유전자의 특징을 파악할 수 없으니 브레너 자신도 이 변이가 현재로서는 단순한 호기심의 대상—생리학적 근거를 알 수 없는 무척추동물의 운동장애—에 불과하다는 점을 인정해야 했다. 하지만 그는 한시도 가만있을 사람이 아니었고, 아직 해야 할 일이 많았다. 벌레의 가장 기본적인 기능 중 일부는 여전히 베일에 싸여 있었다. 예컨대 애벌레의 유전체나 세포 해부학에 대해서는 알려진 것이 거의 없었다. 브레너의 바람대로 예쁜꼬마선충을 초파리만큼 영향력 있는 실험 대상으로 만들려면 그 유전체와 세포 구조를 매핑해야 했다. 많은 사람들은 브레너가 시간을 낭비하고 있다고 생각했지만, 저명한 과학자 프랜시스 크릭은 달랐다. 크릭은 mRNA 연구의 초기 시절 브레너의 탁월함을 직접 경험했고, 행동과 신경계에 대한 이 젊은 동료의 관심을 공유하고 있었다. 그러던 중 캘리포니아 라호야에 있는 소크 연구소Salk Institute를 방문한 크릭은 브레너의 모험에 동참할 만한 후보를 발견했으니, 바로 존 설스턴John Sulston이라는 젊은 화학자였다. 그는 설스턴과 함께 저녁을 먹으며 벌레를 이용해 행동을 이해하고자 하는 브레너의 계획을 설명했다. 처음에 설스턴은 회의적인 태도로 잠자코 듣기만 했다. 하지만 시간이 흐를수록 회의론은 매혹으로 바뀌었다. 브레너의 생각이 터무니없게 여겨지긴 했지만, 그는 거부감을 느끼기보다 오히려 점점 그 비전에 매료되었다.

"남들이 다 하는 일을 하는 것은 별 의미가 없지요"8라고 그는 말했다.

설스턴은 시드니 브레너와 함께 아직 검증되지 않은 벌레에 도박을 걸기로 결정했다. 몇 달 뒤 그는 가족들과 함께 짐을 꾸려, 영국 남부의 뜨거운 하늘을 캘리포니아 남부의 깨끗한 모래언덕과 맞바꿨다.

설스턴이 도착하기 전까지 브레너는 운동장애를 가진 변이체, 비틀거리거나 뻣뻣해지거나 기타 이동성 문제를 보이는 벌레들에 거의 전적으로 집중했고, 이러한 초기 노력으로 인해 벌레의 유전체, 즉 벌레의 모든 지침을 담고 있는 금고는 활용되지 않은 채 남아 있었다. 그리고 이제 핵산화학을 전공한 설스턴의 주도하에, 두 사람은 첫 번째 프로젝트로 벌레의 유전체를 해독하고자 했다.

이 작업은 매우 간단했다. 설스턴은 애벌레의 평균적인 DNA 함량을 정밀하게 측정한 다음 개체당 세포 수로 나누는 방법을 이용해 예쁜꼬마선충 유전체의 크기가 대장균의 약 20배, 초파리의 절반, 인간의 40분의 1인 약 8000만 염기(80메가베이스MB)라는 것을 계산해냈다.

그런데 벌레의 시스템에 익숙해짐에 따라 하나의 특이 사항이 설스턴의 뇌리를 떠나지 않았다. 이는 브레너에게는 대수롭지 않아 보이던 단순한 사실, 그러니까 벌레를 움직이는 것이 유전자가 아니라 세포라는 점이었다. 배아와 그 조직을 형성하는 궁극적인 책임은 DNA 염기서열에 있지만, 밀고 당기고 늘리고 수축하여 위치를 바꾸는 행동은 벌레 세포 구성원의 소관이었다. 이웃 세포에 상대적으로 무관심한 미생물 세포들과 달리 동물의 세포는 세포 사회 내에서 활발한 대화에 의존하여 협력적으로 행동하는데, 이러한 대화는 밀거나 잡아당기고, 곧게 펴거나 구부리고, 손을 뻗거나 물러나거나 후퇴하는 행동으로 귀결될 수 있다. 그리고 신체의 어느 부분을 살펴보아도 운동뉴런, 감각뉴런, 근육세포가 춤을 추는 신경계보다 세포 간 상호작용이 중요한 곳은 없다. 움직임을 유발하는 세포를 이해하지 않은 채 움직임을 연구하는 것은, 오케스트라를 구성하는 악기를 모르는 채 교향곡을 연구하는 것만큼이나 무의미할 수 있다고 설스턴은 생각했다.

운동을 매개하는 세포를 직접 관찰하고 싶다는 욕구에 그는 현미경으로 관심을 돌렸다. 첫 번째 걸림돌은 기술적인 문제였다. 현미경은 정지된 물체를 시각화하도록 설계되었지만, 설스턴의 연구 대상은 살아서 성장하고 움직이는 벌레였다. 예쁜꼬마선충은 제 본성에 따라 좌우로 흔들리고, 뒤집히고, 똬리를 틀며 현미경 슬라이드의 평평한 세계로부터 연신 미끄러져 나갔다.

이 문제를 해결하기 위해 설스턴은 대장균이 들어 있는 한천에 벌레를 투입했다. 이렇게 하면 벌레는 여전히 먹고 자랄 수 있어 행복하지만 이동성이 제한되어 현미경의 시야를 벗어나지 못할 터였다. 이에 더하여 그는 또 다른 혁신을 도입했으니, 현미경의 접안렌즈에 십자선을 추가한 것이었다. 제2차 세계대전 당시 폭격기가 십자선을 이용해 목표물을 시야에 담았듯, 그는 이를 통해 움직이는 벌레를 놓치지 않고 따라갈 수 있었다. 설스턴은 어느새 화학자에서 벌레 신경학자로 변신하여, 무척추동물의 기존 운동장애와 새로운 운동장애를 진단하기 시작했다.

벌레를 이용하여 소기의 목적을 달성하기 위해서는 모든 참여 세포와 그 위치에 대한 상세한 분류―일종의 세포 카탈로그―를 작성해야 한다는 것이 설스턴의 믿음이었다. 이 카탈로그를 만들기 위해 그는 세포가 발현하는 단백질을 기반으로 식별할 수 있는 개별 유형의 세포를 매핑하기 시작했다. 고정제fixative인 포름알데히드로 벌레를 처리하면 신경전달물질인 도파민을 만드는 세포가 인광을 발하는 것으로 나타났고, 그러면 어두운 배경에 있는 벌레가 캄캄한 거리의 등불처럼 빛을 내었다. 그는 이 방법을 비롯하여 이런저런 처리와 염색을 통해 다른 유형의 세포들도 식별할 수 있게끔 만들었다.

세포 목록이 구축되기 시작하면서, 문득 '세포의 종류를 미리 정의된 것들로 한정할 필요가 없을지도 모른다'는 생각이 설스턴의 머리에 떠올랐다. 그는 이미 선행 연구를 통해 예쁜꼬마선충 성충에 약 1000개의 세포가 있으며, 모든 세포는 하나의 접합체에서 발생한다는 사실을 알고 있었다. 모든 과정이 동일하다는 가정하에, 하나의 세포가 1000개의 세포를 생성하기까지는 약 10회의 분열을 거쳐야 한다($2^{10}=1024$). 충분한 인내심만 있다면 이러한 초기 세포들의 연속적인 분열을 모두 추적할 수 있으리라고 그는 생각했다. 그렇게만 하면 성충의 모든 세포가 어디에서 비롯하는지 나타내는 지도를 만들 수 있을 것이었다.

인간과 마찬가지로 벌레 세포의 계보는 '계통 lineage'으로 알려져 있으며, 시간의 흐름에 따라 이를 추적하는 것을 '계통 추적'이라 부른다. 이것을 새로운 개념이라 할 수는 없었다. 19세기 후반, 에드윈 콘클린 Edwin Conklin과 같은 자연주의자들이 무척추동물 발생의 초기 단계에서 분열하는 세포의 운명을 추적한 바 있었으니 말이다. 그러나 유기체 전체의 계통을 매핑할 생각을 한 사람은 아무도 없었다. 그것은 마치 400년 전에 태어난 사람의 모든 후손에 이름을 붙이는 작업과도 같았기 때문이다. 다만 설스턴에게는 역사적 기록에 의존할 필요가 없다는 이점이 있었다. 벌레의 발생은 며칠에 걸쳐 이루어지기 때문에, 그는 세포를 여러 세대에 걸쳐 지켜보며 각 세포가 어떤 일을 하고 그 자손이 어떻게 되는지 관찰하기만 하면 되었다.

설스턴은 예쁜꼬마선충의 애벌레부터 관찰했다. 수학자에서 분자생물학자로 변신하여 벌레 연구에 새로 합류한 밥 호비츠 Bob Horvitz와 함께, 그는 매 시간 현미경 앞에 앉아 세포가 분열하고 분화하여 식별 가능한 모양으로 변하는 과정을 지켜보았다. 각 세포가 언제 어떤 일을 하는지 관찰하는 데 얼마나 깊게 몰입했는지, 그의 의자 바퀴가 바닥의 시멘트에 홈을 낼 정도였다. 설스턴과 호비츠는 우정을 쌓았고, 이후 몇 달에 걸쳐 초파리 유충의 계보를 매핑하면서 각 세포가 청소년기에서 성인기로 진입하는 과정을 꼼꼼하게 연구했다.

이러한 노력 끝에 두 사람은 세 가지 놀라운 통찰을 얻었다. 첫째, 예쁜꼬마선충의 총 세포 수는 놀랍게도 모든 개체에서 동일한 것으로 밝혀졌다. 보호용 알껍데기에서 막 부화한 유충은 총 558개의 세포로, 완전히 자란 성충은 959개의 세포로 이루어져 있었다. 이 벌레는 편차라는 것을 용납하지 않는 듯했다.[11]

두 번째 결론도 불변성과 관련된 것이었다. 이들 모두 한 벌레에서 다음 벌레로 넘어갈 때마다 보존되는 세포의 총 개수가 동일할 뿐 아니라, 각각 해당 시기에 도달하는 과정도 동일했다. 한 배아에서 특정 위치에 있는 세포는 다른 배아의 해당 위치에 있는 세포와 완전히 동일한 행동을 보였다. 요컨대 자연이 동물을 만드는 방법[12]은—심지어 선충처럼 단순한 동물이라 해도—언제나 정확하고 재현 가능하며, 그 구성 방법은 모든 개체에서 보존되는 것으로 나타났다.

세 번째 발견은 세포 손실에 관한 것인데, 어떤 면에서는 가장 놀랍고 중요한 발견이었다. 사실 세포의 사멸은 동물계 전체에서 성체 및 배아 조직의 잘 알려진 특징으로, 마모에 의한 수동적인 결과라 여겨지던 터였다. 그러나 계통도는 이것이 사실이 아님을 보여주었다. 설스턴이 조사한 수많은 개별 벌레에서, 동일한 세포는 항상 동일한 시기에 사멸하는 것으로 나타났다. 그렇다면 세포 손실은 무작위적인 현상이 아니라 프로그래밍 된 것이라는 뜻이었다. 예쁜꼬마선충 계통을 특징짓는 '세포 증식 및 분화의 변하지 않는 패턴'에는 '세포 필멸'이라는 한결같은 결과가 수반되었다.

유충에서 성충에 이르기까지 벌레 세포의 계보를 정의한 뒤, 설스턴은 초기 발생단계로 눈을 돌려 단세포의 시발점까지 계통을 추적했다. 이 작업은 더욱 까다로워 그는 새로 채용된 여러 동료들의 도움을 구해야 했다. 수개월에 걸친 집중적인 관찰 끝에, 연구 팀은 하나의 세포(P0)에서 두 개의 세포(AB, P1), 네 개의 세포(Aba, ABp, EMS, P2) 등으로 이어지는 벌레의 발생 과정을 세대가 거듭될 때마다 낱낱이 도표화하여 계보를 완성하는 데 성공했다.[13]

다시 한 번 강조하지만, 세포의 궤적은 모든 개체에서 동일했다. 다시 말해 누군가 성충의 959개 세포 중 어느 하나를 가리키면, 존 설스턴은 그 세포가 연속적인 세포분열을 통해 그곳에 도달한 과정을 낱낱이 읊을 수 있었다. 예쁜꼬마선충이 하나의 종으로 존재하는 한, 그 계통―하나의 세포에서 시작하여 성충이 되는 과정―은 완전히 동일하기 때문이었다.

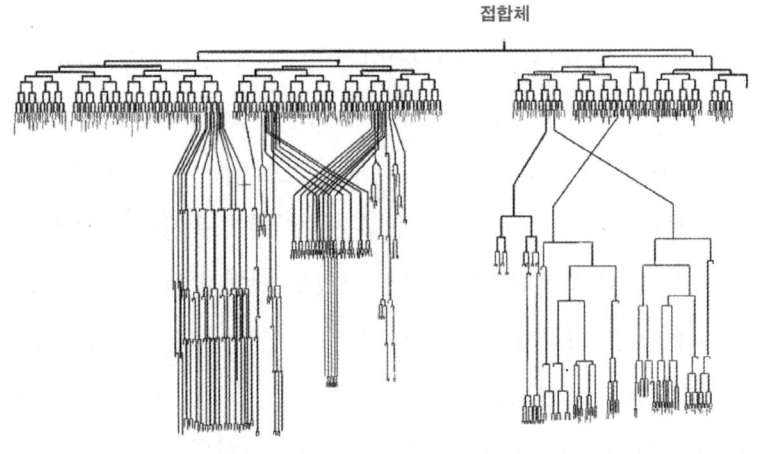

접합체에서 완전히 성장한 벌레에 이르기까지 예쁜꼬마선충의 전체 계보. 모든 성체세포(다이어그램 각 선의 종착점)의 조상은 배아의 첫 번째 세포분열로 거슬러 올라간다.

5장 유전자와 발생

변이에서 기능으로

앞서 보았듯이, 유전학적 접근 방법의 장점은 제대로 된 도구가 제대로 된 손에 들어가기만 하면 생물의 발생 과정을 밝혀낼 수 있다는 것이다. 그러나 재조합 DNA 기술[14]이 등장한 1970년대 후반 이전까지는 유전자의 변이에서 기능으로 전환한다는 것이 극복할 길 없는 커다란 걸림돌이었다. 탐색을 통해 해당 유전자를 염색체의 자리에 매핑하는 것과, 변이 표현형의 원인이 되는 DNA의 물리적 조각을 추출하여 염기서열을 분석하는 것은 별개의 문제였다. 동물의 유전체를 구성하는 수백만에서 수십억에 이르는 G, A, T, C를 탐색할 수단이 없었기 때문에, 유전학자들은 특정 변이 표현형의 원인이 되는 유전자를 쉽게 파악할 수 없었다.

하지만 유전자를 물리적으로 분리하고, 조작하고, 염기서열을 지정하는 재조합 DNA라는 방법이 등장하여 모든 것을 바꿔놓았다. 말하자면 이것은 모두가 기다려온 '도구 상자'였다. 연구자들은 재조합 DNA를 이용하여 변이를 초래한 유전물질—형태, 움직임, 계통의 이상으로 귀결되는 일종의 '분자 오자'—에 접근할 수 있게 되었고, 덕분에 그동안 동물의 특이점을 기록하는 데 그쳤던 발생 연구는 변이에서 유전자로, 유전자에서 DNA 서열로, DNA 서열에서 단백질 서열로, 단백질 서열에서 단백질 기능으로 이어지는 역공학reverse engineering의 경연장이 되었다. 마침내 '어떻게'의 시대가 도래한 참이었다.

하이델베르크 연구에서 등장한 변이체는 그 하나하나가 잠재적인 정보의 보물창고였다. 그러나 각각의 원인 유전자를 분자적으로 특성화하는 일, 즉 DNA 서열을 추론하고 그 유전자가 코딩하는 단백질의 분자적 기능을 지정하는 작업은 한 개인은 물론 실험실 전체가 감당하기에도 너무나 벅찬 과제였다. 뉘슬라인 폴하르트가 튀빙겐으로, 비샤우스가 프린스턴으로 귀환하면서 하이델베르크의 새로운 연구실은 젊은 대학원생과 박사 후 연구원으로 채워져 있었다. 그들 각자에게 변이의 작은 하위 집합이 할당되었고, 이 제자들은 저마다의 실험실을 확립하여 오늘날까지 이어지는 과학 계보를 형성했다.

새로운 과학자 집단이 데이터를 쏟아내면서, 하이델베르크 연구에 의해 규명된 단백질은 다양한 범주―초파리의 체제body plan를 형성하는 '활동의 분자 바구니'―로 분류되기 시작했다. 그중 다른 유전자의 발현을 조절하는 DNA 결합 단백질인 전사인자는 유난히 크고 흥미로운 범주 중 하나였다. 수많은 유전적 매개체가 다른 유전자를 조절하는 역할을 한다는 사실은 발생 과정에서 특정한 경제학, 즉 소규모 지침에 의해 시작되어 전체 유전체에 영향을 미치는 '정보 캐스케이드information cascade'◉가 작동한다는 것을 암시했다.

이러한 전사인자 유전자와 그 친척들이 더 면밀히 조사되면서, 일부 유전자는 다른 전사인자에 없는 약 70개 아미노산 길이의 독특한 단백질 도메인을 코딩하는 것으로 밝혀졌다. 이 유전자를 파괴하면 날개 네 개를 가진 파리에서처럼 신체 부위가 대체되는 호메오 형질전환homeotic transformation이 일어났기 때문에, 이러한 단백질 도메인을 코딩하는 DNA 서열은 '호메오박스homeobox'로 알려지게 되었다. 이후 호메오박스를 포함하

◉ 정보가 폭포처럼 쏟아져 나오면서 원하는 정보를 찾기가 점점 어려워짐에 따라, 개인들이 타인의 결정을 참고하여 의사를 결정하는 현상을 이르는 말.

는 유전자가 또 다른 독특한 특성을 보인다는 것이 밝혀졌다. 이 유전자는 초파리의 유전체 내에서 차례로 정렬되어 깔끔한 배열을 이루며, 염색체상의 순서가 각각에 해당하는 신체 부위를 반영한다는 사실이었다.[15]

한편 다른 유전자들은 다른 기능을 가진 단백질을 코딩하는 것으로 밝혀졌다. 그중 일부는 세포와 세포 사이의 통신을 매개하는 분비물이었고, 다른 일부는 세포질 내부에 국한되어 세포 표면에서 핵으로 신호를 전달하는 역할을 수행했다. 그러나 이 모든 염기서열 분석에서 밝혀진 가장 놀라운 발견—향후에 발생과 진화에 대한 우리의 이해를 바꿀 근본적인 진실—은 다른 유기체의 DNA 염기서열과 파리의 염기서열을 비교하면서 밝혀졌다. 하이델베르크 연구에서 확인된 모든 유전자는 거의 예외 없이, 어류에서 조류에 이르는 모든 조사 대상 동물과 상응하는 유전자를 공유하는 것으로 밝혀졌다. 뉴클레오타이드와 아미노산의 서열이 우연이라 하기에는 너무나 유사하므로, 이들이 서로 밀접하게 관련되어 있다고 보는 것이 옳다. 심지어 특이한 염색체 구성을 가진 호메오박스 포함 유전자homeobox-containing gene(Hox 유전자)도 염색체를 따라 동일한 정렬 구성을 유지하는 친척, 즉 '상동체ortholog'를 가지고 있다. 이러한 유전자 서열과 (추정되는) 단백질 기능의 유사성은 인간에게까지 확장되는데, 이것이 바로 '기능 보존functional conservation'으로 알려진 원리다.

과학자들이 진화 전반에 걸친 발생 메커니즘을 연구하고 비교할수록—이 분야를 진화발생생물학Evolutionary Development Biology, Evo-Devo이라 부른다—자연은 동일한 유전자 세트를 재사용하고 재생산함으로써 생명의 나무에 새로운 가지를 만든다는 사실이 점점 더 분명해졌다. 하이델베르크 연구에서 확인된 유전자가 그렇듯 초기 발생에 관여하는 유전자일수록 특히 중복^{duplication}되기 쉽다. 예컨대 파리의 유전체에는 Hox 유전자가 여덟 개밖에 없는 반면, 포유류의 유전체에는 마흔 개에 가까운 Hox 유전자가 있다.

따라서 비샤우스와 뉘슬라인 폴하르트가 확인한 유전자는 초파리만이 아니라 동물계 전체에 걸친 신체 마스터플랜의 청사진이라 할 수 있다. 실제로 초파리와 인간의 유전체를 비교한 연구에 따르면 초파리 유전체에는 인간에게 질병을 초래하는 유전자 중 75퍼센트에 상응하는 친척뻘 유전자[16]가 존재한다. 변이의 결과로 나타나는 기형성을 반영하는 이름—헤지호그^{hedgehog}(고슴도치), 노치^{notch}(V 자), 윙리스^{wingless}, 아르마딜로^{armadillo} 등—이 붙은 이 유전자들은 세포 간의 대화를 유도함으로써 작용하며, 그 외의 유전자들—호메오박스를 포함하는 울트라바이소랙스^{ultrabithorax}와 앱도미널 B$^{abdominal\ B}$ 등—은 다른 유전자의 발현을 조절한다.

6억 년에 걸친 진화에도 불구하고, 자연은 파리를 만드는 것과 거의 같은 방식으로 인간을 만들어내는 듯 보인다.

예쁜꼬마선충도 초파리와 비슷한 길을 걸었다.

설스턴의 계통 추적 연구에 참여했던 밥 호비츠는 유전학적 접근 방법으로 세포의 운명을 좌우하는 유전자를 식별할 수 있다는 사실을 깨달았다. 이러한 유전자가 진화적 보존$^{evolutionary\ conversation}$의 또 다른 층위를 밝혀낼 수 있으리라 추론한 그는 새로운 탐색을 제안했다. 앞서 살펴보았듯 시드니 브레너는 이미 10년 전에 예쁜꼬마선충에게 변이를 유발하는 방법을 연구한 바 있었다. 이제 호비츠는 동일한 접근 방법을 사용하여, 모양이나 움직임이 아닌 계통이 교란된 변이, 즉 설스턴과 함께 세심하게 매핑한 계통 패턴에서 벗어나 세포의 운명이 예상보다 일찍 또는 늦게 나타나거나 아예 나타나지 않는 변이를 찾아낼 생각이었다.

설스턴도 이에 동의하여, 두 과학자는 함께 전략을 세웠다. 그들은 벌레의 생식계부터 시작하기로 했는데, 이는 해당 계통의 세포 구성—근육세포, 외음부세포, 뉴런—을 식별하는 것이 비교적 수월하기 때문이었다. 게다가 이러한 세포 유형 중 하나라도 결핍되면 알을 낳지 못하니 그 표현형을 찾아내기도 쉬웠다. 초기의 연구를 통해 두 사람은 스물네 가지의 변이를 발견했으니, 이는 유전학적 접근 방법이 세포의 계통에 영향을 미치는 유전자를 찾는 작업에도 사용될 수 있다는 증거였다.

1978년 호비츠는 영국 케임브리지에서 미국 매사추세츠주의 케임브리지로 자리를 옮겨, MIT의 새로운 실험실에서 이러한 변이 유전자의 기능을 해독하는 작업에 매진했다. (한편 설스턴의 관심은 벌레의 유전체로 돌아갔다. 그의 연구는 이후 예쁜꼬마선충의 유전체 염기서열 분석으로 이어졌고, 이 동물은 유전체 염기서열이 완전히 밝혀진 최초의 동물이 되었다). 초기의 성공에 고무된 호비츠는 훨씬 더 이른 발생단계에 작용하는 유전자를 식별하기 위한 새로운 탐색 프로젝트를 설계하여, 향후 10여 년에 걸쳐 다양한 벌레 계통에 영향을 미치는 수백 개의 변이를 분리했다. 그와 그의 과학적 후예들이 발견한 유전자는 하이델베르크 연구와 유사한 다양한 단백질 레퍼토리—세포에서 방출되는 단백질, 세포질에 남아 있는 단백질, 여러 전사인자—를 코딩했다. 흥미롭게도 벌레의 유전자 중 일부는 단백질을 전혀 코딩하지 않는 것으로 밝혀졌다. 대신 이러한 유전자의 '비코딩'

RNA 산물,17 즉 메시지를 담고 있지 않은 RNA 분자는 다른 유전자의 발현을 조절하는 역할을 하고 있었다.

그러나 무엇보다 흥미로운 발견이자 호비츠에게 노벨상 수상을 안겨준 변이는 바로 세포 사멸cell death에 영향을 미치는 변이였다. 이 변이 동물들에겐 원래 있어야 할 세포가 없는 것이 아니라, 전혀 없어야 할 세포가 포함되어 있었다. 설스턴과 호비츠는 계통 연구를 통해 세포 사멸이 정상적이고 의도적인 과정임을 밝혀냈다. 특히 예쁜꼬마선충의 발생 과정에서 태어난 131개의 세포는 성체가 되지 못하도록 프로그래밍 된 운명이었다. 호비츠는 새로운 연구를 통해 이 '의도적인' 칼춤의 유전적 근거—세포를 죽이거나 세포가 죽지 않도록 보호하는 유전자—를 확인했다. 하이델베르크 연구에서 밝혀진 바와 마찬가지로 동물계 전체에는 벌레의 세포 사멸 유전자에 대응하는 유전자가 존재하며, 이들의 '사멸 유도' 또는 '사멸 방지' 활동은 발생의 정상적인 진행을 보장한다.

시간이 지나면서 호비츠의 제자들과 이 유전자를 연구하는 다른 연구자들은 프로그래밍 된 세포 사멸, 즉 '세포 자멸사apoptosis'가 배아에만 국한되지 않으며 성체 조직도 동일한 프로그램을 사용하여 평형을 유지한다는 사실을 발견했다. 예컨대 면역계가 바이러스에 감염된 세포를 제거하고자 할 때, 세포 사멸은 가장 우선적으로 선호되는 제거 수단이다. 또한 반대로 신체의 다른 부위가 스트레스를 받을 경우엔 세포가 죽지 않도록 보호하기 위해 세포 자멸사 방지 프로그램이 개입한다. 긍정적이든 부정적이든, 세포 사멸의 조절은 식물계와 동물계를 통틀어 어디에나 존재한다.

1990년대에 들어서면서 발생생물학, 유전학, 분자생물학, 진화생물학 분야는 본질적으로 통합되었다. 각 분야에 종사하는 과학자들은 서로 다른 도구를 사용했지만 모두 단일세포 문제와 관련하여 밝혀낼 것이 있었다. 이들은 유전학적 접근 방법을 벌레와 파리에 적용하여 전사인자, 수용성 단백질, 세포 내 신호 전달 분자, 비코딩 RNA 등 한정된 수의 유전자 산물이 신체 구성의 역할을 담당한다는 부분적인 해답에 도달했다. 물고기든 공룡이든 오랑우탄이든, 그 생물의 종류가 무엇인지는 상관없었다. 자연은 절약의 미덕을 발휘하여 동일한 설계 원리를 발생 과정에 반복적으로 재활용하며, 이러한 복제와 편집의 기반이 되는 유전 프로그램은 심지어 예쁜꼬마선충과 초파리보다 훨씬 더 오래된 생물로 거슬러 올라간다.

물리학자 리처드 파인먼은 "내가 만들 수 없는 것은 이해할 수 없다"라고 말한 바 있다. 이는 지식의 평가에 적용되는 높은 기준이며, 발생생물학자들이 아직 달성하지 못한 목표[18]이기도 하다. 연구자들은 벌레, 파리, 그 밖의 종을 대상으로 수행한 수많은 유전자 탐색을 통해 발생에 보편적인 역할을 하는 유전자를 대부분(전부는 아니더라도) 발견했으며, 그 단백질 산물이 어떻게 작용하는지에 대한 대략적인 아이디어를 가지고 있다. 따라서 우리의 이해가 부족한 부분은 개별 유전자의 정체와 기능, 그리고 그 생산물에 관한 것이 아니라, 발생에 대한 더 큰 그림(유전자가 어떻게 상호작용 하여 우리 몸의 도시와 세포 사회를 형성하는 네트워크를 구축하는지)이다. 그런 의미에서 우리는 지금껏 '어떻게'의 표면만을 훑어본 셈이다. 프랑스의 과학자이자 철학자인 장 로스탕은 다음과 같은 말로 이를 표현했다. "숱한 생물학자들이 오고 가지만, 개구리는 그대로 남아 있다."[19]

(6장)

길 찾기

어디로, 얼마나, 어떻게 갈 것인가

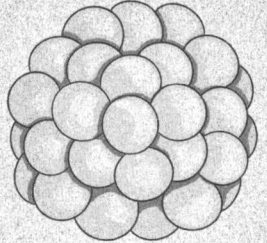

기능이 먼저고 형식은 나중이다.
이것은 불변의 법칙이다.
— 루이스 설리번, 「예술적으로 고려된 고층 오피스 빌딩The Tall Office Building Artistically Considered」

············

우리는 3차원의 세계에 살고 있다. 살아 있든 죽었든, 모든 물체에는 위와 아래, 앞과 뒤, 왼쪽과 오른쪽이 있다. 이 공간 안에서 새로운 형태의 잠재력은 거의 무한하며, 진화는 이를 최대한 활용한다. 다양한 모양과 크기로 존재하는 세포는 평평한 조직 평면을 형성하기 위해 퍼지기도 하고, 대롱 모양으로 동그랗게 모이는가 하면, 한갓진 곳으로 과감히 이동하거나 붐비는 곳을 찾아다니기도 한다. 세포는 팔다리를 뻗고, 접고, 쥐어짜고, 확장하고, 파도처럼 움직이고, 혹은 움직이지 않는다. 이러한 특성이 종합적으로 작용하여 신체 형태가 만들어지며, 이 형태—크기, 신체 비율, 이동성—는 해당 동물이 건강하게 오래 살 것인지 아니면 다른 누군가의 먹이가 될 것인지를 결정한다.

아직 세포 덩어리에 불과한 배아 초기에는 표준 치수라는 것이 존재하지 않는다. 배아는 3차원 세계로 나아가기 위해 기관을 적절하게 배치하고 그에 따라 크기를 조정해야 한다. 모양은 순차적으로 나타나며, 각각의 모양은 직전의 모양에 따라 달라진다. 배아에서 세포의 위치는 컴퓨터 디자인 프로그램에서 객체를 렌더링 할 때처럼 x, y, z 좌표로 지정되지 않는다. 이들 사이에서는 관계성이 가장 중요하다. 세포는 다른 세포와의 관계를 통해서만 자신의 위치를 '안다'.

5장에서 살펴보았듯 배아에서는 엄청난 양의 세포 간 대화가 이루어지며, 각 세포는 분자 신호를 통해 자신의 위치나 기타 정보를 전달한다. 그러나 세포가 발판을 마련하는 데는 단순히 신호의 유무뿐 아니라 신호의 수준도 중요하다. 세포가 분자 메시지—분비된 단백질이나 기타 정보가 풍부한 분자—를 전달할 때, 그 농도는 원천에서 멀어질수록 감소한다. 가까운 세포는 '강한' 신호를 수신하고 멀리 떨어진 세포는 '약한' 신호를 수신하며, 이것이 차이를 만든다. 우리가 휴대폰의 신호 막대를 보고 기지국으로부터 얼마나 멀리 떨어져 있는지 짐작하듯이, 우리 몸의 세포는 분자 농도에 따라 신호원으로부터의 거리를 알아낸다. 이 신호 강도의 차이를 흔히 '기울기gradient', 근접성의 지표로 작용하는 분자를 '형태원morphogen'이라 한다. 이렇듯 원천에서 멀리 확산될 수 있는 분자, 즉 용해성 인자soluble factor 외에도, 세포의 형태는 직접 접촉 또는 (세포를 한 방향이나 다른 방향으로 밀거나 당기는) 물리력을 통해 형성될 수 있다.

지금껏 단일세포 문제에 대한 우리의 고찰은 세포의 정체성을 부여하는 분화에 초점을 맞추었다. 그러나 이는 똑같이 중요한 두 번째 질문에 대한 해답을 제시하지 못한다. 세포는 '무엇이 될 것인지'뿐만 아니라 '어디로 갈 것인지'를 어떻게 알 수 있을까? 배아 운명의 일부인 조직이 성숙한 모양으로 성형成型되는 과정은 발생 초기에 명시된 패턴화 프로그램이 작동되면서 분화와 함께 이루어진다. 흔히 형태발생morphogenesis이라 부르는 이 조형 과정은 배아에 3차원적인 성격을 부여하는, 매혹적이면서도 신비로운 과학이다.

형태발생의 이정표

생물학자 루이스 울퍼트Lewis Wolpert는 언젠가 이렇게 말했다. "인생에서 진정으로 가장 중요한 시기는 출생, 결혼, 죽음이 아니라 낭배형성 단계다." 물론 반쯤은 우스갯소리로 한 말이다. 하지만 낭배형성, 그러니까 미분화된 세포들이 한꺼번에 조직에 할당되기 시작하는 시점이야말로 발생의 핵심적인 이정표라는 점에서 이는 옳은 말이기도 하다. 브리그스, 킹, 거든이 핵이식 실험에서 관찰했듯이, 이 과정에서 세포의 가소성—자신의 정체성을 바꾸는 능력—은 급격히 감소한다. 그리고 운명의 격변과 동시에, 배아의 세포들은 극적인 방식으로 공간적 방향을 바꾸며 성숙한 형태를 향한 첫 걸음을 내딛는다.

포유류의 수정은 수란관(혹은 나팔관)에서 이루어진다.[1] 단 하나의 정자만 난자에 들어갈 수 있으며, 그 결과 각 염색체의 사본을 하나씩(총 두 개) 가진 접합체, 과학자들의 용어로는 이배체diploid 배아라 불리는 수정란이 탄생한다. 그런 뒤 접합체는 난할을 시작하고, 두세 번 이상 분열하면 상실배morula—8~30개의 세포로 구성된 공 모양의 배아로, '뽕나무'를 뜻하는 라틴어 모룸morum에서 유래했다—로 간주된다. 육안으로 보기 힘든 이 배아는 수란관을 따라 자궁에 도달할 때까지 내려가며, 이때 자궁벽을 감싸고 있는 자궁내막세포는 모체의 호르몬에 의해 새로운 배아를 맞이할 채비를 갖춘 채 기다리고 있다. 그리고 다음 단계인 착상에서, 배아는 모체의 인큐베이터에 안전하게 정착하여 태어날 때까지 생활하게 된다.

이제 배아는 수십 개의 세포로 이루어진, 그러나 속은 텅 빈 구체인 배반포(다른 동물의 경우에는 포배)로 성숙한다. 배반포의 세포는 두 가지 유형으로 구분된다. 그중 하나인 속세포덩이inner cell mass는 비대칭적으로 위치한 세포의 군집으로, 태아와 미래의 동물의 신체를 구성한다. 다른 그룹은 영양외배엽trophectoderm으로, 배반포의 외피 구성과 태반 형성에 관여한다. 즉, 착상을 가능케 하고 이후 모체로부터 태아에게 영양을 공급하는 태반은 이 영양외배엽의 파생물이라 할 수 있다(208쪽 그림 참조).

배아가 낭배형성을 준비함에 따라 속세포덩이 내의 세포는 점차 평

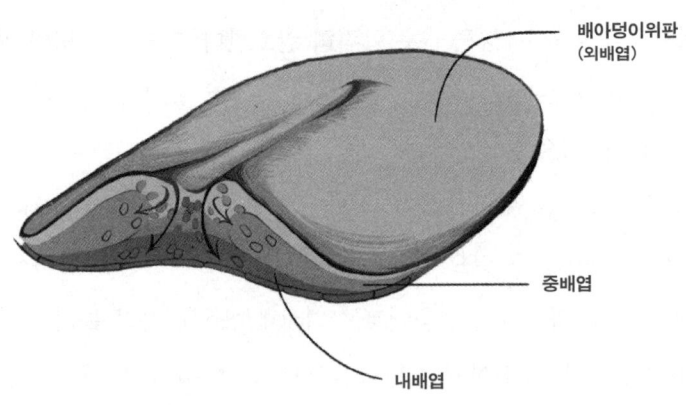

낭배형성 기간 동안, 배아덩이위판세포는 원시선(중앙 홈)을 통해 이동하여 세 가지 배엽을 형성한다. 가장 아래층에 있는 세포는 내배엽을 형성하고, 위층에 남아 있는 세포는 외배엽을 형성하며, 그 사이에 있는 세포는 중배엽을 형성한다.

평해져서 배아덩이위판epiblast이라는 단층 세포 시트로 변화한다. 그 표면에 움푹 들어간 부분이 나타나고 확장되어 '원시선primitive streak'이라 불리는 참호로 성장하는데, 균열을 둘러싼 세포는 마치 블랙홀에 빨려 들어가는 천체처럼 수십 개씩 삼켜져 반대편에서 변형된 모습으로 나타난다. 낭배형성은 발생의 통과의례―해리포터에 나오는 기숙사 배정 모자를 떠올리면 된다―로, 일단 원시선을 통과한 세포는 배아의 세 가지 배엽(외배엽ectoderm, 중배엽mesoderm, 내배엽endoderm)2 중 하나에 속하게 된다.

이 세 배엽은, 말하자면 서로 다른 교육 체제에 비유할 수 있다. 4년제 대학교를 졸업한 사람은 교수나 기업가가 될 가능성이 높고, 기술학교 출신은 기술자가 될 가능성이, 신학교를 나온 사람은 성직자가 될 가능성이 높다. 이와 비슷하게 각 배엽에 속하는 세포도 특정한 경로를 선호하는 경향을 보인다. 하지만 다양한 배경을 가진 사람들이 모여 사는 사회가 가장 활기를 띠는 법, 우리 몸의 조직 대부분은 세 배엽 출신의 세포로 고루 구성되어 있다. 다양한 세포 요소, 즉 낭배형성의 새로운 졸업생들을 일관성 있고 기능적인 단위로 엮어내는 것이 형태발생의 역할이다.

위와 아래, 외부와 내부

배아와 성체 동물에서, 세포는 상피세포epithelial cell와 중간엽세포mesenchymal cell라는 두 가지 주요 유형으로 나뉜다. 대부분의 상피세포는 내배엽 또는 외배엽에서 유래하며, 서로 단단히 달라붙어 장벽을 형성하는 능력으로 정의된다. 신체의 보호 표면을 구성하는 피부의 각질세포층이 가장 눈에 잘 띄는 상피세포의 예라 할 수 있다. 하지만 신체 내부 기관에도 상피가 존재하며, 여기서 상피세포는 기관과 외부 세계[3]를 연결하는 관tube을 감싸고 있다. 한편 근육, 뼈, 힘줄, 연골을 구성하는 중간엽세포는 중배엽에서 유래하며, 표면적으로는 드러나지 않지만 (신체를 하나로 묶는) 접착제와 (신체의 움직임을 이끄는) 엔진의 기능을 하므로 그 역할은 상피세포에 못지않게 중요하다.

대부분의 기관은 둘 혹은 세 가지 배엽에서 유래하며, 상피세포와 중간엽세포가 혼합되어 있다. 예를 들어 내배엽에서 유래한 기도가 있는 폐를 생각해보자. 산소를 흡입하고 이산화탄소를 배출하는 이 도관conduit의 맨 안쪽은 상피세포로 덮여 있지만, 이를 둘러싸는 것은 중배엽에서 유래한 근육과 외배엽에서 유래한 신경이다. 일상적인 대화에서는 발생생물학자들도 한 기관을 하나의 배엽에서 유래한 것으로 간주하여 예컨대 폐를 '내배엽 파생 기관'이라고 부르는데, 이는 해당 조직의 가장 중요한 세포 구성 요소를 줄여 부르는 말로, 생명 유지에 필요한 산소를 이산화탄소와 교환하는 내배엽 유래 상피세포가 기관을 대표하는 영광을 누리는 셈이다. 다른 기관도 비슷해서, 심장과 신장은 '중간엽 파생 기관'으로, 뇌와 피부는 '외배엽 파생 기관'으로 불리며 특정 배엽에 귀속되는 기관인 듯 언급되곤 하지만, 당연히 실상은 그보다 훨씬 더 복잡하다.

상피세포의 가장 큰 특징은 이웃 세포와 밀착되어 있다는 점이다. 이러한 결합은 거의 모든 물질—지질, 아미노산, 이온, 심지어 물까지—의 '세포 간 통과' 현상을 방지하는 다양한 단백질 군집인 부착 복합체adhesion complex에 의해 매개된다. 따라서 물질이 상피 장벽을 통과하는 유일한 방법은 세포 주변이 아닌 세포 자체를 통과하는 것인데, 이 능동적 과정은 통과 물질을 선별하는 역할을 하는 분자 관문인 수송체transporter와 채널에 의해 촉진된다. 이런 일을 하기 위해, 상피세포는 세포의 위와 아래—이를 각각 '정단부apical'와 '기저부basal' 표면이라고 부른다—를 구별하는 능력을 지녀야 한다. 예컨대 소화관의 경우, 장 상피세포의 정단부 막은 식사 후 소화된 음식물이 있는 관의 내벽을 차지한다. 식이 영양소는 정단부 표면의 채널을 통해 흡수되어 세포질을 통해 기저부 표면으로 운반된 다음, 순환계로 전달되는데, 제대로 분해된 물질만이 이 상피 장벽을 통과할 수 있다. 상피세포는 우리 몸의 세관원[4] 역할을 하며 허가된 물질만 선별적으로 통과시킨다.

세포는 발생 중인 배아에서 어떻게 길을 찾을까? 무엇이 배아덩이위판을 원시선으로 끌어들이고, 낭배형성 이후 최종 목적지로 안내할까? 폐의 기도나 심장의 전기 시스템과 같은 복잡한 조직 구조는 어떻게 그 화려한 구성을 이루며, 뉴런은 어떻게 축삭axon을 특정한 방향으로 뻗어 적절한 시냅스를 형성하는 걸까? 요컨대, 형태를 빚어내는 원동력은 무엇일까?

조직이 세포와 세포 사이의 통신을 통해 형성된다는 것은 그리 놀랍지 않다. 슈페만과 만골트가 배아 조직을 발견하면서 보여준 '유도현상'이라는 극적인 사례를 떠올려보자. 이때, 배아의 한 영역(배순)에 있는 세포가 메시지를 전달함으로써 예상치 못한 쌍둥이가 형성되었다. 하지만 유도현상이 모두 그렇게 극적일 필요는 없다. 발생에 수반되는 대화는 대부분 일상적이며 그 결과도 더 평범하다. 그럼에도 불구하고, 이 분자 대화가 상처 치유부터 심장박동 촉진, 커피 한 잔을 더 마실 시간이라는 인식에 이르기까지 거의 모든 생리 현상의 기초를 이룬다는 사실에는 변함이 없다.

슈페만과 만골트는 세포 간 대화의 기초만 상상할 수 있었지만, 오늘날 우리는 이 보편적인 대화가 '신호 전달 경로'—초기 배아의 형태와 패턴을 조절하는 일련의 '진화적으로 보존된 분자들'(5장 참조)—에 의해 매개된다는 사실을 알고 있다. 일부 경로의 경우, 양 당사자(세포)는 마치 직접 대화하듯 서로 인접해야 한다. 반면 다른 경로들은 다소 넓은 공간에서 작동하며, 앞서 살펴본 바와 같이 신호의 존재 여부뿐 아니라 그 강도에 따라 정보 전달의 기울기를 형성한다. 마지막으로, 인슐린이나 성장호르몬과 같은 호르몬에 의해 시작되는 신호처럼 원거리에서 작동하는 신호는 혈류를 통해 몸 전체를 순환하며 무한한 활동 범위를 제공한다.

이를 신문, TV, 전화, 라디오 등 다양한 형태의 방송 매체에 빗대어 생각하면, "매체가 곧 메시지"라는 마셜 매클루언의 말은 배아에도 해당되는 셈이다. 분자 신호의 종류마다 세포에 전달되는 의미가 다를 테니 수백 개의 신호 전달 분자가 지시에 관여할 것 같지만, 정작 배아는 겨우 한 다스 정도의 뚜렷한 통신 시스템[5]에만 의존한다.

신호 전달의 맥락도 경로 못지않게 중요하다. 신호에 반응하는 세포의 능력과 그 세부 사항을 반응력competence이라고 한다. 동일한 발생 신호가 주어졌을 때, 신장의 중배엽세포와 척수의 외배엽세포는 완전히 다른 의미를 도출할 수 있다. 이는 세포의 후성유전학적 구성—각 세포의 유전체를 다르게 표시하는 고유 식별자—이 주어진 신호에 대한 세포의 반응을 정의하기 때문이다(교사가 교과서 65쪽을 펼치라고 지시했을 때, 보건 수업을 듣는 학생과 미적분 수업을 듣는 학생의 결과가 어떻게 다를지 상상하면 된다. 후성유전학에 대해서는 나중에 더 자세히 이야기할 것이다).

마지막으로, 배아가 신호의 다양성과 복잡성을 향상시키는 다른 방법들도 있다. 그중 하나는 조합^{combination}을 사용하는 것이다. 예를 들어 신호 A에 대한 세포의 반응은 해당 신호가 단독으로 수신되는지 혹은 신호 B와 함께 수신되는지에 따라 달라진다. 세포 간 통신의 또 다른 보편적인 특징은 상호 신호 전달—수신한 메시지에 세포가 응답하는 양방향 통신의 한 형태—인데, 이는 시간적·공간적으로 미세하게 조정된 양방향 통신으로 귀결된다. 이러한 분자 메시지의 해석은 3차원 공간에서 세포의 위치에 따라 달라지므로, 배아세포는 매 순간 자신이 어디에 있고 어디에 있어야 하는지를 계산할 수 있다.

이와 같은 상호작용의 한 가지 예를 살펴보자. 포유류 배아에서 일어나는 최초의 세포 '결정'은 낭배형성 이전에 일어난다. 배아세포가 약 다섯 차례 분열한 뒤 배반포의 한쪽에 포배강^{blastocoel}이라는 공동^{空洞}이 형성될 때 배아가 상실배에서 배반포로 전환되는 것이다. 한쪽으로 치우친 배아는 두 가지 유형의 세포, 즉 속세포덩이와 영양외배엽으로 채워지는데, 그 후손들의 운명은 크게 달라진다(앞서 언급한 바와 같이, 속세포덩이의 파생물은 미래의 동물을 낳을 수 있는 특권을 지니며, 임신 중 태반 형성에 필수적인 영양외배엽의 파생물[6]은 출산 후 폐기된다).

수십 년 동안 발생생물학계에서는 이 중대한 '속세포덩이/영양외배엽 선택'의 분자적 근거와 타이밍이 핵심적인 의문이었다. 1960년대 후반, 폴

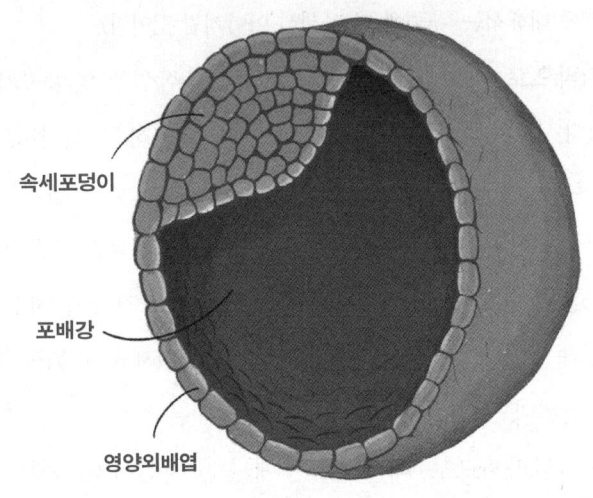

포유류의 배반포는 체액으로 채워진 포배강을 둘러싼 약 100개의 세포로 이루어져 있다. 속세포덩이 내에 존재하는 세포는 배아 및 미래의 동물을 생성하고, 영양외배엽에 존재하는 세포는 태반을 생성한다.

란드의 생물학자 안제이 타르코프스키[Andrzej Tarkowski]와 요안나 브루블레프스카[Joanna Wróblewska]는 초기 포유류 발생의 '내부-외부' 모델[7]을 제안하여, 상실배에서 세포의 위치—포도송이 같은 세포 군집의 내부에서 발견되는가, 아니면 그 주변부에서 발견되는가—가 그 후손의 운명을 결정한다고 가정했다. 이 모델에 따르면, 상실배 안쪽에 위치한 세포는 속세포덩이를 형성하고, 바깥쪽에 위치한 세포는 영양외배엽을 형성하게 된다.

그로부터 20여 년 뒤, 생쥐 발생학자 로저 페더슨[Roger Pedersen]은 존 설스턴과 그의 동료들이 예쁜꼬마선충 발생 연구에 사용한 것과 유사한 계통 추적 접근 방법을 통해 개별 상실배 세포의 운명[8]을 추적함으로써 그 연관성을 확인했다. 페더슨은 배아발생의 16세포 단계 이전까지 '내부' 세포가 존재하지 않는다는 사실을 발견했다(8세포 단계에서는 모든 세포가 '외부'를 향하도록 배열되었다). 염료를 사용해 16세포 단계에서 외부 세포에 라벨을 붙인 결과, 이 세포들은 영양외배엽이 되는 (절대적이지는 않지만 강한) 경향을 보였다. 시간이 지나고 배아가 성숙함에 따라 그 경향성은 더욱 강해졌고, 결국 세포의 위치―내부든 외부든 상관없이―는 세포의 운명과 비가역적으로 연결된다는 결론이 나왔다.

그의 관찰은 두 가지 의문을 제기했다. 첫째, 세포는 (분자 수준에서) 자신이 군집의 내부에 있는지 외부에 있는지 어떻게 아는 걸까? 둘째, 시간이 지남에 따라 세포의 운명은 어떻게 '확률적인 것'에서 '돌이킬 수 없는 것'으로 바뀔까?

첫 번째 질문과 관련하여, 우리가 초기 단계의 상실배에 있는 10여 개의 세포 중 하나라고 상상해보자. 만일 우리의 자리가 군집의 내부라면, 이는 마치 군중 한가운데 서 있는 것처럼 다른 세포에 둘러싸여 있다는 뜻이다. 그러나 군집의 외곽에 있는 경우 한쪽에는 세포가 있지만 다른 쪽에는 없으며, 몸의 일부가 바리케이드―포유류의 난세포막*과 같은 역할을 하는 '투명층 zona pellucida'이라는 보호층―에 둘러싸여 있을 것이다.

이러한 위상학적 차이는 '히포 경로 Hippo pathway'라는, 진화적으로 오래된 신호 전달 체계에 의해 수행되는 분자적 결과를 가져온다. 세포가 다른 세포와 접촉할 때마다 표면의 수용체가 히포 신호 경로를 활성화하고, 그 결과 생성된 일련의 분자들은 핵으로 이동하여 운명을 결정하는 전사인자의 활성에 변화를 일으키는 것이다. 히포 신호의 수준이 높으면(상실

---

* 난자를 둘러싸고 있는 두꺼운 세포막.

배의 내부에서 일어나는 현상) OCT4라는 전사인자가 발현되며, 히포 신호가 낮으면 CDX2라는 전사인자가 발현된다. 이 두 전사인자는 차례로 수백 개의 다른 유전자들을 조절하여 각 세포를 속세포덩이로 만들지, 혹은 영양외배엽으로 만들지 결정한다. 따라서 OCT4와 CDX2는 세포 운명의 '마스터 조절자'로 간주된다.

두 번째 질문은, 배아가 성숙함에 따라 외부 세포가 영양외배엽이 될 확률(그리고 내부 세포는 속세포덩이가 될 확률)이 증가하는 이유에 관한 것이다. 앞서 살펴본 세포 가소성의 원리—발생이 진행되어 세포가 제 운명에 충실해지면서 가소성은 감소하는 경향이 있다—라는 현상이 이에 대한 답을 제공한다. 배반포의 맥락에서, 이러한 현상에 대한 분자적 설명은 양성/음성 되먹임 고리positive/negative feedback loop로 가능하다. 공교롭게도 속세포덩이와 영양외배엽의 운명을 결정짓는 마스터 조절자인 OCT4와 CDX2는 자기들끼리도 서로 조절한다. OCT4는 자신의 발현을 활성화하며 CDX2의 발현을 억제하고, 반대로 CDX2는 자신의 발현을 촉진하는 동시에 OCT4의 발현을 억제하는 것이다. 실질적으로 이 현상은 속세포덩이 혹은 영양외배엽 쪽으로 '기울어진' 배아세포가 시간의 흐름에 따라 점점 더 고착화된다는 것을 의미한다. 배반포 발생에 국한되는 분자적 세부사항이지만, 이와 유사한 되먹임 고리는 배아발생 및 분화 과정의 어디에나 존재하며, 세포의 잠재력(세포가 채택할 수 있는 수많은 역할)과 최종 정체성(세포가 전념하는 하나의 역할) 사이의 모순을 해결하는 데 도움을 준다.

그러나 이것은 또 다른 '닭과 달걀의 문제'를 제기한다. 상실배 이전에는 무엇이 있었을까? 상실배 중앙에 있는 내부 세포는 우연히 그곳에 위치하게 됐을까, 아니면 어디로 가야 할지 알려주는 다른 초기 신호가 있었을까? 내부-외부 모델은 세포가 속세포덩이 혹은 영양외배엽의 일부가 되는 과정을 부분적으로 설명하지만, 우리는 곧 다른 요인들이 세포의 운명에 미리—아마도 접합체의 두 번째 또는 세 번째 분열 시기에—영향을 미친다는 점을 알게 된다. 이쯤 되면 세포에게 과연 자유의지가 있는지, 그러니까 세포의 운명이 진정으로 제한되지 않은 적이 있는지 궁금해질 지경이다. 결국 세포는 멍게나 벌레의 경우처럼 그 결말이 너무도 뻔한 드라마의 주인공에 불과한 것일까?

위치를 바꾸는 법

고양이를 머리에서 몸통 쪽으로 쓰다듬다가 그 방향을 바꾸면(아마도 불쾌한 반응을 불러일으킬 텐데), 평면세포 극성planar cell polarity이라는 형태발생의 특징을 확인할 수 있다. 앞서 상피세포가 위쪽과 아래쪽을 구별할 수 있다는 사실을 보았는데, 상피세포의 고유 수용력proprioceptive ability은 여기서 한발 더 나아가 앞과 뒤의 차이도 구별해낸다. 평면세포 극성은 피부의 털줄기를 동일한 방향으로 정렬시키고,[9] 장이 음식물을 올바른 방향으로 이동시키도록 유도하며, 귀의 유모세포hair cell가 적절하게 정렬되도록 함으로써 균형감각을 제공한다.

세포가 앞과 뒤, 위와 아래를 구분할 수 있다면 왼쪽과 오른쪽도 구분할 수 있을까? 상황에 따라 다르다. 많은 동물들은 왼쪽과 오른쪽의 차이 없이 완전히 대칭을 이룬다. 그러나 인간을 포함한 다른 생물들의 경우 간과 같은 특정 기관이 몸의 오른쪽에, 지라나 심장과 같은 다른 기관은 왼쪽에 자리하며, 이를 '편측성lateralized'이라 부른다. 이러한 비대칭성은 발생 초기, 즉 낭배형성 무렵에 발생하는데, 그건 '결절node'이라고 알려진 원시선 근처의 특수 세포 때문이다. 그 표면에 자리한 프로펠러 같은 구조의 섬모는 시계 방향으로만 회전할 수 있고, 이런 단방향 회전은 신호 전달 분자가 풍부한 배아덩이위판 위의 체액을 오른쪽에서 왼쪽으로 흐르게 한다. 이 현상이 이후 2차 신호의 기울기를 만듦으로써 신체의 중요한 3차원을 완성하는 것이다.

⬤

배아에 대해 생각할 땐 우리가 일상에서 경험하는 표준적인 3차원 외에도 다른 공간적 관계, 즉 축axis을 고려해야 한다. 그 예의 하나로 '방사상radial 축'을 들 수 있는데, 이는 관의 중심에 대한 세포의 위치에 따라 형태와 기능이 달라지는 것을 말한다. 이를테면 장腸의 경우, 기관 내부에서 멀어질수록 세포가 뚜렷한 층으로 배열되어 있다. 가장 안쪽 층은 내배엽 유래 상피세포인 점막mucosa으로, 식이 영양소를 흡수하고 장 공간으로 윤활액을 분비한다. 그 아래에 있는 점막하층submucosa은 중배엽 유래 혈관과 결합조직의 혼합체로, 혈류를 통해 영양분을 빠르게 흡수하여 몸 전체로 분배하는 역할을 한다. 그리고 다시 그 아래 있는 근육과 신경 층은 협응된 활동을 통해 음식물을 식도에서 결장colon 방향으로 (평면세포 극성에 힘입어) 이동시킨다.

장의 층 배치는 우연의 산물이 아니다. 그 일은 초기 소화관의 상피세포에서 방출되는 신호 전달 분자가 주변의 (미분화된) 중간엽세포로 확산

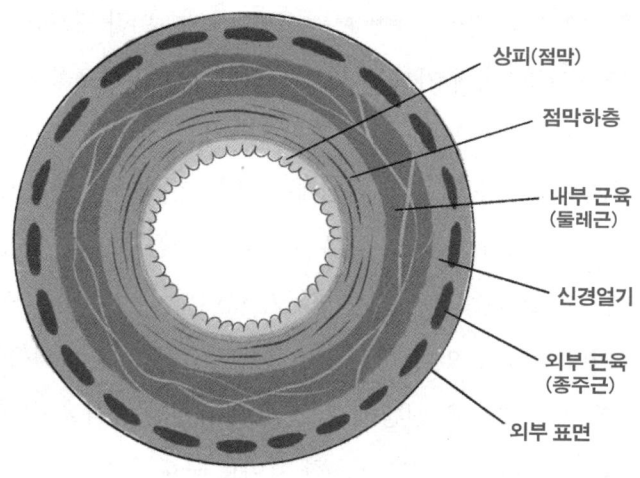

소화관과 같은 관상 기관tubular organ은 방사상 축을 가지고 있다. 세포의 정체성과 기능은 관의 중심과 가장 바깥층을 기준으로 한 세포의 위치에 따라 달라진다.

되면서 이루어지는데, 문제의 분자는 하이델베르크의 초파리 탐색에서 발견된 헤지호그 단백질 계열의 구성원이다. 앞서 기지국으로부터의 거리와 그에 상응하는 휴대전화 신호의 강도를 비교한 바 있다. 마찬가지로, 중간엽세포는 관의 중심에서 얼마나 멀리 떨어져 있는지에 따라 서로 다른 수준의 헤지호그 신호를 '감지'한다. 장 내부에 가장 가깝고 따라서 가장 높은 수준의 헤지호그 신호를 받는 세포는 점막하층을 형성하고, 그와 멀리 떨어진 세포는 낮은 수준의 신호를 받아 근육이 된다. 또한 상피로부터 분화 신호를 받은 중간엽세포는 다른 신호 전달 분자를 방출하는데, 이 분자는 상피세포로 돌아가 자체적인 성숙 프로그램을 진행하도록 지시함으로써 그에 보답한다.

'상피-중간엽 신호 전달epithelial-mesenchymal signaling'이라 부르는 이러한 유형의 통신은 신체 중심에 가까운 세포와 멀리 떨어진 세포를 구별하는 근위-원위 축proximal-distal axis을 따라 조직 형성에도 관여한다. 인간의 팔이 그러한 형태형성의 좋은 예다. 어깨에서 가장 먼 손가락 끝까지 팔을 따라가보면 팔의 각 부위가 서로 다른 구조와 기능을 가지고 있음을 알 수 있다. 어깨와 위팔에는 힘과 운동 범위가 부여되어 있어 팔을 올리고, 밀고, 휘두르거나 흔들 수 있다. 반면 손과 손가락은 문장을 타이핑하거나 개구리 배아의 미세 수술을 진행하는 등 훨씬 세밀한 조작을 위해 만들어졌다. 다리와 발의 다른 부위도 비슷한 차이로 구분된다.

소화관과 마찬가지로 팔의 모양은 전구세포가 받는 신호의 상대적 수준에 따라 결정된다. 신체 내부에서 기관이 형성되는 동안, 팔과 다리는 배아 표면의 작은 세포 군집인 '사지 싹limb bud'에서 시작된다. 사지 싹은 두 가지 구성 요소(외배엽 유래 상피세포층과 그 아래에 있는 미분화된 중간엽 세포 군집)로 시작된다. 상피가 대화를 시작하면 중간엽이 장에서와 마찬가지로 반응하여 신호 강도에 따라 자신의 시공간적 위치를 인식하고, 이어 다른 세포들도 참여하여 발생 중인 부속기관의 다른 구석으로 대화를 이어간다. 그러다 각 말단의 영역이 제 소명을 인식하면서 대화는 성장과 분화라는 행동으로 전환된다. 팔의 근위부는 근육을 형성하고 팔이음뼈를 조립하며, 원위부는 손목, 손, 손가락의 뼈들을 만든다. 물론 신경도 이 활동에 초대된다. 다리에서도 비슷한 과정이 진행된다. 팔과 다리가 형성될 즈음에는, 처음 이 과정을 촉발한 상피와 중간엽 사이의 대화는 잊힌 지 오래다.

A 지점에서 B 지점으로 누군가의 위치를 바꾸는 방법에는 두 가지가 있다. 스스로 움직이도록 설득하거나, 물리력을 행사함으로써 그 위치를 옮기는 것이다. 형태발생에서 세포의 움직임을 유도하는 것은 히포나 헤지호그와 같은 신호 전달 경로이지만, 궁극적으로 조직이 형성되기 위해서는 밀기, 당기기, 비틀기, 흐름과 같은 힘이 적용되어야 한다. 내부적으로 생성되거나 외부에서 가해지는 힘이 없으면 세포는 움직이지 않는다.

가장 단순한 경우는, 세포가 세포막의 작은 부분을 내밀어 어떤 표면이든 발견 즉시 붙잡는 것이다. 만일 다른 신호가 있다면 세포는 자체적인 도르래 시스템—세포골격cytoskeleton—을 작동시켜 부착 지점을 향해 스스로를 끌어당길 수 있다. 암벽을 오르는 등반가처럼, 하나의 세포는 세포막의 일부를 내밀었다가 잡아당기는 반복적인 과정을 통해 먼 거리를 이동한다.

연극 공연의 관객들이 휴식 시간을 보낸 뒤 객석으로 돌아오듯이 세포들이 집단적으로 움직이는 경우도 있다. 이러한 집단 이동은 발생 과정에서, 특히 조직이 더 길어지되 넓어져서는 안 될 때 흔히 일어난다. 배아가 이를 달성하는 방법에는 여러 가지가 있는데, 그중 가장 일반적인 것이 수렴적 확장convergent extension[10]이라 불리는 현상이다. 이를 이해하기 위해 가상의 선 양쪽에 사람들이 모여 있는 모습을 상상해보자. 선의 한쪽에 있는 이들과 반대편에 있는 이들 사이에는 기다란 밧줄이 있다. 명령이 떨어지면, 모든 사람이 밧줄을 당기며 가상의 중심에 가까워진다. 이렇게 양쪽이 서로 수렴함에 따라 중앙의 공간은 부족해지기 때문에, 군중은 수직

축을 따라 확장될 수밖에 없다.

이 예는 세포가 서로 잡아당기거나 표면을 따라 기어가면서 조직을 형성할 때 그 내부의 힘이 배아를 형성하는 방법을 보여준다. 하지만 외부의 힘 또한 중요한 역할을 한다. 하버드의 생물학자 클리프 태빈$^{Cliff\ Tabin}$이 병아리 배아의 창자 형성과 관련한 하나의 예를 발견했다. 태빈의 연구 팀은 장을 둘러싼 조직인 장간막^{mesentery}이 성장하는 소화관에 장력을 가함으로써 장의 자체적인 순환을 이루어낸다는 사실을 발견했다. 이 힘[11]은 장이 발달하는 동안 계속 작용하며 융모—장 상피의 흡수 표면적을 증가시키는 작은 돌기—의 형성을 이끈다. 체액도 힘을 제공할 수 있다. 예컨대 심장에서 심실이 제대로 형성되려면 혈액의 흐름이 필요하며, 신장의 복잡

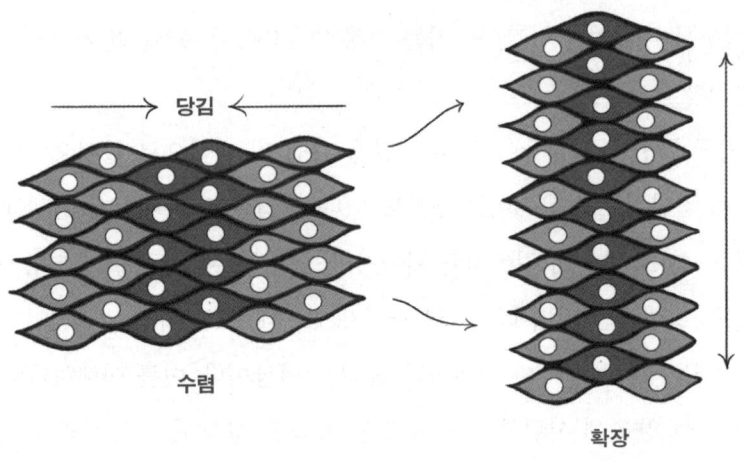

수렴적 확장을 할 때 세포는 이웃 세포에 장력을 가하여 세포를 중앙으로 끌어당긴다. 가운데가 혼잡해지면 세포의 공간이 부족해져 조직은 힘의 축에 대해 수직으로 늘어나게 된다. 이로 인해 발생이 진행됨에 따라 신체의 특정 부분이 더 길어질 수 있다.

한 여과 시스템이 발전하기 위해서는 체액의 통과 과정이 필수적이다.

배아를 도시의 탄생에 빗대어 설명하자면, 각 기관은 건설 현장이라 볼 수 있을지 모른다. 지금까지 우리는 낭배형성에서부터 시작해, 세포가 특정 신호에 이끌리거나 이웃 세포에 의해 밀리고 당겨지면서 스스로 위치를 바꾸는 과정을 살펴보았다. 그 과정에서 세포는 주변 환경과의 지속적인 접촉을 통해 자아(정체성)와 장소(공간에서의 위치) 감각을 유지한다. 하지만 엄밀히 말하면 이러한 비유는 적절치 않다. 인부들이 팀을 이루어 세우는 건물과 달리, 우리의 기관은 그것을 구성하는 건축 자재에 의해 스스로 조립되기 때문이다. 과학자들조차 이 과정의 분자적 세부 사항에 대해 아직 피상적으로만 이해할 뿐이지만, 몇 가지 구체적인 예를 통해 조직의 자기 조립이 어떻게 작동하는지 조금은 엿볼 수 있을 것이다.

서로 끌어당기는 힘

한 세기 전에만 해도 발생생물학자들은 배아의 자기 교정 능력에 놀라움을 금치 못하며 배아를 '스스로를 재건하는 기계'라고 불렀다. 오늘날 우리는 세포 간 상호작용이 배아의 조절 특성 regulatory property을 담당하여, 각 세포에게 '무엇이 되어야 하고 어디에 있어야 하는지' 알려준다는 사실을 알고 있다. 요컨대 개별 세포가 밟는 경로는 세포가 접수한 신호의 이력에 따라 달라진다. 세포 계통이 불변하는 듯 여겨지는 예쁜꼬마선충조차 이러한 조건성에서 자유롭지 않다. 벌레의 발생이 불변의 것으로 보이는 건, 단지 자극에 대한 세포 반응의 재현성에서 비롯한 현상일 뿐이다.

신호 외에, 세포 간 '친화력affinity'의 차이를 만들어내는 차등 부착력 differential adhesiveness도 조직 형성에 중요한 역할을 한다. 이 과정은 다른 세포에 대해 일종의 벨크로 역할을 하는 막膜 단백질인 부착분자adhesion molecule에 의해 주도된다. 부착분자에는 많은 계열이 있으며, 각 계열은 고유한 친화력을 지닌다. 한 세포가 자신이 선호하는 부착분자를 가진 다른 세포를 만나면, 두 세포는 자석의 반대 극처럼 서로에게 끌린다(부착분자 중 하나인 E-카드헤린E-cadherin은 인접한 세포의 E-카드헤린 분자들과 서로 단단히 들러붙어 뚫을 수 없는 상피 장벽을 형성한다). 이러한 인력引力이 없다면 세포들은 서로 멀뚱히 떨어져 있을 것이다.

차등 부착력이 그 자체로 조직을 형성할 수 있다는 사실이 최초로 입증된 것은 1955년 로체스터 대학교 생물학과 교수인 한스 홀트프레터Hans Holtfreter와 그의 제자 필립 타운스Philip Townes의 연구를 통해서였다. 그들은 도롱뇽의 배아를 미세 해부하여 모든 세포가 서로 독립적으로 떠다니는 용액을 만든 뒤 그것들이 재결합하기를 기다렸다. 시간이 지나 세포들은 큰 덩어리로 뭉쳤지만, 두 사람은 이를 보다 자세히 관찰하여 세포 덩어리가 세 개의 층으로 구성되어 있으며, 가장 아래에는 내배엽세포가, 중간에는 중배엽세포가, 가장 위에는 외배엽세포가 모여 있다[12]는 사실을 발견했다. 이 세 계통에 속하는 세포는 본질적으로 다른 '비슷한' 세포에게 끌렸고, 따라서 분리되어 널리 흩어져 있던 세포들의 혼합체가 '낭배형성 후 배아'의 기본 형태를 재구성할 수 있었던 것이다.

세포가 예측 가능한 방식으로 다른 세포와 결합하는 이 '자기조직화self-organization'는 배아발생 연구를 넘어 조직공학에 이르기까지 다양한 분야에서 응용된다. 혈관을 감싸는 세포인 내피세포endothelial cell의 자기조직

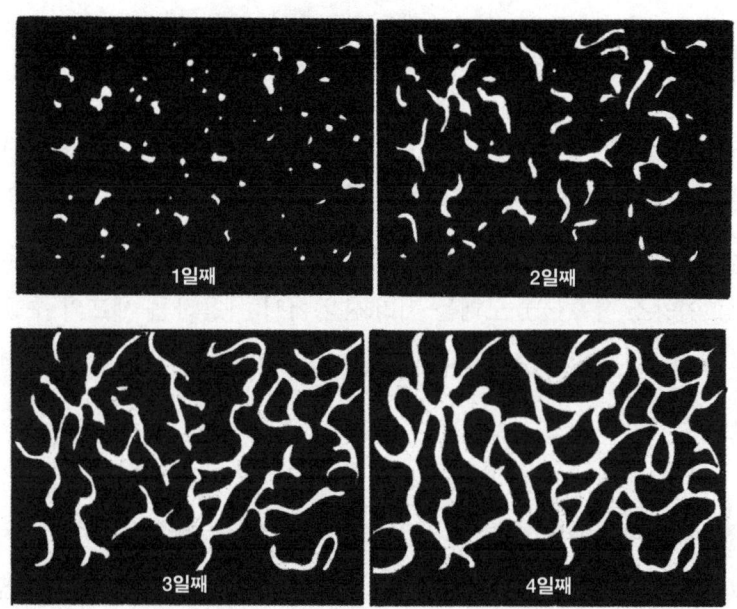

세포는 타고난 부착 특성을 가지고 있어서 서로 결합하여 구조를 스스로 재구성한다. 한 가지 예로, 분리된 혈관 형성 내피세포들로부터 모세혈관(작은 혈관)이 스스로 조립되는 과정을 들 수 있다. 젤라틴과 같은 기질matrix에 놓인 직후 내피세포는 자유롭고 독립적으로 떠다니지만, 며칠이 지나면 외부의 도움 없이도 이웃을 찾아내어 우리 몸에서 흔히 볼 수 있는 혈관과 거의 동일한 '속이 텅 빈 관'으로 재구성된다.

화 행동을 예로 들어보자. 상피세포와 마찬가지로, 내피세포는 서로 단단히 달라붙어 장벽을 형성함으로써 혈액세포와 혈장이 혈관 벽을 통과하지 못하도록 만든다. 놀랍게도, 분리된 내피세포 샘플을 채취하여 젤gel에 현탁시키면 세포들이 서로를 찾아내어 미세한 모세혈관을 형성하는데, 이는 자석 타일이 자기결합을 할 때 형성되는 패턴과 유사하다.

관은 어떻게 만들어질까

특정한 해부학적 구조인 관tube에 대해 잠시 살펴보자. 이미 소화관과 그 주변에 대해 설명했지만, 다른 속 빈 도관—모세혈관, 기도, 동물의 요로—도 그에 못지않게 중요하다. 관 연결망은 표면적을 증가시켜 가스 교환(폐), 영양소 흡수(장), 노폐물 처리(신장)에서 사용하는 세포의 수를 늘린다. 또한 관은 혈관, 뇌실ventricle, 담관bile duct의 주요 기능인 체액 운반을 촉진한다.

가장 간단하게 이해할 수 있는 관 형성 프로그램은 분지 형태발생branching morphogenesis인데, 이는 성장하는 나무의 줄기에서 가지가 갈라지는 과정과 유사하다. 포유류에서 제일 먼저 발달하는 소화관은 내배엽이 스스로 돌돌 말려 원통을 만들면서 형성된다. 그다음 이 중앙 관에 연결된 폐, 간, 췌장 등의 기관이 독립적으로 싹을 틔우고 발달하는 것이다. 한편 자연계에서 가장 훌륭한 분지 형태발생의 예시라 할 만한 폐는 미래의 목구멍 근처에 자리한 기관에서 작은 팽출膨出로 시작된다. 골프장 그린의 홀처럼 움푹 들어간 이 함입부는 중배엽의 작은 패치가 그 위의 내배엽세포에게 '상피 평면 아래로 이동하기 시작하라'고 지시할 때 나타난다. 세포막이 늘어나 기저 조직 깊숙이 침투하면 성장하는 관의 양쪽에서 새로운 신호가 발생하여 분지가 시작되고, 이 과정이 반복되어 2차 분지, 3차 분지 등으로 이어진다. 인간의 경우 이는 수백만 개의 가스 전달 기도와 가스 교환 폐포로 귀결되는데, 이것을 모두 펼치면 그 표면적이 배드민턴 코트보다도 넓어진다.[13]

분지 형태발생은 폐, 간, 침샘, 기타 기관의 분기 구조를 담당하지만,

이것이 관을 만드는 유일한 방법은 아니다. 자연은 다른 방법,14 예컨대 네모난 롤링 페이퍼로 궐련을 만들듯 상피를 동그랗게 마는 방법을 사용하기도 한다. 신경계의 전구체를 포함하는 신경관 neural tube 이 바로 이러한 방식으로 발생하며, 그 과정에 오류가 생기면 이분 척추 spina bifida (척추뼈 갈림증)와 같은 '신경관 결함'이 나타난다.

이미 형성된 관이 막히는 경우도 있다. 배아발생 중에는 드물지만, 성인은 그런 일이 흔히 일어난다. 심장마비(관상동맥 폐색), 췌장염과 담관염(췌관 또는 간관 폐색), 폐색전증(폐동맥 폐색), 수두증(뇌실 폐색), 질식(기도 폐색) 모두 관이 막혀 일어난 결과다. 의사는 폐색 부분을 제거하거나 우회함으로써 치료하지만, 자연은 새로운 관을 만들어 자체적인 치료를 시도한다. 순환계에서는 이를 '측부순환 collateralization'이라 부르는데, 이때 혈액은 새로운 혈관 채널을 통해 (전에는 통과할 수 없었던) 주요 혈관 주변으로 흐르게 된다. 신체가 제2의 해결책을 마련할 때 으레 그렇듯, 이런 경우에도 자연은 출생 후 문제를 해결하기 위해 배아 프로그램을 재가동한다.

지금까지 우리는 배아가 표면, 층, 관, 사지 등 최종 형태를 갖출 때까지 만들어내야 하는 여러 구조들을 살펴보았다. 그 활동은 조직의 형태와 세포의 정체성을 수반하므로 분화와 조화를 이룬다. 그러나 신체를 만드는 과정의 세 번째 요소가 있으니, 이 분야에 대한 연구는 분화나 형태발생에 비해 훨씬 부족한 상태다. 다름 아닌 크기와 비율이라는 요소로, 이것이 없으면 우리 조직은 기능할 수 없다.

크기 조절이라는 미스터리

다른 생물을 마주했을 때 가장 먼저 눈에 띄는 것 중 하나는 그 크기다. 인류의 먼 조상 때부터 대대로 내려오는 반사적인 의문은 다음과 같다. 내가 저놈을 먹을 수 있을까, 아니면 저놈이 나를 먹을 수 있을까? 성체 동물의 몸무게는 1.5그램짜리 사비왜소땃쥐Etruscan shrew에서부터 150톤짜리 대왕고래에 이르기까지 매우 다양하니, 그 차이가 무려 1억 배에 달한다. 하지만 모든 동물은 성체의 크기에 관계없이 비슷한 크기의 난자에서 성장한다. 유기체와 기관의 크기를 결정하는 지침은 모든 동물의 유전체 깊숙한 곳에 존재하며, 그 정체는 자연이 고이 간직하고 있는 비밀 중 하나다.[15]

개별 세포의 크기는 조금씩 다를 수 있지만, 그 차이가 동물의 크기를 결정하는 것은 아니다. 오히려 유기체와 조직의 크기를 결정하는 가장 중요한 요인은 세포 수다. 이 변수는 성장호르몬이나 인슐린 유사 성장인자insulin-like growth factor, IGF와 같이 체내를 순환하는 호르몬을 비롯한 여러 요인에 의해 조절된다. 사람의 경우 성장호르몬이 결핍될 때 키가 작아지는 반면, 개의 경우엔 IGF 유전자 변이가 소형 품종—치와와, 포메라니안, 토이푸들 등—의 원인[16]으로 작용한다. 영양도 중요한 역할을 하여, 영양이 부족하면 출생 전후에 성장 결함이 초래될 수 있다.

하지만 이러한 요인만으로 땃쥐부터 고래에 이르는 스펙트럼 안에서 각 동물 종이 차지하는 위치를 완전히 설명할 수는 없다. 이와 관련하여 생물학자 다시 웬트워스 톰프슨D'Arcy Wentworth Thompson은 다음과 같이 지적했다. "어떤 사물의 크기에 대해 이야기하면서 종종 우리는 '작은 코끼리'나 '큰 쥐'처럼 앞뒤가 전혀 맞지 않는 표현을 사용한다."17 영양은 이러한 차이를 설명하지 못하는데, 과식한 쥐는 비만 체형이 되더라도 여전히 쥐의 크기이기 때문이다. IGF와 같은 호르몬의 차이 또한 '종 내 크기 차이'를 설명할 수 있을지언정 '동물계에서의 크기 차이'를 설명할 수는 없다. 그보다 이러한 차이는 우리가 아직 확인할 수 없는 방식으로 유전자 코드에 내장되어 있다고 봐야 한다.

유기체의 '전체 크기'만이 아니라 '각 부분의 비율'도 주목할 만하다. 인간의 경우 양팔을 펼친 길이는 일반적으로 신장과 같다. 간肝은 거의 항상 체중의 2퍼센트를 차지한다. 우리 몸은 대칭적으로 조립되어 있어, 오른팔과 왼팔의 길이 차이는 1센티미터 미만이다. 이러한 비율은 종마다 다르지만, 한 종 내에서는 놀라울 정도의 일관성을 보인다. 그렇다면 크기, 대칭, 비례에 대해서는 정확히 어떻게 설명해야 할까?

생물학의 많은 것이 그렇듯, 그 답은 유전자와 환경의 합작일 가능성이 높다. 이 주제에 대한 가장 유익한 연구로는, 1920년대에 로스 해리슨Ross Harrison이 수행한 도롱뇽에 대한 일련의 실험과 그로부터 10년 뒤 빅터 트위티Victor Twitty와 조지프 슈윈드Joseph Schwind가 수행한 후속 실험을 들 수 있다. 이 실험은 점박이도롱뇽Ambystoma의 두 종, 즉 큰 종A. tigranum과 작은 종A. punctatum 사이에 사지 싹—나중에 팔다리로 자랄 원시 조직—을 이식하는 방식으로 이루어졌다. 실험의 세부 사항을 다양한 방식으로 조정했음에도 이식된 팔다리는 일반적으로 원래 위치에 그대로 두었을 때 얻을 수 있는 크기로 자랐다. 즉, 이식된 세포는 팔다리의 발달이 거의 시작되지 않은 상황에서도 그것이 얼마나 커져야 하는지 '알고' 있었던 것이다.[18] 해리슨은 그러한 특성을 이식편의 '성장 잠재력'이라 불렀으니, 이는 이식된 세포의 본질적인 속성을 반영하는 개념이었다. 하지만 다른 실험을 통해, 숙주의 영양 상태와 같은 외적 요인 역시 이식편의 발달에 영향을 미친다는 사실이 밝혀졌다. 결국 크기 조절은 본성과 양육의 조화로운 춤사위를 보여주는 또 하나의 사례라 할 수 있다.

박사 후 연구원 시절, 나는 유전적 프로그램과 환경적 영향 사이의 유사한 이분법이 췌장과 간의 크기를 조절한다는 사실을 발견했다. 유전학적 트릭을 적용하여 췌장이나 간이 정상 크기의 3분의 1에 불과한 임신 중기 생쥐 배아를 설계한 다음 만기까지 성장시키자, 놀랍게도 내배엽의

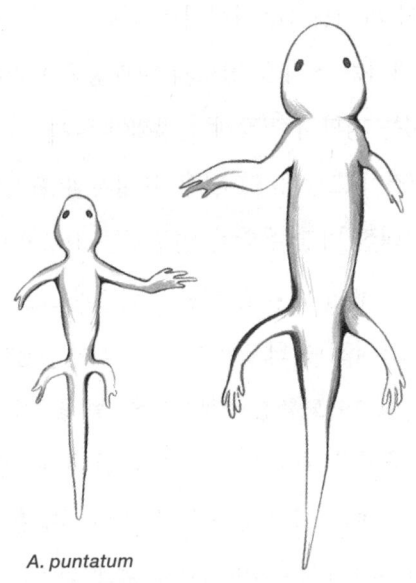

A. puntatum

A. tigranum

작은 도롱뇽 종의 사지 싹을 큰종의 사지 싹과 상호 이식했을 때, 이식한 사지의 크기는 수혜자가 아닌 공여자의 크기를 따랐다. 이는 조직 크기의 일부 측면이 독자적으로 결정된다는 것을 의미한다.

인접한 패치에서 나오는 두 기관은 이 배아 조작에 대해 매우 다른 방식으로 반응했다. 크기의 부족을 인식한 간이 성장 속도를 높여 출생 시점에 정상 크기를 회복한 반면, 췌장은 차이를 전혀 따라잡으려 하지 않아 출생 당시 정상 췌장의 3분의 1 크기에 머물렀으며 평생 그 상태를 유지했다.[19] 배아기의 이 같은 성장 패턴은 이후 해당 기관의 성장 조절 능력을 암시한다. 즉, 외과의가 간의 일부를 제거하면 남은 부분이 성장하여 수술 전 크기를 회복하지만(이 주제는 나중에 기관 재생의 맥락에서 다시 다룰 예정이다), 췌장 수술 후에는 같은 종류의 회복이 일어나지 않는다는 얘기다.

동물의 크기는 수명을 포함한 생물학의 모든 측면에 영향을 미친다. 2000여 년 전 아리스토텔레스 또한 유기체의 크기와 수명의 상관관계, 즉 큰 동물일수록 더 오래 산다는 점에 주목했다. 우리는 아직 그 정확한 이유를 밝혀내지 못했지만, 크기와 수명이 대사와 관련되기 때문이라는 이론이 있다. 대사율은 크기에 반비례하기 때문에 생쥐가 됐든 인간이 됐든 코끼리가 됐든, 결국 동물은 죽을 때까지 거의 비슷한 양의 에너지(조직 1그램당)[20]를 소비한다는 것이다.

그 중요성에도 불구하고 크기 조절은 생물학에서 가장 밝혀내기 어려운 분야 중 하나로 남아 있다. 이는 아마도 영향을 미치는 변수가 매우 많기 때문일 것이다. 발생과 관련한 대부분의 측면을 제어하는 유전자 발견에 있어 매우 유용한 것으로 입증된 유전학적 접근 방법조차 크기 조절을 이해하는 데는 제한적으로 사용될 뿐이다.[21] 동물이 생물학적 비율을 조절하는 방법을 이해하려면 새로운 도구와, 더 중요하게는 새로운 개념이 필요하다. 그것이 마련되기 전까지 크기 조절은 자연의 수많은 블랙박스 중 하나로 남아 있을 것이다.

움직이는 배아

배아발생에 대한 대부분의 이해는 스냅숏 연구에서 비롯된다. 발생생물학자들은 다양한 발생단계에서 배아—야생형이든 변이형이든—를 분리한 다음 분자적으로 자세히 조사한다. 하지만 10년 전, 캘테크의 생물물리학자 스콧 프레이저Scott Fraser는 강의 중 발생의 한 가지 단순한 측면인 '시간'이라는 요소를 강조함으로써 형태발생에 대한 나의 생각을 바꾸어놓았다.

많은 신진 과학자 및 엔지니어와 마찬가지로, 프레이저도 어렸을 때 오디오 장비를 분해하고 창의적인 방식으로 재조립하는 등 전자 제품을 만지작거리며 시간을 보냈다. 학부 시절, 그는 생체막의 물리적 특성을 연구하던 중 '실수로' 현미경을 통해 그것을 들여다보았다. 이 행복한 실수의 대상은 다름 아닌 배아였고, 프레이저는 곧 배아의 아름다움과 탄력성에 매료되었다. 프레이저를 발생생물학자의 길로 이끌어 그 뛰어난 기교를 활용해 차세대 현미경을 설계하도록 이끈 순간이었다.

물론 인상적인 이야기지만, 프레이저의 강연에서 내 마음을 사로잡은 것은 현미경의 기술적 기교가 아니다. 그보다는, 발생학자들이 종종 그렇듯 '배아의 정지된 이미지를 보면 불완전하고 잘못된 인상을 받을 수 있다'는 단순한 개념이었다. 프레이저는 자신의 주장을 뒷받침하기 위해 미식축구 경기 중에 찍은 일련의 컬러사진을 보여주었다. 사진에 담긴 것은 (1) 헬멧을 쓰고 뛰어다니는 선수들, (2) 장작더미처럼 쌓여 있는 선수들, (3) 한쪽 다리를 과도하게 뻗은 어느 선수, (4) 서로 다른 유니폼을 입고 가상의 선을 사이에 둔 채 허리를 굽혀 마주 보고 있는 선수들의 모습이었다. 미식축구에 대한 지식이 없는 사람은 이 사진들을 통해 경기의 규칙을 이해하거나 중요한 이벤트를 골라내기 어려울 것이었다.

다음으로 그는 스냅, 핸드오프, 태클, 펀트 등의 장면이 담긴 10초 내외의 짧은 저화질 동영상들을 틀어주었다. 그 안에는 원인과 결과라는 맥락이 담겨 있었다. 시간이라는 차원이 추가되면서 스틸 사진에는 없던 이미지에 대한 이해의 틀이 추가된 것이다.

"나쁜 게임을 담은 나쁜 영상이라 해도, 무슨 일이 벌어지고 있는지에 대해 사진보다 훨씬 더 많은 것을 알려주지요." 프레이저는 말했다.

옳은 얘기다. 게임의 규칙을 배우는 가장 쉬운 방법은 다른 사람이 게임하는 장면을 지켜보거나 직접 게임을 하는 것이다. 하지만 우리는 그러한 방식으로 발생을 연구하는 경우가 거의 없으며, 대신 특정 단계의 배아에서 추출한 '생명 없는 물질'에 의존한다. 이 정적인 접근 방법은 발생 메커니즘을 심층적으로 분석할 수 있다는 장점을 지니지만, 스냅숏만 보면 무언가를 놓치기 마련이다.

'라이브 이미징 live imaging'이라는 방법으로 고해상도 동영상을 제작하여 공백을 메울 수 있긴 하나, 그 일에는 여러 어려움이 수반된다. 먼저 배아 촬영자는 넓은 시야를 유지하되(광각 촬영) 각 세포의 움직임을 세밀하게 포착해야(클로즈업) 한다. 또한 배아를 제대로 촬영하는 데 필요한 하드웨어 및 기타 장비를 각 실험에 맞추어 최적화해야 하기 때문에 비용이 매우 많이 들어간다. 무엇보다 큰 걸림돌은 필요한 곳—프레이저의 표현을 빌리자면 배아에 "광학적으로 적대적인" 환경—으로 현미경 대물렌즈를 가져다 놓는 일일 것이다. 포유류 배아발생 대부분은 자궁벽의 보호하에 이루어지므로 촬영하기가 쉽지 않다. 그렇지만 이러한 기술적 어려움이 해결되기만 하면, 배아를 주인공으로 삼은 영상 제작은 형태발생에 대한 우리의 이해를 혁신적으로 변화시킬 것이다.

초기 포유류 발생을 연구하는 펜실베이니아 대학교의 니콜라스 플라츠타$^{Nicolas\ Plachta}$가 이 기술의 또 다른 선구자로 꼽힌다. 앞서 논의했듯이, 포유류 배아의 첫 과제는 어떤 세포가 속세포덩이(미래의 태아)가 되고, 어떤 세포가 영양외배엽(미래의 태반)이 될 것인지를 결정하는 것이다. 우리는 상실배 내에서 할구의 위치(내부/외부)와 히포 신호의 수준(높음/낮음)이 중요한 역할을 한다는 것을 알지만, 이것만으로 결정이 이루어지지는 않는다. 플라츠타와 그의 팀은 4, 8, 16세포 단계의 배아를 촬영함으로써 특정 세포질 단백질(케라틴-8$^{keratin-8}$과 케라틴-18$^{keratin-18}$)의 유전이 세포의 후기 운명의 강력한 예측 지표[22]로 작용한다는 사실을 발견했다. 구체적으로, 케라틴 단백질을 물려받은 할구는 영양외배엽이 되고, 케라틴이 결여된 할구는 속세포덩이가 되었다(추가 실험에서 이는 단순한 상관관계가 아니며 특정 세포에서 케라틴을 추가하거나 제거하면 세포의 운명이 바뀌는 것으로 밝혀졌다). 이것은 특정 단백질의 고르지 않은 분포가 세포를 한 방향 또는 다른 방향으로 향하게 한다는 증거 중 하나에 불과하지만, 아마도 라이브 이미징이 아니었다면 이러한 결과에 도달하기 어려웠을 것이다.

존 설스턴이 한 번에 하나의 분열을 살펴보면서 예쁜꼬마선충의 세포 계보를 매핑했듯이, 관찰이라는 단순한 행위만으로도 방대한 양의 정보를 얻을 수는 있다. 하지만 설스턴과 동료들이 몇 달에 걸쳐 끙끙거린 끝에 달성했던 일을, 이제는 새로운 이미지 처리 방법과 정교한 분자 도구를 사용하여 단 며칠 만에 수행할 수 있게 되었다.[23] 이 모든 발전은 배아 연구의 미래에 무척 좋은 징조다. 사진 한 장이 천 마디 말만 한 가치를 지닌다면, 영상 한 편은 분명 천 장의 사진만 한 가치를 지닐 테니 말이다.

나는 이 책을 '단일세포 문제'—모든 동물이 단 하나의 세포로 생명을 시작한다는, 믿을 수 없지만 논쟁의 여지가 없는 진실—로 시작하여 지금까지 이 문제에 대한 자연의 해결책을 맛보기 삼아 소개했다. 먼저 우리는 유전자가 세포 분화를 위한 틀을 제공하는 한편, 유전자 조절이 그 유전적 지시를 해석할 만한 여지를 남기는 방법을 살펴보았다. 그다음 배아가 세포 간 통신을 사용하여 세포의 '결정론적 충동'과 '적응성'의 균형을 맞추는 방법을 확인했고, 마지막으로 세포가 방향감각을 획득하여 눈, 신장, 뇌처럼 복잡한 3차원 조직을 구성할 수 있다는 사실도 알게 되었다.

물론 아직은 수박 겉핥기에 불과하다. 발생을 유도하는 분자 메시지의 수는 약소한 수준이지만(수백 개에 달하는 전사인자와 신호 전달 분자에 비하면), 세포가 실제로 관심을 갖는 것은 이러한 지침의 상가 효과 additive effect다. 각각의 조합이 저마다 고유한 의미를 가질 수 있으므로, 모든 세포는 세포 사회에서 활로를 찾기 위해 수조 가지 계산을 통해 끊임없이 노력해야 한다. 사정이 이러하다 보니, 발생생물학은 단일 유전자와 단일 경로에 초점을 맞추던 방식에서 유전자 네트워크와 단백질 상호작용체 interactome(단일 유전자나 단백질이 변경될 때 퍼지는 파급효과)를 고려하는 방식으로 전환하고 있다. 세포, 조직, 유기체를 바라보는 통합적 접근 방법인 시스템생물학 systems biology은 대규모 컴퓨터와 수학적 모델링을 통해 단일 세포의 처리 능력을 대략적으로 추정한다. 그러니 지금까지 살펴본 전 영역에서 이 모든 것이 어떻게 결합하여 생명체를 존재하고 지속하게끔 하는지—마법에 가까운 화학반응이 어떻게 일어나는지—를 묻는다면, 우리는 아직 이해의 경계를 걷고 있는 중이며 그 너머에는 아직 밝혀지지 않은 비밀이 숨어 있다고 대답할 수 있을 것이다.

아직 밝혀지지 않은 미스터리에도 불구하고 한 가지 분명한 사실은, 배아발생이 인간 질병을 이해하는 중요한 열쇠를 제공한다는 점이다. 예컨대 섬유모세포(조직에 견고성을 제공)의 성장을 자극하는 배아 신호는 성인에게 섬유증fibrosis(장기 부전의 전 단계인 조직 흉터)을 유발한다. 또 성장 프로그램(하나의 세포를 신생아를 구성하는 수십억 개의 세포로 확장)이 부적절하게 활성화되면 암이라는 질병으로 이어질 수 있다. 프로그래밍 된 세포사멸을 조절하는 유전자는 신경퇴행질환, 심장병, 자가면역질환과 같은 다양한 질환의 원인이 된다. 결국 자연이 신체의 구성에 사용하는 것과 동일한 과정이 신체 파괴의 수단이 되는 경우가 너무나 많으며, 이는 우리 생물학의 축복이자 저주인 셈이다.

사실 발생생물학은 배아의 역사를 다루는 분야이므로 그 실용성을 납득시킬 이유가 없다. 그러나 혹시라도 배아 연구의 이유가 꼭 필요하다면, 발생 연구를 통해 밝혀진 의학적 지식이 그 요구 사항을 충족할 수 있을 것이다. 부족한 점이 있긴 해도 발생 메커니즘에 대한 우리의 이해는 이제 유용성을 증명할 수 있을 만큼 충분히 풍부해졌다. 기초과학의 아름다움과 응용과학의 유용성이라는 두 요소의 병존은 배아 연구를 더욱 즐겁게 만드는 이유이며, 이제부터 우리가 살펴볼 것이 바로 그 이중성이다.

간주곡

무르익은 생명의 생물학

내 연구실이 자리 잡고 있는 생물의학 연구동에 들어서면 익숙한 냄새가 제일 먼저 인사를 건넨다. 1990년대에 지어진 14층짜리 건물이다 보니, 생쥐와 다른 동물들이 사육되는 지하 사육장에서 올라오는 멸균된 사료와 침구류의 냄새를 문간 너머에서부터도 감지할 수 있다. 하지만 불에 탄 파이와 건초 냄새가 뒤섞인 이 향은 단지 시작에 불과하다. 부패한 악취에서부터 달콤한 향기, 방부제 냄새 이르기까지 다양한 종류의 냄새가 기다리고 있으니 말이다.

먼저, 양조장의 과일 향을 풍기는 효모 실험실을 소개한다. 향의 원천은 맥주 효모 *Saccharomyces cerevisiae*로, 세균과 달리 핵 안에 DNA가 들어 있는 단세포 유기체다. 진핵생물 eukaryote('좋은 견과'라는 뜻의 그리스어에서 유래했다)이라는 폐쇄적인 클럽의 가입 조건인 이 세포 내 속성으로 인해 효모는 대장균에 비해 인간과 더욱 밀접한 관련이 있으며, 따라서 유전자 조절,

세포분열, 대사와 같은 보편적인 세포 특성을 연구하기에 이상적인 대상으로 자리 잡았다.

이제 배양된 동물세포를 사용하는 실험실로 가볼 차례다. 이곳에서는 환경을 무균 상태로 유지하기 위한 표백제와 에탄올의 미묘한 냄새를 맡을 수 있다. 대부분의 작업은 '조직배양실'로 지정된 곳—세균, 효모, 곰팡이, 기타 미생물이 '세심한 주의를 요하는 동물세포'를 오염시킬 가능성을 줄이기 위해 메인 실험실 공간으로부터 분리해둔 공간—에서 진행된다.

마지막으로, 연구하는 배아의 종류에 따라 풍경이 달라지는 발생생물학 실험실을 소개한다. 초파리 실험실, 개구리 실험실, 생쥐 실험실은 확연히 구별되는데, 각 종을 유지하는 인프라, 먹이, 재료 등이 다르기 때문이다. 그 결과 초파리 실험실에서는 옥수숫가루 냄새가 나고, 개구리 실험실에서는 수족관 냄새가, 생쥐 실험실에서는 이미 경험했듯 설치류의 침구와 사료 냄새가 난다.

건물을 둘러보다 보면 마치 노출된 암석(각 층의 화석들이 진화의 역사에서 서로 다른 장을 반영하고 있다)을 따라 내려가는 고생물학자가 된 듯한 느낌이 든다. 그러나 생물의학 연구의 대상은 지질학 발굴의 결과물처럼 시대순으로 배열되지 않는다. 물고기 연구실 바로 옆에 포유류 연구실이 붙어 있는가 하면, 세포 신호, 암, 신경 퇴행을 연구하는 연구자들이 한 공간에서 일하기도 한다. 냄새와 같은 차이점도 있긴 하지만, 생명의 생물학은 동일한 기본 화학으로 귀결되므로 이들은 유사점을 훨씬 더 많이 공유하는 셈이다. 이 분야의 연구자들은 각자 추구하는 질문에 관계없이 공통의 도구—냉동고, 원심분리기, 수조, 인큐베이터, 현미경, 피펫, 비닐튜브백 등등—에 의존한다.

연구자들과 고생물학자들 사이에는 또 하나의 공통점이 있다. 바로 양쪽 모두 역사에 중점을 둔다는 점이다. 진화생물학자들은 동물의 유골을 면밀히 조사하여 새로운 종이 기존 종에서 어떻게 진화했는지 알아내며, 우리 발생생물학자들은 배아를 연구하는 학도로서 수정란이 어떻게 신생 동물로 '진화하는지'를 이해하고자 노력한다. 분명히 말하지만 이 두 분야는 서로 다른 도구와 개념을 사용한다. 진화생물학자들이 화석화된 골격을 통해 역사적 분기점을 파악하는 반면, 우리는 세포의 계통을 이용한다. 그들이 자연선택을 새로운 형태의 원동력으로 보는 데 반하여, 우리는 그 속성이 세포 신호에 기인한다고 본다. 또한 우리의 작업은 매우 다른 시간 척도로 이루어진다. 그러나 진화의 궤적을 보든 발생의 궤적을 보든, 그들과 우리는 모두 과거로부터 배우려고 노력한다.

하지만 지금 이 시점부터 우리는 화석 사냥꾼과 결별한다. 물론 가장 분명한 차이점은, 우리가 발생생물학자로서 살아 있는 생물을 연구한다는 점이다. 이는 커다란 특권이며 그에 못지않은 책임을 수반한다. 동물, 특히 척추동물을 연구 대상으로 삼는 우리에게는 그 책임을 진지하게 받아들이고, 동물을 인도적으로 대하며, 그들의 희생을 인정해야 한다는 의무가 따른다. 더하여 우리의 접근 방법과 고생물학자들의 그것 사이에는 또 다른(어쩌면 더 중요한) 차이점이 있으니, 바로 우리의 열망에는 과거만이 아니라 미래까지 포함된다는 사실이다. 우리는 진화생물학자들을 제한하는 역사적 기록, 즉 석화된 유골과 DNA 염기서열, 지리적·환경적 세부 사항에 얽매이지 않는다. 대신 우리는 배아에 앞으로의 시대를 위한 교훈, 개인과 집단의 미래를 바꿀 수 있는 교훈이 담겨 있음을 인식하고 있다. 이제 우리는 그 지혜를 깨닫고 이를 선하게 적용하는 것을 사명으로 삼을 것이다.

생물학자이자 과학사가인 스콧 길버트Scott Gilbert는 최근 논문을 통해,[1] 신경과학에서 유전학에 이르기까지 현대 생물학의 모든 분야가 배아 연구에서 시작되었다고 주장했다. 그에 따르면 "발생은 원래 진화의 원동력으로 여겨졌"으며, 1800년대 후반에는 '진화'라는 단어가 종의 계보와 마찬가지로 배아발생을 지칭했다. 19세기의 또 다른 기본 개념인 세포 이론 역시 발생학에 뿌리를 둔다. '모든 세포가 다른 세포로부터 발생한다'[2]는 개념 자체가 로베르트 레마크Robert Remak의 관찰(개구리 배아의 난할)에서 싹텄기 때문이다.

곧이어 다른 학문 분야가 잇따라 등장했다. 세포면역학은 러시아 태생의 동물학자 엘리 메치니코프Élie Metchnikoff가 불가사리 유충을 연구하던 중 세포가 다른 세포를 먹는다는 사실에 주목하여 식균작용phagocytosis이라는 중요한 면역 과정을 인식하면서 시작되었다. 뼛속까지 발생학자인 테오도어 보베리와 토머스 헌트 모건은 발생 특성이 염색체에 의해 암호화된다는 사실을 깨닫고 분자유전학 분야를 개척했다. 현대 병리학의 창시자인 루돌프 피르호Rudolf Virchow는 종양이 배아발생을 조절하는 것과 동일한 법칙에 따라[3] 발생한다는 사실을 관찰함으로써 암과 배아 사이의 밀접한 연관성을 공식화했다. 그리고, 초기 개구리 배아를 연구하여 신경생물학의 핵심 패러다임—신경세포가 먼 거리까지 도달하여 표적 세포와 연결(시냅스)을 형성한다는 원리—을 확립한 발생학자 로스 그랜빌 해리슨Ross Granville Harrison이 이 과정에서 동물세포 배양 기술을 발명했다.

발생학을 연구의 원천으로 묘사한 길버트의 지적은 이 책의 방향과도 적절히 들어맞는다. 그도 그럴 것이, 내가 지금껏 발생에 관해 설명한 모든 내용이 다음 장에서 다룰 미래 지향적인 주제의 토대이기 때문이다. 배아는 자연이 '단일세포 문제'를 극복하기 위해 고안한 도구를 사용하여 분화, 유전자 발현, 세포 간 신호 전달, 형태발생을 조절한다. 그리고 이를 포함한 여러 도구들은 이제 실험실과 진료실에서 그 용도가 변경되어, 과학자와 의사에게 과거에는 존재하지 않았던 방식으로 자연의 수작업을 모방하고 수정할 기회를 제공하고 있다. 이것이 우리가 이제 막 마스터하기 시작한 보존과 창조의 힘이다.

7장

줄기세포

또 다른 하나의 세포

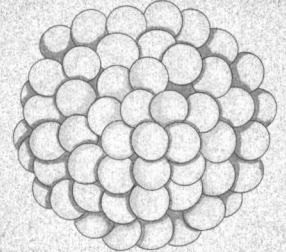

실수는 (……) 발견의 관문이다.
— 제임스 조이스, 『율리시스』

　　어니스트 매컬러Ernest McCulloch와 제임스 틸James Till만큼 이질적인 콤비는 없을 것이다. 어린 시절 친구들과 동료들에게 '번Bun'이라는 애칭으로 불렸던 매컬러는 토론토 최고의 사립학교를 졸업한 특권층으로 건장한 신체를 가졌을 뿐 아니라 공부도 무척 잘했다. 늘 달고 다니는 나비넥타이를 빼면 그는 외모에 거의 신경을 쓰지 않았고, 옷은 종종 판서 작업이 남긴 분필 가루로 범벅이 되곤 했다. 그의 머릿속은 끊임없이 새로운 아이디어로 가득 차 있었으며, 실용성보다는 더 크고 광범위한 개념에 더 관심이 있었다. 반면 틸은 서스캐처원주의 시골 농장에서 자랐다. 천성적으로 야외 활동을 좋아했고 학자라기보다는 운동선수에 가까웠지만, 직장에서는 꼼꼼하게 옷을 차려입고 시간을 잘 지켰다. 매컬러가 시나 역사에 대해 토론할 때 가장 행복해하는 학구파였다면, 틸은 업무 완수를 중시하는 실용주의자였다.

그들을 모르는 사람이라면 이 두 인물이 평생 협력했다는 사실은 고사하고 서로에게서 공통점을 찾았다는 자체를 놀랍게 생각했을 것이다. 하지만 이들의 다름은 오히려 큰 장점으로 작용했다. 매컬러가 거시적인 관점에서 숲에 초점을 맞추었다면, 틸은 나무의 디테일을 놓치지 않았다. 매컬러가 지적인 한계에서 너무 멀리 벗어나면, 틸은 필연적으로 매컬러를 안전한 곳으로 다시 끌어당겼다. 틸의 견제가 있었기에 매컬러는 기발한 아이디어를 얼마든지 떠올릴 수 있었다. 가장 중요한 실험실 작업대 앞에서 두 사람은 서로를 완벽하게 보완했다.

1950년대 후반, 둘을 하나로 묶어준 것은 무엇보다 원자의 힘이었다. 제2차 세계대전의 종말을 알린 히로시마와 나가사키의 홀로코스트가 우라늄과 플루토늄 핵분열이 불러올지 모를 공포를 드러냈고, 미국과 소련의 냉전으로 인해 더 많은 핵폭발이 일어날 수 있다는 두려움이 확산되고 있었다. 틸과 매컬러는 초보 연구자였다. 매컬러는 10년 가까이 의사로 일하다가 연구실로 뛰어든 참이었고, 틸은 물리학 박사학위를 취득한 뒤 막 대학원을 졸업한 터였다. 그러나 경력은 그리 중요하지 않았다. 캐나다 국립 기관이 방사선 중독 치료를 위해 새로 설립한 연구 부서에서 이 두 사람은 이상적인 콤비였다. 몽상가 매컬러와 현실주의자 틸[1]은 접합체처럼 다양한 경로를 따라 분화할 수 있는 새로운 종류의 세포를 발견했다. 이것은 발생, 조직의 기능, 그리고 암에서 중요한 역할을 하는 세포로, 이후 과학계가 열렬히 주목하는 대상이 되었다.

자연의 거대한 실험

약 4억 5000만 년에서 5억 5000만 년 전, 자연은 거대한 실험을 시작했다. 그 전까지 생명체는 주로 단세포 유기체의 형태, 즉 남세균 cyanobacteria, 고균 archaebacteria, 조류 algae, 균류 fungus로 번성하며 활동적이면서도 자율적인 개체의 삶을 영위했다. 부족한 유기화학 물질과 햇빛만으로 생존하는 이들 단세포생물은 회복력이 강했고, 열수 분출공의 뜨거운 열기에서부터 툰드라의 혹독한 추위에 이르기까지 어떠한 조건에서나 서식할 수 있었다. 이들이 공유한 유일한 특성은 독립성이었으니, 각자 스스로 만족스러운 삶을 살았다.

그러던 중 '캄브리아기 폭발 Cambrian explosion'로 알려진 전례 없는 다양화의 시기에 자연이 새로운 과제를 내밀었다. 다름이 아니라, 하나의 세포가 아닌 여러 개의 세포로 구성된 더 복잡한 유기체가 원시 조상만큼 환경을 잘 견뎌낼 수 있을지 알아보기 위한 중차대한 시험이었다. 이러한 생물학적 한계가 시험대에 오른 것이 처음은 아니었다. 자연은 그 전에도 다세포성을 실험한 바 있었는데, 당시 출현한 소수의 생물은 계통학적 후계자를 남기지 못했다. 다세포성과 관련한 캄브리아기의 새로운 시도도 자칫 실패로 돌아갈 수 있었다. 하지만 어떤 이유에서인지 시험은 성공했고, 이후 수백만 종의 현존 및 멸종 동물이 탄생했다.

초기의 다세포동물은 지렁이 같은 조그만 생물로, 해저를 뒤덮은 세균의 잔디밭을 헤집고 이리저리 기어다니며 먹이를 찾아 헤맸다. 그러다 시간이 지나면서 더 복잡한 유기체—극피동물, 원시달팽이, 삼엽충, 갑각류—가 생겨났고, 그 후손들이 바다 곳곳으로 퍼져나갔다. 다세포성 덕분에 유기체는 세포를 협력적인 군집, 즉 원시 기관으로 모아 먹이를 찾고, 위험을 인식하고, 영양분을 흡수하고, 노폐물을 제거할 수 있었다. 가장 중요한 것은 이 유기체가 단세포생물보다 더 멀리 더 빠르게 이동할 수 있었기 때문에 약 수억 년이 지난 뒤 그 자손들이 바다에서 기어 나올 수 있었다[2]는 점이다. 진화는 가장 풍부한 팔레트로 그림을 그리고 있었다.

지구가 생명을 지탱할 수 있을 만큼 차가워진 뒤에도 수십억 년이 지나서야 다세포생물이 출현했다는 사실은, 그사이에 다세포생물의 형성을 방해하는 거대한 장애물이 존재했음을 의미한다. 캄브리아기 폭발 이전에 자연이 세포분열의 메커니즘이라는 문제를 이미 해결한 터였으니 세포 증식은 문제가 아니었다. 그보다는 세포 다양성이 문제였다. 가장 시급한 목표가 단순히 원본의 복사본을 만드는 것이었던 단세포 세계에서는 (세포 수준에서의) 균일성이 허용되었으나, 다세포 세계에서는 다양성이야말로 최우선적 과제가 되었다. 독특하고 복잡한 작업—초기에는 흡수·분비·감각·운동, 나중에는 시각·청각·의사소통—을 지원하려면 이질적인 세포 유형이 필요했으니 균일성만으로는 더 이상 충분하지 않았다. 다세포로의 도약은 분열 division과 분화 differentiation 사이의 조율, 즉 세포의 '수'와 '다양성' 모두의 증가를 요구했다. 요컨대 진화는 우리가 처음에 던졌던 바로 그 수수께끼, 즉 '단일세포 문제'에 직면했던 셈이다. 그리하여 자연이 찾아낸 해결책의 열쇠는 그 두 가지 기능을 모두 수행할 수 있는 특별한 유형의 세포, 바로 줄기세포 stem cell였다.

암을 치료하는 코발트 폭탄

1958년은 과학과 사회의 관계가 유난히 복잡했던 시기다. 많은 사람들은 기술이 인류의 가장 오래된 문제를 해결하고 가장 큰 미스터리를 밝힐 수 있으리라는 기대감을 품기 시작했다. 과거 치명적이었던 질병은 새로운 항생제로 치료되거나 백신으로 완전히 예방할 수 있었다. 과학과 기술의 발전은 농업에도 혁명을 일으켜, 폭발적으로 증가하는 전 세계 인구를 먹여 살릴 수단을 제공했다. 과학자들은 상상할 수 있는 가장 작은 규모에서 물질의 실체를 규명해냈고, 천체물리학자들은 별을 연구하며 우주의 기원을 암시하는 빅뱅의 메아리를 탐지했다. 과학은 필연적으로 더 나은 건강과 향상된 삶의 질로 우리를 안내하는 새로운 지식의 무궁무진한 원천이요 화수분이었다. 동시에 기술의 발전은 위험과 공포의 분위기를 조성하기도 했다. 때는 제2차 세계대전이 끝난 지 10년이 채 지나지 않은 시기로, 기술의 파괴력과 관련한 분쟁이 계속되어온 터였다. 일본에 대한 원폭 공격으로 15만 명 이상이 사망했는데, 절반은 즉각적인 죽음을 맞이했고, 절반은 폭발과 방사능의 지연 효과로 목숨을 잃었다. 이후 냉전 시대에는 더욱 크고 다양한 파괴 수단을 개발하기 위한 경쟁이 격화되어 지구는 여러 차례 멸망의 문턱에 서게 되었다. 과학은 사회의 병폐를 해결하는 열쇠를 쥐고 있었지만, 동시에 멸망의 수단이 되기도 너무나 쉬웠다.

이러한 이중성은 방사선 연구 분야에서 더욱 분명하게 드러났다. 이 분야의 과학자들은 원자의 강력한 파괴력을 시험하는 동시에, 한편으로는 원자의 치유 능력을 연구하고 있었다.

독일의 물리학자 빌헬름 뢴트겐 Wilhelm Röntgen이 방사선을 최초로 인식하여 엑스선의 존재를 보고한 것이 1895년이었다. 그 획기적인 발견 이후, 앙리 베크렐Henri Becquerel이 우라늄의 방사능 특성3을 발견하고 피에르와 마리 퀴리Pierre and Marie Curie가 라듐과 폴로늄을 발견하는 등 몇 년에 걸쳐 성과가 이어졌다. 세기가 바뀌면서 의사들은 이러한 물질에서 방출되는 눈에 보이지 않는 광선의 치료 효능을 실험하기 시작했다. 환자들은 루푸스에서 결핵, 암에 이르기까지 다양한 질병을 앓고 있었다. 방사선이 일부 암 환자의 생존 확률을 높이는 것으로 밝혀졌지만, 도리어 암을 유발할 수도 있다는 사실이 곧 밝혀졌다. 초기 치료법은 엉성했고, 효과만큼이나 부작용도 많았기 때문에 이 분야는 정체될 수밖에 없었다.

상황이 급변한 것은 제2차 세계대전이 끝난 뒤 35세의 캐나다 물리학자 해럴드 존스Harold Johns가 '코발트-60'이라는 새로운 방사성 금속을 실험하기 시작하면서부터였다. 방사능 특성을 지닌 동위원소인 코발트의 인공적인 형태4는 이전까지 방사선의 주요 공급원이었던 라듐보다 훨씬 다양하고 신뢰할 수 있으며 저렴했다. 약간의 보정을 거친 뒤 존스와 그의 팀은 1951년 자궁경부암에 걸린 네 아이의 엄마를 첫 번째 환자로 치료했고, 그 결과 불치병으로 여겨지던 종양이 완치되었다. 이 일로 존스의 명성은 널리 알려져, 마침내 1958년 그는 새로 설립된 캐나다의 암 연구 전문 센터인 온타리오 암 연구소(OCI)에서 코발트-60으로 환자 치료를 시작하게 되었다. '코발트 폭탄cobalt bomb'이라 불리게 된 그의 실험은 원자력 기술의 평화적 활용을 상징하는 강력한 도구로 자리 잡았다.

토론토의 프린세스 마거릿 병원 꼭대기에 자리 잡은 OCI는 앞서 살펴본 동물학 연구소나 파스퇴르 연구소 같은 우수한 과학 센터와는 차별화된 사명을 가지고 있었다. 그런 연구소들이 최고 수준의 기초과학을 추구한다는 순전히 학문적인 임무를 지닌 반면, OCI는 두 가지 실제적인 사명을 좇았다. OCI의 과학자들은 단순히 과학적 지식을 발전시키는 것 외에도 실용적인 응용연구를 수행해야 했다. 일부는 이를 덜 순수하거나 저차원적인 과학 분야로 간주했지만, 존스는 인간의 건강과 관련된 과학적 질문을 던지는 일에 아무런 모순이 없다고 생각했다. 모든 과학 중에서도 가장 기초적인 물리학에 대한 그의 연구는 기초연구가 인류에 어떤 도움을 줄 수 있는지 보여주는 빛나는 사례였다.

냉전 시대의 희망과 두려움 속에서, 존스는 OCI 내에 물리학 부서를 설립하여 방사선에 기반한 암 치료법을 더욱 나은 방식으로 개선하고자 했다. 또한 이 부서에는 그에 못지않게 중요한 과제가 있었으니, 방사선의 부작용을 줄임으로써 환자들이 치료를 보다 잘 견딜 수 있도록 할 뿐 아니라 핵 충돌 시 생명을 구하는 것이었다. 그러한 목표를 달성하기 위해서는 임상의, 생물학자, 물리학자 등 다양한 지식과 배경을 갖춘 과학자들로 연구소를 채워 이들이 함께 일하도록 해야 한다고 존스는 생각했다. 협업에 익숙지 않은 고립된 과학계에서는 흔치 않은 접근 방식이었지만, 덕분에 초창기의 영입 인재였던 매컬러와 틸이 이곳에서 함께 일하게 되었다.

OCI에서 일을 시작하기 전까지 매컬러는 거의 10년 가까이 임상에 종사하고 있었다. 그에게 의학은 가업이었다. 아버지와 두 삼촌 모두 의사였고, 그 뒤를 이어 매컬러도 토론토 의과대학을 졸업한 후 혈액학―혈액장애―를 전문으로 하는 개업의의 길에 들어섰다. 그는 바쁘게 지냈지만 일에서 큰 만족을 얻지 못했다. 매컬러는 당뇨성 신경병증만큼이나 데카르트 철학에 정통하고 폐결핵만큼이나 로마 역사에 정통한 학자이자 지식인이었다. 수련의 시절 그는 의과대학 실험실에서 순환 근무를 하면서 연구에 대한 관심을 키웠으니, 그 관심이 1950년대 후반에는 소명으로 발전했다. OCI에 합류할 기회가 왔을 때 매컬러는 서슴없이 뛰어들었다. 그에게 과학은 자연과 함께하는 지혜의 게임이었고, 여기서는 상상력만이 유일한 제약 조건으로 작용했다. 그는 자신의 머릿속에 담긴 큰 그림과 아이디어에 대한 갈망을 충족시킬 수 있으리라는 기대감에 부풀었다.

한편 제임스 틸은 매컬러와 완전히 다른 경로로 OCI에 들어왔다. 틸은 매컬러보다 다섯 살이나 어렸으며, 새벽 5시부터 밤 9시까지 일해야 했던 서스캐처원의 농장에서 자란 덕에 강인하고 집중력이 강했다. 대학 시절 뛰어난 분석력으로 교수들의 관심을 모았던 그는 졸업 후 치열한 경쟁을 뚫고 예일 대학교의 생물물리학 박사과정에 입학했다. 박사를 마친 뒤에는 미국에서 얼마든지 일자리를 구할 수 있었지만 그의 뿌리는 북부에 있었으니, 해럴드 존스로서는 어렵지 않게 틸을 캐나다로 불러들일 수 있었다. 매컬러과 함께 줄기세포의 비밀을 풀어나가며 분주한 나날을 보내는 동안에도, 제임스 틸은 매년 가을이면 어김없이 고향으로 돌아가 농작물 수확을 도왔다.

・

코발트 폭탄이 성공을 거두긴 했지만, 이 치료법에는 여전히 독성이 있었다. 게다가 치료의 메커니즘에 대해 아무도 확신하지 못하는 터였다.

암세포가 정상세포보다 방사선에 더 민감하다는 것이 통념이었고, 임상 관찰 결과도 그 믿음에 부합했다. 코발트 폭탄이 성공할 경우 종양은 녹아내리고, 이때 정상 조직에 대한 부수적인 손상은 상대적으로 적은 듯 보였다. 그러나 1956년 콜로라도의 생물학자 테드 퍽$^{Ted\ Puck}$이 정상세포와 암세포를 서로 다른 용량의 방사선에 노출시킴으로써 이 개념에 이의를 제기했다. 퍽의 보고에 따르면 "특정 용량의 방사선이 정상세포와 암세포를 비슷한 효율로 죽였다"고 했는데, 이는 정상세포도 암세포와 마찬가지로 방사선에 취약하다는 사실을 시사하는 결과였다. 하지만 그 주장은 회의론에 부딪혔다. 암세포와 정상세포가 똑같이 민감하다면, 방사선치료가 왜 더 많은 손상을 일으키지 않았을까?

이 질문에 흥미를 느낀 매컬러는 퍽의 연구가 인큐베이터에서 배양된 세포를 사용하여 수행되었다는 점에 주목했다. 세포의 민감도와 관련하여 잘못된 정보를 줄 수 있는 생체 외$^{in\ vitro}$('유리 속'이라는 의미의 라틴어에서 유래함) 배양 방법에 그 해답이 있으리라는 생각이었다. 반면 방사선이 암세포에 더 효과적이라는 모든 증거는 체내 또는 생체 내$^{in\ vivo}$에서 피폭된 환자로부터 나온 것이었다. 그때껏 살아 있는 동물 내부 세포의 방사선 민감도를 직접 측정한 사람은 아무도 없었고, 매컬러는 이것이야말로 실험실에 발을 들이기에 이상적인 경로라고 보았다. 기초과학과 임상 응용 분야가 융합된, 존스가 자신의 팀을 위해 염두에 두고 있던 바로 그런 종류의 프로젝트였다.

분야 간 협업을 보장하기 위해, 그는 방사선 실험을 하는 생물학자는 반드시 물리학자와 한 팀을 이루어야 한다는 원칙을 세웠다(물리학자가 생물학자보다 훨씬 더 정량적이며, 따라서 이러한 파트너십을 강제하면 어떤 데이터를 수집하든 최고의 품질이 보장될 것이었다). 그렇게 틸은 매컬러의 물리학자가 되었고, 매컬러는 틸의 생물학자가 되었다. 그들은 서로 잘 맞았지만, 이 파트너십이 애초의 질문과는 전혀 상관없는 방향으로 흘러갈 줄은 두 사람 모두 꿈에도 생각하지 못했다.

분석의 과학

생물학은 한마디로 분석의 과학이라 할 수 있다. 여기서 분석이란 '데이터 수집에 사용되는 실험 시스템'을 말한다. 기관의 무게를 측정하는 것도 분석이고, 샘플 속에 존재하는 단백질 양, 세포의 성장 또는 사멸 속도, 유전자를 구성하는 뉴클레오타이드의 서열을 결정하는 것도 분석에 해당한다. 분석은 간단한 저울만 있으면 되는 저차원 기술일 수도, 정교한 현미경이 동원되는 첨단 기술일 수도 있다. 하지만 모든 분석에는 한 가지 공통점이 있으니, 바로 재현 가능한 측정력을 갖는다는 것이다. 견고성은 분석의 가장 중요한 특징으로, 따라서 분석은 당면한 질문에 맞게 제대로 조정되어야 한다. 방사선이 체내 세포의 생존력에 미치는 영향을 측정하고자 했던 틸과 매컬러에게 이는 곧 자체적인 분석법의 개발을 의미했다.

방사선이 인체에 미치는 영향을 파악하기 위해 원폭의 일본인 희생자에서 더 나아갈 필요는 없었다. 히로시마와 나가사키 상공에서 폭발한 두 개의 핵폭탄 리틀 보이Little Boy와 팻 맨Fat Man의 피해자 중 3분의 1가량은 초기 폭발에서 살아남았지만, 두세 달 뒤 방사선 중독으로 알려진 끔찍한 증상인 조직 변성으로 사망했다. 이 질병과 관련된 기관 중 가장 심각한 영향을 받은 것은 혈액이었다. 중증 빈혈—산소를 운반하는 적혈구가 결핍된 질병—에 걸릴 경우 사망이 거의 확실했다. 따라서 방사선생물학자들은 10여 년에 걸쳐 지속된 소련과의 냉전이 언제든 다시 격화될 수 있다는 두려움에 사로잡혀, 방사선 피해로 인한 혈액 중독을 완화하는 방법을 찾고자 이 분야에 관심을 집중하고 있었다. 방사선이 혈액계를 어떻게 마비시키는지 이해하는 것은 단순한 학문적 관심의 차원을 넘어선, 국가 안보의 문제였다.

제2차 세계대전 중, 시카고에 살던 레온 제이컵슨 Leon Jacobson이라는 의사가 맨해튼 프로젝트 Manhattan Project(전쟁에 사용하기 위해 원자를 쪼개는 비밀 프로젝트)의 전담의로 발탁되었다. 주업무는 방사성물질을 다루는 직원들의 건강을 모니터링하는 것이었지만, 그는 업무 외 시간이면 동물을 이용해 사람에게는 절대 할 수 없는 연구를 수행하며 자신만의 프로그램을 진행시켰다. 제이컵슨이 연구를 시작할 당시에는 이미 모든 혈액 생성 즉, 조혈 hematopoiesis 과정이 골수—장골 long bone 중심부에 있는 반고형 조직—에서 일어난다는 사실이 알려져 있었다. 하지만 연구를 진행하면서 제이컵슨은 한 가지 의문에 골몰하기 시작했다. 과연 골수가 새로운 혈액세포를 생성하는 유일한 부위일까? 문득, 골수가 너무 병들면 다른 기관이 부족한 부분을 보충해줄 수 있을지도 모른다는 생각이 들었다. 그는 이 '백업' 시스템의 강력한 후보로 비장 spleen이라는 비필수적인 복부 기관을 떠올렸다.

제이컵슨이 가장 먼저 한 일은 방사선의 치사량, 즉 혈액계를 돌이킬 수 없을 만큼 치명적으로 파괴하는 선량 線量을 정의하는 것이었다. 그가 시행착오를 통해 발견한 치사 선량은 대부분의 실험용 동물에서 4~9그레이 gray(흡수된 방사선의 표준 단위)였다.5 그러나 '치명적인 방사선 조사照射'를 받은 생쥐를 동일한 방사선량에 노출시키는 동시에 납 보호막으로 비장을 보호하자, 그 동물들은 살아남았다. 비장이 방사선의 영향으로부터 혈액계를 보호하고 있었던 것이다. 제이컵슨의 연구 결과는 전쟁 전 미국으로 망명한 독일 과학자 에곤 로렌츠 Egon Lorenz의 관심을 끌었다.

제이컵슨은 모종의 체액성 인자 humoral factor―비장에서 만들어진 뒤 골수로 운반되어 혈액 발달을 돕는 역할을 하는 추정 분자로, 오늘날 우리가 '호르몬'이라 부르는 것―로 자신의 발견을 설명할 수 있으리라 믿었다. 하지만 로렌츠의 생각은 조금 달랐다. 그는 제이컵슨의 연구 결과가 '비장 자체에 혈액을 생성하는 세포가 존재한다'는 점을 시사한다고 보았다. 골수가 조혈의 주요 원천일 수 있지만, 골수만이 유일한 원천일 필요는 없다고 생각한 것이다. 인체가 극심한 스트레스를 받을 경우 비장을 포함한 다른 부위가 혈액을 생산하는 공장 역할을 할 수도 있다고 말이다.

이 가설은 또 다른 질문을 촉발했다. 혈액을 생성하는 세포가 골수나 비장에 존재할 수 있다면, 몸속을 자유롭게 이동할 수도 있지 않을까? 이것을 궁극적으로 증명하려면, 한 생쥐에서 다른 생쥐로 이식된 골수세포가 새로운 혈액계를 생성할 수 있음을 보여주어야 했다. 로렌츠는 한 생쥐(수혜자)의 골수에 방사선을 쪼인 다음 다른 생쥐(공여자)의 골수세포 슬러리를 주입하는 방식으로 정확하게 실험을 수행했다. 수혜자 생쥐는 목숨을 건졌고, 이로써 로렌츠의 추측이 옳았다고 증명되었다.

이 골수이식 실험을 통해 혈액계와 관련한 중요한 사실이 밝혀졌다. 그 내용인즉, 혈액을 생성하는 세포는 이동성이 있어서 추출·조작·재이식 후에도 분화 및 기능 수행 능력을 유지한다는 것이었다. 건강한 생쥐의 골수가 치명적인 방사선에 노출된 생쥐를 구했다면, 이 특성이 종을 넘어 확장될 가능성도 있었다. 오늘날 골수이식은 백혈병과 기타 혈액질환에 대한 최첨단 치료법으로 사용되지만, 처음에 틸과 매컬러는 이 기술을 보다 소박한 목적으로 이용했다. 그것은 '방사선이 혈액에 미치는 영향'을 파악하기 위한 생체 내 분석이었다.

울퉁불퉁한 비장

매컬러는 잠을 이룰 수 없었다. 그날 실험실에서 본 무언가가 끊임없이 그를 짓눌렀고, 그는 여전히 그것을 이해하려 애쓰고 있었다. 열흘 전, 그와 틸은 방사선을 조사한 쥐의 혈류에 수만 개의 세포를 주입하는 전형적인 골수 주입을 시행했다. 그들의 목표는 생존 곡선 survival curve, 즉 치명적인 방사선에 노출된 생쥐를 구하기 위해 얼마나 많은 세포가 필요한지를 정확하게 설명할 수 있는 그래프를 도출하는 것이었다. 이러한 기준이 마련되면 이식된 세포 또는 수혜자를 다양한 화학물질로 전처리 pretreatment 하여 방사선 노출 후 생존 가능성을 높이는 중재법을 시험할 수 있을 것이었다. 하지만 그런 실험은 아직 먼 훗날의 일이었고, 현재 골수 주입은 생체 내 분석을 개선하기 위해 고안된 통제법에 불과했다. 이 프로토콜은 비교적 간단해서, 숙주에게 방사선을 조사하고 다양한 양의 세포를 주입한 다음 기다리기만 하면 되었다. 한 달 뒤에도 생쥐가 여전히 살아 있다면 이는 주입된 세포의 수가 골수를 구하기에 충분했다는 것을 의미했으며, 반대로 생쥐가 죽었다면 세포 수가 충분하지 않았다는 뜻이었다. 어떤 결과가 나오든 그들은 프로토콜의 일부로 비장을 검사해야 했다. 단조롭고 시간이 많이 걸리는 데다 여러 번 반복하다 보니 이제는 지루하기까지 한 실험이었다.

문제의 그날, 즉 1960년 어느 추운 일요일에 매컬러는 여느 때와 같이 실험실을 한 바퀴 돌아보고 있었다. 그와 틸은 함께 작은 실험실을 운영하면서, 주말이면 번갈아 출근해 생쥐를 관찰하고 그다음 주의 실험을 준비하곤 했다. 앞으로 20일 동안은 동물들을 희생시키거나 검사하는 일정이 없었기 때문에 매컬러는 짧고 의례적인 일과를 마치고 돌아갈 수도 있었을 것이다. 이식 성공 여부를 판단하기까지는 한 달쯤 걸린다는 사실을 그간의 경험을 통해 알고 있던 터였다. 하지만 이 특별한 일요일, 매컬러는 어떤 이유에서인지 실험 종료 예정일을 3주나 남긴 시점에서 동물들을 검사하기로 마음먹었다.

OCI에 있던 지난 2년 동안 그는 생쥐와 인간의 해부학적 유사성, 즉 기관의 위치와 기능이 놀랍도록 비슷하다는 사실에 감탄을 금치 못했다. 생쥐의 심장은 사람보다 다섯 배에서 열 배나 빨리 뛰고 호흡도 열 배나 빠르지만, 세포 수준에서는 이러한 차이가 사라졌다. 심장의 수축세포(심근)가 혈액을 펌프질하는 데 사용하는 메커니즘은 두 종에서 거의 동일하며, 폐의 허파꽈리 공간을 뒤덮은 엄청나게 얇은 막—거친 외부 세계와 소중한 신체 내부를 분리하는 역할을 한다— 또한 설치류와 영장류에서 동일한 분자 구성을 지니고 있었다. 이 실험용 생물을 통해 어떤 교훈을 얻든, 그것이 인간에게도 적용될 수 있으리라는 점에는 의심의 여지가 없었다.

각 생쥐에 치명적인 마취제를 투여하고 부검을 진행하는 동안에도 매컬러의 머릿속에는 그러한 유사성에 대한 생각들이 떠올랐을 것이다. 그러던 중, 갑자기 무언가 눈에 들어왔다. 부드러운 혀 모양에 선홍색을 띤 기관인 비장에 혹이 솟아나 있는 것이 아닌가! 그는 두 번째 생쥐를, 이어 세 번째 생쥐를 해부했다. 모두에게서 똑같은 타원형의 회색 결절이 발견되었다. 어떤 개체는 한두 개, 또 다른 개체는 열 개 가까이 가지고 있었다. 결절이 너무 큰 데다 제자리에서 크게 벗어난 상태라, 처음에 매컬러는 이것이 전이성 종양, 즉 신체의 다른 부위에서 전이된 암세포 덩어리일지도 모른다고 생각했다. 그러나 암이 비장으로 전이되는 경우는 드물었으며, 적어도 매컬러가 아는 한 문제의 생쥐들은 암에 걸리지 않았다. 그렇다면 무언가 다른 일이 벌어지고 있는 게 틀림없었다.

사실 매컬러가 비장의 혹들에 큰 관심을 보이지 않은 채 무시해버렸어도 이상할 것은 없었다. 결국 실험의 판독값은 생쥐의 생사 여부와 이후 방사선 민감도 측정에 사용할 측정치였으니 말이다. 울퉁불퉁한 비장은 그와 틸이 답하고자 했던 질문과 아무런 관련이 없었고, 예정대로 3주를 더 기다린 뒤 확인했다면 아마 정상으로 보였을 것이다. 결국 이 혹에 대한 가장 그럴싸한 설명은, 그것이 단순한 이상 현상이며 그들이 수행하고 있는 중요한 작업과는 무관한 곁가지일 뿐이라는 것이었다. 만일 매컬러가 더 합리적으로 판단했다면, 모두 잊고 집에서 그를 기다리는 따뜻한 난롯불의 안락함으로 돌아갔을 것이다.

⬢

다행히도 매컬러의 마음은 그런 식으로 작동하지 않았다. 꼬장꼬장한 영어 선생님이 엉성한 활용법을 눈감아주지 않듯이, 명색이 과학자인 그는 예상치 못한 결과를 도무지 무시할 수 없었다. 문득 얼마나 많은 잠재적 발견들이 과학자의 시야에서 벗어나 사장되었을지 궁금해진다. 나도 이런 죄를 지은 적이 있음을 고백한다. 기술의 결함 때문이라고 치부하며 불편한 결과를 치워두었다가 한참 뒤 그것이 매우 독창적이고 중요한 사실의 반영이었다는 점을 깨닫게 된 것이다. 물론 예상과 거리가 먼 의외의 결과는 혁신이기보다 실수일 가능성이 더 높긴 하다. 그러나 드물게 이러한 특수 상황은 미지의 영역으로 우리를 이끄는 스파이홀이 되기도 한다. SF 작가 아이작 아시모프는 이렇게 썼다. "과학에서 가장 듣기 좋은 말, 새로운 발견을 예고하는 말은 '유레카!'가 아니라 '그거 재밌네……'다." 옳은 얘기다. 다만, 관찰자가 후속 조치를 취할 만큼 똑똑하거나 용감한 사람이라는 전제하에 그렇다.

매컬러는 울퉁불퉁한 비장을 무시하는 대신 두 배로 집중했다. 부검을 완료하고 각 생쥐의 결절 개수를 꼼꼼히 기록한 뒤, 주사 내용을 기록한 실험 노트를 펼쳐 틸이 주입한 세포 수가 적힌 목록과 방금 세어본 혹의 수를 비교했다. 그러자 거의 완벽한 상관관계를 암시하는 명백한 패턴이 나타났다. 틸이 주입한 골수세포가 많을수록 더 많은 혹이 나타났다. 그는 이것이 무엇을 의미하는지 몰랐지만, 그저 우연이라 하기에는 그 추세가 너무도 분명했다.

다음 날 아침 매컬러는 그래프가 그려진 종이를 흔들어 보이며 OCI로 들어왔다. 그는 본의 아니게 실험을 일찍 종료했다고 고백한 뒤, 자신이 관찰한 결과와 결론을 틸에게 설명했다. 이 물리학자 또한 그 놀라운 상관관계가 우연이 아니라는 데 동의할 수밖에 없었다. 이제 틸의 물리학적 배경이 작용할 차례였다. 그는 제이컵슨의 전시戰時 실험, 즉 맨해튼 프로젝트의 전담의가 비장을 보호함으로써 방사능의 독성에서 생쥐를 구해낸 실험을 떠올렸다. 만일 용도를 알 수 없는 이 장방형 기관이 하나의 공장이고, 각각의 혹이 새로운 혈액세포를 생산하는 곳이라면……?

틸과 매컬러의 실험 설정과 제이컵슨의 그것 사이에는 중요한 차이점이 있었다. 토론토의 생쥐는 '골수를 완전히 파괴하는 치사량의 방사선'에 노출되었기 때문에 스스로 혈액계를 재생하는 능력이 부족했다. 따라서 새로운 혈액계는 공여자의 골수에서 추출된 것이어야 했다. 한 달 동안 지속된 표준 실험에서, 주입된 세포는 수혜자의 뼈로 이동하여 조혈을 새롭게 시작했다. 하지만 매컬러는 회복 과정을 조기에 중단함으로써 세포의 중간 휴게소를 발견해냈다. 결절이 생겼다는 건 주입된 세포가 비장에서 새로운 혈액을 만들기 시작할 만큼 충분히 오래 멈춰 있었다는 뜻 아닐까? 그들은 이 현상의 발생 시기를 확인했다. 결절은 새로운 혈액이 가장 많이 필요한 시기—방사선을 조사한 지 열흘쯤 지났을 무렵—에 나타났다가, 골수가 혈액 생성의 주요 부위로서의 역할을 재개한 지 3주 뒤에 사라졌다.

생쥐의 비장을 해부하는 동안 매컬러는 결절 몇 개를 따로 떼어낸 뒤 포름알데히드 고정액에 넣어 조직의 모든 세포가 제자리에 유지되도록 조치했다. 그런 다음 틸과 함께 그 세포 구성을 드러낼 수 있도록 정밀 절단 장치(마이크로톰)로 썰어 종이처럼 얇은 절편을 만들었다. 그 모든 준비는 채 하루도 지나지 않아 끝났고, 현미경으로 들여다본 조직은 분명한 해답을 제시했다. 결절—이후 비장 집락spleen colony이라는 이름을 갖게 된다—은 실제로 혈액 생산 공장이었다. 작은 골수 같은 응집체가 거기서 활발히 활동하고 있었다.

바로 전날까지 존재조차 몰랐던 새로운 생물학적 현상을 우연히 발견했으니, 매컬러의 머릿속은 의문으로 가득 찼다. 각 집락은 여러 세포에서 생겨난 것일까, 아니면 하나의 세포에서 생겨난 것일까? 후자의 가능성이 훨씬 더 흥미로웠는데, 그럴 경우 하나의 세포가 혈액계의 모든 구성 요소를 생성할 수 있음을 의미했기 때문이다. 그때까지 다양한 세포 유형을 생성한다고 알려진 것은 접합체가 유일했기에 이는 상당히 급진적인 아이디어였다. 하지만 매컬러는 각 집락이 하나의 세포에서 비롯되었다는 것을 뼛속 깊이(말 그대로 골수까지) 느낄 수 있었다.

또 다른 '하나의 세포'

평균 수명이 80년에 이르는 인간은 동물의 수명 스펙트럼에서 중상위에 속하며, 그 한쪽 끝에는 며칠에서 몇 주밖에 살지 못하는 벌레와 파리가, 다른 쪽 끝에는 100년 이상 사는 고래와 조개가 버티고 있다. 기대 수명이 짧은 작은 동물의 경우, 그 기관이 다음 세대를 낳을 수 있을 만큼 충분히 오래 기능하기에 자연은 장기적인 보살핌을 계획할 필요가 없었다. 하지만 수년 또는 수십 년을 사는 대형 동물의 경우엔 진화에 따라 '세포 교체cellular turnover'라는 추가적인 고려 사항이 생겼다.

대부분의 세포는 일상생활의 마모나 프로그래밍 된 사멸로 인해 수명이 제한되어 있으며, 따라서 장수하는 유기체는 고갈된 세포를 보충하는 안전한 방법을 필요로 한다. 세포 교체율은 각 세포가 수십 년 동안 지속되는 뇌부터 세포 대부분이 1~2주밖에 지속되지 않는 장에 이르기까지 조직마다 크게 다르다. 빠른 교체율을 가진 조직에서는 줄기세포가 끊임없이 새로운 신병新兵들을 공급한다.

'줄기세포'라는 용어는 19세기 후반 독일의 동물학자 에른스트 헤켈Ernst Haeckel이 처음 사용했다. 한스 드리슈의 논문 지도교수였던 헤켈은 "개체발생이 계통발생을 반복한다"는 주장6, 즉 배아가 발생하는 동안 마치 한 층씩 쌓여 최종 생성물에 도달하듯 연속적인 진화 단계를 거친다는 과장된 주장을 한 사람으로 유명하다. 헤켈은 줄기세포—독일어로는 '슈탐첼레Stammzelle'7—에 대해서도 꽤나 거창한 개념을 갖고 있었으니, 그에게 줄기세포란 모든 동물과 모든 조직의 시조, 즉 그 모든 싹을 띄워낸 생명 나무에서 비롯한 원초적 씨앗primordial seed이었다.

20세기 초, 또 다른 독일의 박물학자인 에른스트 노이만Ernst Neumann이 이 용어를 보다 새롭고 간단하게 정의했다. 그에 따르면 줄기세포란 '다른 여러 유형의 세포를 생성할 수 있는 모든 세포'였다. 노이만은 산소를 운반하는 적혈구, 감염과 싸우는 백혈구, 혈전을 형성하는 혈소판 등 혈액의 모든 세포 유형이 골수에서 생성된다는 사실을 최초로 깨달았다. 수년 동안 현미경으로 골수를 관찰하며 이 세 계통의 혈액세포가 어떻게 발달했는지 파악한 그는, 1912년 모든 혈액세포가 '위대한 림프구 줄기세포great lymphocytic stem cell'라는 공통의 세포 조상으로부터 유래했다는 의견을 내놓았다.

하지만 노이만은 자신의 이론을 증명할 수 없었다. 그러한 세포를 전향적前向的으로 분리하고 발생 잠재력을 입증할 만한 기술이 부족했던 탓이다. 게다가 노이만의 모델은 적혈구, 백혈구, 혈소판이 각각 독립적으로 발생한다는 기존의 통념과 충돌했다. 위대한 림프구 줄기세포는 그로부터 50

여 년 뒤 매컬러가 이를 부활시킬 때까지 검증되지 않은 채로 방치되었다.

만일 틸과 매컬러의 직감이 옳다면, 즉 단일 줄기세포가 실제로 각각의 비장 집락을 생성하는 거라면, 그러한 세포는 매우 드물 것이었다. 매컬러의 그래프에 따르면 3만 개의 세포를 주입할 때 비장당 평균 세 개의 집락이 생성되는 것으로 나타났다. 이는 추정 줄기세포가 골수 내 전체 세포의 약 0.01퍼센트에 해당한다는 의미로, 무엇을 찾아야 하는지 정확히 알지 못할 경우엔 이를 찾는 것이 거의 불가능하다는 뜻이었다. 이에 더하여, 각 집락에는 수만 개의 세포가 포함되어 있으니 문제의 세포는 놀라울 정도로 증식력이 강해야 했다.

그러나 이런저런 추측에 앞서 가장 먼저 해야 할 일은 각 집락이 실제로 하나의 시조 세포에서 파생되었는지 여부를 확인하는 것이었다. 이는 비슷한 시기 대서양 건너편의 존 거든이 직면했던 난제, 그러니까 하나의 이식된 핵이 완전히 새로운 개구리를 생성할 수 있다는 사실을 증명할 때 맞닥뜨렸던 것과 매우 유사한 과제였다. 거든의 경우, 유전적 표지자를 사용하여 공여자의 핵과 숙주의 난자를 구별해냈다. 틸과 매컬러는 이와 다른 세포 표지 기법을 찾아야 했고, 궁극적으로 이들은 그동안 자신들이 사용해온 방식, 즉 방사능에 노출하는 방법을 선택하기로 했다.

방사능 입자는 눈에 보이지 않지만 강력한 힘을 가지고 있다. 각 입자가 상당한 양의 에너지를 전달함으로써 방해가 되는 모든 것을 찢어버린다. 방사능 입자와 DNA가 충돌하면, 세포는 손상을 복구하기 위해 최선을 다하지만 쉽게 압도당한다. 결과적으로 방사선 노출은 세포의 염색체 중 하나 이상에 식별 가능한 변화―유전적 흉터―를 남긴다. 일단 유전체에 영구적으로 고정되면 이 비정상적인 구성은 모세포로부터 딸과 손녀 세포로 전달되어 세포 손상 이력의 기록을 이어간다. 그런데 틸과 매컬러에게 중요한 것은, 방사선에 노출된 세포들의 손상 패턴이 각양각색이라는 점이었다. 그도 그럴 것이, 충돌(그리고 세포의 복구 시도)이 너무도 무작위적이기 때문이었다.

틸의 연구실에 있던 대학원생 앤디 베커Andy Becker는 이 독특한 방사선 흉터가 비장 집락의 기원을 이해하는 데 있어 아주 중요한 열쇠가 되리라 생각했다. 그의 계획은 공여자 동물의 골수에 방사선을 조사하되, 수혜자 동물의 골수를 죽이는 데 필요한 치사량보다 훨씬 적은 양을 사용하는 것이었다. 이렇게 하면 각 공여자 세포에 고유한 염색체 패턴이 표시되고, 이 패턴은 숙주로 이식된 뒤에도 지속될 것이었다. 논리는 간단했다. 집락의 모든 세포가 동일한 염색체 이상을 보유한다면 그 세포는 단일세포에서 유래한 것이 틀림없으며, 이는 곧 집락이 단클론monoclonal에서 유래한다는 증거가 된다. 반대로 집락의 세포가 서로 다른 방사선 흉터를 가진다면 이 집락은 여러 개의 시조로부터 나온 것이므로 다클론polyclonal에서 유래한다는 증거가 될 터였다.

연구에 착수하기에 앞서 해야 할 일이 많았다. 가장 중요한 과제는 검출 가능한 염색체 손상 패턴을 유도할 수 있을 만큼 충분히 높으면서도 세포를 죽이거나 이식을 방해하지는 않는 적정 수준의 방사선량을 찾는 것이었다. 시행착오를 거쳐, 베커는 틸과 매컬러가 쥐에 조사한 치사 선량의 약 3분의 2에 해당하는 스위트스폿sweet spot을 발견했다. 해당 수치로 실험할 경우 세포의 약 10퍼센트가 염색체 파괴의 독특한 패턴을 나타냈는데, 이 정도면 세포 계통의 고유 식별자(또는 지문) 역할을 하기에 충분한 수준이었다.

몇 가지 추가적인 조정을 거쳐, 마침내 틸과 매컬러와 베커는 골수이식 절차를 반복할 준비를 마쳤다. 이번에는 표지된 세포를 이식할 차례였다. 기대했던 대로, 열흘 뒤 수혜자의 비장에서 염색체 과잉 또는 결핍을 쉽게 확인할 수 있는 독특한 패턴의 세포들이 집락을 이루었다. 각각의 집락은 서로 다른 염색체 서명을 가졌으나, 집락 내 세포들에서 동일한 염색체 흉터가 발견되었다. 지문 분석법이 효과를 발휘하여 이들은 적혈구, 백혈구, 혈소판으로 가득 찬 각각의 재생 집락이 하나의 세포에서 발생했음을 확인할 수 있었다.

정상 골수세포의 방사선 민감도를 측정하고 울퉁불퉁한 비장에 대한 관찰 결과를 보고한 틸과 매컬러의 첫 번째 논문[8]은, 뛰어나긴 하지만 그다지 유명하지 않은 저널인 《방사선 연구Radiation Research》에 발표되는 바람에 크게 주목받지 못했다. 반면 《네이처Nature》에 게재된 베커의 연구 내용은 가장 많은 연구비를 끌어오고도 남을 만했다. 「이식된 생쥐의 골수세포에서 유래한 비장 집락의 클론적 특성에 대한 세포학적 증명」이라는 다소 투박한 제목이 달려 있었으나, 이 논문은 줄기세포 분야의 도래를 알리는 일종의 출생신고서[9]와도 같았다.

1에서 100만으로의 증식

틸과 매컬러의 실험은 줄기세포가 존재한다는 가장 확실한 증거를 제시하는 동시에 그 본질적인 특징도 설명했다. 줄기세포에 대한 현대적 정의는 다능성multipotency(여러 종류의 세포를 생성하는 능력)과 자기재생self-renewal(세포 스스로 더 많은 것을 만들어내는 능력)이라는 두 가지 핵심적인 특징을 포함한다. 이러한 다양화 및 증식 능력은 비대칭 세포분열asymmetric cell division이라 알려진 줄기세포의 특별한 특성에서 비롯한다.

실제로, 비대칭 세포분열은 세포의 수와 다양성을 동시에 증가시키는 수단을 제공한다. 줄기세포도 여느 분열 세포와 마찬가지로 두 개의 딸세포를 낳는다. 하지만 줄기세포가 다른 세포와 차별화되는 점이 있으니, 바로 자신과 닮지 않은 딸세포를 생성하는 능력이다. 비대칭적인 한 번의 분열을 통해 '자신과 똑같은 딸세포'와 '완전히 다른 딸세포'를 모두 생성하는 것이다. 이러한 방식으로 제 유산을 결정하는 줄기세포의 능력은 다양한 특성을 지닌 새로운 자손을 낳을 수 있는 거의 무한한 가능성을 제공한다. 이런 의미에서, 줄기세포는 자신에게 주어진 세 가지 소원 중 하나로 램프의 요정을 구한 뒤 더 많은 소원을 이루어내는 동화 속 주인공에 버금가는 세포라 할 수 있다.

혈액은 줄기세포 유래 조직 중 최고의 사례로 밝혀졌다. 적혈구, 백혈구, 혈소판 등 혈액의 계통은 서로 매우 다른 역할을 수행하며, 각각의 조상은 전구세포progenitor cell라 알려진 일련의 전구체로 거슬러 올라간다. 예를 들어 적혈구는 '적혈구모세포erythroblast'라는 전구세포에서, 혈소판은 '거핵구megakaryocyte'라는 전구세포에서 유래한다. 하지만 이 전구세포에서 더 거슬러 올라가면, 결국 **조혈줄기세포**^{hematopoietic stem cell}, HSC라는 근원에 도달하여 세포의 계층구조를 형성하게 된다. 줄기세포는 분열할 때마다 자신의 줄기세포 저장소를 보충하면서 새로운 혈액의 생성에 필요한 원료를 제공한다.[10]

세포분열은 꼬리에 꼬리를 물고 이어진다. 이후 매컬러는 이렇게 말한 바 있다. "기하급수적인 증식이 과연 어떤 것인지 실감할 수 있다." 도박꾼이 침을 흘릴 만한 표현으로 세포의 역학을 설명한 셈이다. "1달러를 한 번에 두 배씩 스무 번 불린다면 얼마가 될까? 100만 달러다!"[11]

토론토의 과학자들이 줄기세포의 존재를 증명해냈지만, 줄기세포를 분리하는 것은 완전히 다른 문제였다. 그 놀라운 속성에도 불구하고 줄기세포에는 눈에 띄는 특징이 없었다. "하나의 세포가 분열을 스무 번 거듭해 만들어진 100만 개의 세포 중 원래의 것을 찾는 일은 거의 불가능에 가깝다"[12]라고 매컬러는 말했다. 줄기세포를 특별하게 만든 것은 외모가 아니라 행동이었다.

●

생물학의 많은 진보와 마찬가지로, 줄기세포의 발견도 우연에 의해 이루어졌다. 참을성이 없었던 한 과학자가 실험을 예정된 시간보다 일찍 종료하고, 우연히 이상한 현상을 발견하여 동료들과 함께 원인을 파헤친 끝에 줄기세포를 발견했으니 말이다. 틸과 매컬러는 우연히 혈액을 연구하고 있었는데, 혹시 다른 기관을 연구하는 다른 과학자들에게 비슷한 행운이 찾아올 수도 있지 않았을까?

아마도 아닐 것이다. 줄기세포가 세포가 끊임없이 교체되는 조직—혈액, 장, 피부 등—을 재생한다는 점에는 의심의 여지가 없다. 그러나 다른 조직, 특히 세포 교체율이 낮은 조직에서 줄기세포의 역할은 이와 다른 경우가 많다. 골격근과 같은 일부 신체 부위에서는 줄기세포가 정상적인 상황에서 거의 작동하지 않다가 근육이 손상되었을 때만 활동을 시작한다. 췌장, 간, 신장과 같은 기관의 경우에는 어떤 상황에서도 줄기세포가 존재한다는 증거를 찾아보기 힘들다. 이들 기관에서 새로운 세포 형성은 기존 세포의 분열을 통해 이루어진다. 또한 특정 조직 내에서는 줄기세포가 제 특수한 특성을 강화하는 전문화된 보호구역인 틈새niche에 존재하며 일종의 에너지 음료와 같은 역할을 하기도 한다. 혈액 줄기세포는 틈새를 쉽게 찾을 수 있는 반면, 고형 기관(즉 '액체'인 혈액 이외의 조직)에 있는 줄기세포는 틈새를 찾을 방법이 없기 때문에 이식이 아닌 다른 방법으로 연구해야 한다. 그러니 혈액 줄기세포가 접합체를 제외하고 다능성과 자기재생 능력을 보이는 최초의 세포로 나타난 것은 어쩌면 필연적인 결과였을 것이다.

틸과 매컬러와 베커는 줄기세포를 분리할 방법을 찾지 못했고, 이는 그로부터 60여 년이 지난 오늘날에도 엄청난 노력이 필요한 작업이다. 하지만 그러한 문제가 이 분야의 발목을 잡지는 않았다. 어떤 의미에서는 연구자들이 실험 대상에 손을 대지 못하는 상황에는 수긍할 만한, 혹은 적어도 대칭적인 측면이 있었다. 예컨대 고에너지물리학자들 또한 수년간 방사성 입자를 보지 못한 채 연구해야 한다는 비슷한 제약에 직면해 있던 터였다. 틸과 매컬러의 과학적 후손인 전 세계 연구자들은 그나마 조혈줄기세포(정확히는 혈액 줄기세포)를 분리하지 않고도 그 특성을 연구할 수 있었다.

줄기세포를 분리할 수 없다는 점은 실용적인 측면에서도 큰 문제가 되지 않았다. 1960년대 후반, 뉴욕 쿠퍼스타운의 의사인 E. 도널 토머스 E. Donnall Thomas는 앞선 연구자들로부터 영감을 받아 골수 줄기세포를 한 사람에서 다른 사람으로 이식하는 데 필요한 조건을 연구하기 시작했다. 틸과 매컬러의 기술, 그리고 오늘날 '조혈줄기세포 이식(HSCT)'이라 불리게 된 현대 골수이식에 사용되는 임상적 프로토콜 사이에는 어마어마한 차이가 있다. 오늘에 이르기까지는 임상의 핵심인 '점진적 최적화' 과정을 수없이 거쳐야 했으나, 임상 연구자들이 이루어낸 기술 혁신 덕분에 조혈줄기세포 이식은 이제 표준 의료 절차가 되었다. 지금까지 150만 건 이상의 이식이 시행되었고,[13] 현재 전 세계에 걸쳐 매년 9만여 건의 이식이 이루어지며 그 수는 계속 증가하고 있다.

1980년대 후반과 1990년대에는 조혈줄기세포보다 진화적으로 훨씬 더 오래되고 훨씬 더 큰 잠재력을 지닌 또 다른 유형의 줄기세포가 주목을 받았다. 바로 '배아' 줄기세포였다. 무한에 가까운 증식 및 전문화 능력을 지닌 이 세포는 지구상의 동물 생명을 가능하게 한 '단일세포 문제'의 해결책이자 다세포 생명체를 만드는 자연 레시피의 비밀 재료가 되었다. 그리고 이 오래된 특성, 즉 신체의 모든 세포 유형을 생성해내는 줄기세포의 능력은 이제 의학의 미래를 변화시킬 것이다.

(8장)

세포 연금술

배아줄기세포가 연 가능성

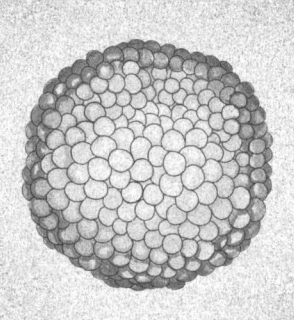

우주는 마법 같은 것들로 가득 채워진 채
우리의 지혜가 더 예리해지기를 참을성 있게 기다린다.
— 이든 필포츠, 『그늘이 걷힌다 A Shadow Passes』

1990년, 이탈리아의 발생생물학자 마리오 카페키 Mario Capecchi가 세계 최초로 '녹아웃 생쥐 knockout mouse'를 만들어 생물학의 역사를 새로 썼다. 얼핏 뛰어난 권투 기술을 가진 설치류의 이미지를 떠올리게 하는 용어이지만, 녹아웃 생쥐에게 마지막 펀치를 날리는 것은 다른 생쥐가 아니라 바로 유전자다. 카페키는 까다로운 세포공학 과정을 통해 포유류의 유전체를 바꿀 수 있는 조건을 찾아냈고, 이제 그 방법을 세상에 널리 알리고 있었다.

마리오 카페키는 상상할 수 없을 정도로 힘든 어린 시절을 보냈다. 제2차 세계대전 직전 이탈리아에서 태어나 홀어머니와 함께 지내던 그는, 네 살 되던 해 어머니가 반파시스트 활동 혐의로 나치에 체포되면서 오갈 데 없는 신세가 되어 처음에는 농장으로, 그다음에는 고아원으로, 이어 학대를 일삼는 아버지에게로 보내져 형식적인 보살핌을 받으며 온갖 생활환경을 전전해야 했다. 전쟁이 끝난 뒤, 카페키의 어머니는 레지오 에밀리아 병원에서 장티푸스와 영양실조로 사망 일보직전에 있는 아들을 찾아냈다. 이후 어머니와 아들은 미국으로 건너가 필라델피아 교외에 정착했고, 물리학자이자 퀘이커교도인 삼촌이 그들을 받아주었다. 스포츠와 학업에 몰두하면서 카페키의 전쟁 트라우마는 서서히 사라져갔다. 그는 오하이오주에 있는 작은 인문 대학인 안티오크 칼리지에 입학했고, 여름방학에는 대학의 체험 학습 프로그램을 통해 MIT의 생물학 연구실에서 일했다. 이후 하버드 대학원에서 이중나선 구조로 유명한 제임스 왓슨의 지도하에 공부하다가 결국 유타 대학교 연구실에 일자리를 구하게 되었다.

1970년대 초는 재조합 DNA 기술이 전속력으로 발전하던 시기였다. 새로운 연구실에서 카페키는 외부 DNA를 세포의 유전체에 영구적으로 삽입하는 유전자 전달gene transfer의 방법론을 개선하고자 했다. 기존의 방법은 세포의 타고난 DNA 흡수 경향에 의존하는, 다소 비효율적인 방식이었다. 그러던 중 솔트레이크시티에 새로 부임해 온 동료 로런스 오쿤Lawrence Okun이 한 가지 아이디어를 냈다. DNA를 세포의 핵에 직접 주입하면 어떨까?

카페키는 이를 시도해보기로 했다. 먼저 그는 외부 핵산을 세포의 내부 성소inner sanctum로 전달할 수 있을 만큼 미세한 굵기(직경 1만 분의 1밀리미터 이하)의 바늘을 만드는 방법을 알아냈다. 오쿤의 예상은 적중했다. 이 방식이 세포 자체의 흡수보다 훨씬 효율적이어서 1년 뒤 카페키는 시간당 1000번에 가까운 주입을 할 수 있게 되었다. 이 속도에 힘입어 카페키와 그의 팀은 외부 DNA 조각이 숙주세포의 유전체에 어떻게, 그리고 어디에 통합되는지 조사했다. 대부분의 경우, 주입된 DNA 조각이 하나 이상의 염색체에 무차별적으로 삽입되는 듯 보였기에 통합은 무작위로 이루어졌다. 그러나 이따금씩 DNA 조각이 유전체의 해당 위치, 즉 주입된 DNA와 숙주 염색체의 서열이 동일한(물론 주입된 조각에 해당 서열이 포함되어 있다고 가정할 때의 얘기지만) 단일 염색체 위치로 이동하는 경우가 있었다.

'상동재조합homologous recombination'이라 알려진 이 현상은, 세포가 유전체의 수십억 개 뉴클레오타이드를 복사할 때마다 발생하는 불가피한 실수를 바로잡는 세포의 자연스러운 편집 메커니즘이다. 이 과정에서 세포는 다른 염색체(올바른 염색체)의 사본을 일종의 주형(또는 원판)으로 사용하여 결함 있는 DNA 조각을 교체하며, 이러한 교정 작업[1]은 세포가 분열할 때마다 일어나는 일상적인 절차의 일부다. 그러나 카페키의 실험에 따르면 유전자 교체는 세포의 '고유 DNA'에만 국한되지 않았다. 세포가 외부에서 도입된 외래 핵산을 자신의 유전체에 속하는 것으로 착각하여 원래 있어야 할 위치에 정확하게 삽입한 것이다.

상동재조합은 정상적인 유전자 사본을 실험실에서 설계된 유전자 사본(즉, 자연 버전을 대체하는 분자 사기꾼)으로 대체하는 획기적인 방식이었다. 조작된 DNA 조각이 고유 유전자와 크게 다르지 않을 경우(예컨대 이곳 저곳에서 약간의 뉴클레오타이드 차이가 발견되는 정도라면), 세포는 이를 자신의 것이라 주장할 것이다. 이것이 의도한 대로 작동하는지 확인하기 위해 카페키는 판별이 쉬운 표지자, 즉 '비활성화 시 세포를 항생제에 민감하게 만드는 유전자'를 사용하여 절차를 수행했다. 그렇게 실험 과정을 개선하고 효율성을 계산한 결과, 그와 학생들은 DNA가 주입된 세포 1000개 중 1개[2]꼴로 상동재조합이 일어난다고 추정했다.

유전자 교체에 노력을 쏟는 사람이 카페키 하나만은 아니었다.[3] 위스콘신 대학교에 연구실을 차린 영국 태생의 과학자 올리버 스미시스Oliver Smithies도 유사한 연구를 진행하고 있었다. 스미시스와 동료들은 비슷한 프로토콜을 사용하여 베타글로빈β-globin 유전자(산소를 운반하는 단백질인 헤모글로빈의 일부를 형성하는 유전자)에 변이가 있는 세포를 만들었다. 카페키와 스미시스는 같은 비전을 공유한 경쟁자이자 동맹자였던 셈이다. 두 사람 모두, 다음 단계에는 배양된 세포뿐 아니라 살아 있는 동물의 유전자를 교란하는 작업이 포함되어야 한다고 믿었다. 이것이 성공할 경우 미래의 생물학자들은 변이를 전달하기 위해 자연에 의존할 필요가 없었다. 어떤 유전자를 교란할지 스스로 결정한 다음 마음대로 변이를 일으킬 수 있을 것이었다.

하지만 상동재조합만으로는 목표를 달성할 수 없었다. 카페키와 스미시스는 배양된 세포에서 '디자이너 변이'를 만드는 데 성공했지만, 이러한 오류가 동물의 모든 세포에 전달되도록 조작하는 것은 더 까다로운 문제였다. 생식세포 계열germline●에 유전적 변이를 도입하려면 더 많은 기술적 진보, 즉 혁신이 필요했으니, 우연히도 이러한 기술은 암에서 비롯한 기술과 함께 개발되고 있었다.

특이한 종양

1950년대 중반, 메인주 바 하버의 잭슨 연구소에서 일하던 유전학자 로이 스티븐스Roy Stevens는 생쥐의 고환에서 이상한 종양이 자라고 있음을

● 생물의 유성생식에서 유전정보를 다음 세대로 전달하기 위한 세포 계열. 이 계열에 속하는 세포는 생식 가능한 배우자(난자나 정자)를 생성하는 데 특화되어 있다.

깨달았다. 지난 수년간 이 연구소의 과학자들은 설치류를 사육하여 '동계 교배계 inbred strain (멘델이 유전학의 원리를 연구하는 데 사용한 순종 완두콩 식물과 유사한 생쥐 계통)'를 만들어온 터였다. 동계교배계의 구성원은 유전적으로 동일하고 특성(예컨대 털의 색깔)을 공유하기 때문에 면역학 연구에 특히 유용하다.[4] 같은 동계교배계 사이에서 이식된 세포는 어려움 없이 받아들여지는 반면, 다른 계통에 이식된 세포는 이물질로 간주되어 거부된다.

스티븐스가 관찰한 종양은 '129'라는 동계교배계에서 나타난 것으로, 희귀하지만 흥미로운 종양 유형인 기형종 teratoma 이었다. 현미경을 통해 보면 대개 일관된 모양의 세포로 구성된 악성종양과 달리, 기형종은 신체에 정상적으로 존재하는 모든 유형의 세포를 포괄하는, 말하자면 '세포판 노아의 방주'다. 근육과 신경, 연골과 뼈, 상피, 지방, 심지어 머리카락과 치아까지, 모든 조직 유형이 하나의 기형종에서 관찰될 수 있다. 이렇듯 광범위한 세포 분화는 비정상적인 종양이 정상적인 배아발생과 유사한 성질을 공유할 가능성을 제기했다. 이를 뒷받침하는 다른 관찰 결과도 있었다. 인간 기형종이 정자의 근원인 고환이나 난자의 근원인 난소에서 가장 자주 발생하듯이, 스티븐스가 찾아낸 종양도 생쥐의 고환에서 발생했다. 어쩌면 이것은 우연이 아닐지도 몰랐다.

그는 종양의 세포를 분쇄하여 같은 계통 생쥐의 옆구리에 주입했다. 그러자 새로운 기형종이 자라났으니, 이는 종양이 이식 가능하다는 증거였다.[5] 이후 스티븐스는 이식 기술을 변화시킨 끝에 1968년의 실험에서 기형종과 발생 사이의 연관성을 더욱 확고히 하는 놀라운 결과를 얻어냈다. 이 실험에서 그는 종양세포가 아니라 정상 생쥐의 접합체(또는 2세포 배아)를 공여자 삼아 수혜자 생쥐의 고환에 이식했는데, 놀랍게도 이식된 배아는 기형종으로 성장했다. 고환이 이런 종류의 종양 발생에 걸맞은—심지어 공여자가 정상세포일 경우에도—옥토玉±임을 암시하는 결과였다.

그로부터 2년 뒤 크로아티아의 생물학자 이반 다먀노프 Ivan Damjanov와 동료들은 스티븐스의 실험에서 한 단계 나아가, 배아덩이위판 단계까지 진행된 생쥐의 배아를 채취하여 완전히 다른 위치—신장—에 이식하는 실험을 진행했다. 이번에도 기형종이 자랐다.6 자궁에서 발생하도록 내버려 두었다면 갓난 생쥐로 성숙했을 배아—모든 면에서 평범한 세포—가 이식된 곳에서 종양을 형성한 것이다. 배아발생과 발암 사이의 경계는 생각보다 모호했다. 즉 정상세포라 해도 잘못된 시간, 잘못된 장소에 있으면 끔찍한 결과가 초래될 수 있다는 뜻이었다.

●

정상 배아세포에 존재하는 발암 잠재력은 '기형종이 오래전에 사라진 발생 프로그램을 소환한다'는 생각을 강화했다. 스티븐스는 종양을 미니 배아, 말하자면 두 개의 세포 구획으로 구성된 덩어리로 간주했다. 그중 하나는 분화된 집단으로 근육, 뼈, 모발, 기타 전문화된 세포 유형들이 이를 구성한다. 다른 하나는 전문적 특징이 결여된 미분화된 집단으로, 첫 번째 집단의 조상이다. 사실 다른 방법으로는 종양이 이토록 다양한 세포로 구성되는 메커니즘을 상상하기가 어려웠다. 스티븐스는 종양이 발생적 계층구조—미분화 세포에서 유래하는 일련의 분화 세포들—를 채택한 게 분명하다고 결론을 내렸다. 무엇보다 흥미로운 것은 각 종양이 하나의 세포에서 발생했을 가능성이었다.

스티븐스의 연구에 깊은 관심을 기울이던 미시간 대학교의 병리학자 배리 피어스Barry Pierce는 이 아이디어에 매료되었다. 각 기형종이 하나의 다능성 세포에서 발생한다는 개념을 시험하고자, 피어스와 그의 제자 루이스 클라인스미스Lewis Kleinsmith는 개별 기형종 세포를 수혜자 생쥐에게 이식하기 시작했다. 그 결과 1700개의 단일세포 중 약 40개가 종양으로 성장했다. 성공률이 그리 높지 않아 엄청난 노력을 들여야 했으나, 어쨌든 이는 개별 기형종 세포가 종양 내에서 매우 다양한 세포를 생성할 수 있다는 증거였다.[7]

연구자들은 이제 스티븐스의 세포를 배아암종세포embryonal carcinoma cell, EC라 불렀고, 곧 다른 연구 분야와의 유사점이 나타나기 시작했다. 그즈음 존 거든은 '핵이식을 이용한 개구리 복제는 핵 공여자가 분화될수록 더 어려워진다'는 사실을 알게 되었는데, 이는 스티븐스와 피어스의 추측, 즉 미분화된 기형종 세포가 분화된 기형종 세포보다 더 큰 잠재력을 가지고 있으리라는 생각과 일치했다. 또한 EC는 틸과 매컬러가 골수이식 실험에서 발견한 혈액 줄기세포의 특징인 다능성과 자기재생이라는 특성을 지니고 있었다. 다만 중요한 차이점이 하나 있었으니, 잠재력이 혈액으로 제한되었던 틸과 매컬러의 줄기세포와 달리, 스티븐스의 종양세포는 거의 모든 것이 될 수 있었다.

배아줄기세포의 시대

스티븐스는 문제의 129번 생쥐를 널리 배포하여 종양의 고유한 특성을 연구하고자 하는 수많은 연구자들과 공유했다. 이러한 수혜를 받은 이들 중에는 포유류의 난자와 배아를 배양하고 조작하는 방법론을 개척

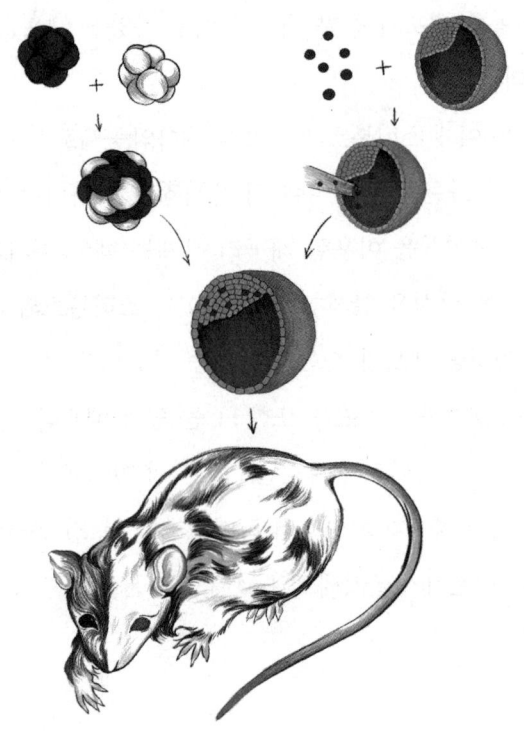

키메라 생쥐는 여러 가지 방법으로 만들 수 있다. 왼쪽은 서로 다른 털색을 가진 두 마리 생쥐에서 유래한 두 개의 상실배를 융합하여 배반포 단계까지 성장하도록 허용한 모습이다. 오른쪽에서는 EC 또는 기타 줄기세포를 배반포강에 미세 주입하여(역시, 구별 가능한 털색을 가진 생쥐를 사용함) 속세포덩이로 통합한다. 그 후 생성된 잡종 배반포는 대리모의 자궁에 이식되어 임신 만기까지 성장할 수 있다. 그 결과 생성되는 자손은 두 세트의 출발 물질의 후손으로 구성되며, 사실상 3~4마리의 부모가 낳은 자손이 된다.

한 펜실베이니아 대학교의 수의사이자 발생생물학자 랠프 브린스터 Ralph Brinster도 포함되어 있었다. 브린스터는 한 배아의 배반포강에서 세포를 채취하여 다른 배아의 배반포강에 주입함으로써 '잡종' 배아를 만들 수 있음을 증명했다. 공여자 유래 세포와 숙주 유래 세포를 구별하기 위해, 그는 서로 다른 털색을 지닌 생쥐8를 사용하여 키메라 생쥐(반은 사자요 반은 염소인 그리스신화 속 동물의 이름을 땄다)라고 불리는 잡종 자손을 쉽게 알아볼 수 있게끔 만들었는데, 이 생쥐는 얼룩덜룩한 털로 이중 혈통을 드러내었다.9

EC와 관련하여 해결되지 않은 의문 중 하나는, '과연 EC의 발생 잠재력에 한계가 있는가' 하는 것이었다. 스티븐스의 생각처럼 정말 그 잠재력이 무궁무진하다면, 다양한 세포를 생성하는 능력이 종양을 넘어 정상적인 발생까지 확장되어야 했다. 브린스터의 잡종 배아 시스템이 바로 이 질문에 대한 해답을 제공할 터였다. 정상적인 숙주의 배반포에 주입된 스티븐스의 EC 세포가 잡종 배아에 통합되어 마치 정상세포처럼 분화할 수 있을까?

그 답을 얻기 위해 브린스터는 알비노(흰색) 생쥐에서 분리한 배반포에 갈색 털을 가진 129번 생쥐의 기형종 세포를 주입했다. 이 역시 비효율적인 과정이었지만, 결국 브린스터는 흰색 바탕에 갈색 털을 가진 키메라 한 마리를 만들어내는 데 성공했다.10 이는 배아 환경이 EC 세포의 종양 형성 본능을 억제할 수 있다는 신호로, 정상 배아세포를 이용한 스티븐스의 초기 실험(잘못된 환경으로 옮기면 암으로 변함)과 정반대되는 결과였다. 다른 연구자들도 곧 브린스터의 연구를 재현하여 더 높은 수준의 키메라 생쥐를 만들어냈다. EC는 암의 기원이지만, 그럼에도 불구하고 정상적인 발생에 참여할 수 있는 것으로 나타났다.

이것이 의미하는 바는 그야말로 무궁무진했다. 일부 발생생물학자들은 EC를 (외부 세포와 유전자를 배아에 전달하는) 트로이 목마로 사용하는 방법을 생각해냈고, 이 아이디어는 이후 '유전자 녹아웃gene knockout' 기술로 발전하게 된다. EC를 사용하여 발생 중인 유전자 조절을 연구하거나 조직 형성을 제어하는 신호를 식별하고 연구하고자 하는 이들도 있었다. 그러나 가장 흥미롭고 매력적인 아이디어는, 방대한 발생 잠재력을 지닌 EC를 인간 기형종에서 분리한 뒤 질병에 대한 세포 치료의 한 형태로 활용할 수 있으리라는 전망이었다.

●

스티븐스의 기형종을 반긴 또 한 명의 생물학자는 런던 유니버시티 칼리지의 생물학자인 마틴 에번스Martin Evans였다. 에번스는 세포 분화, 즉 세포를 세포 사회에서 제자리로 안내하는 과정에 관심을 갖고 개구리 배아를 사용하여 연구를 진행했는데, 실험 시스템이 너무나 복잡해 낙담하고 있었다. 배아에서 너무 많은 일이 너무 빨리 일어나는 데다 그나마도 대부분은 시야에 잡히지 않았고, 더욱이 생화학 연구에 적합하지 않을 만큼 규모가 작았으니, 그로서는 도무지 아무것도 이해할 수가 없었다. 생체 외 접근 방법—조직배양 접시에서 세포 분화를 연구하는 방법—이 더 나을지도 모르겠다 생각하던 차에, 그는 EC 시스템에 대한 이야기를 들었다. 바로 이 방식이 안성맞춤일 것이었다.

1969년, 에번스의 편지를 받은 스티븐스는 곧장 종양을 가진 129번 생쥐를 영국으로 보내주었다. 첫 번째 단계는 스티븐스처럼 생쥐에서 생쥐로 세포를 이식하는 대신, 종양—배양을 통해 무한한 확장이 가능한 불멸의 계통—으로부터 세포주$^{cell\ line}$를 생성하는 것이었다. 정상세포에 비해 암세포는 독종 잡초처럼 자라는 특성이 있어 의학적 재앙으로 간주된다. 하지만 종양세포를 잘게 자른 다음 배양접시에 담아 인큐베이터에서 배양할 경우엔, 정상세포보다 훨씬 뛰어난 적응력으로 수월한 연구의 기회를 창출한다. 새로 채용한 박사 후 연구원 게일 마틴$^{Gail\ Martin}$과 함께, 에번스는 배지에 포함된 또 다른 유형의 세포인 '배양보조세포$^{feeder\ cell}$'를 사용하여 불멸의 EC 세포주를 여러 개 확립했다.

이제 EC 계통의 분화 특성을 시험할 차례였다. 모든 면에서 세포는 마치 신선한 종양에서 바로 나온 듯한 행동을 보였다. 생쥐의 옆구리에 주입된 세포는 기형종을 생성했으며, 배반포강에 주입된 세포는 키메라 생쥐를 생성했다. 이로써 '단일세포로도 기형종을 생성할 수 있다'[11]는 피어스와 클라인스미스의 초기 연구 결과가 뒷받침되고, EC 계통이 발생 잠재력을 유지한다는 사실이 증명된 셈이었다. 그러나 한 가지 중요한 차이점이 있었다. EC의 원천인 종양과 달리, EC 세포는 인큐베이터에 무기한으로 보관하거나, 필요할 때마다 호출하여 사용할 수 있는 냉동 비축 상태로 유지할 수 있었다.

다만 키메라 생쥐의 형태로 배아발생에 기여했음에도 EC가 넘을 수 없는 장벽이 하나 있었으니, 그것은 바로 생식세포 계열이었다. 에번스가 가장 간절히 바랐던 것은 키메라의 정세포나 난세포 중 일부가 '주입된 EC'에서 유래하는 것이었다. 만약 그렇게 되면 EC의 유전체는 해당 생식세포를 통해 다음 세대로 전달될 수 있을 터였다. 그러나 이런 일은 일어나지 않았다. 에번스가 조사한 키메라 생쥐의 자손 수백 마리 중 129번 계통의 특징인 갈색 털을 가진 생쥐는 한 마리도 없었다. EC 세포는 키메라의 여러 세포 유형에 기여할 수 있지만 접합체에는 접근하지 못하는 것으로 나타났다. 참으로 아이러니한 결과였다. 수컷의 생식기관인 고환에서 유래한 EC 세포가, 그 자체로는 불임이었으니 말이다.[12]

이제 케임브리지 대학교로 자리를 옮긴 에번스는, 다음 세대에 유전자를 전달할 수 있는 줄기세포를 얻으려면 자손 생산의 유일한 원천인 배아를 연구해야 하리라는 결론에 이르렀다. 1980년, 10년에 걸쳐 EC 세포를 연구해온 그는 암세포가 할 수 없는 일을 배아세포가 해낼 수 있으리라 믿고 쥐의 배반포에 주목하기 시작했다.

수개월간의 시행착오 끝에[13] 에번스는 배반포 유래 세포를 배양하여 성장시키는 데 성공했다. EC 세포와 마찬가지로 이 비암세포 noncancerous cell 또한 배양을 통해 여러 계통을 형성했으며, 생쥐에게 주입했을 때 종양을 일으켰다. 중요한 것은 이 세포에서는 (EC 세포로 하여금 유전자를 전달할 수 없게 만드는 요인인) 염색체 이상이 발견되지 않았다는 점이다. 몇 달 뒤 에번스의 박사 후 연구원 출신인 게일 마틴도 샌프란시스코에 있는 자신의 실험실에서 동일한 결과를 얻어냈다.[14] 마틴은 이 새로운 세포주를 배아줄기세포 embryonic stem cell, ESC라 불렀고, 그 이름은 그대로 굳어져 통용되었다.

엄밀히 말하면 ESC는 자연계에 존재하지 않는다. 생체 내의 배반포에 존재하는 세포는 이와 유사한 특성을 가지지만, 일반적으로 발생이 진행됨에 따라 하루나 이틀 내에 분화한다. 반면 체외로 추출된 ESC는 몇 주 동안 유예(미분화) 상태를 유지할 수 있다. 즉, 분화를 막는 배양 조건에서 방출되었으니 수천 가지의 전문화 프로그램 중 하나를 실행할 준비를 갖춘 셈이다.

그로부터 몇 년 만에, 에번스와 마틴을 비롯한 과학자들은 이 새로운 배아 유래 세포가 EC가 하는 모든 일을 할 수 있다는 사실을 증명했다. 가장 중요한 것은 이 세포로 만든 키메라 생쥐가 다음 세대에 유전체를 전달할 수 있다는 점이다. 이는 다능성multipotency(체내에서 많은 세포를 생성하는 능력)으로부터 만능성pluripotency(체내의 모든 세포를 생성하는 능력)으로 그 지위를 격상시키는 속성이었다. 드디어 배아줄기세포의 시대가 도래한 참이었다.

●

나는 박사과정 초기인 1991년에 ESC를 처음 접했다. 그 무렵에는 ESC 방법론이 이미 전 세계에 널리 퍼진 뒤였고, 내가 근무하던 실험실의 박사 후 연구원이었던 마이클 셴Michael Shen은 이 프로토콜을 마스터하여 분화 연구에 활용하고 있었다. 마이클은 똑똑하지만 평소 내성적이고 꽤 진지한 성격이었는데, 어느 날 아침 내가 연구실에 들어갔을 때 그의 얼굴에 장난기 어린 미소가 가득했다.

그는 원형 조직배양 접시가 놓인 현미경을 가리키며 내게 물었다. "소름 끼치는 거 구경할래요?"

배양 과정에서 세포는 접시의 플라스틱 표면을 발판 삼아 그 위에 놓인 배지로부터 영양분을 얻는다. 배양된 세포는 체내와 유사한 조건(특히 온도와 산도acidity)으로 설계된 특수 배양기에서 생존·성장·분화하는데, 이것들은 생체 내 세포와 전혀 닮지 않았지만 배양접시에서 확장된 모양에 따라 그 종류를 확인할 수 있다. 상처에 반응하는 결합조직 세포인 섬유모세포는 마치 플라스틱에 뚫린 틈을 봉합하려는 듯 배양접시 표면을 가로질러 퍼져나간다. 이와 대조적으로, 신체에서 불투과성 장벽을 만드는 상피세포는 밀접하게 연결된 채 평평한 층을 형성하여, 마치 조약돌이 깔린 거리처럼 보인다.

접안렌즈를 통해 들여다보니 내가 알아볼 수 있는 세포 유형과 그렇지 않은 세포 유형이 보였다. 먼저, 무늬가 새겨진 식탁보처럼 접시 전체에 퍼져 있는 섬유모세포는 쉽게 알아볼 수 있었다(섬유모세포는 배양보조세포로, ESC의 분화를 막기 위해 배지에 추가된 일종의 간호사 역할을 한다). 뒤이어 다른 세포 유형도 눈에 띄었다. 촘촘하게 밀집된 세포 집합체들이 섬유모세포 위에 안착한 모습이, 마치 평야에서 솟아오른 메사^{mesa*}를 연상시켰다(여기서 '평야'는 섬유모세포이고, '메사'는 세포 집합체이다). 이어 나는 하나의 세포 집락에 집중했는데, 놀랍게도 모종의 움직임—몇 초마다 한 번씩 한쪽 끝에서 다른 쪽 끝으로 맥동하는 동적 파동—이 포착되었다. 문제의 집락이 박동하고 있었던 것이다.

섬유모세포는 ESC의 분화를 막아야 하지만, 이 배양보조세포의 경우 임무를 완벽하게 수행하지 못한 듯했다. 왜냐하면 (내가 관찰하고 있던 집락을 포함한) 일부 집락 내의 ESC가 심장근육세포라는 특수한 정체성을 띠고 있었기 때문이다. 모든 심장근육세포는 박동하는데, 이는 내장된 박동조율기 때문이다. 그 맥동을 통해 분화된 상태를 쉽게 알아볼 수 있었지만, 보다 정교한 방법으로 분화된 세포를 탐지했다면 뉴런, 연골, 장 등 다

---
* 꼭대기는 평평하고 등성이는 벼랑으로 된 언덕.

른 많은 계통도 발견할 수 있었을지 모른다.

"꽤 멋지지 않나요?" 마이클이 말했다.

세포 덩어리가 수축을 거듭하며 한 단계씩 나아가는 과정을 지켜보면서, 내 머릿속에는 두 가지 생각이 떠올랐다. 먼저, 나는 내가 보고 있는 것, 즉 마치 심장의 일부인 양 행동하는 세포들의 모습에 그저 감탄할 따름이었다. 집락의 한쪽에서 시작된 수축이 다른 쪽으로 전파되었는데, 이는 한 심장세포에서 다른 심장세포로 전기신호가 전달된 결과였다. 이 세포들은 자신이 제자리에 있지 않다는 것—즉 심장 내부가 아닌 접시에 있다는 사실—을 알지 못했고, 어쨌건 신경 쓰지 않는 것 같았다. 그리고 동시에, 나는 그 집락의 기원에 대해 생각했다. 아마도 그것은 내가 시선을 고정한 지점에 우연히 떨어진 하나의 ESC로부터 시작되었을 것이다. 그 후손들이 접시 안에서 그토록 긴 발생 과정—배아에서 심장까지—을 거쳤다니, 도무지 믿을 수 없는 불가능한 일로 여겨졌다. 하지만 그들은 거기에서 고동치고 있었다. 그 리드미컬한 수축이야말로 성공적인 여정에 대한 확실한 증거였다.

녹아웃 생쥐

배아줄기세포를 배양하는 능력이야말로 카페키가 기다리던 기술적 돌파구였다. 1985년 크리스마스 직전, 그는 영국 케임브리지로 가서 에번스로부터 ESC 추출 및 배양 방법과 키메라 생쥐를 만드는 법을 배운 뒤 유전체가 변경된 생쥐 계통을 만드는 데 필요한 모든 요소를 갖추었다. 카

카페키의 원대한 계획은 다음과 같았다. 첫째, ESC에 변이를 도입한다. 둘째, 변이가 포함된 ESC를 이용하여 키메라 생쥐를 만든다. 셋째, 키메라 생쥐를 교배하여 변이를 미래 세대에 전달한다.

그런데 어떤 유전자를 먼저 표적으로 삼아야 할까? 카페키는 이에 대해 깊이 생각했다. 그도 그럴 것이, 올바른 유전자를 선택하느냐가 성공과 실패를 좌우하기 때문이었다. 가장 먼저 떠오른 것은 'HPRT'로 알려진 효소를 코딩하는 유전자였다. HPRT의 변이는 주로 남성에게 영향을 미쳐 통풍, 발달 지연, 종종 자해 행동을 유발하는 인간 질병인 레시-나이헌 증후군Lesch-Nyhan syndrome의 원인이 된다. HPRT는 카페키의 목적에 들어맞는 몇 가지 중요한 속성을 가지고 있었다. 먼저, 효소의 활성을 쉽게 감지할 수 있기에 유전자가 '녹아웃' 되었는지 여부를 입증하는 데 용이했다. 또한 HPRT 유전자는 X 염색체에 위치하므로(레시-나이헌 증후군이 주로 남성에게 영향을 미치는 이유가 이것으로 설명된다), 단일 X 염색체를 가진 남성의 ESC를 사용해 실험할 경우 HPRT 결핍을 유도하기 위해서는 단 하나의 사본만 표적으로 삼으면 되었다.

카페키와 그의 제자들—박사 후 연구원과 학생들—은 퍼즐 조각을 맞추기 시작했다. 그들이 '결함 있는 HPRT 유전자를 포함한 DNA 조각'을 설계하여 ESC 세포에 공급하자, 세포는 이를 받아들여 제 유전체에 삽입했다. 예상했던 대로, 대부분의 ESC 세포는 외부 DNA를 무작위로 도입하여 이미 핵에 존재하는 수십억 개의 염기에 핵산을 무작위로 추가했다. 그러나 외부 DNA는 HPRT 유전자의 위치에 측정 가능한 빈도로 정상 통합되어 '기능적 사본'을 '결함 있는 사본'으로 대체했다.[15] 동시에 올리버 스미시스는 유전자 교체 기술인 상동재조합을 사용해 자연적으로 발생하는 HPRT 유전자의 변이 버전을 교정할 수 있다는 사실을 보여주었다. 상동재조합은 디자이너 변이를 만들어내는 한편, 변이를 수정할 수도 있었다.[16]

HPRT 유전자 연구를 이어간 끝에 스미시스는 녹아웃 생쥐를 만들기 위한 마지막 과제, 즉 변이가 포함된 ESC를 '생식세포로 전환'하는[17] 데 성공했고, 뒤이어 다른 유전자도 표적으로 삼기 시작했다. 마침내 1990년, 카페키의 팀은 변이가 포함된 ESC를 사용하여 변이 생쥐를 만들어냈다.[18] 당시 연구 팀이 제거하기로 선택한 유전자[19]는 *int-1*으로, 이를 파괴한 결과 다양한 신경학적 표현형을 가진 생쥐가 탄생한 것이다.

이러한 발전은 유전학 분야를 완전히 뒤바꿔놓았다. 그 전까지 수십 년에 걸쳐 유전학자들은 '변이에서 유전자'로 이동하여, 먼저 흥미로운 표현형을 가진 파리, 벌레, 생쥐를 찾아낸 다음 그 원인이 된 DNA로 거슬러 올라갔다. 이것이 바로 하이델베르크 과학자들이 패턴을 형성하는 유전자를 식별하는 데 사용하고, 브레너, 설스턴, 호비츠가 세포 행동을 이해하는 데 사용한 '유전학적 접근 방법'이었다. 하지만 이제 연구자들은 사상 처음으로, 자연에 의존하여 변이를 생성하는 대신 변경하고자 하는 유전자를 스스로 선택할 수 있게 되었다. 상동재조합과 ESC 기술을 통해 유전자에서 변이로 이동하면서, 유전자의 염기서열을 변경하고 어떤 표현형이 나타나는지 조사함으로써 그 기능을 규명할 수 있게 된 것이다. 이 전략은 역유전학reverse genetics이라는 이름으로 불리며 생물학 분야 전반에 걸쳐 들불처럼 퍼져나갔다. 2007년 에번스, 카페키, 스미시스가 유전자 녹아웃 기술로 노벨상을 수상할 무렵에는 1만 개 이상의 생쥐 유전자가 상동재조합에 의해 불능화되었는데, 바로 그 유전자들은 인류를 괴롭히는 모든 질병에 영향을 미치는 생물학적 기능을 담당하고 있었다.

생쥐에서 인간으로

유전자 녹아웃 기술은 점점 더 발전하여 개선과 수정을 통해 유전자 상실 시기를 조절하는 것도 가능해졌다. 연구자들은 유전자(그리고 그 단백질 산물)를 없애는 표준 녹아웃을 넘어 유전자 DNA 서열의 단일 뉴클레오타이드에 영향을 미치는 미묘한 변이, 즉 인간 질병과 관련된 변화와 더욱 유사한 변화를 만들기 시작했다. 이제 생쥐 유전체의 거의 모든 유전자는 어떤 식으로든 변경되었고, 그중 상당수는 여러 번 변경되었다.

1990년대 초, 연구자들은 줄기세포의 치료 잠재력에 대해 더욱 진지하게 생각하기 시작했다. 생쥐 ESC가 올바른 신호(살아 있는 동물에서 자연적으로 발생하는 신호)를 받아 어떤 세포 유형이든 만들어낼 수 있다면 당연히 인간 ESC도 같은 일을 할 수 있어야 하며, 이는 조작된 세포를 통해 인간 질병 치료와 관련한 거의 무한한 잠재력을 창출할 수 있다는 뜻이었다. 무엇보다 심장마비, 뇌졸중, 신부전, 폐기종, 자가면역질환, 신경 퇴행, 화상, 대사 질환 및 기타 여러 질환으로 인해 손실된 세포를 대체하는 인간 ESC를 만드는 것이 이 분야의 야심 찬 목표가 되었다.

연구자들은 에번스와 마틴이 이미 많은 노력을 기울여왔으니 인간 만능세포human pluripotent cell를 만드는 작업이 비교적 간단하리라 여겼다. 그러나 생쥐의 줄기세포 프로토콜을 인간의 것으로 번역하는 작업은 매우 복잡하고 까다로운 것으로 밝혀졌다. 인간 배아는 어떤 이유에서인지 협조적이지 않았다. 인간 ESC를 추출하기 위해서는 새로운 접근 방법이 필요했다. 몇 년 뒤에야 위스콘신 대학교의 제이미 톰슨Jamie Thomson과 존스 홉킨스의 존 기어하트John Gearhart가 기술적 문제를 해결했고,[20] 1990년대 후반 무렵 인간 ESC가 인간의 심장, 신장, 척수를 고치고 의학의 현실을 바꿀 수 있으리라는 기대감이 다시금 고개를 들기 시작했다.

하지만 줄기세포 분야는 또 다른 장애물에 직면했다. 바로 세포가 제대로 작동하도록 만드는 일이었다. 인간 ESC로 세포 기반 치료의 새로운 시대를 열기에 앞서, 연구자들은 질병 치료에 필요한 다양한 유형의 세포를 추출해야 했다. 이는 상당히 어려운 일이었다. 앞서 살펴보았듯이 분화는 여러 세포들 간의 대화라 할 수 있다. 즉 무수한 신호가 적절한 때 적절한 수준으로 조합된 결과가 각각의 세포를 세포 사회에서의 적절한 위치로 안내하는 것이다. ESC로 동일한 목표를 달성하려면 이러한 신호의 일부 또는 전부를 재현해야 했다.

이처럼 유용한 세포를 생성하기 위해, 줄기세포 연구자들은 경험과 발생학적 지식을 기반으로 한 여러 단백질과 화학물질의 칵테일에 ESC를 노출시키기 시작했다. 진전은 급속도로 이루어졌다. 분화 프로토콜이 개선됨에 따라 이들의 세포배양 접시는 점차 췌장, 심장, 폐, 눈, 신장, 간, 장, 연골, 골수, 뇌, 기타 조직에 존재하는 세포와 유사한 세포들로 가득 채워졌다.[21]

그럼에도 이 분야는 아직 의도한 목표에 완전히 도달하지 못했다. 오늘날 대부분의 줄기세포 연구자들은 ESC 분화 프로토콜의 산물이 체내의 정상적인 세포와 동등한 기능을 수행하지 못한다는 점을 인정할 것이다.[22] 정확한 이유는 알 수 없지만 이러한 현상은 신체에 존재하는 특정 요인이 조직배양 접시에서 누락되었음을 시사한다. 마찬가지로, ESC가 배반포에 주입됐을 때는 정상적인 역할을 수행하지만 동물의 옆구리에 주입됐을 때는 종양을 형성하는 이유도 아직 명확히 알려진 바 없다. 자기재생, 분화, 단일세포 문제와 관련해 우리는 아직 모르는 것이 많다.

줄기세포와의 전쟁

2000년에 이르러서는 인간 ESC가 인간 배아에서 유래했다는 사실과 관련한 종교적·윤리적 반발이 보다 큰 걸림돌로 작용하기 시작했다. 줄기세포를 만들기 위해 생쥐 배아를 사용하는 것에 대해서는 별다른 반발이 없었지만, 인간 배아를 파괴하는 것은 다른 이야기였다. 수백만 명의 사람들, 특히 낙태를 무조건적으로 반대하는 이들에게는 이러한 생각 자체가 용납될 수 없는 것이었으며, 이 배아—100개 정도의 세포로 이루어진 작은 공—가 체외수정 이후 더는 그것을 필요로 하지 않게 된 부부에게서 기증받은 것이라는 사실도 아무 의미가 없었다.

2001년 8월 9일 저녁, 조지 W. 부시 대통령이 인간 줄기세포 연구에 대해 입을 열었다. 9·11 테러 발생 한 달 전에 행한 대국민 연설을 통해, 《타임》이 "대통령 취임 초기의 핵심적인 위기"[23]라고 언급했던 문제를 다룬 것이다. 톰슨과 기어하트가 인간 ESC를 성공적으로 만들어냈다고 발표한 지 불과 3년밖에 지나지 않았지만, 인간 ESC가 미국 낙태 논쟁의 중심에 서기에는 충분한 시간이었다.

텍사스주 크로퍼드의 개인 목장에서 진행된 이 연설에서, 부시는 배아줄기세포 연구를 가리켜 "모든 단계의 생명을 보호해야 할 필요성과 인명을 구하고 개선할 가능성이 서로 대립하는, 참으로 까다로운 도덕적 교차점에 놓인 문제"로 규정하며 두 가지 근본적인 의문을 제기했다. "첫째, 이 냉동 배아들은 인간의 생명이며, 따라서 보호해야 할 소중한 대상이 아닌가? 둘째, 어차피 파괴될 거라면 더 큰 이익을 위해, 즉 생명을 구하고 개선할 잠재력을 가진 다른 연구를 위해 사용되어야 하지 않을까?"

그가 고민하는 보다 구체적인 문제는, 설사 불임 클리닉에서 사용하고 '남은 배아'라 할지라도 파괴된 배아의 산물을 이용한 연구에 세금을 사용해야 할지의 여부였다. 그의 정책 결정은 인간 ESC 연구의 지지자(과학자 및 환자 단체)와 반대자(낙태 반대자) 모두를 만족시키지 못했다. 부시 대통령이 국립보건원(NIH)에 제시한 타협안은 '연설 이전에 만들어진 60개의 인간 ESC를 활용한 연구에 대해서는 연구비 지원을 허용하되, 그 이후에 생성된 인간 ESC에 대한 연구에는 연방 자금 사용을 금지하라'는 것이었다.

인간 ESC 연구에 반대하는 사람들은 인간 배아와 관련된 연구를 일부나마 허용하는 이 정책을 "도덕적으로 용납할 수 없다"[24]며 맹비난했다. 한편 줄기세포 연구의 잠재력에 희망을 걸었던 이들에게도 부시의 타협안은 치명적이었다. 60여 개에 이르는 세포주의 사용이 허락되었으니 인간 ESC 연구가 큰 차질 없이 계속되리라 여길 수도 있었지만, 현실은 전혀 그렇지 않았다. 기존의 세포주 중 상당수는 배지에서 성장하지 못하거나 줄기세포처럼 작동하지 않는 등 연구에 부적합했고, 다른 계통은 소유권이 걸려 있어 더 광범위한 연구 커뮤니티에서 사용할 수 없었다. 이를 제외하고 남은 것들은 인류의 다양한 유전적 배경을 대표하기에는 그 수가 턱없이 부족했다.

역설적으로, 어쩌면 부시의 정책이 줄기세포 연구의 속도를 가속화한 것인지도 모른다. 부시의 대국민 연설 이후 한동안 몇몇 주 정부에서는 줄기세포 연구 계획에 대한 자체적인 후원으로 이에 대응했다. 민간 재단과 환자 옹호 단체들도 이 유망한 분야의 흐름을 막고 중요한 자금을 박탈하는 정부에 분노하며 미국과 해외에 줄기세포 연구 기관을 설립하는 데 힘을 보탰다. 이러한 노력을 통해 창출된 자금이 어느 정도인지 정량화하기는 어렵지만 아마도 상당한 금액이었을 것이다. 추측건대, 연방 지출에 대한 제한이 없었을 경우 NIH가 인간 ESC 연구에 지출했을 금액을 초과했을 가능성이 높다.

이러한 정치적·윤리적 논쟁은 이후로도 2년에 걸쳐 이어지다가 2006년에 이르러 과학 자체는 물론 연구의 측면에도 큰 영향을 미치는 사건에 맞닥뜨리며 커다란 전환을 맞이했다. 한 일본인 외과의와 그의 학생이 배아를 건드리지 않는 방법으로 인간 만능세포를 만드는 또 다른 방법을 발견한 것이다.

현자의 돌[※]

야마나카 신야 山中伸弥는 1962년 오사카에서 엔지니어의 아들로 태어났다. 앞에서 만난 루, 미셔, 매컬러 등 많은 발생생물학자와 마찬가지로

[※] 중세의 연금술사들이 비금속을 황금으로 바꾸는 재료가 있다 믿고 그 가상의 재료에 붙인 명칭이다.

야마나카도 과학자이기 전에 의사였다. 그는 고베의 의과대학에서 정형외과를 전공했는데, 그 과정에서 이미 자신이 '아픈 사람을 치료하는 의사'보다 '질병의 원인을 연구하는 연구자'로서 인간의 고통을 완화하는 데 더 많이 기여할 수 있으리라는 결론을 내렸다. 곧 그는 약리학 박사과정을 수료하고 1993년 학위를 취득한 뒤, 가족과 함께 샌프란시스코로 이주하여 글래드스톤 연구소에서 박사 후 과정을 밟으며 녹아웃 생쥐를 만들었다.

일본으로 돌아온 야마나카는 모국의 과학철학이 미국의 그것과 상당히 다르다는 것을 깨닫게 되었다. 미국의 연구 환경은 창의성, 위험 감수, 활발한 지적 상호작용을 독려하는 분위기였다. 하지만 일본의 풍토는 이보다 훨씬 실용적이었다. 그의 동료들은 기초연구에 거의 관심이 없었고, 그에게도 의학과 더 밀접하게 관련된 프로젝트로 전환할 것을 권유했다. 논문 발표도 연구비 확보도 쉽지 않게 되자 야마나카는 연구에 대한 열정을 접고 임상의학으로 돌아갈까 고민에 빠졌다.

다행히도 외과의이자 과학자인 그는 나라 첨단과학기술원(NAIST)에 새로운 일자리를 얻어 생쥐 녹아웃 '코어 퍼실리티 core facility'를 운영하게 되었다. 그곳에서 그의 임무는 동료가 원하는 방식으로 유전체를 변경함으로써 디자이너 변이를 가진 생쥐를 만드는 것이었다(코어 퍼실리티는 규모의 경제에 기반하여, 개별 연구실이 자체적으로 수행하기에는 너무 비싸거나 기술적으로 까다로운 서비스를 제공한다). 그는 녹아웃 생쥐를 만드는 데 능숙했으니, 이러한 능력이 그를 가치 있는 연구원으로 만들었다. 과학적 자신감도 커졌다. 마침내 그는 자신만의 프로젝트를 추진할 수 있는 자유와 자원을 얻게 되었다.

때는 톰슨과 기어하트가 인간 ESC를 만드는 방법을 정의한 이듬해인

1999년이었다. 야마나카는 자신의 '녹아웃 코어'에서 매일 생쥐 ESC를 연구했고, 인간 ESC가 언젠가 의학에 혁명을 일으키리라는 믿음을 널리 공유했다. 그는 줄기세포를 자신의 독립적인 연구 프로젝트의 주제로 삼기로 결정했다. 다만 그가 찾고자 한 것은 당시의 다른 연구자들이 추구하던 것과 완전히 반대되는 것이었다. 그들이 줄기세포를 분화시키는 보다 나은 방법을 찾으려 했던 반면, 야마나카가 찾는 것은 '분화된 세포를 줄기세포로 역분화하는 방법'이었다.

●

물론 다른 사람들이 이미 비슷한 업적을 달성한 터였다. 존 거든은 일찍이 핵이식을 통해 발생 시계를 과거로 되돌릴 수 있다는 사실을 최초로 증명한 바 있었다. 그의 업적으로 복제 양 돌리를 비롯한 포유류 복제가 가능해졌으며, 모든 세포가 다른 종류의 세포가 될 수 있는 잠재력을 지니고 있다는 사실이 드러났다. 야마나카가 NAIST에서 자리를 잡아갈 무렵, 일본의 동료 연구자인 타다 타카시多田高가 생쥐 ESC를 완전히 분화된 림프구와 융합하여 만능성을 유도할 수 있음을 밝혀냈다. 이는 만능 상태가 '지배적'이라는 신호25였기에 매우 중요한 발견이었다. 광범위한 잠재력을 가진 ESC는 이미 자신의 방식으로 설정된 다른 세포를 역분화시킬 수 있었다.

야마나카는 핵이식과 같은 접근 방법이 ESC를 결코 대체할 수 없다는 것을 알고 있었다. 오히려, 핵이식은 기술적으로 까다로울 뿐 아니라 그 과정 중 배아를 파괴한다는 점에서 그간 이 분야를 괴롭혀온 장애물에 가까웠다. 발생 시계를 되돌리는 더 쉬운 방법, 즉 고도로 전문화된 기술이 필요치 않은 세포핵 역분화 방법이 있을 것이었다. 보다 간단한 대안을 찾기 위해 문헌을 뒤지던 그는 자코브와 모노가 세균 및 파지 연구를 통해 처음 밝혀낸 유전자 조절자인 전사인자에 주목했다. 전사인자에는 유전자의 스위치를 켜고 끄는 능력이 있으니, 이 DNA 결합 단백질을 적절히 조합하면 분화된 세포를 만능 세포로 역분화시킬 수 있을지도 몰랐다.

언뜻 보기에 야마나카의 아이디어는 불가능하게만 여겨졌다. 수백 개까지는 아니더라도 수십 개의 전사인자가 각 세포의 유전자 조합 발현을 지시함으로써 그 정체성을 결정한다. 분화된 세포를 줄기세포로 전환하는 데 적합한 전사인자의 조합을 정확하게 대체하는 것이 가능할까? 원칙적으로 얼토당토않은 일이었다.

하지만 야마나카는 그 일이 그렇게 복잡하지 않을 수 있으리라 생각했고, 그럴 만한 이유도 있었다. 우선, 호메오 형질전환이 일어난 파리— 더듬이 대신 날개가 더 달린 초파리, 또는 더듬이 대신 다리가 더 달린 초파리—에서 볼 수 있는 세포 정체성의 극적인 변화는 단일 전사인자의 변이에 의해 발생할 수 있다. 또한 시애틀의 프레드 허친슨 암 센터 연구원인 해럴드 와인트라우브Harold Weintraub는 근육 분화에 관여하는 전사인자인 MyoD가 섬유모세포를 근육모세포(근육세포 전구체)로 전환할 수 있음을 보여주었다.[26] 단일 전사인자가 이렇게 극적인 방식으로 분화 방향을 바꿀 수 있으니, 아마도 소수의 전사인자를 적절히 조합하면 탈분화de-differentiation를 유도함으로써 전문화된 세포를 줄기세포로 만들 수 있을 것 같았다.

첫 번째 단계는 이 작업을 수행할 수 있는 모든 전사인자의 목록을 작성하는 것이었다. 야마나카와 그의 연구진은 문헌 검색과 녹아웃 연구에서 수집한 정보를 바탕으로 ESC에서 특별히 발현되거나 그 기능에 중요한 24개 전사인자의 목록을 작성했다. 그의 가정이 맞는다면, 목록에 있는 유전자 중 일부 또는 전부가 세포를 '줄기세포 유사 상태stem cell-like state' 로 유도할 수 있어야 했다.

이제 가설을 검증할 차례였다. 그 무렵 연구실을 교토 대학교로 옮긴 야마나카는 대학원생인 다카하시 카즈토시高橋和利를 설득하여 이 중대한 프로젝트를 맡겼다. 다카하시는 각 전사인자를 코딩하는 유전자를 분리한 뒤 상처 치유에 특화된 세포인 생쥐의 섬유모세포에 한 번에 하나씩 도입하는 작업으로 연구를 시작했다. 섬유모세포의 외형에 약간의 변화가 보이기를, 즉 발생적으로 퇴행했음을 확인할 수 있기를 그는 간절히 바랐다.

결과는 줄곧 부정적이었다. 그 어떤 징후도 세포가 만능성을 향한 단계를 밟았다는 사실을 보여주지 못했다. 다소 실망스러운 결과였지만 그다지 놀랄 일은 아니었다. 야마나카와 타카하시는 포기하지 않고, 혹시 전사인자들을 결합할 경우 보다 성공적인 결과를 거둘 수 있지 않을까 생각했다. 그리하여 다카하시가 24개의 유전자를 모두 동시에 섬유모세포에 도입했는데, 이번에는 정말 놀라운 결과가 나타났다. 일부 세포가 ESC를 닮아 있었다!

어떤 전사인자들의 조합이 발생 시계를 되돌린 것이 분명했다. 그런데 대체 어떤 것이었을까? 24개의 유전자가 모두 필요했을까, 아니면 일부 유전자만으로 가능했을까? 다카하시는 시행착오를 거쳐 총 네 개의 유전자로 목록을 줄였다. 현재 '야마나카 인자Yamanaka factors'[27]라 불리는 이 네 개 유전자를 섬유모세포에 발현시키자 세포는 ESC처럼 보였을 뿐 아니라 모든 ESC 유전자를 발현했고, 생쥐의 옆구리에 주입했을 땐 기형종을 만들었다. 무엇보다 중요한 건, 그 후손이 생쥐의 배반포에 주입된 이후 모든 배아 조직에 통합되었다는 사실이었다.

배아에서 유래하지 않았다는 점만 빼면 조작된 세포는 모든 면에서 배아줄기세포와 동일해 보였다. 그 사실을 강조하는 한편 인간 ESC 분야를 괴롭혀온 논란을 피하기 위해 연구진은 이러한 세포 재생 과정을 '유도만능성 induced pluripotency'으로, 프로토콜의 결과물은 유도만능줄기세포 induced pluripotent stem cell, iPSC[28]로 명명했다.

그로부터 1년도 채 지나지 않아 야마나카의 연구실에서는 동일한 유전자를 사용하여 인간 iPSC를 만들었고, ESC의 선구자 톰슨이 약간 다른 유전자 모음을 사용해 같은 성과를 이루어냈다. 곧이어 10여 곳에 이르는 실험실에서 '섬유모세포만 다능성 세포로 역분화될 수 있는 것은 아니며, 발생 시계를 되감는 일은 분화된 생쥐 및 인간 세포에서 두루 가능하다'는 점을 증명해 보였다. 많은 독립적인(그리고 회의론적인) 실험실에서 그토록 짧은 시간 안에 결과를 재현할 수 있었다는 것은, 세포를 배아의 기저 상태로 되돌리는 것이 얼마나 쉬운 일인지를 방증한다.

처음에 일부 과학자들은 iPSC가 ESC에 비해 잠재력이 부족하며 그 작동 방식이 상이하므로 연구나 최종 임상용으로는 부적합할 수 있다고 우려를 표했다. 그러나 시간이 지나며 iPSC와 ESC 간에 유의미한 차이를 발견하기 어렵다[29]는 점이 입증되면서 iPSC가 ESC를 대체할 수 없다는 우려는 사라졌다. 일부 연구에서는 ESC가 계속 사용되지만, 이제 비교적 쉽게 생성할 수 있으며 그 대상이 무엇이든 '살아 있는 세포'에서 얼마든지 추출이 가능한 iPSC로 무게중심이 옮겨가고 있다. 또한 iPSC는 21세기 초 몇 년간 ESC 분야에 그림자를 드리웠던 윤리적 문제를 우회하므로, 정치적·사회적 장애물이 거의 없는 셈이다. 성공 가능성이 매우 희박한 실험을 통해, 모든 인간의 독특한 구현물을 창조하고 잠재력을 싹틔울 수 있게 된 것이다.

세포 아바타, 유도만능줄기세포

iPSC는 커다란 가능성을 가지고 있다. 그러나 이 분야는 아직 초기 단계이며, 이 줄기세포가 미래의 의학에서 어떤 역할을 수행할지도 명확히 정의되지 않았다(이에 대해서는 마지막 장에서 다시 다룰 예정이다). 그럼에도 불구하고 만능세포는 임상에 수반되는 위험과 비용 없이 질병을 연구하는 '질병 모델링'에서 이미 그 유용성이 확립되었다.

동물, 특히 생쥐는 질병 모델링의 오랜 대상이었다. 물론 그 결과가 항상 만족스러운 것은 아니었다. 생쥐와 인간이 다른 계통으로 갈라진 지는 불과 7500만 년(진화적 관점에서 보면 눈 깜박할 시간)밖에 되지 않았지만, 질병으로 인해 여러 요소에서 그 차이가 확대되었다. 세포 구성, 대사 경로, 분자 구조의 차이로 인해 생쥐 모델에서 효과가 있는 약물이 인간 환자에게는 효과가 없는 경우가 많다. 마찬가지로, 인간에게 심각한 질병을 유발하는 변이를 지니도록 조작된 생쥐가 뚜렷한 부작용을 보이지 않는 경우도 있다. 감염성 질환의 경우, 바이러스가 어떤 유기체를 감염시킬 것인지를 결정하는 데 있어 대단히 특이적specific이기 때문에 문제는 더욱 까다롭다. 생쥐는 배아발생과 생리학에 대해 많은 것을 가르쳐주었지만, 질병의 이해나 새로운 치료법 개발에 있어서는 우리를 실패로 이끌 수도 있다.

이에 만능세포는 대안적인 질병 모델로, 때로는 더 신뢰할 수 있는 모델로 부상했다. iPSC를 만드는 방법은 처음부터 비교적 간단한 편이었는데, 지난 10년 사이 프로토콜이 더욱 간소화되었다. 오늘날 연구자는 혈액이나 피부 샘플, 심지어 소변 속 세포로 시작하여 몇 주 만에 iPSC를 생성한다. 수천 개의 iPSC 계통이 파생되었으며, 그 하나하나는 생성된 개개의 아바타라 할 수 있다. 인종과 민족, 질병 상태에 따라 다양하게 분포한 이 계통들 중 일부는 연구실에 비공개로 보관되고, 일부는 제도적으로 승인된 절차를 통해 연구자들끼리 공유하는 'iPSC 은행'으로 보내진다.

질병 모델링 연구 중 많은 경우는 더 나은 치료법이 절실히 필요한 알츠하이머병, 파킨슨병, 근이영양증 등의 신경근 질환에 집중되어왔다. 이러한 질병은 인간의 뇌에 영향을 미치기 때문에 환자 샘플을 구하기 어려운데다, 동물 모델 연구의 경우엔 기대에 못 미치는 결과를 낳는 경우가 많았다. 따라서 과학자들은 iPSC를 대안으로 선택했다. 예컨대 하버드의 연구원인 클리퍼드 울프Clifford Woolf와 케빈 에건Kevin Eggan은 iPSC를 통해 운동뉴런이 더 이상 제대로 기능하지 않는 희소 유전 질환인 근위축성측색경화증amyotrophic lateral sclerosis, ALS(루게릭병)을 연구하고 있다. 그들은 야마나카와 같은 접근 방법을 이용해 루게릭병 환자로부터 iPSC를 만든 다음, 여러 인자를 혼합하여 운동뉴런과 유사한 세포로 분화하도록 유도했다. 환자의 iPSC에서 유래한 운동뉴런은 대조군 운동뉴런(건강한 사람의 iPSC에서 유래한 것)에서 찾아볼 수 없는 특이한 전기적 행동을 보였는데, 이는 해당 운동뉴런이 실제로 질병의 특성을 반영한다는 점을 시사한다. 그들은 예의 전기적 결함을 교정하는 약물을 물색하여 뇌전증epilepsy 치료제가 효과적이라는 사실을 밝혀냈고, 이 연구 결과는 임상으로 이어졌다.30

간肝 또한 iPSC 질병 모델 연구자들의 주목을 받았다. 간은 대사 조절부터 혈액 단백질 합성에 이르기까지 다양한 기능을 수행하며, 그 모든 활동은 간의 주요 세포인 간세포에 의해 이루어진다. 그러나 간세포는, 심지어 생검biopsy을 통해 갓 얻어낸 세포일지라도, 배지에서 성장시키는 것이 여간 어렵지 않다. 수십 년에 걸쳐 과학자들은 iPSC를 '간세포 유사 세포'로 분화시키는 방법을 개발하여 여러 연구 기회를 열었다. 예를 들어 iPSC 유래 간세포 iPSC-derived hepatocyte는 특정 분자의 간 독성—일반적인 약물 부작용으로, 간세포를 손상시키거나 사멸시키는 효과—을 예측하는 데 사용된다.

iPSC 기술은 오래된 약물의 용도를 변경하는 작업에도 이용할 수 있다. 그 한 예를 살펴보자. 간 연구자인 스티븐 덩컨Stephen Duncan은 가족성 과콜레스테롤혈증familial hypercholesterolemia, FH(혈류 내 LDL 콜레스테롤 수치를 크게 높이는 유전 질환) 환자의 iPSC를 사용하여 과콜레스테롤을 치료하는 새로운 방법을 찾아냈다(간의 주요 기능 중 하나는 심혈관 질환과 사망을 촉진하는 LDL 콜레스테롤, 일명 '나쁜 콜레스테롤'의 수치를 조절하는 것이다). 덩컨은 FH 환자의 iPSC를 간세포로 분화시키면 다량의 apoB(LDL 관련 단백질)이 부적절하게 방출되는 등 실제 임상에서와 동일한 비정상적 행동을 보인다는 사실을 발견했고, 그리하여 그의 연구 팀은 기존 약물 중 세포의 apoB 생성을 억제할 수 있는 것이 있는지 조사했다. 그런 뒤 iPSC에서 유래한 간세포를 수천 개의 조직배양 웰tissue-culture well에 분배하고 각각 다른 약물을 추가한 다음, 약물의 존재가 apoB 수치에 변화를 가져오는지 살펴보았다. 이러한 탐색에서 발견된 약물 중에는 '심장 배당체cardiac glycoside'로 알려진 약물군—예컨대 심장병 치료에 사용되는 디곡신digoxin과 디지톡신digitoxin—도 포함되어 있었으므로, 덩컨과 동료들은 심장 질환으로 병원을 찾은 환자에 관한 익명화된 정보 데이터베이스를 참조하여 심장 배당체를 복용한 환자의 LDL 수치가 스타틴statins(혈청 콜레스테롤을 낮추려는 목적으로 널리 사용되는 약물)을 복용한 환자만큼이나 낮다는 사실을 발견했다. 두 세기 이상 임상적으로 사용되어온 심장 배당체의 콜레스테롤 강하 잠재력을 명백히 밝혀낸 것은 iPSC가 유일하다.[31]

iPSC 응용 분야의 마지막 사례는 감염성 질환 분야에서 찾아볼 수 있다. 미국에서 간경변과 간이식의 주요 원인인 C형 간염바이러스(HCV)는 간세포를 감염시키고 만성 면역반응을 일으켜 시간이 지남에 따라 간 기능을 서서히 저하시킨다. HCV에 감염된 환자 중 일부는 양성 경과를 보이는 반면 일부는 중증 질환으로 발전하여 간부전을 앓게 되는데, HCV가 인간과 침팬지의 간세포만 감염시키므로, 즉 생쥐 모델이 없기 때문에 이러한 다양한 결과의 원인을 연구하기가 어려웠다. 그러나 iPSC 유래 간세포는 HCV에 감염되기 때문에 세포 및 분자 오작동에 관한 연구 방법을 제공할 수 있었다. 또한 iPSC 유래 간세포는 다양한 개인으로부터 얻을 수 있으며,[32] 따라서 연구자들은 이를 통해 인간 집단 전반에 걸친 HCV의 생물학적 차이를 연구하고 있다. 최근 iPSC는 인간에게 영향을 미치는 다른 바이러스 병원체—지카 바이러스나 웨스트나일 바이러스에서부터, HIV와 코로나19의 원인 병원체인 SARS-CoV-2에 이르기까지—를 연구하는 데도 사용되었다.

그러나 지금껏 언급한 내용들은 모두 1차적인 접근 방법이다. 유도만능줄기세포의 연금술은 스무 해가 채 되지 않는 짧은 역사를 가지고 있으며, 앞으로 스무 해 뒤에 이 분야가 어디까지 발전해 있을지는 그저 상상만 할 수 있을 뿐이다. 우리 각자가 자신만의 iPSC 세포주, 말하자면 개인별 맞춤 의료를 위한 체외 화신in vitro incarnation을 갖게 되는 건 아닐까? 특정 환자의 iPSC로 인공장기를 만들어 망가진 간, 신장, 심장, 심지어 뇌까지 되살릴 수 있게 되지 않을까? 물론 이는 필연이 아닌 가능성의 영역이다. 한 가지 확실한 것이 있다면, 이 도구가 어떤 식으로든 의학의 관행을 변화시키리라는 점이다.

어떤 의미에서 질병은 배아발생 작업의 '취소', 즉 발생 과정에서 구축된 세포 네트워크의 분자적 해체를 의미한다. 다음 장에서는 이러한 취소 과정을 살펴보고, 배아에서 탄생한 과학이 어떻게 인간의 쇠퇴를 늦추거나 멈추는지, 심지어 역전시킬 수 있는지 알아볼 것이다. 나는 배아줄기세포 분야의 발원지인 암, 그러니까 매년 전 세계에서 거의 1000만 명의 목숨을 앗아 가는 재앙에서부터 시작하고자 한다.

9장

한 세포의 폭주

암세포의 진화

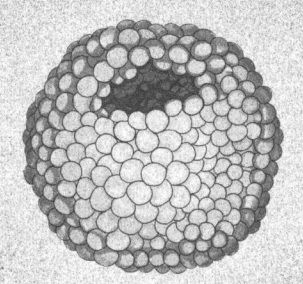

암은 나를 무릎 꿇게 한 것이 아니라,
일어서게 했다.[1]
– 마이클 더글러스

쉽게 찾아오는 것은 엔트로피밖에 없다.
– 안톤 체호프

언뜻 암은 배아발생과 거의 관계가 없는 것처럼 보인다. 조직화와 번식력의 모범이라 할 만한 배아와 달리, 종양은 무질서하고 예측 불가능하며, 끊임없이 확장하려는 자신의 노력을 방해하는 모든 조직을 닥치는 대로 제거한다. 심지어 기형종―로이 스티븐스가 세포 분화를 모델링 하는 데 사용한 종양―도 그 내부 구조를 살펴보면 정상 조직과 닮은 구석이 거의 없다. 한마디로 암은 파괴 행위에, 발달은 창조 행위에 가깝게 여겨진다.

그러나 종양과 배아는 생각보다 많은 유사점을 공유한다.[2] 가장 명백한 것은 암과 배아발생의 전형적 특징인 '성장'이다. 그러나 이들 사이의 유사점은 세포 증식이라는 수준을 훨씬 넘어선다. 방대한 세포 통신 네트워크는 종양을 단순한 암세포 집합체 이상의 존재로 만든다. 세포 분화 및 가소성 프로그램 중 상당수는 배아에서 처음 확립된 절차의 복사본으로,

종양세포는 이에 의존하여 이동하고 전이되며, 심지어 줄기세포도 종양의 복잡한 생태계에서 중요한 역할을 담당할 수 있다.

종양세포와 정상세포의 가장 큰 차이점은 유전체에서 찾아볼 수 있다. 염색체가 유전정보의 전달자라는 사실을 처음으로 발견한 독일의 발생생물학자 테오도어 보베리는 암에 대한 분자적 설명을 최초로 제공한 사람이기도 하다. 암을 직접 연구한 것은 아니지만, 그는 배아 연구를 통해 발생과 암 사이의 강력한 연관성을 제시했다. 보베리가 사용한 접근 방법—염색체가 너무 많거나 적은 성게를 만드는 것—은 발생 이상, 즉 종양과 유사한 기형 배아를 만들어냈다. 암이 변형된 염색체를 보인다는 사실로부터 영감을 얻은 그는 연구 결과들을 종합하여, '염색체 교란은 암과 상관관계를 이룬다기보다, 암을 일으키는 원인으로 작용한다'는 결론을 내렸다. 그리고 1914년 자신의 아이디어를 간단한 이론으로 체계화했으니,[3] 오늘날에도 거의 그대로 남아 있는 이 모델은 다음과 같은 네 가지 개념을 제시한다. (1) 암은 세포의 질병이다. (2) 암은 하나의 세포에서 발생한다. (3) 종양과 그 증식 경향은 염색체 불균형에 의해 발생한다. (4) 비정상 염색체와 증식 경향은 암세포의 자손에게 전달된다.

오늘날 우리는 암이 유전자의 질병이라는 사실을 알며, 종양이 형성되는 동안 해당 유전자(그리고 그것이 상주하는 염색체)가 어떻게 잘못되는지에 대해서도 깊이 이해하고 있다. 세포의 성장과 분열을 촉진함으로써 암을 촉진하는 일부 유전자를 '종양 유전자 oncogene'라 부르고, 세포의 성장과 분열을 억제하는 유전자는 '종양 억제 유전자 tumor suppressor gene'라 부른다. 정상적인 형태에서 이 유전자들은 무해할뿐더러, 사실상 배아 및 성인의 생명에 필수적인 요소로 작용한다. 이러한 기능의 이중성—암 관련 유전자가 이로운 목적과 악의적인 목적을 모두 수행할 수 있다는 점—은 암 생물학의 핵심 원칙을 강조하는데, 그 내용인즉 종양이 새로운 생물학을 발명하는 것이 아니라 기존 생물학을 새로운 방식으로 사용한다는 점이다.

발생 과정에서 세포의 분열 속도가 종양과 맞먹을 경우, 종양 유전자의 기능이 우세해지고 배아는 성장한다. 그러다 발생이 완료되어 더 이상 성장이 필요하지 않게 되면, 유전자 활성의 균형추가 종양 억제 유전자 쪽으로 이동하면서 성장이 멈춘다. 이러한 균형—진화에 의해 수백만 년에 걸쳐 조율된, '성장 촉진 프로그램'과 '성장 억제 프로그램' 사이의 정연하면서도 역동적인 균형[4]—을 통해 동물은 미리 정해진 크기에 도달하게 된다.

암에서는 변이가 이 균형을 무너뜨린다.[5] 인간 유전체에는 수십 개의 종양 유전자가 포함되어 있으며, 이들은 다양한 방식으로 세포의 성장과 분열을 촉진한다. 그중 일부—표피 성장인자 수용체receptor for epidermal growth factor, EGFR 유전자—는 외부에서 세포 내부로 성장 촉진 신호를 전달하고, 다른 것들—MYC와 같은 종양 유전자—는 전사인자로, 세포가 성장할 수 있게끔 다른 수백 개 유전자의 발현을 조절한다. 마찬가지로 인간 유전체에는 수십 개의 종양 억제 유전자 또한 포함되어 있으니, 이들 역시 다양한 분자 메커니즘을 통해 작용한다.

분열하는 세포가 달리는 자동차라면, 종양 유전자는 가속기요 종양 억제 유전자는 브레이크로 볼 수 있다. 일반적으로 우리는 이 두 페달을 이용해 속도를 높이거나 늦추면서 신중하게 자동차를 운전한다. 세포도 증식과 휴지quiescene(분열하지 않는 상태) 사이를 오가며 같은 일을 한다. '조직 확장'을 최우선으로 삼는 배아에서는 세포가 브레이크 없이 가속페달을 밟아 성장 가도를 달리는 반면, 성인의 경우에는 일부 예외를 제외하고 '조직 유지'가 최우선적 과제이므로[6] 대부분의 세포가 멈춰 있거나 참을 수 없을 만큼 느린 속도로 이동한다.

암을 유발하는 변이는 종양 유전자를 과급(가속페달에 벽돌을 올려놓은 상태)하거나, 종양 억제 유전자를 방해(브레이크 라인을 끊어버린 상태)함으로써 속도 조절 기능을 교란한다. 말하자면 암은 세포 단위로 폭주하는 자동차라 할 수 있다. 이를 방지하기 위해 자연은 몇 가지 장벽을 설치해놓았지만 이러한 안전장치가 작동하지 않는 경우가 있으니, 바로 그럴 때, 다시 말해 동일한 세포 내에 여러 개의 변이, 즉 '충격'이 축적될 때 종양이 발생한다. 정상세포를 암세포로 전환하는 데 필요한 변이의 수는 천차만별이며, 단 한 번의 변이만으로는 충분하지 않다. 따라서 대부분의 종양은 결장의 용종이나 피부의 반점 등 전악성前惡性 성장으로 시작하여, 수년에 걸쳐 점점 더 많은 변이성 충격이 발생함에 따라 악성으로 발전한다. 결과적으로, 암을 유발하는 변이가 축적되는 데 시간이 걸리므로 나이가 들수록 암의 위험은 증가한다. 자연은 생식 가능한 시점까지 암으로부터 우리를 보호하는 데 최선을 다할 뿐, 그 이후의 일은 거의 고려하지 않은 채 진화의 명령을 이행해왔기 때문이다.

암의 세포적 기원

톨스토이는 "행복한 가정은 모두 비슷하지만, 불행한 가정은 각기 나름의 방식으로 불행하다"는 유명한 말을 남겼다. 암도 마찬가지여서, 각 종양은 본질적으로 고유한 종이며 악성종양에 이르는 단일 분자 경로는 없다. 종양 유전자와 종양 억제 유전자의 변이는 암의 필수 요소이지만, 각각의 암은 다양한 유전적 변이의 조합으로 인해 발생한다. 이러한 발암 인자를 획득할 때마다 세포의 행동은 점점 불규칙해지는데, 이를 '종양 진화tumor evolution'라 부른다. 종양은 종양 유전자와 종양 억제 유전자의 다양한 비정상적 조합으로 인해 진화하므로, 모든 암은 제각각이며 동일한 암은 하나도 없다.

모든 종양은 하나의 세포에서 시작된다. 그러나 출발 장소(접합체)가 분명한 배아와 달리 종양의 세포적 기원은 명확하지 않다. 넓은 관점에서 보면 악성종양이 발생한 조직을 그 근원으로 간주할 수 있으므로 해당 종양을 '유방암' 또는 '폐암' 등으로 지칭한다. 그러나 보다 세분화된 수준으로 들어가면, 각 종양이 특정 세포—개별 기관에 존재하는 수백만 개 세포 중 하나—에서 비롯되는 것으로 알려져 있기에 우리의 이해가 모호해진다. 예를 들어 대장 내벽에는 전문화된 흡수 및 분비 세포뿐 아니라, 이것들을 낳은 줄기세포 등 방대한 세포 무리가 포함되어 있다. 그렇다면 이 모든 세포가 암의 기질substrate로 작용할 수 있을까, 아니면 암이라는 일부 하위 집합의 특성에 불과할까? 또한 종양이 하나 이상의 기원 세포를 가질 수 있다면, 그것이 생물학적 혹은 임상적 차이를 만들어낼까?

종양이 발생하는 특정 세포를 정의하기란 어려운 일이다. 이를 제대로 수행하려면 종양의 성장 과정을 처음부터 끝까지 기록한 다음 이를 거꾸로 재생할 수 있는 방법이 필요하다. 이와 같은 기록 능력이 존재하지 않고 종양의 외관만으로는 그 계통[7]을 확인할 수 없기에, 연구자들은 '유전자조작 생쥐 모델genetically engineered mouse model, GEMM'[8]에 의존해왔다. 첫 번째 GEMM은 1980년대에 형질전환 생쥐 기술—유전체에 외부 DNA 조각(종양 유전자)을 지닌 생쥐를 만드는 능력—의 산물로 등장했다. 이 모델은 종양 유전자가 종양을 유발한다는 명백한 증거로, 살아 있는 동물의 암을 연구할 수 있는 방법을 제공했다. 이후 연구자들은 에번스, 카페키, 스미시스가 개척한 녹아웃 기술을 암에 적용하여 보다 정교한 종양 모델을 개발했고, 이를 통해 암 연구자들은 새롭고 더 나은 치료법에 대한 희망을 품기 시작했다.

●

내 실험실에서는 췌장암—적절한 치료 옵션이 부족한 치명적인 질병—을 연구하기 위해 GEMM 중 하나를 사용한다. 이 모델은 2000년대 초 데이비드 투베슨$^{David\ Tuveson}$과 수닐 징고라니$^{Sunil\ Hingorani}$가 설계한 것으로,9 췌장 종양에서 흔히 변이가 발생하는 한 쌍의 유전자—KRAS라는 종양 유전자와 p53라는 종양 억제 유전자—에 의존한다. 두 유전자는 여러 유형의 암에 관여하지만, 특히 췌장암에서 특히 자주 관찰된다. 이러한 변이를 가진 생쥐를 이 분야에서는 'KPC 생쥐'라 부르는데, 여기서 'K'는 KRAS, 'P'는 p53, 'C'는 두 유전자의 정상 대립유전자를 '암 유발 대립유전자'로 변환시키는 Cre 분자를 뜻한다. 설계상 해당 변이는 KPC 생쥐의 췌장에만 특이적이고 배타적으로 발생하는데, 그 자체만으로는 종양을 형성하지 못하기 때문에 암의 '다충격' 패러다임에 따라 다른 변이들이 점진적으로 발생한 생후 2~3개월 이후에야 현미경으로 '전암성' 병변을 볼 수 있다. 그러나 몇 달이 더 경과하면 유전적 및 후성유전학적 사건의 문턱값

threshold을 넘어서고, KPC 동물은 전이성 췌장암에 걸려 인간 질병의 유해한 현실을 시뮬레이션 하게 된다.

거의 모든 종양 유형에 대해 이와 유사한 모델이 만들어졌다. 암의 유전자 모델은 가능한 치료법—면역 치료 약물, 종양의 대사를 방해하는 약물, 종양의 치료 내성을 극복할 수 있는 약물 등—의 효능을 시험하는 데 유용할 뿐 아니라, 세포적 기원과 관련한 문제의 해결에도 사용된다. 일부 연구에서는 조직의 줄기세포가 특히 암에 걸리기 쉬운 것으로 밝혀졌다. 예컨대 장의 줄기세포에 암을 유발하는 변이를 도입하면 종양의 성장이 시작되는 반면, 이미 분화된 세포에 동일한 변이를 도입하면 그 효과가 비교적 제한적이라는 것이다. 그러나 다른 조직, 특히 줄기세포의 존재 여부를 알 수 없는 조직에서는 다양한 유형의 세포에서 종양이 발생하는 것으로 보인다. 이 분야의 최신 논의에 따르면, 신체의 세포 대부분이 암을 일으킬 수 있지만 그 개별적인 성향은 세포 유형에 따라 다르다.

다만 두 가지 예외가 있으니, 그중 하나는 뇌, 척수, 말초신경계에서 전기 자극을 전달하는 세포인 뉴런이요, 다른 하나는 심장의 펌프질을 담당하는 근육세포, 즉 심근세포다. 이 두 세포 유형은 암의 영향을 받지 않는 것으로 보이는데, 이들이 신체에서 분열 능력을 상실한 몇 안 되는 세포 중 하나[10]라는 점은 아마 우연이 아닐 것이다. 사실 분열의 제약은 '뇌졸중이나 심장마비로 죽은 뉴런이나 심근세포는 쉽게 대체될 수 없다'는 사실을 의미하기 때문에 한편으로는 치명적이다. 하지만 불행 중 다행으로 세포분열이 제한됨으로써 종양 형성으로부터도 보호받는 셈이니, 어쩌면 이것이 향후 다른 암의 예방법에 대한 실마리로 작용할지 모를 일이다.

의사와 과학자들은 암을 다양한 방식으로 분류한다. 첫 번째 방식은, '폐암' 혹은 '유방암' 등의 명칭에서 볼 수 있듯이 종양이 처음 나타난 기관을 기준으로 삼는 것이다. 그리고 여기서 보다 세밀한 부분으로 들어가면 현미경으로 관찰한 종양의 모습, 즉 '조직병리학'이라는 기준이 생긴다. 병리학자들은 관찰되는 세포의 구조에 따라 종양을 분류하는데, '암종 carcinoma(인간에게 발생하는 가장 흔하고 치명적인 악성종양)'[11]은 상피의 특징, '육종 sarcoma(그리스어로 '살'을 뜻한다)'은 중간엽의 특징, '림프종 lymphoma'은 림프구와의 미세한 유사성 및 림프절 내 농도에 따라 정의된다.

이 두 가지가 종양을 분류하는 고전적인 방법이다. 그러나 지난 수십 년 사이 새로운 분류 체계가 등장해 각광받기 시작했다. 이 체계는 종양의 분자적 특징, 즉 암이 보여주는 악성 증식의 원동력이 되는 특정 DNA 변이, 염색체 이상, 유전자 발현 패턴에 의존한다. 종양의 기원 조직이나 현미경적 외관이 아닌 분자 구성에 기반한 치료법은, 개별 종양에서 발견되는 특정 민감도에 맞추어 치료 전략을 조정하는 정밀종양학 precision oncology의 기초라 할 수 있다.

앞서 설명한 바와 같이 각 종양은 서로 다른 분자 충격의 결합을 포함하며, 따라서 암에 이르는 단일 경로는 존재하지 않는다. 우리의 유전체에 존재하는 수백 개의 종양 유전자와 종양 억제 유전자는 원칙적으로 암을 유발하는 수많은 조합으로 이어질 수 있다. 그러나 모든 조합이 암을 유발하는 능력을 지닌 것은 아니며, 각 종양 유형은 고유한 '변이 발자국 mutational footprint'을 지닌다. 예컨대 대부분의 췌장암은 KRAS 및 p53 유전자에 변이를 가지고 있지만, 이러한 변이와 기타 변이의 유병률은 암마다 다르다. 대장암은 으레 KRAS 및 p53에 변이를 보유하지만, 대부분의 경우 (췌장암에서는 거의 변이가 발생하지 않는) APC라는 유전자의 변이도 보유한다. 한편 혈액암의 일종인 만성골수백혈병chronic myelogenous leukemia, CML 같은 경우에는 이러한 유전자에 변이가 생기는 경우가 거의 없으며, *ABL*이라는 종양 유전자에 영향을 미치는 변이[12]를 통해 발병한다.

암을 유발하는 변이는 대부분 개인의 일생에 걸쳐 축적되지만, 일부는 유전되어 가족성 종양 증후군familial tumor syndrome의 기반이 된다. 그러나 이러한 유전성 변이의 보인자carrier 같은 경우엔 특정 종양 유형에 대해서만 위험이 증가한다. 예를 들어 BRCA1 또는 BRCA2 유전자의 변이 사본을 물려받은 사람은 유방암, 난소암, 전립선암, 췌장암의 위험이 크게 증가하는 반면, 다른 종양 유형에 대해서는 그렇지 않다.

이 모든 현상은 '조직의 발생 이력이 종양 성장을 유발하는 변이의 스펙트럼을 정의한다'는 사실을 시사한다. 하지만 대체 왜 그럴까?

다시 말하자면, 우리는 그저 추측만 할 수 있을 뿐이다. 종양의 분자적 특징을 결정하는 가장 중요한 요인은 종양의 조직 계보이며,[13] 또한 연관성은 우리를 '본성 대 양육'이라는 오래된 이분법으로 되돌아가게 한다. 암의 본성(발생 기원)은 암의 일부 특징을 설명하는 반면, 양육(담배 연기, 자외선, 독성 화학물질과 같은 환경적 자극으로 인한 변이)은 다른 특징을 설명한다. 이 두 가지 요소—어떤 세포 유형에 어떤 변이가 발생하는가—야말로 종양의 유해한 경과와 취약성에 대한 가장 완벽한 그림을 제공할 것이다. DNA 염기서열 분석의 발전으로 우리는 장비를 제대로 갖추게 되었다. 수천 개의 종양을 조사하든 개별 환자를 조사하든, 변이를 찾아내는 일은 더 이상 어렵지 않다. 암의 근원을 파악하는 작업이 지연되는 건, 장비 때문이 아니라 전적으로 특정 종양이 시작된 세포의 특성을 파악하는 우리의 능력이 부족하기 때문이다.

각 종양은 고유한 기원을 지닌다는 사실, 바로 여기에 아킬레스건이 있다.

암 치료 연구의 현주소

분화가 발생 진행의 척도를 제공한다면, 그 반대 과정인 탈분화는 종양의 진행을 드러낸다. 마치 벤자민 버튼*처럼, 암세포는 나이가 들수록 전문화된 특징을 상실하여 궁극적으로 배아기 조상의 미분화된 특성을 갖게 된다.

암을 다충격의 산물로 볼 때, 각각의 분자 충격은 그 영향을 받은 세포를 점점 더 악성종양에 가깝게 만든다. 유전체가 새로운 공격을 받을 때마다 세포는 달갑지 않은 특성—조직 내의 정상적인 위치를 넘어 성장하고 확산되는 능력—을 얻게 되는 것이다. 그러나 '새로운 특성의 획득'에는 '오래된 특성의 상실'이 동반되는바, 악성화의 길로 접어든 세포는 세포 사회에서 자신의 자리를 포기해야 한다.

대장의 경우, 대장 내시경을 통해 전암성 용종이 어떻게 암으로 진행되

---

* 스콧 피츠제럴드의 단편소설 「벤자민 버튼의 기이한 사건」의 주인공. 벤자민 버튼은 노인으로 태어나 시간이 갈수록 젊어진다.

는지 확인할 수 있으므로 이러한 일련의 과정을 쉽게 추적할 수 있다. 악성 진행의 첫 단계는 선종adenoma—세포가 이웃 세포들에게서 발견되는 정상적인 분화의 특징을 잃은 조직 영역—의 출현이다. 유전체가 더 많이 손상될수록 대장 상피를 감싸고 있는 세포는 점차 분화도가 떨어지고(병리학자들은 이를 다양한 정도의 '이형성증dysplasia'이라고 부른다), 성인의 장세포보다는 배아의 세포와 유사한 특성을 갖게 된다. 그러다 마침내 세포는 더 이상 지정된 위치에 머물지 않고 조직 깊숙이 밀고 들어가거나 혈관 속으로 미끄러져 들어가기 시작하는데, 이 시점에서 성장은 암으로 간주된다.

암이 형성되려면 탈분화 과정이 필요한 걸까? 아니면, 더 원시적인 상태로의 회귀는 암세포가 다른 곳으로 관심을 돌린 결과 나타나는 부수적

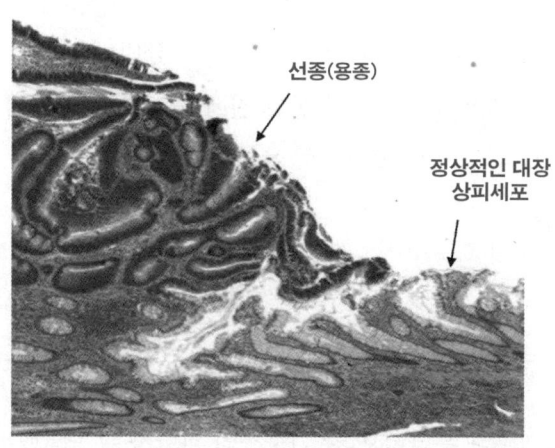

암의 시작. 현미경으로 들여다보면, 대장을 정상적으로 감싸고 있는 상피세포(오른쪽 아래)와 전암성 용종 또는 '선종'(왼쪽 위)의 차이점을 쉽게 구분할 수 있다. 대장 용종에는 하나 이상의 변이, 즉 암 발생의 발판이 되는 '충격'이 수반된다.

(이미지 제공: 에마 E. 퍼스Emma E. Furth, MD)

인 현상에 불과할까? 양쪽 모두에 대한 증거가 있지만,14 일부 연구에서 분화 상태는 암과 양립할 수 없는 것으로 나타났다. 가장 명확한 예가 급성전골수성 백혈병acute promyelocytic leukemia, APML이라는 혈액암의 일종인데, 이는 대개 분리되어 있는 두 염색체, 즉 13번 염색체와 15번 염색체가 서로 결합하는 염색체 '전위translocation'로 인해 발생한다. APML 세포는 혈액 내의 정상세포인 호중구보다 덜 분화된 모습을 보이지만, 배아 신호 전달 분자인 올트랜스 레티노산all-trans retinoic acid, ATRA에 노출되면 분화 프로그램이 시작되어 백혈병 세포가 무해한 호중구로 변하게 된다. 빠르게 분열하는 세포를 죽이도록 설계된 화학요법과 달리, ATRA는 생명을 위협하는 칼을 쟁기로 바꿈으로써 정상화를 유도하는 것이다.

이러한 유형의 치료를 '분화 치료differentiation therapy'라고 한다. ATRA의 발견은 우연한 기회에 이루어졌다. APML은 현재까지 분화 요법을 성공적으로 적용한 몇 안 되는 사례 중 하나로, 이 흥미로운 접근 방법을 다른 유형의 종양에 적용하는 연구가 한창 진행 중이다. 배아에서 세포가 성숙하도록 유도하는 신호가, 암세포도 같은 일을 하도록 유도할 수 있다면 얼마나 좋을까!

●

1997년 캐나다 온타리오 암 연구소의 과학자 존 딕John Dick이 "암세포는 세포의 계층구조 내에 존재한다"는 주장을 제기했다. 그가 말한 계층구조는, 전임자인 제임스 틸과 어니스트 매컬러가 30년 전 혈액에 대해 언급했던 조혈줄기세포의 계층구조와 유사하다. 과거 선배들이 그랬듯 딕

또한 세포 이식을 통해 줄기세포의 활동을 평가했는데, 다만 혈액을 재구성하는 능력보다는 암을 형성하는 능력을 주요 분석 대상으로 삼았다. 딕은 먼저 인간의 백혈병 세포를 면역결핍 생쥐—면역계가 없어서 인간의 이식편을 받아들일 수 있는—에 이식하는 방법을 개발했다. 이식은 100만 개 이상의 세포를 사용했을 때만 성공했는데, 이는 대부분의 백혈병 세포에 종양을 형성하는 능력이 부족하다는 사실을 의미했다. 다음으로, 그는 세포를 희석함으로써(틸과 매컬러의 연구 과정 중 다른 일부를 빌려 왔다) 이러한 '백혈병 유발 세포'가 극히 드물다는 점을 다시금 확인했다. 그도 그럴 것이, 25만 개의 백혈병 세포 중 단 하나만이 수혜자 쥐에서 백혈병을 재구성할 수 있었으니 말이다.

이 건초 더미 속의 바늘과도 같은 세포를 식별하기 위해, 딕은 세포의 표면 표지자인 CD34와 CD38[15]이라는 단백질의 유무에 따라 백혈병 세포를 나누었다. 먼저 세포를 네 가지 가능한 하위 집단(두 표지자 모두 양성, 두 표지자 모두 음성, 둘 중 하나씩만 양성)으로 분류한 뒤 각각에 대해 백혈병 유발 잠재력을 테스트했다. 그 결과, CD34에는 양성이지만 CD38에는 음성인 세포만이 백혈병으로 성장하는 것으로 나타났다. 결론은 간단했다. 새로운 백혈병을 생성하는 능력은 이 세포 집단($CD34^+CD38^-$ cell)에만 존재한다는 것이었다.

존 딕의 이론에서 유래한 암 줄기세포 cancer stem cell, CSC 가설에서, 종양은 두 가지 유형의 암세포—종양의 성장을 촉진하는 희소 세포인 줄기세포, 그리고 자기재생 능력이 없는 대부분의 종양, 즉 비줄기세포—가 복합적으로 혼합된 결과로 간주된다. 이는 로이 스티븐스와 배리 피어스가 기형종 연구에서 착안한 모델과 놀라울 정도로 유사한데, 그 모델에 따르면 기형종의 세포는 분화되거나 미분화된 상태로 존재하며 후자만이 새로운 기형종을 형성할 수 있다. 지난 20년 동안 연구자들은 거의 모든 유형의 고형 종양, 백혈병, 림프종에서 유사한 이식 전략을 사용하여 암 줄기세포로 추정되는 세포를 확인했다.

가장 극단적인 버전의 암 줄기세포 가설에서, 종양의 모든 성장 잠재력은 세포의 작은 하위 집합인 암 줄기세포에 포함되어 있는 것으로 가정된다. 만약 이 가설이 맞는다면 의학에 중요한 영향을 미칠 수 있다. 일반적으로 의사는 종양의 전체 크기를 줄이는 능력에 따라 항암 치료의 효능을 판단하며, 따라서 가장 좋은 치료법은 종양을 가장 많이 축소시키는 치료법이 된다. 그러나 종양을 극적으로 축소할 수 있는 치료법조차 암을 완치하는 경우는 드문데, 암 줄기세포 가설이 그 이유를 설명한다. 표준 치료법—암 줄기세포에 영향을 미치지 않고 대부분의 종양세포를 죽이는 약물—으로 완화remission 과정에 들어간 종양의 경우, 남은 줄기세포가 재성장을 위한 기질을 제공하므로 다시 자랄 수밖에 없는 운명에 처하는 것이다.

반대로 암 줄기세포만 죽이고 나머지 종양세포에는 영향을 미치지 않는 약물은 암의 근계root system를 사실상 독살하므로 궁극적인 치료제가 될 수 있다. 이러한 치료법이 언젠가 발견될 경우 그 작동 방식은 지금까지와 사뭇 다를 것이다. 처음에는 약물의 효과가 미미한 것처럼 보일 텐데, 이는 세포 표적인 암 줄기세포가 전체 종양 덩어리의 극히 일부만을 차지하기 때문이다. 그러나 시간이 지나면서 대부분의 종양세포가 소모전에 굴복하여 교체되지 못하면, 종양은 뿌리에 독이 퍼진 식물처럼 녹아 없어지게 된다.

CSC 가설은 논란의 여지가 있으며, 따라서 '종양의 일부 하위 집합뿐 아니라 대부분의 세포가 분열 능력을 가진다'는 더 단순한 전제를 그 대안으로서 제시할 수 있다. 그렇다면 일부 소수의 종양세포만 종양 유발 활동을 한다는 딕과 다른 연구자들의 결과는 어떻게 설명해야 할까? 한 가지 가능성은, 분석 자체에 오류의 소지(실험실 연구에 만연한 위험)가 존재했을 수 있다는 것이다. 이식은 실험실 환경에서 종양 유발 세포를 식별하는 데 유용한 방법이지만, 실제 환자의 체내에서 일어나는 일을 정확하게 반영하지 못할 수 있다.

또는 일부 (정상적인) 기관이 줄기세포에 의해 유지되는 반면 다른 기관은 더 단순한 세포분열에 의해 유지되는 것처럼, 일부 종양은 CSC 중심의 세포 계층구조를 통해 작동하는 반면 다른 종양은 보다 평등주의적인 세포 질서를 채택하는 것인지도 모른다. 더구나 CSC가 종양의 성장을 촉진한다 해도 이를 선택적으로 겨냥한 치료법을 개발하기란 상상하기 어렵다. CSC 가설은 아주 매력적인 모델이지만 널리 받아들여지려면 보다 많은 증거가 필요하며, 실제 임상 환경에서 사용되는 일은 더더욱 요원하다.

●

이 책의 초반에서 배아가 형태를 갖추는 과정을 살펴보며, 우리는 상피 가소성—배아세포가 형태를 획득하는 데 사용하는 세포 표현형의 형태 변화—이라는 개념에 대해 살펴보았다. 이 현상은 루이스 울퍼트가 생애 단계에서 출생, 죽음, 결혼보다 더 중요하다고 이야기한 낭배형성기에 가장 극적인 모습을 드러낸다. 단층인 배아덩이위판의 세포가 3층 배아로 재정렬되는 과정은 '상피-중간엽 이행epithelial-to-mesenchymal transition, EMT'을 통해, 즉 배아덩이위판의 세포가 이웃 세포와 단단히 결합하는 상피적 특징을 상실하면서 이루어지며, 그 반대인 중간엽-상피 이행MET와 마찬가지로 발생 과정에서 반복적으로 나타난다.

정상 조직의 경우 배아발생이 완료되면 이 두 유형의 세포 가소성(EMT과 MET)은 중단된다. 그러나 암의 경우엔 종양세포가 잠재적 이동 능력―배아기 조상이 형태발생에 사용했던 형태형성 프로그램의 잔재―을 되살린다. 상피 결합을 잃은 세포는 중간엽세포의 이동성을 획득하여 결합을 끊을 수 있게 되며, 그 결과 암세포가 신체의 다른 부위로 퍼지는 전이metastasis가 발생하는 것이다.

전이의 유무는 환자의 예후를 결정하는 가장 중요한 특징이다. 암이 퍼지기 전에는 수술로 치료할 수 있는 경우가 많다. 하지만 일단 신체의 다른 부위로 전이된 뒤에는 종양이 해를 끼칠 가능성이 기하급수적으로 증가한다. 전이된 종양은 감염의 씨앗이 되고 혈전 및 기관의 기능 부전을 일으켜 암과 관련한 가장 흔한 사망 원인으로 작용한다. 물론 이러한 설명은 임상적 관점에서 기술한 전이 과정에 불과하다. 인간의 측면에서 바라본 전이는 피로, 고통, 비참함의 연속이다.

역설적이게도, 전이는 매우 비효율적인 과정이다. 원발 부위를 벗어나 새로운 터전을 마련하기 위해 암세포는 '전이성 연쇄반응'이라 불리는 일련의 도전을 거쳐야 한다. 그 첫 단계는 침습invasion으로, 암세포는 이웃 세포와 분리되어 기저막―콜라겐이 풍부한 카펫으로, 그 위에는 상피세포가 정상적으로 자리 잡고 있다―을 관통한다. EMT가 전이에서 가장 중요한 역할을 하는 곳이 바로 이 지점인데, 상피의 속박에서 풀려난 세포가 기저막을 통과하여 더 깊은 구조로 이동하기 때문이다. 다음으로 암세포는 혈관이나 림프관으로 침입intravasation하여 신체의 전달계에 접근해야 한다. 마지막으로, 세포는 혈관계에서 나와 2차 부위에서 성장하거나 해당 부위를 '집락화colonization'할 수 있어야 한다. 하지만 이러한 각 단계는 아주 드물게 발생하므로,16 원발 종양에 존재하는 수십억 개의 세포 중 전이를 일으킬 가능성이 있는 것은 0.00001퍼센트 미만에 불과하다.

EMT는 전이의 첫 단계를 촉진할 뿐 아니라, 암세포에는 약물 내성을 얻는 수단으로 작용한다. 암 치료에는 여러 가지 형태가 있으며 각각 고유한 작용 메커니즘을 가지지만, 거의 모든 방식이 빠르게 분열하는 세포의 성장과 생존에 필요한 신호 및 구성 요소를 박탈하는 방식으로 작동한다. 항암 치료의 선택압에 대응하여 암은 약물의 독성 효과를 피하도록 진화하는데, 어떤 경우에는 변이를 통해 그 목표를 달성하기도 한다. 이는 다윈의 자연선택과 유사한 과정이니, 새로운 '종'이 출현할 때 관찰되듯이 적합성(약물에 대한 내성)을 향상시키는 변이가 해당 변이를 지닌 세포를 강화하고 확장하기 때문이다. 하지만 이와 달리 암이 세포 가소성을 통해 변이 없이 내성을 얻는 경우도 있다. 중간엽세포는 종종 상피세포와 다른 약물 민감도를 가지므로, EMT는 내성 획득의 일반적인 경로라 할 수 있다.

배아와 종양 사이의 유사성은 새로운 항암 전략을 위한 풍부한 기회를 제공한다. 그러나 무엇보다 먼저 우리는 지식의 커다란 격차를 해소해야 한다. APML을 제외하면 암세포를 보다 양성적인 형태로 분화시켜 종양을 치료하는 방법은 아직 발견되지 않았다. 우리는 여전히 살아 있는 종양에서 암 줄기세포를 찾는 일에 어려움을 겪고 있으며, 설사 찾을 수 있다 해도 이를 표적으로 삼는 방법을 모른다. 이에 더하여 우리는 암세포가 EMT를 겪도록 유발하는 원인을 이해하지 못한다. 물론 이 과정을 차단할 약물도 없다.

우리가 제대로 알고 있는 것은 단 하나, 암이 매우 복잡하고 까다로운 적이라는 사실이다.

종양의 이웃들

지금껏 '암세포의 기원'과 '암세포의 통제할 수 없는 성장을 지배하는 사건'을 설명하느라 많은 페이지를 할애했다. 하지만 놀라운 사실이 있으니, 대부분의 경우 암세포는 종양 덩어리의 소수를 차지할 뿐이라는 것이다. 종양을 구성하는 세포 중 대부분은 암세포가 아니라, 종양이 계약직 하인으로 가두어놓은 정상세포—사악한 방식으로 종양에 봉사하는 면역세포, 혈관, 섬유모세포—다. 종양에서 암세포가 차지하는 비율은 5분의 1 미만에 불과하다. 그리고 나머지 비암성 요소들은 통상 종양 미세 환경tumor microenvironment이라 불리는 세포 이웃을 형성하며 우리에게 연구와 치료의 새로운 길을 제시한다.

종양의 비암성 요소에서 빼놓을 수 없는 부분은 바로 혈액 공급이다. 이것이 종양 성장에 필수적인 영양분과 산소에 대한 유일한 접근로로 작용하기 때문이다. 1971년 하버드 대학교 외과의 주다 포크먼Judah Folkman의 주장에 따르면, 암은 원료에 대한 끊임없는 식욕을 충족시키기 위해 늘 새로운 혈관을 모집해야 한다.[17] 처음에 그의 주장은 회의적인 반응에 직면했다. 그러나 닉슨 대통령이 '암과의 전쟁'을 선포하면서 이러한 아이디어는 비주류에서 주류로 옮겨 갔고, 포크먼과 하버드 대학교는 막대한 산업 지원금을 받았다.

새로운 혈관의 성장, 즉 **혈관신생**angiogenesis('혈관'을 뜻하는 그리스어 angio와 '탄생'을 뜻하는 genesis에서 유래했다) 현상은 18세기 영국의 외과의사 존 헌터John Hunter가 겨울을 난 순록의 뿔에서 새로운 혈관이 돋아난다는 사실을 발견하면서 처음 기술되었으며, 이후 우리는 이것이 다양한 생리적·병리적 상태와 관련되어 있음을 깨닫게 되었다. 혈관신생은 발생 과정에서 특히 중요한데, 이 시기에는 성장하는 배아에 영양분을 공급하기 위해 혈관이 확장되기 때문이다. 하지만 성체 동물에서—적어도 정상적인 조건에서는—혈관신생의 역할은 비교적 미미하다.

암세포가 혈관신생 프로그램에 신속히 참여하지 못한다면 오래 지나지 않아 엄청난 혈액 수요를 감당하지 못하게 될 것이라고 포크먼은 판단했다. 혈관신생은 암세포에 반드시 필요하지만 이미 혈관계가 확립된 정상 세포에는 불필요하며, 따라서 이 과정을 억제하는 약물이 완벽한 항암제가 될 수 있을 것이었다. 혈관신생을 막을 수만 있다면 종양은 굶어 죽게 되니 말이다. 이후 20년 동안 포크먼과 다른 연구자들은 혈관신생을 담당하는 분자를 규명하기 시작했다. 그들은 모세혈관 유도 신호의 대부분이 암세포 자체에서 나온다는 사실을 발견했는데, 이는 배아 생명체에서 소환된 잠재적 프로그램이 새로운 혈관을 모집하는 신호등 역할을 한다는 사실을 뜻했다.

암에서 혈관신생의 대부분을 담당하는 신호 전달 분자는 **혈관 내피 성장인자**vascular endothelial growth factor, VEGF라는 분비 단백질이다. 이 단백질과 이를 코딩하는 유전자는 1989년 나폴레오네 페라라Napoleone Ferrara가

이끼는 바이오테크 기업 제넨테크Genentech의 연구 팀에 의해 분리되었으며, 이후 10년 동안 제넨텍에서는 새로운 혈관의 성장을 촉진하는 이 분자의 능력을 차단하는 억제제를 개발하기 위해 노력했다. 2004년, 미국식품의약국(FDA)은 이 거대 바이오테크 기업이 개발한 VEGF 차단 항체인 아바스틴Avastin을 대장암 치료제로 승인했고, 이후 아바스틴은 폐암, 신장암, 뇌암을 포함한 다른 많은 유형의 암 치료제로도 승인되었다.

안타깝게도 포크먼(2008년에 사망)의 비전은 부분적으로만 실현되었다. 항혈관신생 요법anti-angiogenesis therapy은 현대 종양학에서 중요한 지위를 차지하지만, 그가 기대했던 만큼의 보편적인 영향을 미치지는 못했다. 이러한 실패의 근본적인 원인은 생물학적 시스템의 '중복성redundancy'에 있었다. VEGF가 차단되면 다른 신호가 대신하여 혈관신생을 중재할 수 있다는 것이 밝혀진 것이다. 중복성은 정상 조직에서 신호 경로가 오작동 할 때 세포에 일종의 백업시스템을 제공하지만, 종양에서는 암세포가 항암제의 효과를 우회하도록 도움으로써 해악을 미친다.

자신의 혈액 공급을 조절하는 것 외에도 암세포는 다른 방식으로 세포 이웃을 형성하고, 발생 신호를 활용하여 정상세포에 명령을 내린다. 종양 미세 환경의 또 다른 구성 요소는 면역세포로, 이 세포의 주된 임무는 미생물 침입자를 탐지하고 박멸하는 것이다(배아발생 과정에서 면역계는 어떤 화학구조가 신체의 정상적인 부분인지를 학습하여 나중에 마주치는 모든 물질을 '이물질'로 간주하게 된다). 동시에 면역계는 항암제 역할도 한다. 종양이 성장함에 따라 종양세포는 필연적으로 새로운 화학구조를 생성하는데, 면역계는 그 구조를 이물질로 인식하여 이를 생성한 초기 암세포를 제거한다.

그러나 이러한 면역 보호는 수명이 짧을 수 있다. 앞서 보았듯이 암은 하나의 진화 과정이다. 면역 공격의 선택압에 직면한 암세포는 인식을 회피하기 위해 다양한 방법을 고안한다. 예컨대 면역계의 보호 팀을 구성하는 세포를 동원하여 항종양 활동을 약화시키는 식이다. 또한 암세포는 면역 관문immune checkpoint 분자(면역 공격에 제동을 거는 역할을 하는 단백질)의 발현을 유도함으로써 암세포가 소멸되지 않도록 보호할 수 있다. 이러한 면역 관문의 활동을 차단하는 약물, 즉 면역 관문 억제제는 면역계의 강력한 항종양 활동을 활성화하며, 임상에 사용된 첫 10년 동안 이미 암 치료에 혁명을 일으켰다.

마지막으로, 암세포는 발생 과정에서 사용된 것과 동일한 신호를 사용하여 섬유모세포─상처 치유에 중요한 역할을 하는 결합조직 세포─도 모집한다. 섬유모세포는 암세포에 대사산물, 성장인자, 기타 보상을 제공하지만, 몇 년 전 우리 연구 팀과 다른 팀이 밝혀낸바 암과 관련된 섬유모세포는 종양 촉진 효과와 종양 억제 효과를 모두 발휘한다.[18] 사정이 이러하니, 섬유모세포의 항종양 활동을 활용하는 동시에 종양 촉진 활동을 억제하는 것이 현대 암 연구의 가장 중요하고도 시급한 과제 중 하나가 되었다.

배아 조직의 사악한 도플갱어

한스 슈페만과 힐데 만골트가 배아 조직이 이웃 세포를 지배하고 그들의 정체성·움직임·운명을 '조직화'하는 세포 집단임을 규명한 지 한 세기가 지났다. 그사이 우리는 종양이 배아발생 과정에서 선택된 분자 프로그램에 의해 악성 잠재력을 지닌 복잡한 조직이라는 것을 이해하게 되었다. 암세포는 변형된 유전체를 통해 종양 미세 환경을 형성하는 정상세포를 지배하지만, 여전히 이 세포 하급자들에 의존한다.

그리 놀라운 사실은 아니지만, 종양 내 통신 채널은 배아가 사용하는 채널—5장에서 살펴본 노치, 윙리스, 헤지호그와 같이 진화적으로 보존된 신호 경로—과 동일하다. 배아에서와 마찬가지로 세포 간 대화는 암에서도 보편적인 현상으로, 모든 개별 세포들 사이에서 대화가 이루어진다. 이들의 대화—배아라는 보다 구조화된 환경에서 더 쉽게 엿들을 수 있다—에 대해 더 많이 알수록, 치료를 위해 이를 증폭하거나 억제하는 능력이 커진다.

종양 내의 복잡성은 압도적인 수준이나 그 모두가 혼돈인 것만은 아니다. 종양 형성의 초기 단계, 즉 종양 미세 환경이 막 형성되는 시기에는 일련의 명령 체계가 존재한다. 섬유모세포는 면역세포와, 면역세포는 혈관세포와 대화를 나눌 수 있지만, 모두 종양세포라는 동일한 지휘관에게 응답한다. 그런 의미에서 암세포는 주변 환경을 가장 유리한 방향으로 재구성하는 능력을 가진, 악성 형성체pernicious organizer 역할을 하는 셈이다.

생물학자들은 종양과 배아 사이의 유사점을 오랫동안 인식해왔으며, 보베리는 유전체의 차이가 이 둘을 구분 짓는다는 개념을 도입했다. 암과의 전쟁('전쟁'이 적절한 비유라면)은 정밀 무기—종양을 제거하거나 무력화하기 위한 수술, 방사선, 독성 화학물질 등—없이 시작되었으나, 20세기 후반 종양학자들이 종양세포의 분자 및 유전정보에 점점 더 많이 의존하여 종양의 고유한 생화학적 특징으로 인한 취약성에 초점을 맞춘 표적 치료법targeted therapy, 즉 의학적 스마트폭탄을 개발하기 시작했다. 그리고 우리는 이제 암을 상대로 이어온 생물의학적 갈등의 세 번째 단계에 이르러 있으니, 그 핵심은 종양을 '암세포의 집합체'가 아니라 '배아 조직의 사악한 도플갱어'로 인식하는 것이다.

과학자와 의사에게, 배아는 암의 진단과 치료에 유용한 많은 비밀을 간직한 보물 상자나 다름없다. 하지만 암과 발생 사이의 깊은 연관성이 보다 명확하게 밝혀짐에 따라, 거꾸로 암이 배아에 대해 우리에게 무언가를 더 가르쳐줄지도 모른다.

10장

영원의 눈과
개구리의 발가락

재생의학의 미래

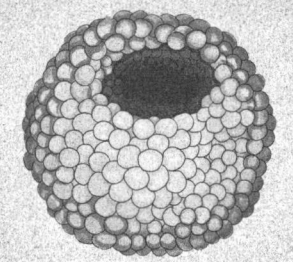

유기체의 모든 구성 요소는
다른 모든 부분만큼이나 유기체이다.
- 바버라 매클린톡, 『유기체와의 교감 A Feeling for the Organism』

재생이 없다면 생명은 존재할 수 없다.
모든 것이 재생된다면, 죽음도 없을 것이다.
- 리처드 고스, 『재생의 원리 Principles of Regeneration』

41세의 부동산 중개인인 캐런 마이너 Karen Miner는 캘리포니아의 와인 생산지에 자리한 집으로 돌아오던 중 사고를 당해 하반신이 마비되었다.[1] 고객이 대출 기관과 문제를 겪고 있던 터라(마이너의 회고에 따르면 그것은 "지옥에서 온 에스크로*였다), 마이너는 서류 작업을 하기 위해 자신의 집에서 고객의 집까지 한 시간 동안 운전해 가기로 했다. 보통 네 살과 다섯 살인 딸을 데리고 다녔지만, 이번 업무는 평소보다 길어질 것 같아 시터에게 아이들을 맡겼다.

"우리는 모든 것을 다 가지고 있었어요." 마이너는 이렇게 회상한다. "이 행복이 오래가지 못할까 봐 두려울 정도였죠."

일을 마치고 집으로 출발할 무렵, 가을 장마철의 첫 폭풍우가 시작되

----

* 부동산 매매계약 체결 후 권리 이전과 대금 지불을 제3의 회사가 대행하는 제도.

었다. 마이너는 각별히 주의를 기울여 구불구불한 언덕길을 통과하고, 젖은 노면에서는 배운 대로 아주 부드럽게 브레이크를 밟았다. 하지만 커브를 돌 때 속도가 다소 빨랐다. 지프는 가드레일을 뚫고 언덕을 굴러 내려가다가 아래쪽 계곡에 이르러 겨우 멈춰 섰다. 마이너는 사고 내내 의식을 잃지 않았다. 심각한 문제가 발생했음을 알리는 생체의 첫 신호, 즉 통증도 느끼지 못했다. 그러나 시동을 끄려고 열쇠를 잡는 순간 손이 떨렸다. 이어 천천히 머리가 가슴 쪽으로 기울면서 부자연스러운 자세로 눕게 되었다. 움직여보려 했지만 옴짝달싹할 수 없었다. 지나가던 한 운전자가 급히 차를 세워, 비를 맞고 있는 그녀의 머리와 목을 고정해주었다. 한참이 지난 뒤에야 구급차가 도착했고, 마이너의 세상은 암흑에 휩싸였다.

척수손상 환자들

미국에서만 약 30만 명의 사람들이 척수손상 spinal cord injury, SCI과 관련된 장애를 안고 살아간다.[2] 교통사고나 산업재해가 가장 흔한 원인이며, 낙상, 총상, 운동 중 부상 및 기타 사고로 인한 경우도 적지 않다. 1998년에 발표된 한 분석 자료에 따르면[3] 척수손상 환자의 연간 치료 비용이 100억 달러에 육박하는 것으로 추산되었다. 하지만 이 수치는 전체 사회비용의 극히 일부에 불과하다. 마비 환자들은 결국 친구와 가족에게 간병 서비스를 의존하게 되며, 이로 인해 매년 수천억 달러에 달하는 비급여 비용이 발생하기 때문이다.

척수를 관통하는 신경은 각각의 목적에 따라 공간적으로 나뉜다. 운동 기능을 관장하는 신경은 척수의 앞쪽에, 감각을 관장하는 신경은 뒤쪽에 위치한다. 신경은 척주 vertebral column에서 빠져나오는 위치에 따라 신체의 여러 부위를 감지하거나 자극한다. 따라서 척수손상과 관련된 결손은 그 위치와 정도에 따라 달라진다. 호흡을 제어하는 신경이 자리한 목 위쪽의 부상이 가장 위험하다. 척추 아래쪽 같은 경우에는 부상 정도에 따라 운동 및 감각 결손이 유발된다. 하지만 거의 모든 척수손상에서 장 및 방광의 기능장애4가 발생하는데, 괄약근 제어를 조절하는 신경이 척주 기저부의 신경 다발에서 빠져나오기 때문이다.

일반적으로 척수손상 환자는 시간이 지나면 어느 정도 기능을 회복한다. 살아남은 신경이 새로운 신경 연결(시냅스)을 찾아 새로운 가지(축삭)를 확장하는, 말하자면 '발아' 현상 덕분이다. 발아는 말초신경계—뇌와 척수 바깥에 있는 신경—에서 가장 효과적이며, 이곳에서 신경은 놀라운 속도로 새싹을 틔워낸다(팔이나 다리의 뉴런은 한 달에 3센티미터의 속도로 축삭을 확장할 수 있다).

반면 중추신경계—뇌와 척수—와 관련된 부상은 일반적으로 흉터를 남긴다. 신체는 스스로를 치유하기 위해 활발히 움직이다가 종종 잘못된 방향으로 나아가기도 하는데, 그럴 때 이러한 흉터가 생긴다. 하지만 발아를 저지하는 흉터 조직은 문제의 사소한 일부에 불과하다. 회복을 방해하는 두 번째이자 더 큰 문제는 신경계가 새로운 신경을 모집하지 못한다는 점이다. 대부분의 세포는 부상에 대한 반응으로 분열할 수 있지만, 뉴런만은 다르다. 9장에서 살펴보았듯 뉴런은 출생 이후 거의 분열하지 않으며, 그로 인해 암에 대한 저항력을 갖되 재생되지도 않는다. 온갖 의도와 목적을 위해, 우리는 평생 동안 사용할 뉴런을 가지고 태어난다.5

기도관trachea에 튜브를 꽂은 채 병원에서 깨어났을 때, 캐런 마이너는 자신이 어디에 있는지 전혀 알지 못했다. 원활한 호흡을 위해 투여한 진정제가 환각을 일으키는 바람에 며칠이 지나서야 상황을 파악할 수 있었다. 사고 직후 마이너는 연방 지정 척수손상 센터인 산타클라라 밸리 메디컬 센터로 이송되었다. 신경외과 전문의가 척수를 누르고 있는 잔여 파편을 제거하고, 기능 손상이 유발되지 않도록 코르티코스테로이드(항염증제)를 정맥으로 투여해 부기를 뺐다.

이 사고로 마이너의 목 윗부분, 즉 세 번째와 네 번째 경추cervical vertebra(약칭 C3-C4)가 손상되었다. 불완전한 손상이었으나, 이것이 주로 척수 중앙을 지나는 신경에 영향을 미쳐 호흡을 방해했다. 이와 같은 부상은 다리와 발보다 팔과 손에 더 심한 영향을 미치는 상반신 마비를 초래하며, 이는 마이너가 똑바로 서서 체중을 지탱할 수 있음에도 불구하고 근육 경직이나 경련으로 인해 위팔을 움직이지 못한다는 것을 의미했다.

몇 달간의 강도 높은 물리치료 끝에, 마이너는 마침내 퇴원하여 (몰라볼 정도로 망가진) 일상으로 돌아갔다. 간병 도우미가 교대로 집에 배치되어 24시간 도왔으나 가장 중요한 간병인은 아직 어린 딸들이었다. 아이들은 일찌감치 요도 카테터 삽입법을 배웠고, 이내 능숙해져서 도우미에게 효과적인 방법을 가르치기 시작했다. 딸들에게 부담을 준다는 사실만으로도 충분히 힘들었지만, 마이너에게 가장 고통스러웠던 것은 신체적 독립을 위한 끊임없는 투쟁이었다. "간병인의 시선을 견디는 것이 무엇보다 힘들었어요."

다른 많은 척수손상 환자들과 비교하면 마이너는 잘 관리된 편에 속한다. 그녀는 친구들과 가족들의 전폭적인 지원을 받았고, 다행히 재정적으로도 안정을 누리고 있었다. 시간이 지나면서 마이너는 차츰 독립성을 회복해갔다. 하지만 대부분의 환자들에게 기능 상실과 통증은 견딜 수 없는 고통이며, 척수손상으로 인한 사망의 10퍼센트를 차지하는 것은 다름 아닌 자살[6]이다(다른 주요 사망 원인은 감염과 혈전이다).

영화배우 크리스토퍼 리브 Christopher Reeve 는 1995년 승마 사고로 상부 척추 골절상(C1-C2)을 입어 척수손상을 대표하는 인물이 되었다. 리브는 목 아래가 마비되어 평생 인공호흡기에 의존해야 했고, 자가 호흡은 간헐적으로, 한 번에 최대 90분 동안만 가능했다. 몇 년간의 집중적인 물리치료 끝에 손가락의 운동능력과 신체 일부의 감각을 되찾았을 때, 리브는 희망이 컸다. 그러나 이러한 회복은 더 이상의 호전으로 이어지지 않았고, 욕창으로 인한 패혈증도 막지 못했다. 2004년 그는 패혈증으로 사망했다.

장기 부전과 재생

'기관 organ'은 그리스어 '오르가논 organon'— 문자 그대로는 '도구' 또는 '악기'라는 의미다 —에서 유래한 단어로, 논리적 탐구 또는 철학의 방법을 뜻한다(아리스토텔레스의 논리학서 여섯 권을 통틀어 『오르가논』이라 일컫는다). 중세 시대에 오르간은 관악기를 가리키는 용어였으나, 오늘날 우리에겐 대형 파이프로 이루어진 건반악기로 더 익숙하다 ('내부 기관'을 가리키는 신체적 의미는 14세기에 등장했다). 오르간 연주자는 건반, 풋페달, 음전, 연걸기 등 수많은 기계장치를 조정하여 수백에서 수천 개에 이르는 파이프의 공기 흐름을 제어하고 각각 고유한 음정과 음량을 조절함으로써 소리를 만들어낸다. 17세기에서 19세기 사이, 파이프오르간은 지구상에서 만들어진 가장 복잡한 장치였을 것이다. 아주 작은 피아니시모 pianissimo에서부터 가장 웅장한 스포르찬도 sforzando까지 다이내믹한 범위를 넘나드는 파이프오르간을 모차르트가 "악기의 왕"이라고 불렀던 것도 당연한 일이다.

해부학적 등가물이 그렇듯, 파이프오르간 또한 다양한 방식으로 고장 날 수 있다. 송풍기 파열이나 페달 파손과 같은 급성 고장은 특정 음을 없애거나 전체 음역을 먹통으로 만드는 등 요란한 방식으로 그 존재를 드러낸다. 급성 고장에는 미묘하거나 난해한 구석이 없다.

반면 마모는 쉽게 눈에 띄지 않는다. 오르간 파이프에 쌓인 먼지나 녹은 풍부함과 음조를 점차적으로 퇴색시키지만, 이러한 변화는 오랜 기간 무시되기 쉽다. 만성 고장은 보이지 않는 곳에서 발생하며, 지속적인 손상이 더 이상 회복할 수 없는 문턱값을 넘어서면 악기는 기능을 상실하게 된다.

이와 비슷하게 우리 몸의 내부 기관(장기)도 때로는 명백하고 치명적인 방식으로, 때로는 느리고 불안정한 방식으로 발생한다. 예컨대 둔기 외상, 심장마비, 뇌졸중으로 인해 조직이 갑작스레 기능하지 못할 경우, 이를 놓치기란 어렵다. 이러한 급성 부전은 의료적 응급 상황으로 의료 전문가들이 총출동해야 한다. 하지만 대부분의 기관 손상은 부식성 질환—자가면역, 죽상경화증, 대사 불균형, 단순 마모—으로 인해 교묘하게 발생하여 아무도 모르게 조용히 다가온다. 안타깝게도, 만성 부전으로 인한 기관 손상은 이미 손을 쓸 수 없게 된 이후에야 발견되는 경우가 많다.

18세기 이탈리아 북부 스칸디아노 마을에서 자란 라차로 스팔란차니는 종종 인근 숲에 서식하는 곤충, 도마뱀, 가재 등을 연구했다. 그가 기관 재생에 대한 아이디어를 처음 떠올린 것도, 아마 그곳에 서식하는 생물의 꼬리나 발톱을 절단하고 그 결과를 관찰하던 중이었을 것이다. 성직자이자 변호사이자 자연주의자였던 스팔란차니는 여느 사람들보다 강한 인내심과 끈기를 지니고 있었다. 그는 오랜 시간 동안 실험 대상을 연구한 끝에, 마침내 동물 재생에 관한 최초의 종합적인 설명을 내놓았다.

'재생regeneration'은 맥락에 따라 다양한 의미를 내포하는, 꽤나 까다로운 용어다. 포유류의 경우 조직이 부상을 입으면 흔히 세포 증식 현상이 나타난다(앞서 언급했듯이 뉴런은 예외다). 보상적 성장compensatory growth으로 알려진 이러한 종류의 회복은 손상 정도가 작을 때 잘 작동한다. 하지만 시선을 생명나무의 다른 가지로 돌리면, 자연이 우리로서는 꿈만 꿀 수 있는 재생 능력―즉 신경과 근육과 혈관과 피부를 갖춘 새로운 팔, 다리, 머리, 꼬리를 자라게 하는 능력― 을 우리의 진화적 사촌에게 편파적으로 부여했음을 알 수 있다. 조직이 모든 구조적 복잡성을 그대로 유지한 채로 재건되는 이러한 유형의 복구를 부가적 재생epimorphic regeneration이라고 한다. 포유류는 부가적 재생을 하지 않기 때문에[7] 먼 친척과 같은 방식으로 기관을 재생하는 것이 불가능하며, 이는 앞으로도 달라지지 않을 것이다.

부가적 재생을 최초로 목격한 것은 바다에서 생계를 유지하던 사람들이었다. 그물에 걸린 갑각류(주로 게와 랍스터)의 사지가 정상보다 작은 것을 보고,[8] 그들은 이 동물들이 부속 기관을 잃었다가 부분적으로 다시 복구했으리라 추론했다. 1712년 프랑스의 자연주의자 르네 앙투안 레오뮈르 René-Antoine Réaumur가 민물가재를 체계적으로 절단하기 전까지 학자들은 이러한 추측을 한낱 속설로 치부했다. 하지만 레오뮈르의 실험 결과, 언제 어디서 팔다리를 자르든 갑각류의 팔다리는 놀라운 정밀도와 정확성으로 서서히 다시 자라났다.[9]

수십 년 후, 스위스의 자연주의자 아브람 트랑블레 Abraham Trembley는 히드라—길이 3센티미터가량의 말미잘 비슷한 바다 생물—가 이러한 재생 능력을 공유하거나 심지어 뛰어넘는다는 사실을 발견해 주목을 받았다. 트랑블레가 이 생물을 반으로 자르자 모든 면에서 완벽한 새로운 동물이 탄생한 것이다. 이는 완전히 새로운 형태의 번식 방법이었다.

그리고 1700년대 후반, 스팔란차니는 한 걸음 더 나아가 벌레, 올챙이, 달팽이, 민달팽이, 도롱뇽, 두꺼비, 개구리 등에 메스의 날을 대었다. 크기와 모양은 다양했지만 이 생물들 모두 잘린 꼬리, 팔, 턱, 더듬이 등을 다시 재생시키는 놀라운 능력을 지니고 있었으며, 부상의 흔적은 전혀 남지 않았다. 하지만 무엇보다 주목을 끈 것은 참수된 달팽이에게서 새로 자라난 머리[10]였다. 스팔란차니가 발견한 현상을 눈으로 확인하고자 하는 사람이라면 누구나—학자든 일반인이든—이 재생 실험을 시도할 수 있었다. 심지어 프랑스의 작가이자 철학자인 볼테르도 실험을 직접 재현한 뒤 이렇게 말했다. "얼마 전까지만 해도 다들 예수회에 대해서만 이야기했지만, 지금은 달팽이가 온 마을의 화젯거리로 떠올랐다."[11]

스팔란차니의 연구 결과는 재생생물학의 두 가지 중요한 원리를 밝혀냈다. 첫째, 유기체의 재생 능력은 발생 또는 진화 상태와 반비례한다. 달팽이는 도롱뇽이 할 수 없는 신체 부위를 재생할 수 있고, 올챙이는 성체 개구리보다 더 효율적으로 재생하며, 이들 모두 포유류보다 더 잘 재생한다. 둘째, 동물은 필요한 만큼만, 더도 말고 덜도 말고 정확히 필요한 만큼만 재생한다. 도롱뇽은 마디 위쪽이든 아래쪽이든 상관없이 절단된 자리에서 팔다리를 다시 재생시키는데, 이는 조직이 회복해야 할 부상의 정도를 어떻게든 '알고' 있음을 시사한다. 또한 재생은 절단 부위에서 바깥쪽으로만 일어나므로, 마디 아래쪽을 절단하는 경우 팔뚝과 손가락은 다시 자라나

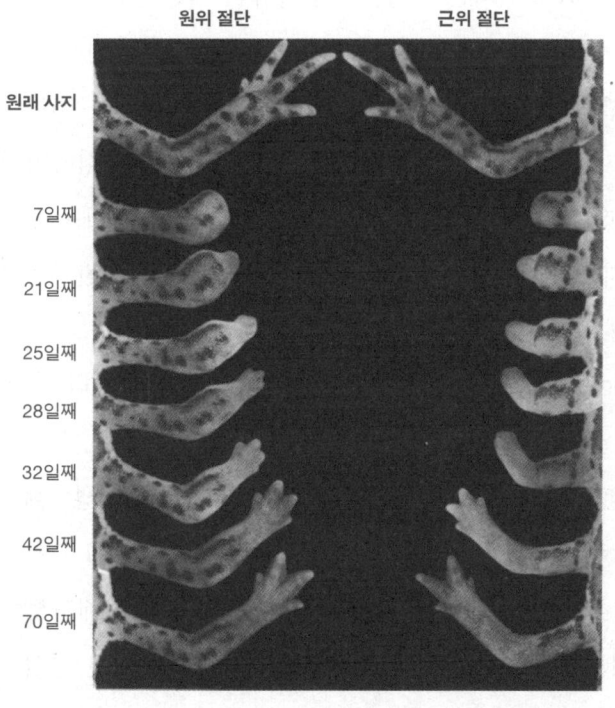

도롱뇽은 몇 주 만에 팔다리 전체를 재생할 수 있다. 절단 부위가 팔꿈치 아래(원위, 왼쪽)이든 팔꿈치 위(근위, 오른쪽)이든 완전한 회복이 이루어지며, 이는 조직이 재건해야 할 부위를 정확히 '알고' 있음을 시사한다.

지만 어깨는 그대로 남아 있다.

스팔란차니 이후 많은 다른 형태의 부가적 재생 사례—턱, 눈, 난소, 심지어 척수의 일부가 다시 재생하는 동물—가 발견되었다. 거의 모든 경우에 이 과정은 절단된 그루터기를 덮기 위해 자라는 특수한 상피 구조인 발생모체blastema의 형성에 달려 있다. 발생모체는 단순한 보호물 역할을 넘어 그 아래 세포 쪽으로 신호를 보내 탈분화를 일으키고,12 탈분화 상태에서 세포는 발생 경로를 다시 밟음으로써 재생을 촉진한다.

하지만 지금까지 살펴본 양서류와 갑각류의 재생 능력도 재생의 귀재인 편형동물에 비하면 아주 미미한 수준이다. 예를 들어, 겨우 1센티미터 남짓한 크기에 눈眼처럼 생긴 광수용체를 지닌 플라나리아(일례로 슈미테아 메디테라네아Schmidtea mediterranea)가 있다. 민물 연못에 서식하며 곤충과 유충을 먹이로 삼아 살아가는 플라나리아는 재생 능력이 매우 뛰어나 신체가 250분의 1만 한 크기로 잘려도 다시 자라나는데, 인간에 비유하자면 잘린 발에서 새로 자라나는 셈이다.

플라나리아의 몸은 독특한 재생 수단으로 가득 차 있으니, 바로 '네오블라스트neoblast'라 불리는 특수한 줄기세포다. 재생 능력을 가진 다른 생물체들처럼 플라나리아는 상처를 입은 후 해당 부위에 발생모체를 형성한다. 그러나 탈분화된 세포에 전적으로 의존하는 양서류나 갑각류와 달리, 플라나리아는 편재하는 줄기세포를 사용하여 형태를 재구성한다. 이러한 특성 덕분에 이 편형동물은 트랑블레의 히드라와 같은 방식으로 번식할 수 있다. 즉 벌레가 단단한 기질基質에 고정되어 스스로를 분리하면, 분리된 각각의 반쪽에서 새로운 벌레가 자라는 식이다.

재생에 대해 우리가 이해하지 못하는 것이 아직 많지만, 한 가지 분명

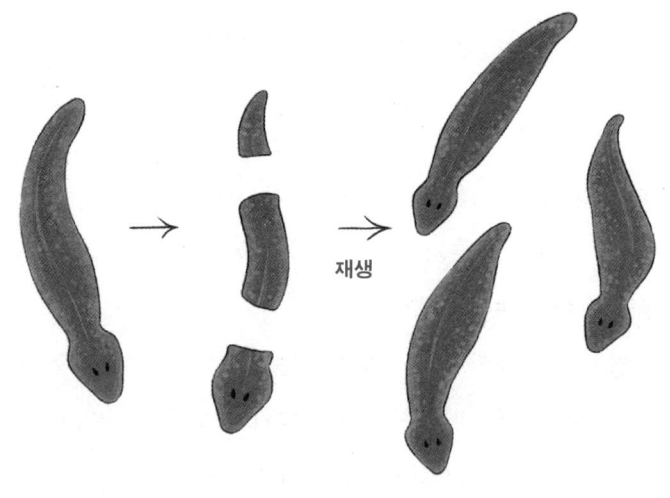

플라나리아는 재생의 귀재로, 수십 개의 조각으로 잘린 후에도 각 조각으로부터 새로운 개체를 형성할 수 있다.

한 사실은 조직이 정상적인 형태를 되찾기 위해서는 재생을 담당하는 세포가 자신이 '있어야 할 곳'과 '해야 할 일'을 인식해야 한다는 점이다. 다시 말해 세포는 절단용 칼날이 떨어진 위치를 '알아야' 한다.

1960년대에 생물학자 루이스 울퍼트는 배아세포가 3차원 세계에서 자신의 위치를 인식하는 방법에 대해 설명하는 이론을 제시했다. 그 모델에 따르면,13 각 세포는 표현형 또는 분화 정체성 외에도 위치 정체성, 즉 등/배(뒤에서 앞), 앞/뒤(위에서 아래), 근위/원위(안쪽에서 바깥쪽) 축을 따라 다른 세포와 구별되는 공간적 지정성을 획득한다. 특히 양서류는 울퍼트의 모델에 가장 적합한 증거가 되는데, 팔다리나 꼬리의 재성장을 매개하는 세포가 재생 과정에서 마치 위치 탐색 좌표계를 가지고 있는 듯이 행동하기 때문이다.

공간에서 길을 잃다

진화적 사촌들의 놀라운 능력에 비하면 초라한 수준이지만,14 포유류 또한 그 나름의 놀라운 재생 능력을 지닌다. 특히 간은 대사부터 해독, 혈액 내 단백질 생산에 이르기까지 다양한 활동을 하는 놀라운 기관으로, 포유류에서 가장 우수한 재생력을 보여준다.

몇 년 전 내가 돌보았던 리사 M이라는 환자의 사례가 이를 잘 드러낸다. 리사는 타이레놀을 과다 복용하여 병원에 실려 왔다(미국에서는 매년 5만여 명에 이르는 사람들이 일반 의약품을 치사량까지 복용하여 문제를 겪는다). 하지만 타이레놀의 경우, 그 자체로는 간의 주요 세포인 간세포를 손상시키지 않는다. 독성 효과를 발휘하는 것은 타이레놀의 대사산물—아이러니하게도 이는 간세포에서 만들어지는 $NIPQI^{N-acetyl-p-benzoquinonimine}$라는 화학적 유사체—이다. 리사 M이 병원을 찾았을 때는 이미 독소가 전신에 퍼져 있었기 때문에 지지요법(수액, 전해질, 약물 투여)을 제외하고는 의료진이 손상을 최소화하기 위해 할 수 있는 일이 전혀 없었다. 우리는 간 효소(간세포 사멸의 지표 역할을 하는 단백질)를 매일 두 번씩 측정했고, 수치가 높아질 때마다 그녀의 간이 죽음을 향해 점점 더 가까이 다가가고 있음을 알 수 있었다. 하지만 며칠 뒤 리사의 상태가 호전세로 돌아섰다. 혈중 간 효소 수치가 하락하면서 그녀는 의식을 점차 회복하기 시작했다. 일주일 뒤에는 활력과 식욕이 돌아왔고, 2주 뒤 리사 M은 완전히 회복되어 퇴원할 수 있었다. 한 달이 지나 간을 검사한 결과 손상의 증거는 거의 발견되지 않았다.

간은 부가적 재생이 아닌 보상적 성장을 통해 질량과 기능을 회복한다. 간의 일부인 간엽lobe을 수술로 제거할 경우에도, 시간이 지나면서 간은 수술 전 크기로 돌아간다. 이러한 회복은 '절제된 간엽'의 재성장과 다른 개념이다. 그보다는 '남은 간엽'이 세포 증식—크기 증가, 즉 비대hypertrophy—을 통해 '절제된 간엽'을 보상하는 현상이라 할 수 있다. 간이 재생의 필요성을 어떻게 감지하는지, 또 정상 크기에 도달하면 어떻게 '알고' 재생을 멈추는지에 대해 우리는 거의 이해하지 못한다. 앞에서도 언급했듯이, 이러한 지식의 격차는 기관과 유기체의 크기를 제어하는 메커니즘에 대한 우리의 일반적인 무지를 반영한다.

그리스신화 속 티탄인 프로메테우스는 재생을 연구하는 과학자들에게 수호신과도 같은 존재다. 신화에 따르면 프로메테우스는 신들로부터 불을 훔쳐 인류와 공유했다. 이에 격노한 제우스는 그를 바위에 묶어 커다란 독수리로 하여금 매일 그의 간을 쪼아 먹게 했다. 프로메테우스의 간은 매일 밤 재생되었고, 제우스의 벌은 영원히 반복되었다. 이 이야기는 그 특별함과 정확성 모두에서 주목할 만하다. 간의 재생 속성은 실제로 다른 어떤 고형 기관보다 훨씬 뛰어나기 때문이다. 간의 주요 기능적 세포 유형인 간세포를 연속적으로 이식한 실험에서, 포유류의 간 하나가 100만 개 이상의 새로운 간을 생성할 수 있는 잠재력을 보유한 것으로 나타났다.[15]

하지만 여기에는 역설이 있다. 간의 재생 능력이 그렇게 뛰어나다면 왜 간이 망가질까? 간이식이 필요한 이유는 무엇일까? 답은 '손상의 성격'과, '손상이 급성인지 만성인지'의 문제로 귀결된다. 급성 손상(심지어 리사 M의 타이레놀 과다 복용과 같은 심각한 손상)의 경우, 원래 정상이었던 간은 타고난 재생 능력을 최대한 발휘할 수 있다. 그러나 장기간의 음주, 지속적인 바이러스 감염 또는 기타 질병으로 인한 만성 손상은 간의 재생 노력을 무용지물로 만드는 환경을 조성하며, 그 결과 돌이킬 수 없는 흉터를 남긴다. 흉터는 만성 손상의 달갑잖은 파트너로, 앞에서 손상된 척수의 발아를 저지했듯이 간의 재생도 방해한다.

●

 포유류는 보상적 성장을 통해 기관을 어느 정도 재생할 수 있으며, 간이 그 가장 좋은 사례다. 하지만 생쥐·코끼리·인간은 영원·도롱뇽·지렁이처럼 사지 전체를 재생하는 것이 불가능하다. 왜 그럴까?
 일부 연구자들의 가설에 따르면, 자연은 선택적 이점을 누리는 종에 한해 부가적 재생을 보존한다. 갑각류와 양서류의 경우, 덫에 걸린 발톱이나 꼬리를 버리고 대체하는 능력이 종의 생존에 도움이 된다는 점에서 이 가설은 타당하다고 볼 수 있다. 포유류의 간이 뛰어난 재생 능력을 갖추고 있다는 사실도 이러한 가설을 뒷받침한다. 잡식성 육상동물은 다양한 외래 물질, 말하자면 '생체 이물질'을 섭취하는데, 그 화학적 부산물이 자칫 신체에 큰 해를 끼칠 수 있으며 특히 간은 화학물질을 해독하는 주요 기관이므로 손상되기 쉽다. 유해 화합물의 끊임없는 공격을 감안할 때, 자연이 간에 놀라운 재생 능력을 부여한 것은 어쩌면 당연한 결과인지 모른다.
 포유류가 부가적 재생을 '상실'한 이유와 관련한 다른 가설도 있다. 일부 과학자들은 2억 년 전에 일어난 '냉혈동물에서 온혈동물로의 전환' 또는 그보다 더 이른 시기에 일어난 '보다 복잡한 면역계의 출현'을 내세우며, 재생 능력의 상실이 그러한 생물학적 능력을 획득하기 위한 하나의 절충안이었을 수 있다고 주장한다. 또한 동물의 몸집이 커짐에 따라 암의 위험을 감소시키기 위한 보다 강력한 메커니즘이 필요해지면서 재생 능력이 사라졌다는 주장도 있다.16 하지만 이러한 이론 중 어느 것도 '재생 능력이 뛰어났던 조상에 비해 우리의 능력이 왜 그렇게 제한적인지'를 완전히 설명하지는 못한다.

앞서 형태발생에 대해 이야기하며 배아세포가 위치와 관련한 지식, 즉 자신이 어디에 있고 어디에 있어야 하는지를 인지하는 전정 감각vestibular sense을 갖는다고 언급한 바 있다. 이러한 위치 정체성이 없다면, 배아세포는 확장하고 분화할 수 있을지언정 결코 인식적이거나 기능적인 형태를 형성하지 못할 것이다. 기형종은 성장하는 발생 시스템이 공간에 대한 개념을 포기할 때 어떤 일이 일어나는지를 보여주는 단적인 예다.

부가적 재생이 가능한 진화적 사촌은 일생 동안 위치 정보를 안전하게 저장하는 능력을 가지고 있으며, 이제 우리는 그 내부 나침반의 분자적 특성을 이해하기 시작했다. 가장 흥미로운 통찰 중 하나는, 도롱뇽의 팔다리 내부에 있는 신경이 공간 기억을 저장하는 창고로 기능한다는 사실이다. 신경 내에서 단백질의 발현 농도는 팔다리의 길이에 따라 달라지며(어깨에서 가장 높고 손가락 끝에서 가장 낮다), 일종의 '길이 코드longitudinal code'를 제공한다. 이 단백질의 농도를 측정함으로써 사지의 세포는 몸통과 손가락 끝을 기준으로 자신의 위치를 사실상 '알게' 된다. 다른 많은 요인들—세포에 위치 단서를 제공하는 단백질의 기울기, 전류, 유전체 각인genomic imprint—도 지형도에 기여할 수 있을 텐데, 이는 연구자들이 양서류 재생 연구를 계속 이어감에 따라 차차 밝혀질 것이다.

'인간의 재생'에 대한 전망은 그리 밝지 않다. 성인의 조직이 발생 과정에서 자신을 안내했던 신체와 공간의 3차원 지도를 간직한다는 증거는 거의 없으니 말이다. 배아발생 과정에서 매우 중요한 그 지도가 발생 이후 망각된다면, 아무리 재촉해도 세포에 필요한 방향을 제시할 수 없다. 우리의 팔, 다리, 기타 신체 부위의 재생이 불가능한 것은 결국 기억 결함의 단순한 결과일 수 있다.

기관을 처음부터 새로 만든다?

30여 년 전 의과대학에 입학한 직후, 나는 종종 친구 릭Rick과 술을 마셨다. 같은 과 동기였던 우리는 둘 다 SF 소설과 기술의 광팬이라 함께 미래에 대해 재미있는 추측을 나누곤 했다. 인간 유전체부터 IT까지 다양한 주제가 도마 위에 올랐고, 사실보다는 상상력이 대화를 이끌었다. 선례나 현실성에 대한 걱정 없이 터무니없는 이야기를 얼마든지 꺼내도 괜찮은 자유로운 시간이었다. 우리가 생각해낸 아이디어는 대부분 엉뚱한 것들이었다.

어느 날 저녁 릭은 '의학의 원시적 상태' 운운하며 비판적 이야기를 쏟아내 나를 힘들게 했다. 특히 그는 왜 인간이 100세 이상 살지 못하는지 이해할 수 없었다. 그의 추론은 다음과 같았다. 만약 기관이 망가져 죽는다면(어느 정도 사실이다), 사람들은 망가진 기관을 새 기관으로 교체하여 수명을 연장할 수 있어야 한다. 자동차가 고장 나 정비소에 가져가면 정비사가 고장 난 부품을 교체해주듯이 말이다. 인체의 경우에도 그래야 하는 것 아닐까?

아닌 게 아니라 이는 논리적인 주장이었고, 지금도 그렇다. 장기 부전은 질병의 마지막 공통 경로이며, 결국 우리가 질병에 굴복하는 이유이기도 하다. 기관은 감염, 혈전, 혈류 차단, 면역 파괴, 마모, 종양 침윤, 독성 등 여러 가지 이유로 제 기능을 발휘하지 못한다. 의사는 약물로 말기 기관 손상의 영향을 완화하지만 동맥경화, 당뇨병, 알츠하이머병, 파킨슨병, 신부전, 황반변성, 근이영양증, 폐기종 등 만성적 기능 상실로 인한 퇴행성 질환의 경우 의학이 할 수 있는 일은 이를 치료하기보다 '관리'하는 것이 고작이다.

문제를 해결하려면 조직을 교체해야 한다.

대사가 불가능한 독소로 인해 혼수상태에 빠지고 담즙이 배출되지 않아 황달이 온 말기 간 질환 환자를 떠올려보자. '돌이킬 수 없는 시점'을 지나 병원에 입원한, 생존 가능성이 희박한 환자들을 알아보기란 어렵지 않다. 그러나 간이식을 받을 수 있을 만큼 운이 좋은 일부 환자들의 경우에는 이야기가 다르다. 이들은 새 간을 이식받고 며칠 안에 혼수상태에서 깨어나 한두 주 뒤에는 집으로 돌아간다. 그리고 대부분은 이후 수십 년 동안 생존한다. 성공적인 장기이식은 의학적으로 자동차의 필수 부품을 교체하는 일과 크게 다르지 않으며, 그 결과 한 인간의 생명을 구한다.

하지만 이식은 만능이 아니다. 새로운 기관에 대한 수요는 공급을 훨씬 초과하여, 미국에서만 매년 수만 명의 사람들이 새로운 간, 신장, 심장, 폐 이식을 기다리다 사망한다. 이식이 가능하려면 기관이 거의 완벽한 상태여야 하는 데다, 새로운 기관을 필요로 하는 이들 중 상당수는 적합한 이식 수혜자가 아니다(한 기관의 부전은 종종 다른 기관의 부전과 연관되므로 수술 자체의 위험이 너무 커진다). 운 좋게 이식을 받는다 해도 면역 부적합성이나 이식 거부반응으로 평생 면역 억제제를 사용해야 할지 모른다. 마지막으로, 기증된 장기는 귀중한 자원이므로 생명을 구하는 이 선물의 '선한 청지기good steward'●를 아주 신중하게 선별해야 한다는 사회적 고민도 발생한다.

릭의 질문(소진된 기관을 대체함으로써 인간의 생명을 연장할 수 없는 이유는 무엇인가?)에 나는 당시 내가 알고 있던 지식을 총동원해 대꾸했다. 인체는 자동차가 아니며 장기이식은 우리가 가진 최선의 해결책임에도 불구하고 많은 문제점을 안고 있다고, 설사 이식의 기술적 측면이 개선되더라도 수요와 공급의 문제는 항상 제한 요인limiting factor으로 부각될 거라고.

"인체는 품질보증서 같은 걸 제공하지 않아. 대리점에서 새 부품을 주문할 수 없다고." 나는 말했다.

그러자 엔지니어인 릭이 미소를 지으며 천연덕스럽게 말했다.

"여분이 없으면, 기관을 처음부터 새로 만들면 되는 거 아니야?"

●

가장 처음이자 가장 단순한 형태의 인공 조직은 고대 이집트인과 페르시아인이 전투에서 잃은 팔다리를 대체하기 위해 사용한 의수족義手足이다. 그리고 최근 20~30년 사이 개발된 정교한 인공 손과 다리는[17] 자연적인 팔다리와 매우 비슷하며, 종종 더 뛰어난 성능을 발휘하는 경우도 있다. 손상된 심장판막, 혈관, 관절, 기타 조직을 대체하는 보철물도 등장했다. 인공 달팽이관은 청각장애인의 소리 감지를 돕고, 음경 임플란트는

● 성서에서 비롯한 표현으로, 주인(소유권자)이 맡긴 것들을 주인의 뜻대로 관리하는 위탁관리인을 가리킨다.

발기부전을 개선한다. 신체 부위에 구조적 결함이나 기계적 고장이 발생한 경우, 보철물은 생명을 구할 수 있다.

그러나 대부분의 장기 부전은 세포 활동의 붕괴로 인한 구조적 장애가 아닌 기능적 장애로, 이 경우 보철물의 효과는 미흡하다. 단, '인공신장'으로 분류되는 혈액투석은 예외다. 투석은 50만 명이 넘는 미국 내 신부전 환자의 생명 줄이 되어 기능적 문제에 대한 기계적 해결을 제공한다. 그러나 사실상 이는 절반의 해결에 불과하다. 정상적인 신장에는 네프론nephron이라 불리는 100만 개 이상의 미세한 단위가 존재하는데, 각각의 네프론은 독립적인 '미니 신장' 역할을 한다. 네프론이 일련의 관을 통해 혈액을 여과하면, 여과액이 관 네트워크를 따라 이동하면서 일부 분자(물, 나트륨)는 유지하고 다른 분자(요소, 칼륨)는 제거하는 것이다. 1940년대에 투석을 개발한 빌렘 콜프Willem Kolff는 다공질막多孔質膜을 통해 혈액을 여과함으로써 이 기능을 더 큰 규모로 모방할 수 있다는 사실을 깨달았다. 그러나 의학에 미친 놀라운 영향에도 불구하고 투석은 정상 신장의 기능에 미치지 못하여, 신부전 치료를 위해 투석을 받은 환자의 경우 신장이식을 받은 환자에 비해 수명이 평균 10년 정도 짧다.[18] 인공기관의 가장 좋은 예인 혈액투석도 실질적으로는 임시방편에 불과한 셈이다. 기관의 기능을 대체하기 위한 다른 장치들, 예컨대 인공 심장 같은 경우에는 그 효과가 훨씬 떨어진다.

물론 우리는 더욱 분발해야 한다.

문제는, 우리 몸의 조직이 그동안 인류가 만든 어떤 발명품, 구조물, 제품보다 헤아릴 수 없이 복잡하다는 사실이다. 모든 네프론은 3D 디자인의 뛰어난 설계 덕분에 물질의 분비와 흡수가 가능한 꼬불꼬불한 튜브들을 갖춘, 그야말로 엔지니어링의 걸작과도 같다. 이러한 형태와 기능의 복잡성이 엔지니어인 릭의 제안, 즉 인공장기를 '처음부터' 새로 만드는 일을 매우 어렵게 한다. 인간 장기의 설계도는 수백만 년의 진화를 거쳐 완성되었다. 과거의 모든 것과 차별화되는 지난 세기의 기술적 업적에도 불구하고, 웬만한 수준의 정밀도로 장기를 재건하는 일은 여전히 우리의 능력을 훨씬 넘어선다. 이에 생명공학자들은 차츰 '기관 대체용 기기'에서 눈을 돌려 자연이 이미 제공한 해결책, 즉 세포에 주목하기 시작했다.

순탄치 않았던 세포 기반 치료

조작된 세포를 사용하여 고장 난 조직을 대체하는 일은 '세포 기반 치료 cell-based therapy'라 불리며, 그 목표는 퇴행성 질환 치료의 혁신이다. 반세기 전까지만 해도 대체용 기관을 제작한다는 생각은 SF의 영역에 속했다. 1950년대 이전까지 생물학자들의 주요 관심사는 세균의 세포와 파지였다. 진핵생물의 세포는 그보다 한 단계 위에 있어 다루기 까다로운 영역이었다. 하지만 20세기 후반 31세의 암 환자 헨리에타 랙스 Henrietta Lacks에서 유래한 악명 높은 HeLa 세포주를 시작으로 인간 세포를 배양하는 방법이 개선되었다.[19]

이후 세포배양은 많은 생물학 실험실에서 일상적인 요소가 되었으며, 연구자들은 비영리 및 상업적 공급업체에서 제공하는 다양한 세포주를 이용할 수 있게 되었다. 그럼에도 불구하고, 대부분의 세포주는 적절치 않은 상태로 나타난다. 체내에서 배양접시로 세포를 옮기면 세포는 변화를 선택하는데, 그 일부가 무한정 증식(불멸화)이 가능한 암과 유사하기 때문이다. 게다가 증식 시간이 길어질수록 비정상적인 세포도 늘어난다. 결과적으로 인간 질병과 가장 관련성이 높은 세포를 포함한 대부분의 정상세포는 배양에 저항하거나, 특정 연구에 부적합한 형태를 띠게 된다.

조직 대체물을 개발하려는 연구자들은 이에 굴하지 않고 재생의학을 전담하는 부서, 사업부, 연구소를 설립하여 난제를 해결하려 애써왔고, 종종 자선단체 및 주 정부가 이를 지원한다.[20] 그중 가장 규모가 큰 캘리포니아 재생의학 연구소는 17년간 여러 대학의 1000개가 넘는 프로젝트에 자금을 지원해온, 수십억 달러 규모의 주 정부 이니셔티브다. 재생의학에 속하는 많은 노력은 줄기세포—배아줄기세포(ESC), 유도만능줄기세포(iPSC), 다양한 종류의 성체 줄기세포—연구에 큰 역할을 했다. 이러한 연구에서는 세포를 제대로 분화시키는 것이 큰 과제였다. 앞서 설명했듯이 기존의 실험실 프로토콜은 세포를 한 방향, 또는 또다른 방향으로 분화시킬 수 있는데, 분화된 세포가 임상적으로 사용될 만큼 정상세포와 높은 유사성을 보이는 경우가 드물기 때문이다. 게다가 더 큰 걸림돌이 있었다. 먼저 세포를 적절한 3차원 구조로 배열하고, 세포가 의도한 대로 기능하도록 망가진 조직에 통합해야 한다는 두 가지 과제였다.

이러한 문제들을 해결하고자 일부 과학자들은 가소성, 즉 iPSC 기술을 탄생시킨 '세포 역분화'라는 연금술 같은 현상을 사용해 바람직하지 않은 세포(예컨대 흉터를 형성하는 섬유모세포)를 보다 바람직한 세포(간세포, 심근세포, 뉴런 등)로 전환하는 방법을 고려했다. 역분화 인자 reprogramming factor 를 환자의 조직에 직접 도입해야 하기 때문에 이는 상당한 기술적 혁신이 요구되는 접근 방식이다. 그러나 만약 이 방법이 성공한다면, 필요한 부위에서 세포를 역분화시킴으로써 '3차원성'과 '통합'이라는 두 가지 문제를 부분적으로 우회할 수 있다. 새로 생성된 세포가 이미 거기에 존재할 테니 말이다. 이를 비롯한 여러 다양한 접근 방식이 세포, 동물, 사람을 대상으로 수백 번 테스트되었는데, 지금까지는 그 결과가 엇갈리는 상황이다.

2005년 UC 어바인의 연구원 한스 카이어스테드Hans Keirstead는 인간 ESC를 신경보호세포의 일종인 희소돌기아교세포oligodendrocyte의 전구세포로 분화시키는 프로토콜로 주목을 받았다. 그의 목표는 이 세포를 사용하여 척추손상의 경과를 개선하는 것이었다. 카이어스테드와 그의 연구 팀이 척수가 손상된 시궁쥐에게 세포를 주입한 결과, 대조군에 비해 해당 쥐의 운동 및 보행 능력이 통계적으로 유의미한 개선을 보였다.[21] 이 치료법은 손상 직후에만 효과를 보였으며, 손상이 생기고 몇 달이 지나 세포를 주입할 경우에는 아무 소용이 없었다.

카이어스테드 팀의 연구 결과가 척추손상 커뮤니티에 활기를 불어넣어, 2010년 제론 코퍼레이션Geron Corporation은 척수손상 환자를 대상으로 인간에게 ESC 유도체를 투여하는 최초의 임상 시험을 시작했다. 그러나 1년 뒤 임상은 종료되었다. 세포를 주입받은 환자의 수는 총 네 명으로, 결론을 도출하기에는 너무 적었다(제론 측에서는 이것이 회사의 우선순위에 따른 전략적 결정이라고 주장했다). 이들 중 증상이 악화된 경우는 없었지만 호전된 경우도 없었다. 현장에서 기대했던 희망적인 시작은 아니었다.

희미한 희망

그로부터 10여 년이 지난 지금, 세포 치료의 전망이 다시 밝아지고 있다. 종양학과 내분비학의 두 사례를 통해 체외에서 조작된 세포가 임상의학을 어떻게 변화시켰는지, 또는 변화의 가능성을 암시했는지 확인해보자.

첫 번째 이야기는 1980년대 후반 이스라엘의 면역학자인 젤리그 에쉬하르Zelig Eshhar와 기드온 그로스Gideon Gross의 의견, 즉 T세포—바이러스에 감염된 세포를 박멸하는 면역세포—의 방향을 전환하여 암세포를 공격하게끔 유도하자는 제안에서 시작되었다.[22] 그 방법은 환자의 T세포가 암세포에 특이적인 변형 구조, 즉 '항원antigen'에 집중할 수 있도록 조작된 DNA 조각을 받아들이도록 하는 것이었다. 해당 DNA 조각에 코딩된 유전자는 '키메라 항원 수용체chimeric antigen receptor, CAR'로 알려져 있다.

과학자들은 향후 20년에 걸쳐 기술을 최적화했고, 마침내 2010년 65세의 빌 루트비히Bill Ludwig라는 교도관이 이 첨단 버전의 엔지니어링 세포로 치료받은 첫 번째 환자가 되었다. 10년 앞서 백혈병을 진단받은 루트비히는 이미 모든 표준 및 실험적 치료법에 내성이 생긴 상태였다. 더 이상 방법이 없는 상황에서 그는 펜실베이니아 대학교의 임상 시험에 등록했고, 칼 준Carl June, 브루스 레빈Bruce Levine, 데이비드 포터David Porter를 비롯한 연구진이 그의 백혈병을 제어할 수 있는 CAR를 설계했다.

치료에는 여러 단계가 필요했다. 연구진은 먼저 루트비히의 혈액에서 T세포를 분리하여 실험실에서 수십억 개씩 배양한 뒤(T세포는 단기간 배양에 유리하다), CAR 유전자가 포함된 DNA 분자를 도입했다. 그런 다음, 유전적으로 변형된 T세포를 루트비히의 몸에 다시 주입하고 이 기술이 어떤 성과를 거두는지 지켜보았다.

처음에는 아무런 효과가 없었다. 그러다 며칠이 지나자 루트비히의 상태가 악화되었다. 그는 중환자실로 옮겨졌고, 아마 그곳에서 목숨을 잃을 듯 보였다. CAR를 보유한 T세포가 상황을 악화시키는 것 같았다. 하지만 죽음에 가까워지던 그의 상태가 곧 호전되기 시작했다. 처음에 실패의 신호로 여겨졌던 것이 알고 보니 성공의 전조였다. 의도된 임무—백혈병 세포를 수백만 개씩 죽일 것—를 수행하는 과정에서, 조작된 T세포가 생산적인 항종양의 부작용인 대규모 염증 반응을 일으켰던 것이다. CAR T세포를 투여받고 한 달 뒤에 시행된 골수 생검 결과, 백혈병의 흔적은 보이지 않았다. 환자는 물론 의사도 눈을 의심할 만한 결과였다. 모든 의도와 목적에 부응하며, 루트비히는 완치 판정을 받았다.[23]

더 최근에는 제1형 당뇨병에서 세포 치료의 성공 사례가 나왔다. 제1형 당뇨병은 신체의 T세포가 잘못된 신호를 받아 췌장에서 인슐린을 생산하는 베타세포를 공격하는 질환으로, 이 '자가면역' 과정이 베타세포의 75퍼센트를 죽이면 나머지 세포는 더 이상 신체의 요구를 따라갈 수 없게 되어 당뇨병이 발생한다(인슐린으로 혈중 포도당 수치를 낮추지 않을 경우 당 수치가 놀라울 정도로 높아진다). 1920년대 초 프레더릭 밴팅Frederick Banting과 찰스 베스트Charles Best가 발견한 인슐린은 제1형 당뇨병을 치명적인 질병에서 만성질환으로 변화시켰다. 그러나 지난 한 세기 동안 당뇨병 환자들의 생명 줄 역할을 해온 인슐린 또한 그 자체로 위험성을 내포한다. 무엇보다 인슐린 주사는 혈당을 위험할 정도로 낮은 수치(저혈당)로 쉽게 떨어뜨려 혼수상태 혹은 사망으로 이어지는 매우 심각한 결과를 초래할 수도 있다.

중증 제1형 당뇨병 환자를 위한 대체 요법 중 '섬 이식islet transplantation'은 장기 기증자의 췌도pancreatic islet(베타세포를 포함하는 췌장 내 세포 집합체)를 환자의 간에 이식하는 시술이다. 이 시술의 비교적 높은 성공률은, 베타세포가 췌장의 해부학적 위치와 다른 곳에 자리할 경우에도 당뇨병에 효과적인 치료법으로 작용할 수 있음을 증명한다. 그러나 이식 가능한 췌도는 신장, 간, 심장에 비해 훨씬 더 구하기 어렵기 때문에 공급이 매우 제한적이다.[24] 따라서 재생의학 연구자들은 베타세포의 대체 공급원을 찾기 시작했다.

가장 확실한 후보가 바로 ESC였다. 1998년 톰슨과 기어하트가 인간 ESC 추출에 성공한 이후, 여러 연구실에서 다능성 ESC가 인슐린 생산 세포로 분화하는 조건을 찾고자 분화 프로토콜을 설계하고 실험했다. 초반에 다소 더디게 진행되던 이 연구는, 10년 뒤 하버드의 줄기세포 연구자인 더글러스 멜튼Douglas Melton의 주도하에 탄력이 붙기 시작했다(멜튼은 2000년부터 2006년까지 나의 박사 후 과정 지도교수였다).

2015년까지 멜튼과 다른 사람들이 고안한 분화 프로토콜이 충분히 발전하자 연구자들은 임상적 평가를 고려하기 시작했고, 2021년 바이오테크업체인 버텍스Vertex가 당뇨병에 대한 '완전히 분화된 인슐린 생산 섬세포 치료'의 효과를 확인하기 위한 임상 시험에 착수했다. 첫 번째 환자는 64세의 우편배달부 브라이언 셸턴Brian Shelton으로, 저혈당 증세가 너무 심해 졸도와 발작을 일상으로 겪으며 매일이 마지막일지도 모른다는 불안감에 떨던 그는 버텍스의 임상에 자원했다. 실험실에서 가공한 세포가 아닌 장기 기증자의 세포를 주입하는 것처럼, 연구진은 프로토콜에 따라 수백만 개의 세포를 그의 간에 주입했다.25 석 달 뒤 버텍스가 초기 상황을 확인한 결과, 셸턴은 어떤 부작용도 겪지 않았을 뿐 아니라 혈당도 거의 정상에 가까웠다. 그리고 아홉 달 뒤에는 더 이상 인슐린을 필요로 하지 않게 되었다.26

●

2017년, FDA는 CAR T세포 치료를 승인했다. 유전자조작 세포 치료법이 규제 기관의 엄격한 승인을 받은 최초의 사례였다. 루트비히가 용기를 내어 주사위를 던진 뒤 1000명 이상의 백혈병 또는 림프종 환자들이 CAR T세포로 치료받았고, 그중 대다수가 임상적 완화 또는 완치를 경험했다. 당뇨병에 대한 세포 치료는 아직 개발 초기 단계에 있으며 이 치료가 셸턴을 인슐린의 족쇄에서 영구적으로 해방시키는지 여부는 시간이 더 지나야 알 수 있을 테지만,® 지금으로서는 이보다 더 희망적인 시작을 상상하기 어렵다.

백혈병과 제1형 당뇨병에서 세포 치료는 인상적인 진전을 이루었다. 그러나 캐런 마이너와 현재 척수손상, 치매, 기타 퇴행성 질환으로 고통

® 2024년 1월, 버텍스는 제1형 당뇨병에 대한 임상 시험을 일시적으로 중단한다고 발표했다. 이는 두 참가자의 사망에 따른 조치로, 그중 한 사람은 바로 브라이언 셸턴이며 다른 한 사람의 정보는 아직 확인된 바 없다. 버텍스는 그들의 사망이 임상 시험과 무관하다고 밝혔으나, 규제 당국과 독립 모니터링 위원회 측에서 임상 연구 데이터를 면밀히 검토하고 있다.

받는 수백만 명의 사람들, 그리고 더 나은 치료법이 개발되지 않는다면 앞으로 비슷한 질환으로 고통 받게 될 수십억 명의 사람들에게 이러한 발전은 어떤 의미가 있을까? 혹시 이 두 질병의 사례가 예외적으로 수월한 경우, 말하자면 '낮은 곳에 매달린 열매'로 밝혀지고, 다른 질병에서는 더 어려운 싸움이 될 가능성은 없을까?

예단하기 어렵다. 제론 이후 줄기세포를 이용한 SCI 치료에 대한 임상 연구가 40건 이상 진행되었으며, 척수에 세포를 주입하는 것이 비교적 안전하다고 여겨지긴 하지만, 아직까지 선도적인 치료법이 등장했다고는 말할 수 없다.[27] 게다가 백혈병이나 제1형 당뇨병 환자와 달리 척수손상 환자는 시간이 지나면서 어느 정도 기능을 회복하는 경우가 많기 때문에 치료로 인한 임상 반응과 자연적인 호전을 구분하기도 어려운 형편이다.

세포 기반 치료의 성공에는 몇 가지 장벽이 남아 있다. 그중 하나는 안전성이다. 신체의 여러 부위에 주입된 ESC가 기형종을 형성할 수 있다는 사실을 기억할 것이다. 따라서 줄기세포 유도체를 치료에 사용하는 임상 연구자들은 세포 제품에 종양 형성 가능성이 없는지 세심하게 확인해야 한다. CAR T세포 치료와 관련한 2차 악성종양은 무척 드물게 발생하지만 이론적 가능성은 여전히 존재하며, 규제 당국은 세포 기반 치료의 가능성을 평가할 때 이러한 위험을 신중하게 검토해야 할 것이다.

그러나 내가 보기에 더 중대한 문제는, 세포가 공간에서 차지하는 위치가 세포 사회에서 차지하는 위치만큼이나 중요할 수 있다는 사실이다. (몸 전체에서 스스로 길을 찾는) CAR T세포나 (인슐린을 생산하는 세포가 간에서도 완벽하게 기능하는 듯 보이는) 줄기세포 유래 당뇨병 치료제의 경우에는 위치 정체성이 중요하지 않을 수 있다. 하지만 대부분의 경우 조직과 기관이 제대로 기능하려면 정밀한 3차원 구조를 갖추어야 하며, 이와 관련한 우리의 기술적 능력은 아직 부족하다.

다시 한 번 정상적인 발생으로 돌아가보자. 재생의학의 가장 중요하고 장기적인 과제가 3차원 공간이라면, 위치 정보를 암호화하는 능력을 가진 배아가 그 해답을 쥐고 있다. 우리의 목표는 공간 코드를 해독하여 수륙양용 사촌들처럼 신체 부위를 마음대로 (재)제작할 수 있도록 하는 것이다.

캐런 마이너의 입장에서 '돌파구가 어디에서 비롯하는가'는 중요하지 않다. 그에게 중요한 건 '언젠가는 이루어질 것'이라는 사실이다. "나는 여전히 지구상에서 가장 운이 좋은 사람이에요." 그녀는 이렇게 말한다. 많은 고통을 겪은 사람치고는 놀라울 정도로 낙관적인 태도다. 자신의 생전에는 아니더라도, 미래 세대의 척수손상 환자를 위한 더 나은 치료법이 나오리라는 희망을 그녀는 결코 버리지 않는다.

"우리 몸은 스스로 치유하는 방법을 알고 있어요. 과학은 단지 도울 뿐이죠."

(11장)

낮의 과학과 밤의 과학

우리에게 남은 과제

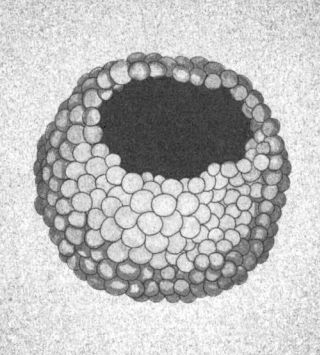

"넌 그림을 그릴 수 없어"라는 내면의 목소리가 들리면
반드시 그림을 그려야 한다. 그러면 그 소리는 침묵할 것이다.
– 빈센트 반 고흐

발견은 골치 아픈 일이 될 수 있다. 새로운 지식에 이르는 지름길 같은 건 존재하지 않으며, 가설과 해석은 종종 방향이 불분명한 우회로로 우리를 안내한다. 하지만 이는 지혜를 가로막는 장애물이라기보다 그 과정의 필수적인 요소에 가깝다. 기존의 관념을 버리고 편견 없는 조건을 조성함으로써 새로운 패러다임을 촉진하는 중요한 발견에 이른 연구자들의 사례를 우리는 이미 여럿 보았다. 세포, 유전자, 조절, 유도, 전사, 줄기세포, 역분화 등 모두 생물학의 토대가 되기 전까지는 그저 형태 없는 막연한 무엇, 이론이라기보다 추측에 가까운 것들이었다.

연구자와 작가들은 이러한 과학의 미묘한 특성을 설명하기 위해 다양한 비유를 내놓았지만, 내가 가장 좋아하는 것은 프랑수아 자코브의 말이다. 자코브는 회고록 『내면의 동상 The Statue Within』에서 과학적 탐구를 '낮의 과학'과 '밤의 과학'이라는 두 가지 범주로 나누었다.[1]

오늘날의 과학은 톱니바퀴처럼 맞물려 돌아가는 추론을 통해 확실한 결과를 도출한다. 우리는 다빈치의 그림이나 바흐의 푸가처럼 장엄한 배열에 감탄한다. 발전을 의식하고, 과거를 자랑스러워하며, 미래를 확신하는 '낮의 과학'은 빛과 영광 속에서 발전한다. 반면에 '밤의 과학'은 맹목적으로 방황한다. 망설이고, 비틀거리고, 고꾸라지고, 땀을 뻘뻘 흘리고, 깜짝 놀라 깨어난다. 모든 것을 의심하고, 자신의 길을 모색하고, 스스로에게 질문하며 끊임없이 마음을 가다듬는다. 이는 과학의 건축 자재를 정교하게 다듬어가는, 말하자면 '가능성의 작업장'이다. 그곳에서 가설은 모호한 예감, 흐릿한 감각의 형태를 취한다. 밤의 과학이 낮의 상태로 넘어갈지의 여부를 예측하기란 불가능하다. 그런 일이 발생할 경우, 그것은 마치 괴물처럼 우연적으로 일어난다. 그 순간 마음을 이끄는 것은 논리가 아니라, 본능과 직관이다.

이스라엘 바이츠만 연구소의 생물학자 유리 알론$^{Uri\ Alon}$은 기본 가정이 무너지고 새로운 개념이 탄생하는 공간을 '구름'[2]이라는 또 다른 이름으로 부른다. 구름 속에 있는 과학자들은 마치 숲에서 길을 잃고 등산로의 안전을 갈망하는 등산객처럼 불안에 휩싸인다. 무엇과도 연결되어 있지 않은 느낌, 출구 없는 방에 갇힌 듯한 느낌이다. 특히 실험실 연구가 '가설-실험-정제된 가설의 순환'이라는 선입견에 사로잡혀 있는 학생들은 이러한 불안을 더욱 크게 느낄 것이다. 모든 게 그렇게 간단하다면 얼마나 좋을까! 하지만 자연은 불확실성을 감수하는 사람에게 가장 깊은 곳에 간직한 비밀을 우선적으로 드러내며, 성급한 방문객은 이를 놓칠 가능성이 높다.

발견을 위한 전제 조건으로서 우회로의 중요성은, 우리가 주로 집중해 온 탐색적 연구 유형인 '기초과학'과 정해진 목표와 일정을 따르는 '공학'을 비교할 때 더욱 분명해진다. 2019년 노벨 생리의학상 수상자인 빌 케일린 Bill Kaelin은 엔지니어가 '규칙 사용하기'에 익숙한 반면 기초과학자는 '규칙 배우기'에 더 관심이 있다[3]는 말로 그 차이를 간결하게 설명했다. 가장 근본적인 수준에서 기초과학에 참여한다는 것은 존재 자체가 알려지지 않은 새로운 언어를 배우려는 노력이나 마찬가지다.

물론 이러한 유형의 기초연구가 현실에 적용되지 않는 것은 아니다. 지난 20~30년 동안 의학의 가장 심오한 발전은 식물, 세균, 파지, 파리에 관한—무지한 관찰자라면 현실과 무관하다고 여겼을 법한—연구에서 기원을 찾을 수 있다. 자코브의 파지 연구에서 시작된 일련의 발견에 힘입어 탄생한 코로나19 백신, 즉 mRNA 제제만 보아도 밤의 과학에 잠재한 진정한 가치를 알 수 있다.

이는 결과물에 대한 갈증 때문에 장기적으로(비록 단기적으로는 눈에 띄지 않지만) 더 큰 잠재력을 지닌 개방형 프로젝트의 자원을 끌어다 쓰기 일쑤인 생물의학 연구 기업에도 시사하는 바가 크다. 수십 또는 수백 명의 과학자가 하나의 목표를 가지고 참여하는 대규모 이니셔티브를 이르는 '문샷Moonshot 프로젝트'는 돈과 땀이 지식의 격차를 메울 수 있다는 공학적 전제를 기반으로 한다. 분명한 것은, 목표가 제대로 정의되어 있을 때만 이러한 낮의 과학이 힘을 발휘할 수 있다는 점이다. 인간의 완전한 DNA 염기서열을 밝혀내기 위해 수십억 달러를 투자한 인간 유전체 프로젝트Human Genome Project가 바로 그런 경우다. 하지만 암 또는 자가면역질환을 치료하는 방법이나 인간의 의식을 이해하는 방법 등 발견의 경로가 명확하지 않은 경우엔, 비록 속도는 느리지만 엄청난 잠재력을 지닌 밤의 과학에서 그 돌파구를 찾을 수 있다.

"기초과학자들은 마치 실험의 결과가 이미 밝혀지기라도 한 양 3년, 4년, 5년 차 연구비로 무엇을 할 것인지 증명해달라는 요청을 점점 더 많이 받고 있다." 케일린의 말이다. 이는 새로운 지식의 예측 불가능성을 무시하고 밤의 과학의 역사—발견 뒤에 도사리고 있는 파괴적인 힘—를 무시하는 근시안적 사고방식에서 비롯한 현실이다.

세포 기억의 복잡성

밤의 과학의 가장 큰 역설은 그것이 낮으로 전환되기 전에는 보이지 않는다는 사실이다. 우리가 전향적으로 접근할 수 있는 가장 좋은 방법은 완전한 어둠 속도 아니요 그렇다고 태양빛이 쏟아지지도 않는, 말하자면 새벽녘의 문제에 대해 생각하는 것이다. 내가 염두에 두고 있는 사례는 빠르게 성장하고 있는 후성유전학으로, 우리가 이미 접한 두 가지 상반된 사실의 맥락에서 가장 잘 이해할 수 있는 분야다.

첫 번째 사실: 모든 세포는 거의 동일한 DNA를 포함하고 있다. 이는 '유전체 동등성의 원리'로, 세포가 분화할 때 완전한 유전자 세트를 유지하도록 보장한다.

두 번째 사실: 세포에는 기억이 있다. 배아가 성장하고 세포가 분화함에 따라, 세포 사회의 시민은 자신의 본분을 굳건히 지키고 이를 자손에게 물려준다.

첫 번째 사실의 결과로 세포는 과도한 정보를 지니게 된다. 예컨대 간세포는 신경세포 기능에 필요한 모든 유전자를 가지며, 백혈구는 연골을 만드는 데 필요한 모든 정보를 가진다. 이는 두 번째 사실에 위험을 초래하는데, 세포가 언제든 '대본에서 벗어나' 부적절한 세포 프로그램을 발현할 가능성이 열려 있기 때문이다. 세포가 자신이 누구인지 잊기 시작할 때—즉, 간이 폐로 변하거나 뇌가 뼈로 변할 때—초래될 신체적 혼란을 상상해보라. 거든과 야마나카가 동물 복제와 세포 역분화를 통해 보여주었듯, 이러한 극적인 변화도 원칙적으로는 가능하다. 하지만 정상적인 상황에서는 그런 일이 좀처럼 일어나지 않는다. 대부분의 세포는 발생 과정에서 부여된 정체성을 고수하고 그 정체성을 자손에게 전달한다.[4]

세포 표현형은 유전자 발현의 함수로, 어떤 유전자가 켜져 있고 어떤 유전자가 꺼져 있는지를 나타낸다. 유전자 발현은 DNA 결합 단백질, 즉 4장에서 살펴본 전사 활성화자 또는 억제자에 의해 조절되어 mRNA의 생성을 조절한다. 세균과 파지의 경우, 이러한 유전자 조절자들은 세포가 환경에 적응하는 데 필요한 모든 것이었다. 자크 모노가 대장균의 먹이를 포도당에서 젖당으로 바꾸었다가 다시 포도당으로 바꾸자, 대장균은 전사인자만으로 변화하는 먹이에 대한 반응을 조절하며 행복하게 포도당과 젖당을 넘나들었다. 미생물에게는 기억이라는 게 거의 필요하지 않았다.

그러나 기억(본분 지키기)이 필수적인 다세포 유기체에서는 세포가 자신의 정체성을 기억하고 그 정보를 후손에게 물려줄 방법을 찾아야 했다. 균일한 유전체를 가진 상태에서 유전자 발현의 차이를 다음 세대에 전달하는 능력은 자연이 풀어야 할 '단일세포 문제'의 또 다른 측면이었다. 아주 기발하게도, 자연은 후성유전학이라는 현상을 통해 문제를 해결했다.

1940년대 초 생물학자 콘래드 워딩턴Conrad Waddington은 색다른 유전 방식―동물 세대 간에는 정보가 전달되지 않는 반면, 발생 중인 배아의 세포 사이에는 정보가 전달될 수 있다―을 설명하기 위해 '후성유전학'이 라는 용어를 만들었다.5 아직 DNA가 유전물질이라는 인식이 생기기 전 이었기에 이러한 제안은 분자적 근거가 부족한 것으로 여겨졌으나, 워딩턴 은 발생 중인 세포가 분열할 때 어떤 유전자를 켜고 어떤 유전자를 꺼야

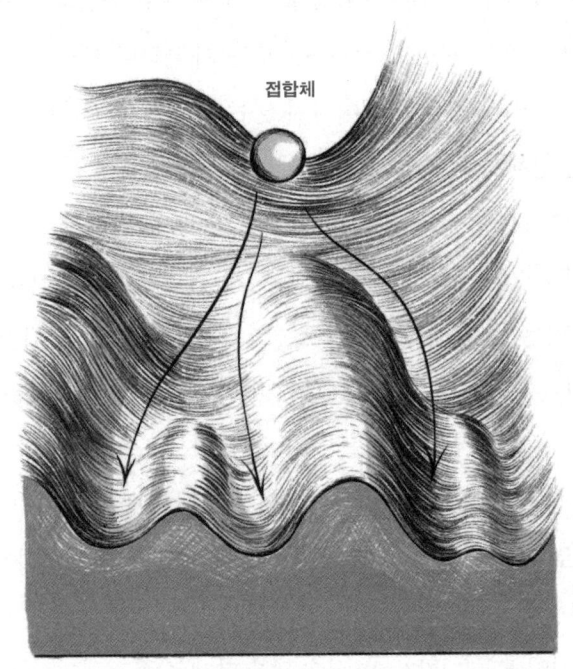

발생 과정에서 세포의 운명이 어떻게 획득되는지 고려하기 위해, 콘래드 워딩턴은 풍경의 이미지를 사용할 것을 제안했다. 이러한 '후성유전학적 풍경'에서, 접합체는 언덕 꼭대기에서 시작한다. 이 세포가 분열하면 서 그 후손은 이웃 세포로부터 받은 신호에 따라 오른쪽이나 왼쪽으로 방향을 틀며 경사면을 내려간다. 먼 계곡에서 휴식을 취하고 있는 세포는 세포 사회의 특화된 세포―이를테면 망막, 심근세포, 뉴런―다. 세포 가 한 계곡에서 다른 계곡으로 이동하려면 상당한 에너지가 필요하기 때문에, 성체세포는 배아세포보다 훨 씬 적은 가소성을 보인다.

하는지에 대한 정보를 전달할 방법이 있어야 한다고 믿었다. 후성유전학은 멘델, 더 프리스, 모건의 유전학과는 다른 새로운 유전 메커니즘을 통해 세포의 기억이 유지된다는 개념을 구체화했다. 즉, 유전적 메커니즘은 진화 과정에서 동물 형태의 유전성을 매개하는 반면, 후성유전학적 메커니즘은 발생 과정에서 세포 정체성의 유전성을 매개했다.

워딩턴은 생물학자들에게 이 개념을 이해시키기 위해 시각적 보조 자료, 즉 분화하는 세포를 내리막길을 구르는 공으로 묘사한 '후성유전학적 풍경'을 제공했다. 표준 '워딩턴 다이어그램'에서 언덕 꼭대기에 있는 공은 다양한 자손 생성의 잠재력을 지닌 다능성 세포를 나타내고, 그 아래에 있는 계곡은 다양한 운명을 나타낸다. 세포가 하강을 시작하면 유도력誘導力—이웃 세포로부터 받은 신호—이 세포를 한 방향 또는 다른 방향으로 밀어내고, 초반에 수많은 경로를 택할 수 있었던(가소성) 세포는 비탈을 내려갈수록 다른 부분에 도달할 능력을 점점 잃게 된다(전념성). 워딩턴에 따르면 세포 기억은 일종의 분자 중력으로, 특별한 변위력이 없을 경우 세포와 그 자손의 정체성을 유지시킨다.

1950년대와 1960년대의 분자생물학 혁명은 '염기서열 자체의 변화가 아닌 DNA의 화학적 변형이 원인일 수 있다'는 명제에서 시작하여 세포 기억에 대한 분자 연구의 발판을 마련했다. 초기 후보로는 DNA의 시토신cytosine 염기에 약간의 변화를 가져오는 화학반응인 DNA 메틸화가 거론되었다. DNA 메틸화 과정에서는 탄소 원자 하나와 수소 원자 세 개(메틸기(methyl group)가 시토신에 추가되어 5-메틸시토신5-methylcytosine이라는 화학적 유사체로 전환된다. 연구자들은 5-메틸시토신이 유전체 전체에 불균등하게 분포되어, 일부 유전자 근처에는 풍부하고 다른 유전자 근처에는 부족하다는 사실을 발견했다. 추측건대 세포는 5-메틸시토신의 존재 유무를 표지자로 사용하여 '발현할 유전자'와 '억제할 유전자'를 구분할 터였다.[6]

1970년대와 1980년대에 에이드리언 버드Adrian Bird, 하워드 시더Howard Cedar, 아론 라진Aharon Razin 등은 이 모델에 대한 강력한 사례를 구축했다. 이들이 5-메틸시토신이 풍부한 유전자(즉, 유전자 내부 또는 주변의 많은 시토신이 메틸화된 유전자)와 5-메틸시토신이 부족한 유전자를 비교한 결과, 메틸화 수준이 낮은 유전자는 높은 수준으로 발현된 반면 메틸화 수준이 높은 유전자는 낮은 수준으로 발현되었다. 이는 DNA 메틸화가 유전자 전사를 억제한다는 것을 시사했다. 더욱 놀라운 사실은 '특정한 DNA 메틸화 패턴이 한 세포 세대에서 다음 세대로 대물림되며, 메틸화 정도가 높은 유전자는 반복되는 세포분열을 통해 그 상태를 유지한다'는 것이었다. 말하자면 이 화학적 표지는 세포 기억의 저장소[7]이자, 세포가 유전적으로 어떤 유전자를 켜고(메틸화되지 않은 상태로 둠으로써) 어떤 유전자를 꺼야 하는지(고도로 메틸화시킴으로써)를 결정하는 일종의 태그인 셈이었다.

메틸화는 후성유전학적 기억의 주요 메커니즘이지만, 이 메커니즘이 올바르게 작동하려면 세포가 깨끗한 상태에서 시작되어야 한다. 포유류의 배아는 생성 초기에 아버지의 정자와 어머니의 난자로부터 물려받은 거의 모든 메틸화 표지를 '삭제한다'[8]는 사실이 밝혀졌다. 이를 통해 배아의 세포는 분화 과정에서 자체적인 메틸화 패턴을 확립할 수 있는 새로운 출발점을 갖게 된다. 모든 동물세포에는 시토신에서 메틸기를 추가·제거·유지할 수 있는 효소가 포함되어 있으며, 이러한 효소의 활동은 세포의 정체성에 필수적이다. 그러나 세포 기억의 메커니즘에 대해 우리가 배운 모든 것에도 불구하고 중요한 질문은 여전히 풀리지 않은 채로 남아 있다. 세포가 어떤 유전자를 메틸화(그러므로 침묵)시키고 어떤 유전자는 변형되지 않은 채로(그러므로 발현이 가능하도록) 남겨두는 메커니즘은 무엇일까? 다시 말해, 세포는 애초에 어떻게 기억을 획득할까?

유전의 재구성

20세기의 마지막 수십 년 사이, DNA 메틸화의 비밀과 함께 보다 복잡하고 오래된 정보 저장 방법이 발견되었다. 그러나 이 기억 시스템은 DNA에 새기는 방식이 아니라 유전물질과 긴밀하게 결합된 단백질, 즉 히스톤histone을 이용한 것이었다. 원핵생물인 세균과 달리 진핵생물은 DNA의 자유로운 부유浮遊를 허용하지 않는다. 그 대신, DNA는 히스톤 단백질과 결합하여 세포핵 내에 특수한 구조를 형성한다. 뉴클레오솜nucleosome이라 불리는 이 하위 단위[9]는 줄에 꿰인 구슬 형태의 반복적인 소단위체로 구성되며, 각각의 구슬에서는 200여 개의 뉴클레오타이드가 히스톤 코어를 휘감고 있다. 이 단백질과 DNA의 복합체를 염색질chromatin이라고 부른다.

자연은 정보 저장 문제를 해결하기 위해 이처럼 복잡한 배열을 고안해 냈다. 기내 반입용 가방에 몇 주 치 옷을 넣어본 사람이라면 잘 알겠지만, 짐을 쌀 때 전략이 중요하다. 공간을 최대화하는 방법에는 여러 가지가 있다(개인적으로, 나는 '레인저 롤ranger roll'*을 선호한다). 최악의 방법은 아무런 전략 없이 무작위로 소지품을 여행 가방에 채우는 것이다. 인간의 단일세포 유전체를 구성하는 60억 개의 뉴클레오타이드를 하나의 선형 분자로 펼치면 그 길이가 무려 1.8미터에 달한다. 효율적인 포장 전략이 없다면 이 정도의 DNA는 결코 핵 안에 들어갈 수 없으므로, 뉴클레오솜이 제공하는 조직적 틀은 필수 불가결한 요소다.

더하여 뉴클레오솜은 세포에 또 다른 이점, 즉 분자 기억의 추가적 원천을 부여한다. 1960년대에 연구자들은 DNA의 시토신 염기처럼 히스톤 단백질도 화학적으로 변형될 수 있다는 증거를 얻었다. 메틸화가 바로 그러한 변형 중 하나였지만, 다른 변형도 발견되었다. 예컨대 히스톤의 '아세틸화acetylation'는 메틸기보다 약간 큰 화학적 태그인 아세틸기의 추가를 야기한다. 각 변형은 미묘하지만 독특한 방식으로 해당 뉴클레오솜의 구조를 변화시킨다.

처음에 이러한 '변형된 히스톤 단백질'은 단순한 호기심의 대상에 불과했다. 하지만 1990년대에 예상치 못한 출처, 즉 맥주 효모 연구를 통해 그 중요성이 입증되었다. 먼저 유전학자 마이클 그룬스타인Michael Grunstein이 효모세포의 유전자 전사 능력이 히스톤 단백질을 아세틸화하는 능력과 직접적인 관련이 있음10을 밝혀냈고, 1996년 데이비드 앨리스David Allis와 스튜어트 슈라이버Stuart Schreiber는 효모에서 히스톤에 아세틸기를 추가하거나 제거하는 효소가 포유류에도 존재하며 유전자 발현에 유사한 영

* 원래는 긴급 상황에서 구조 대상을 들어 나르는 방법을 뜻하지만 여기서는 옷을 돌돌 말아 수납하는 방식을 가리킨다.

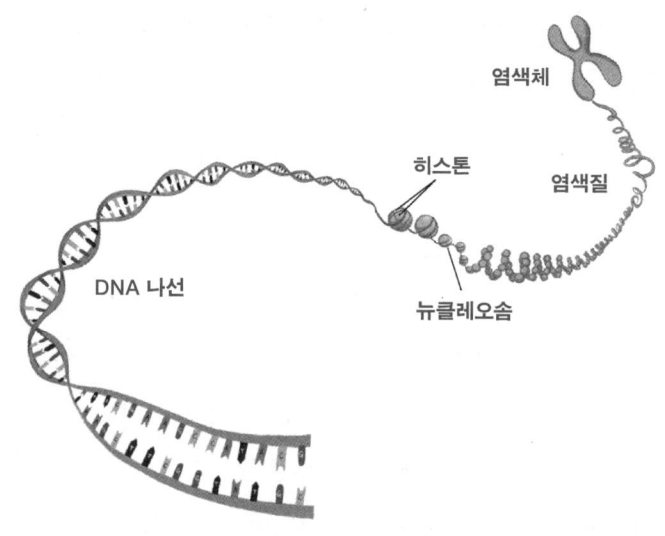

모든 세포에 엄청난 양의 DNA가 존재한다는 사실은, DNA가 효율적으로 포장되어야 한다는 것을 의미한다. 핵 내에서 DNA는 여덟 개의 히스톤 단백질로 구성된 단백질 복합체를 휘감고 있으며, 반복되는 각 단위를 뉴클레오솜이라고 부른다. 히스톤 단백질의 화학적 변형은 유전자가 mRNA로 전사되는 정도에 영향을 미치는데, 이는 DNA 메틸화와는 구별되는 후성유전학적 메커니즘으로, 세포로 하여금 자신의 정체성을 유지하고 전달할 수 있도록 해준다.

향을 미친다는 사실을 발견했다.11 5-메틸시토신처럼 유전체 전반의 히스톤 변형 패턴 또한 한 세대에서 다음 세대로 유전될 수 있다는 사실이 밝혀지면서, 히스톤은 세포 기억의 메커니즘으로 DNA 메틸화에 합류했다.

이후 이 분야는 폭발적으로 성장했다. 아세틸화와 메틸화 외에도, 인(인산화 phosphorylation) 또는 유비퀴틴 ubiquitin이라는 작은 단백질(유비퀴틴화 ubiquitylation)이 추가된 형태의 다른 변형이 발견되었다. DNA의 시토신 염기에서만 발생하는 DNA 메틸화와 달리, 히스톤 변형은 히스톤 단백질 내의 여러 아미노산에서 발생할 수 있으며, 각 버전은 유전자 발현에 서로 다른 영향을 미친다. 히스톤 변형에는 100가지가 훨씬 넘는 고유한 유형이 있다. 각각의 변화는 유전자의 mRNA 전사에 약간의 영향을 미칠 뿐이지만, 히스톤 변형을 모두 합치면 유전자를 끄거나 켜는 것이 가능해진다.

생물학자 네사 캐리Nessa Carey는 히스톤 생물학과 히스톤이 유전자 발현에 미치는 영향을 시각화하는 작업에 있어 내가 본 중 가장 훌륭한 비유를 제시했다.[12] 그는 염색체를 커다란 크리스마스트리의 줄기로 가정하여, 그 가지가 히스톤 단백질의 연장선으로 튀어나와 있으며 각각의 불빛이 개별 유전자를 나타낸다고 설명했다. 가지마다 색색의 공, 별, 눈송이, 반짝이(히스톤 표지)를 달면 각 전구(유전자)들은 서로 다른 종류의 장식품 사이에 위치하게 되며, 그 밝기는 전구를 더 밝거나 어둡게 만드는 조광기 역할을 하는 주변 장식품의 조합에 의해 결정된다. 이제 유전체로 돌아가 각 빛의 밝기가 각 유전자의 발현을 반영한다고 상상하면, 앨리스가 '히스톤 코드'라 명명한 다양한 히스톤 장식이 세포에 정보를 저장하는 또 다른 후성유전학적 메커니즘의 작동 방식을 볼 수 있다.[13] 히스톤 코드에 내재된 조절의 복잡성은 놀랍기 그지없다.

100개가 넘는 히스톤 표지의 다양한 조합으로 만들어지는 경우의 수는 엄청나다(최소 100^{100}가지다). 오늘날 과학자들은 전체 히스톤 변형 가운데 10퍼센트 미만의 활동만을 파악할 뿐이며, 각 표지가 단독으로 또는 다른 표지와 결합하여 어떤 기능을 하는지 이해하고자 수십 개의 실험실에서 전력투구하고 있다. 히스톤 코드를 유전자 코드를 이해하는 것과 비슷한 수준으로 명확하게 파악하기까지 수십 년은 아니더라도 수년이 걸릴 것이다. 단일세포 문제에 대한 궁극적인 해답은 후성유전학적 조절의 복잡성과 세포의 운명을 바꾸는 능력에 깊숙이 묻혀 있다.

후성유전학에 대해 다소 기술적으로 살펴본 터라, DNA 메틸화와 히스톤 변형의 실제적인 의미에 대해 궁금해하는 독자들이 있을지도 모르겠다. 그래서 세 가지로 나누어 궁금증을 풀어드리고자 한다.

먼저, 유전자 조절은 세포의 정체성을 정의하는 특징이라는 점을 기억하는 것이 중요하다. 의사, 변호사, 목수의 업무가 각자 보유한 기술에 의해 상당 부분 정의되듯이, 세포 사회에서 세포의 위치는 각 세포가 발현하는 유전자의 기능에 따라 크게 달라진다. 배아가 어떤 세포의 어떤 유전자에 어떤 후성유전학적 표지를 부여할 것인지를 결정하는 방식에 대해서는 아직 밝혀지지 않았다(본성과 양육, 즉 발생 중인 세포가 받는 세포 내부/외부 신호의 상호작용이 이러한 결정에 관여하는 것은 거의 확실시된다). 그럼에도 불구하고, 우리는 후성유전체epigenome, 즉 특정 세포의 유전체 전체에 걸친 후성유전학적 표지의 총합이 전사인자와 협력적으로 작용하여 각 유전자의 발현 여부를 결정함으로써 세포의 운명과 기능 모두를 결정한다는 사실을 알고 있다.

둘째, 후성유전학은 세포의 표현형을 통제할 수 있는 잠재력을 제공하기도 한다. 세포의 기능이 유전자 발현에 의존하기 때문에, 전사를 선택적으로 조절하는 능력은 의학적 이점을 가져다줄 수 있다. 암 환자의 종양 촉진 유전자 발현을 억제하는 약물이나 화상 환자의 상처 치유 성장 인자를 코딩하는 유전자 발현을 촉진하는 약물을 상상해보라. 앞에서 살펴본 바와 같이 전사 조절자(활성화자 및 억제자)는 유전자 발현을 조절하지만, 이러한 DNA 결합 단백질의 활동을 변화시키는 약물을 개발하기란 무척이나 어려운 일이었다. 약물은 세포의 특정한 분자 표적에 결합하여 작용하는데, 이는 중요한 도킹 부위 혹은 '결합 포켓binding pocket'에서 표적을 찾는 (열쇠가 자물쇠를 '찾는' 과정과 유사한) 약물의 능력에 달려 있다. 대다수 전사인자의 화학구조는 활용 가능한 결합 포켓이 부족하기 때문에 전사 조절은 줄곧 신약 개발의 불모지로 취급되어왔다. 반면 효소는 훌륭한 약물 표적이 된다. 효소는 화학반응을 촉매하도록 설계되었으며, 이 반응은 조직의 기질과 매우 특이적으로 결합하여 이루어진다. 즉, 정의상 모든 효소에는 결합 포켓이 포함되어 있다. 후성유전학적 조절—DNA 메틸화, 히스톤 아세틸화 또는 기타 변형—의 분자 매개체가 모두 효소이므로 후성유전학 분야에는 커다란 기회가 있다. 과거 의료용 약물 개발의 범위 밖에 있던 유전자 발현이 이제 사정거리 안으로 들어온 것이다.

마지막으로, 후성유전학은 형질이 부모로부터 자녀에게 어떻게 전달되는지를 다시 생각하게 한다. 다윈이 자연선택에 대한 지지를 규합하는 과정에서 직면한 역풍 중 하나는 라마르크주의—18세기, 환경적 힘이 진화의 궤적에 직접적인 영향을 미친다고 주장한 장-바티스트 라마르크의 이론—이었다. 물론 자연선택이 승리했고, 그로써 새로운 종의 출현 과정을 설명하는 데 큰 역할을 했다. 하지만 지난 수십 년간의 연구를 통해 과학자들은 한때 이단으로 취급되었던 생각, 즉 동물이 일생 동안 획득한 형질이 미래 세대에 유전될 수 있다는 개념에 대해 다시 생각하기 시작했다. 세대 간 후성유전epigenetic transgenerational inheritance이라 불리는 이 현상을 뒷받침하는 증거는 여러 유기체에서 발견되는데, 예컨대 식물에서는 DNA 메틸화 패턴이 수백 세대에 걸쳐 유전될 수 있다(포유류의 발생 초기에 일어나는 '삭제'와는 대조적인 경우다).

동물의 세대 간 후성유전의 가장 좋은 예로는, 멘델이 완두콩에 관심을 돌리기 전에 연구했던 형질인 생쥐의 털 색깔을 들 수 있다(멘델이 포기한 형질이 비멘델식 유전의 명백한 사례로 남게 된 것은 어쩌면 당연한 일인지도 모른다). 1999년, 호주 시드니 대학교의 유전학자 에마 화이트로Emma Whitelaw는 노란 털을 가진 생쥐의 동계교배계가 가끔 갈색 털을 가진 쥐를 낳는다는 사실을 관찰했다(동계교배계의 경우 모든 동물이 유전적으로 동일하다는 점을 기억하라). 그뿐 아니라, 심지어 갈색 털을 가진 생쥐도 노란색 또는 갈색 털을 가진 새끼를 낳았다. 액면 그대로 보면 멘델의 법칙에 따라 자손에게 유전된 대립유전자에서 노란색 또는 갈색 털을 갖게 되는 새로운 변이가 발생한 것으로 여겨질 수 있다. 그러나 유전의 패턴을 더 주의 깊게 살핀 결과, 화이트로는 다음 세대들이 멘델의 설명을 따르지 않는다는 사실을 발견했다. 대신 생쥐가 노란색 또는 갈색 머리를 가질 확률은 어미의 머리 색깔에 따라 달라지는 것으로 나타났으며, 특히 노란 머리에 비해 갈색 머리의 어미(및 할머니)는 갈색 머리의 자손을 가질 가능성이 훨씬 더 높았다. 이는 심지어 동일한 유전형을 가진 생쥐일지라도 어미의 표현형에 따라 한 가지 또는 다른 형질의 유전 경향이 달라진다[14]는 의미였다. 화이트로와 다른 연구자들이 이 현상을 더 자세히 연구한 결과 그 원인은 DNA 메틸화—메틸화된 시토신의 패턴이 세대를 뛰어넘음—인 것으로 밝혀졌다.

인간을 대상으로 세대 간 유전을 연구하는 일은 보다 까다롭지만, 1944년과 1945년의 네덜란드 기근—제2차 세계대전의 마지막 겨울, 나치의 식량 봉쇄로 인한 잔인한 궁핍의 시기—에서 살아남은 사람들이 가장 좋은 증거를 제시한다. 네덜란드 보건 당국의 철저한 기록 관리를 통해,

역학자들은 기근 이전·도중·이후에 태어난 아이들에게 어떤 일이 일어났는지 연구할 수 있었다. 그 결과는 놀라웠다. 임신 초기 어머니의 자궁 속에서 기근에 노출되었던 아이들은 기근에 노출되지 않았거나 임신 후기에 노출된 아이들에 비해 비만과 심장병을 포함한 대사 질환의 위험이 더 높은 것으로 나타났다.[15] 물론 이것은 세대 간 유전의 증거가 아니며, 배아발생 초기의 영양 결핍이 성인기까지 지속되는 결과를 초래한다는 사실을 의미할 뿐이다. 더 주목할 만한 발견은 다음 세대, 즉 네덜란드 기근 당시 태아였던 어머니가 1960년에서 1985년 사이에 출산한 아이들을 분석한 결과에서 나왔다.[16] 놀랍게도, 태아 시절 초기에 영양 부족에 노출되었지만 후기에는 그렇지 않았던 여성의 첫 번째 아기는 과체중인 것으로 나타났다. 아기의 출생체중이 어머니가 배아였을 때의 자궁 내 경험과 상관관계를 보인 것이다.

후성유전학은 현재 활발히 진행 중인 연구 분야다. 히스톤 코드에 대한 우리의 이해는 아직 유치원생 수준으로, 기껏해야 기본적인 알파벳을 익혀 간단한 단어를 읽을 수 있는 정도라 해도 과언이 아니다. 우리는 세포가 메틸 및 아세틸 각인을 쓰고 지우고 읽는 데 사용하는 많은 효소를 확인했으며, 이 효소들 중 일부의 활성을 조절할 수 있다. 하지만 미래에는 어떻게 될까? 언젠가는 세포를 젊어지게 하거나 세포의 행동을 바꿀 수 있는 '후성유전학적 약물'을 일상적으로 처방하여 임상 의학에 혁명을 일으키게 되지 않을까? 세대 간 유전이 멘델식 유전학과 다윈식 진화의 철옹성 같은 갑옷에 더 많은 균열을 만들어내지 않을까?

이것이 바로 '밤의 과학'의 본질이요, 따라서 무엇도 단정적으로 말할 수 없다.

인간을 조작하다

발생생물학자가 직면하는 가장 큰 어려움 중 하나는 '너무 많은 활동이 눈에 보이지 않는다'는 사실이다. 배아 내부의 세포는 외부를 감싼 세포에 가려져 있고, 분자적 사건은 너무 작아 직접 볼 수 없다. 포유류의 경우, 어미의 자궁 속에서 발생이 진행되므로 문제가 더욱 복잡해진다. 기존의 발생 연구는 성게, 개구리, 초파리, 지렁이 등 야외에서 발생하는 배아에 의존함으로써 이 문제를 우회했고, 따라서 인간의 발생에 대해 우리가 알고 있는(또는 알고 있다고 생각하는) 많은 부분이 이러한 동물과 다른 '모델 유기체'에 대한 연구를 통해 추론되었다. 하지만 동물 모델에는 한계가 있다. 새로운 생식 기술을 개발하거나 유산 및 선천적 결함을 감지하고 예방하는 더 나은 방법을 찾으려면, 우리 종의 발생을 동등한 깊이로 이해해야 한다.

인간의 배아발생 연구는 어려운 과제로 가득 차 있다. 특히 윤리적 문제를 들 수 있는데, 발생의 특정 시점을 지난 인간 배아의 실험은 도덕적으로 용납될 수 없다는 것이 사회의 보편적인 원칙으로 자리 잡고 있기 때문이다(그러나 정확히 '언제'가 그 시점인지에 대해서는 명확한 합의가 이루어진 바 없다). 1970년대 후반 시험관아기(체외수정, IVF) 기술의 발전으로 확립된 인간 배아 연구에 관한 국제 표준은 수정 후 2주 이상 지난 배아의 배양을 금지하는 '14일 규칙'[17]을 도입했다.

인간 배아 연구에는 수많은 물류 및 기술적 문제도 수반된다. 연구에 사용되는 거의 모든 인간 배아는 불임 치료를 받는 부부에게서 기증된 것이기에 공급망을 예측할 수 없다. 하지만 이러한 실제적인 문제는 물론 윤리적 갈등까지 완화할 수 있는 다른 공급원이 있다면 어떨까? 인간 배아를 사용하지 않고도 인간 배아의 발생을 연구할 수 있다면?

최근 세포 배양 및 분화 방법의 기술적 발전으로 인해 이러한 시나리오가 가능해졌다. 유도만능줄기세포(iPSC)가 다양한 세포의 운명을 채택할 수 있다는 사실을 바탕으로, 여러 연구실에서 일주일 된 인간 배아—배반포의 구성 요소인 배아덩이위판, 배아덩이아래판hypoblast, 영양외배엽—에 존재하는 모든 세포 유형을 생성하는 방법을 개발한 것이다. 3차원 젤에 배양하면 세포들은 배반포 유사체blastoid—100여 개의 세포로 구성된 둥근 구조물—로 알아서 조립되는데,18 놀랍게도 이 배반포 유사체는 접합체가 아닌 세포주의 산물임에도 불구하고 자궁 내막 세포에 달라붙는 능력을 포함하여 인간 배아와 닮은 점이 많다.

그래서 다음과 같은 의문이 생긴다. 배아처럼 보이고 배아처럼 행동하지만 한 조각의 피부나 한 방울의 피에서 나온 것이라면, 그것은 무엇일까?

지금으로부터 10년 전, 크리스퍼Clustered Regularly Interspaced Short Palindromic Repeats system, CRISPR라는 쓰나미가 생물의학 연구 분야를 휩쓸었다. 원래 크리스퍼는 1990년대에 '파지 침입에 대항하는 세균의 방어 시스템'으로 밝혀진 터였다. 하지만 2011년 두 과학자, UC 버클리의 제니퍼 다우드나Jennifer Doudna와 스웨덴 우메오 대학교의 에마뉘엘 샤르팡티에Emmanuelle Charpentier가 이 고대 미생물 방어 시스템의 용도를 변경하여 살아 있는 포유류 세포의 DNA 서열을 '편집'하는 방법을 구상해냈다. 개발된 지 10년

이 채 되지 않았지만, 크리스퍼는 이제 유전체 변형에 널리 사용되는 기술로 자리 잡았다.® 이 기술은 빠르고 강력하며 사용하기 수월하다는 장점이 있다.[19]

크리스퍼는 이미 세포와 동물 조작에 가장 많이 이용되는 방법 중 일부를 완전히 뒤집어놓았다. 전에는 마리오 카페키와 올리버 스미시스가 인간 질병의 동물 모델을 생성하기 위해 고안한 기술을 사용하여 '녹아웃 생쥐' 계통을 만들기까지 1년 이상이 걸렸다. 하지만 크리스퍼를 사용하면 몇 주 안에 동일한 성과를 달성할 수 있다. 에릭 비샤우스, 크리스티안 뉘슬라인-폴하르트, 시드니 브레너가 발생의 분자적 기초를 설명하는 데 사용했던 광범위한 접근 방법인 유전자 탐색도 이 기술로 대체되어, 연구자들은 변이 유발 물질 대신 크리스퍼 '라이브러리'를 통해 중요한 유전자에 더 빠르고 심층적으로 접근할 수 있게 되었다.

가장 최근에는 겸상적혈구병sickle cell disease과 베타지중해빈혈beta thalassemia이라는 두 가지 혈액 장애의 선도적인 치료를 위해 크리스퍼가 임상으로 도입되었다.®® 둘 모두 베타글로빈 유전자의 변이로 인해 산소를 운반하는 헤모글로빈 분자가 오작동을 일으키는 질환이다. 겸상적혈구병의 경우 변이로 인해 적혈구가 변형되고 혈관 내에서 응집되어 생명을 위협하는 심각한 통증이 반복적으로 발생하며, 베타지중해빈혈의 경우에는 베타글로빈 유전자의 다양한 변이가 빈혈을 유발한다.

® 기존의 크리스퍼-Cas9에 이어, 최근에는 정밀성과 다양성이 향상된 차세대 크리스퍼 기술이 각광을 받고 있다. 세계적인 과학지 《네이처》는 이것들을 '크리스퍼 2.0'이라고 총칭하는데, 여기에는 염기 편집, 프라임 편집, 후성유전체 편집이 포함된다.

®® 2023년 11월 영국 의약품 및 의료제품 규제청MHRA은 크리스퍼를 이용한 질병 치료를 세계 최초로 승인했다. 캐스게비Casgevy라고 불리는 이 치료법은 겸상적혈구병과 베타지중해빈혈을 치료할 수 있다.

현재 여러 연구 그룹에서 조혈줄기세포의 유전자 결함을 교정하여 환자의 골수로 되돌리는 일에 크리스퍼를 사용하고 있다. 이를 통해 질병의 심각성을 줄이거나 완전히 제거할 수 있는 새로운 혈액 시스템[20]이 크리스퍼 편집 세포에서 파생될 것으로 기대된다. 게다가 하나 이상의 연구에서는 겸상적혈구 발작의 고통에서 완전히 벗어날 수도 있으리라는 극적인 결과가 나왔다.[21] 혈우병, 암, 선천성 실명 등 다른 질병에 대한 크리스퍼 기반 접근 방법도 그 뒤를 바짝 좇고 있다.[22]

크리스퍼의 마법은 이종이식xenotransplantation, 즉 비인간 동물의 기관을 인간 장기이식에 사용하는 분야에서도 영향력을 발휘한다. 10장에서 살펴보았듯 간, 신장, 심장, 췌장 기능 부전 환자들을 위한 대체 장기의 공급이 턱없이 부족한 실정이다. 그 결과, 질병 치료를 위한 세포 대체 및 세포 가소성 접근법이 일종의 가내수공업으로 자리 잡았다. 과학자들은 오랫동안 수요를 충족하기 위해 비인간 동물 기관의 사용을 고려해왔는데, 특히 돼지는 크기가 비슷하고 인간의 고장 난 심장판막을 돼지의 것으로 대체한 선례가 있다는 점에서 최우선순위를 차지했다. 그러나 여기에는 커다란 걸림돌이 있으니, 바로 수혜자의 면역계가 동물조직의 이질성을 인식하고 거부한다는 점이다.[23] 여러 기업과 학계 파트너들은 (이식 수혜자의 면역 공격을 유발할 가능성이 적은) 유전자조작 돼지 계통을 만들어 이러한 문제를 극복하고자 노력하고 있다.

2020년 앨라배마 대학교 버밍엄 캠퍼스의 임상의들은 버지니아의 바이오테크업체인 리비비코Revivicor와 협력하여, 흙길 자전거 사고로 뇌사 판정을 받은 57세 남성 짐 파슨스Jim Parsons에게 유전자조작 돼지의 신장 두 개를 이식했다. 단기 실험이었지만 이식된 신장은 실험이 진행된 사흘간 정상적으로 기능했다. 2022년에는 볼티모어에 있는 메릴랜드 대학교 메디컬 센터에서 57세의 심장병 환자 데이비드 베넷 시니어David Bennett Sr.가 유전자조작 돼지의 심장을 이식받으면서 더욱 야심 찬 시도가 이루어졌다 (베넷은 기존의 심장이식에서 부적합 판정을 받았다). 이종이식 된 심장은 제대로 작동했고 베넷은 두 달을 더 살았지만, 사후 검사 결과 혈액에서 돼지 거대세포바이러스porcine cytomegalovirus의 흔적이 발견되었다.[24] 잠복해 있던 이 바이러스의 재출현이 베넷의 사망에 기여했든 아니든,● 이종이식으로 이식 가능한 장기 공급 문제를 해결하기까지는 앞으로 많은 과제가 남아 있다.

●

배아 배양과 유전자 편집의 발전은 앞으로 일어날 일의 일부에 불과하며, 모든 신기술이 그러하듯 이 기술이 어디까지 발전할 수 있는지(또는 발전해야 하는지)에 대한 의문을 불러일으킨다. 윤리학자들이 인간 배아 연구

● 2024년 3월 20일, 중국 시안의 공군 의과대학 시징 병원 연구 팀은 "임상적으로 사망한 50세 남성에게 돼지 간을 최초로 이식하여 열흘간 기능이 지속되는 것을 확인한 뒤 제거했다"고 발표했다. 연구진은 돼지 세포 표면에서 발견되는 단백질 유전자 3개를 비활성화하고 인간 단백질 유전자 3개를 도입함으로써 수혜자의 거부반응을 방지했다고 한다. 그리고 2024년 3월 22일, 미국 매사추세츠 종합병원(MGH)의 연구 팀은 "말기 신부전을 앓고 있는 62세의 남성 리처드 슬레이먼Richard Slayman에게 돼지 신장을 최초로 이식했다"고 발표했다. 슬레이먼에게 이식된 돼지 신장은 이제네시스eGenesis사의 작품으로 크리스퍼를 통해 총 69개의 유전자가 편집되었는데, '돼지 세포 표면에서 당을 생성하는 데 기여하는 3개의 유전자 제거', '이식 거부반응을 예방하는 데 도움이 되는 7개의 인간 유전자 추가', '돼지 유전체에 내장된 바이러스를 비활성화하기 위한 59개의 유전자 변형'이었다. 슬레이먼은 면역억제제를 투여받았고 이식 거부반응의 징후는 보이지 않았지만 약 두 달 뒤인 5월 11일 갑작스럽게 사망했다. MGH 이식 팀은 슬레이먼의 죽음에 애도를 표하며 그가 신장이식의 결과로 사망했다는 징후는 없다고 밝혔다.

의 최대 기한으로 설정한 '14일'은 마법적인 힘을 가지지 못한다. 배아 배양 분야에서 기존의(또는 수정된) 조건이 이 시점을 훨씬 지나서까지 배아의 성장을 지원할 수 있다는 점은 거의 확실하다. 하지만 기한을 연장한다면 어디까지 허용해야 할까? 3주? 4주? 신경세포가 형성되기 시작할 때? 심장박동이 시작될 때? 그 기한은 문제의 개체가 정상적인 배아(정자와 난자의 산물)인지, 혹은 배반포 유사체(배양된 섬유모세포가 유일한 부모인)인지에 따라 달라져야 할까? 마지막으로, 이러한 결정은 누가 내려야 할까?

상상의 영역을 벗어난 이 새로운 기술은 지금껏 인류가 한 번도 직면한 적 없는 질문을 제기한다. 이식 가능한 장기의 대체 공급원이 될 수 있는 '종간 배아 키메라interspecific embryo chimera(서로 다른 두 종의 세포가 결합된 배아)'의 제작이 그 극단적인 예일 것이다. 앞서 설명한 돼지 공여자와 달리, 키메라에서 유래한 기관은 원칙적으로 인간 세포가 그 주요 구성을 이룬다. 인간과 생쥐처럼 멀리 떨어진 종간의 키메라는 분자적 부적합성으로 인해 발생단계가 그리 멀리 나아가지 못한다. 그러나 밀접하게 관련된 종의 배아세포를 섞으면 성공 가능성이 훨씬 높아지는데, 가장 유명한 예로 '깁geep(염소와 양의 할구를 섞어 만든 수정란 키메라)'[25]을 들 수 있다.

2021년, 캘리포니아 라호야에 자리한 소크 연구소의 연구 팀은 원숭이와 인간의 키메라 배아[26]를 만드는 데 성공했다. 그로부터 약 2주가 지나기 전에 배반포 단계로 성숙한 하이브리드 배아는 두 종의 세포(세포의 약 5퍼센트가 인간 세포였다)를 포함하고 있음에도 비교적 정상적으로 발생하는 듯 보였다. 중국 연구자들은 다른 기술을 사용하여 붉은털원숭이에게 인간 뉴런 특이적 유전자human neuron-specific gene를 도입했으며, 이때 형질전환 된 자손이 야생형 자손에 비해 인지 테스트에서 더 나은 성적을 보였다[27]고 주장했다(이후 이 연구와 관련하여 윤리적 의문[28]이 제기되었다). 아직 명확한 윤리 기준을 통과하지는 못했을지언정, 이러한 연구와 다른 노력들이 그 기준을 시험대에 올리고 있는 것은 분명한 사실이다.

2018년, 배아 배양과 유전자 편집이라는 두 신기술의 결합을 둘러싼 타당성과 관련하여 가장 중대한 의문이 제기되었다. 그해 11월 중국 선전의 연구원 허젠쿠이賀建奎 박사가 유튜브를 통해 세계 최초로 유전자 편집 아기를 탄생시켰다고 발표했다. 허 박사는 영상에서 루루露露와 나나娜娜라는 이름의 두 아기가 표준 IVF를 거친 중국인 부부의 자식이라고 설명했는데, 여기에는 한 가지 예외적인 사항이 있었다. 크리스퍼를 사용해 수정란의 단일 유전자(CCR5)를 제거한 뒤 배아를 어머니의 자궁에 다시 이식했다는 것이다. 국제 과학계는 이를 윤리 위반으로 보고 허 박사에게 즉각적인 비난을 가했다. 그는 직장에서 해고되었으며, 1년 뒤에는 동료들과 함께 불법 의료 행위죄로 벌금을 내고 감옥에 갇혔다(그는 2022년에 석방되었다).

허 박사는 허가받지 않은 실험의 이유를 설명하며 자신을 변호했다.[29] 그에 따르면, 허 박사와 팀이 CCR5를 선택한 것은 HIV 바이러스가 세포를 감염시킬 때 사용하는 것이 바로 이 단백질이기 때문이었다. CCR5 유전자에 자연 발생적 변이를 가진 사람은 HIV 감염에 면역이 있는 것으로 알려져 있으며,[30] 결과적으로 CCR5 유전자에 크리스퍼 매개 변이 CRISPR-mediated mutation가 있는 접합체는 HIV에 면역을 가진 아기를 낳게 된다. (그가 사용한 배아는 아버지가 HIV 양성이라 임신을 꺼리는 부부의 배아에서 나온 것으로, "부부는 질병 없는 아이를 가질 수 있다는 희망으로 시술에 동의했다"는 것이 허 박사가 내놓은 자기변호의 또 다른 줄기였다.)

허 박사의 활동이 도를 넘었다는 점에는 거의 모든 사람이 공감한다. '크리스퍼 아기'인 루루와 나나, 그리고 HIV 양성인 또 다른 부부 사이에서 태어난 세 번째 아기는 모두 건강한 삶을 영위하고 있는 것으로 추정되지만, 시술 과정과 결과에 대한 대부분의 세부 사항은 공개되지 않았다. 무엇보다 중요한 건 아직 기능이 밝혀지지 않은 유전자, 즉 CCR5가 아닌 유전자의 우발적인 편집과 이 '표적 외 변이$^{off\text{-}target\ mutation}$'로 인해 아기들이 향후 어떤 신체적·정신적 건강 문제를 겪게 될지 모른다는 사실이다.

도입 초기에는 이상하고 부자연스럽다는 이유로 무시되었던 많은 다른 기술들—백신 접종, IVF, 재조합 DNA 기술, 심지어 손 씻기도 회의론이나 노골적인 적대감에 직면해야 했다—의 경우처럼, 우리가 새로 발견한 이 능력을 사회가 수용할 수 있는 방식으로 사용하기까지는 다소 시간이 걸릴 수 있다.

후성유전학적 조절과 유전자 편집에 관한 발견은 실무자조차 따라잡기 힘들 정도로 빠르게 진행되고 있다. 사회 전반에 걸쳐 그 장단점을 따져볼 기회가 거의 없는 터라, 당분간은 국제 줄기세포 연구학회나 세계보건기구와 같은 전문 기관을 통해 과학계의 표준이 정립되는 실정이다. 아직은 진지한 논의를 시작할 단계가 아니라 해도 결국에는 의회와 같은 규제 기관이 이 문제를 검토할 것이다. 그리고, 시간이 지나면서 우리는 '유전자가 편집된 아기'를 목욕물과 함께 버릴 것이 아니라 이 기술을 건설적이며 윤리적으로 동의할 수 있는 방식으로 적용하는 방법을 깨닫게 될 것이다.

생물학적 문해력

1958년, 물리학자 로버트 오펜하이머 Robert Oppenheimer가 편집자와 저널리스트 그룹을 대상으로 '지식'에 대해 강연했다.[31] 오펜하이머는 현재 지식의 본질과 구조가 고대부터 19세기까지 지속되었던 양상과는 근본적으로 달라졌다고 주장했다. 이전 시대에 '교육받았다'는 말은 철학, 역사, 수학, 자연과학 등 모든 학문을 웬만큼 이해한다는 것을 의미했다. 그러나 20세기 들어 지식의 성장 속도가 아무리 학구적인 개인의 능력으로도 따라잡을 수 없을 만큼 빨라지면서, 이러한 공식은 커다란 전환점을 맞이했다. 플라톤이 진리와 거짓, 선과 악을 구별하는 도구로 수학을 권장했다는 점에 주목하면서 그는 다음과 같이 말했다.

> 플라톤은 창의적인 수학자는 아니었으나, 학생들은 그가 당대의 수학을 알고 이해했으며 그로부터 많은 것을 도출했음을 확인할 수 있습니다. (……) 오늘날에는 우리의 왕뿐 아니라 철학자도 수학을 모르며, 나아가 수학자들조차 수학을 제대로 알지 못하지요.

과학 지식의 습득과 공유라는 문제는 오펜하이머 시대 이후 더욱 심각해졌다. 과학자와 대중, 과학자와 다른 과학자 사이의 격차는 계속해서 벌어진다. 100년 전만 해도 우리는 DNA나 mRNA에 대해 거의 알지 못했으며, 배아발생에 관한 지식도 피상적인 것에 불과했다. 다음 세기에 어떤 일이 일어날지 알 수 없지만, 우리를 기다리고 있는 발견은 지금 경험하는 것들 못지않은 놀라움을 안겨줄 것이다.

모든 기술에는 (윤리적·재정적·의학적) 위험과 이점의 비교 검토 과정이 따르며, 이는 정보 과부하 시대에 점점 더 어려워지는 과제다. 생물학의 다양한 하위 영역에서 일하는 과학자들이 자신이 속한 분야의 발전마저 따라잡기에 급급한 지금, 더 넓은 사회가 새로운 지식을 소화하고 실생활에 반영하기란 더욱 어려운 일이다. 하지만 기술을 어떻게 사용할 것인지에 대한 합의에 도달하기 위해서는 반드시 그러한 과정을 거쳐야 한다.

생물학적 문해력biologycal literacy이 그 어느 때보다 중요해졌다.

●

혁신과 발견을 이끄는 많은 요소는 지난 세기 동안 변함없이 유지되어 왔다. 루이 파스퇴르는 "기회는 준비된 마음을 선호한다"는 명언으로 운運이 예상치 못한 것에 대한 개방성을 어떻게 보상하는지를 강조했다. 방사선 조사를 받은 쥐의 비장 덩어리를 연구하기로 결심한 어니스트 매컬러의 결심은 이러한 우연성의 한 예이며, 로이 스티븐스가 129번 생쥐의 고환 종양에 주목한 것도 마찬가지다. 우연은 또한 보다 보편적이고 단순한 방식으로 작동하여, 첫 번째 실험이 수행되기 훨씬 전부터 연구와 연구자 모두를 인도한다. 곤충을 연구하려는 존 거든의 노력이 꺾일 때마다 번번이 우연이 작용하여 그는 역사에 길이 남을 발생생물학자가 될 수 있었다. 의사 매컬러가 물리학자 제임스 틸과 짝을 이룬 것도, 파스퇴르의 이름이 새겨진 연구소의 홀 맞은편에 프랑수아 자코브와 자크 모노가 나란히 배치된 것도 우연의 작용이었다. '뜻밖의 기쁨serendipity'은 연구를 발전시키는 마법의 가루로서 지금도 생물의학 연구에서 큰 역할을 하고 있다.

성공의 다른 특징들도 계속 이어진다. 이 책에 등장하는 과학자들은 주로 젊은이들이며, 이는 오늘날의 연구 프로젝트에서도 볼 수 있는 전형적인 풍경이다. 가장 큰 발견은 여전히 모든 분야에 만연한 가정, 선입견, 당연시되는 한계에 휘둘리지 않는 경력 초기의 과학자들로부터 나올 가능성이 높다. 환경 또한 중요한 역할을 하여, 아무개 기지Station나 아무개 다락Attic, 혹은 플라이 룸과 같은 전문가 집단이 대학 학과와 연구소의 형태로 자문, 비평, 협업을 위한 풍부한 서비스를 제공한다. 마지막으로, 지적 추진력은 여전히 연구의 필수 요소다. 섭리가 발견에 중요한 역할을 하는 것은 사실이나, 땀이 수반되지 않는 한 지식은 발전하지 않는다.

하지만 이렇듯 꾸준히 지속되어온 연구 양상 속에서도 변화는 존재한다. 실험발생학 초창기 바이스만, 드리슈, 루와 같은 과학자들은 단독으로 연구를 진행했지만, 이러한 관행은 점차 두세 사람의 공동 노력이 필요한 소그룹 연구로 바뀌었다. 그동안 실험실 작업대에서 배제되었던 여성들이 점점 더 많은 발견에 기여하여, 오늘날에는 생물과학 인력의 거의 50퍼센트를 차지하고 있다.[33] (인종과 민족의 다양성도 확대되고 있긴 하지만 연구실에서의 다양성은 여전히 일반 인구의 양상에 미치지 못한다.) 21세기, 우리는 다양한 기관에서 일하는 대규모 집단이 연구 파이의 점점 더 많은 부분을 차지하는 '빅 사이언스' 시대로 접어들었다. 그 결과 '인간 유전체 프로젝트'나 '암 유전체 지도Cancer Genome Atlas' 같은 대규모 프로젝트가 탄생하여 개인이나 소규모 그룹이 독립적으로 작업했다면 결코 달성할 수 없었을 발견을 촉진했다.

하지만 방향 전환에는 대가가 따르기 마련이다.

이 책의 초반에 만난 과학자들 대부분은 호기심, 즉 조직과 세포가 어떻게 기능하는지 이해하고자 하는 의지에 의해 움직였다. 그들의 연구가 어떤 유용성을 지녔든, 그들을 앞으로 나아가게 만든 힘은 유용성이 아니라 탐구의 행위를 통해 느끼는 순수한 스릴이었다. 그러나 생물학적 질문에 대한 해답이 점점 더 상업적(그리고 의학적) 잠재력과 연관되면서 동기가 복잡해졌다. 생명공학 혁명의 산물—특히 세포에서 합성할 수 있는 단백질 기반 의약품—이 임상에 도입되자 과거 화학에만 의존하던 제약 회사에 수익의 기회가 생겼고, 따라서 지식 그 자체보다 응용과학에 우선순위를 두려는 욕구를 거부하기가 힘들어졌다.

응용과학에 중점을 두는 것이 놀랍거나 부적절하다는 의미는 아니다. '결과가 예측 가능한 프로젝트'와 '결과가 불확실한 프로젝트' 중 하나를 선택해야 한다면 전자를 선택하는 것이 합리적이다. 질병과 싸우고 있는 환자나 그 가족, 예산 결정을 앞둔 국회의원 등이 가시적인 혜택을 제공하는 과학에 초점을 맞추는 것은 당연한 일이다.

하지만 응용에 지나치게 중점을 두면 역효과가 생긴다. 우리가 여러 차례 목격했듯이, 그동안 생물학의 흐름을 바꾸고 의학을 변화시킨 가장 큰 발견은 응용을 의도한 탐구의 결과물이 아니었다. 타임머신을 타고 시간 여행을 한다면 이 책에서 소개한 발견들—흰 눈 파리, 뻣뻣하게 움직이는 벌레, 쥐의 고환에서 발생하는 종양—이 얼토당토않다며 조롱받는 광경을 쉽게 볼 수 있을 것이다. 그러나 현대 의학에서 사용되는 치료법의 상당수가 그 결과와 향후 적용을 예측할 수 없었던 기초연구에서 유래한다[34]는 것은 엄연한 사실이다. 본질적으로 가장 큰 영향력을 가진 지식은 예측 가능성에 아랑곳없이 구불구불한 밤의 과학을 헤매는 일에서부터 시작된다.

우리는 응용과학과 기초과학 모두를 지원할 수 있으며, 실제로 그렇게 해야 한다. 학계와 산업계 연구실 간의 협업은 매우 성공적으로 전자의 발전을 촉진했다. 수백 가지의 진단, 백신, 의약품, 기타 제품이 이러한 파트너십을 통해 탄생하여 목표 지향적 연구의 이점을 입증했다. 그러나 차세대 혁신에는 새로운 지식, 즉 우리가 아직 깨닫지 못한 진리가 필요하며 이는 기초과학자들의 불완전하고 예측할 수 없는 노력을 통해서만 실현될 수 있다. 지금 이러한 발견의 영역은 위험에 처한 상태다. 과학 연구 수행에 필요한 비용이 점점 증가하지만 예산은 그 속도를 따라가지 못한다. 미국의 경우 기초연구에 대한 대부분의 자금은 국립보건원에서 제공되는데, '모듈형 R01 보조금 modular R01 grant'이라는 기초 자금 지원의 수준은 1999년 이후 제자리에 머물러 있다. 인플레이션을 고려하면 이는 발견의 기회가 그 어느 때보다 큰 시기에 텅 빈 지갑을 손에 들고 있는 꼴이다. 부족분 중 일부는 자선 활동으로 채워지고, 제약업계는 소규모로나마 기초과학 연구에 대한 지원을 이어가고 있다. 하지만 이것으로는 자금 격차를 메우기에 충분치 않아 기초연구 수행 역량이 점점 감소하는 추세다. 세상에 나온 기본적인 발견의 혜택은 쉽게 확인할 수 있지만, 행해지지 않은 발견이 사회에 미치는 비용은 측정하기가 훨씬 더 어려운 법이다.

발생은 출생이나 사춘기에서 끝나지 않는다. 자연이 배아를 만드는 데 사용한 프로그램은 성인이 된 후에도 지속되어 조직의 유지와 복구에 도움을 주기 때문이다. 미래의 발생생물학은 지속적이며 진화하는 연구 속성의 통합—밤의 과학과 낮의 과학의 상호작용, 혁신적인 도구와 새로운 패러다임의 활용—을 포함하게 될 것이다. 실험과학자, 수학자, 생물정보학자, 임상의 등이 참여하는 그 어느 때보다 다학제적 multidisciplinary 인 연구가 될 것이며, 다양한 모델 유기체와 다양한 기술과 대규모 데이터 세트가 활용될 것이다. 또한 이 연구는 열정과 끈기를 가진 개인, 즉 전임자들이 그랬듯 배아가 가장 조심스럽게 품고 있는 비밀을 이끌어내고자 하는 과학자들에 의해 계속 진행될 것이다.

신체와 세포에 관한 무지는 우리의 이해를 왜소하게 만든다. 하지만 호기심 많은 이들에게 이러한 지식의 격차는 오히려 환영할 만한 일이다. 무지와 이해의 경계, 지도가 제대로 그려지지 않은 곳을 탐색하며 느끼는 흥분, 결국 그것이 연구의 가장 매력적이고 아름다운 부분이니 말이다. 호기심은 인간을 동물계의 독특한 존재로 부상시킨다. "내가 어떻게 여기까지 왔을까?" 이런 질문을 던질 수 있는 생물은 인간이 유일하다. 그 자체로는 아무런 실익이 없는 질문이지만, 우리는 이런 질문을 던질 수밖에 없는 존재다. 지식에 대한 탐구는 인간의 타고난 권리다.

과학적 연구, 가설을 세우고 실험을 설계해 이를 검증하고자 하는 노력은 이루 말할 수 없이 만족스러운 일이요, 역사와 기술과 유연한 사고의 결합을 필요로 하는 창의적인 행위다. 그리고 최고의 과학, 아니 모든 과학은 하나의 단순한 고백에서 시작된다. "나는 모른다."

피날레

다시 돌아온 질문

암과 면역학을 연구하는 친구이자 동료인 밥 폰더하이데[Bob Vonderheide]에게 "발생생물학자는 이름만 거창하지 하는 일이 없어"라고 말했다가 호된 역풍을 맞은 적이 있다.

거의 모든 생물의학 연구 분야—세포생물학, 유전학, 생리학, 면역학, 암 생물학, 신경과학—가 배아발생 연구에 뿌리를 두고 있다[1]는 사실을 간과한 경솔한 발언이었다. 진화생물학과 유전학의 통합에 기여한 우크라이나 태생의 생물학자 테오도시우스 도브잔스키[Theodosius Dobzhansky]는 "진화의 관점을 제외하면, 생물학에서 어떤 것도 의미가 없다"라는 유명한 말을 남겼다. 이 말을 이렇게 바꿔볼 수도 있다. "발생 없는 생물학은 팥소 없는 찐빵이다." 건축설계와 조립이 건물의 흐름과 구조적 무결성에 중요한 역할을 하듯, 배아발생은 신체 작동의 핵심이기 때문이다.

생명체가 하나의 세포로부터 만들어진다는 사실이 알려진 지 거의 두 세기가 지났고, 그동안 배아는 우리에게 최고의 교사이자 안내자 역할을 해왔다. 성게의 할구와 파리의 유충은 유전 메커니즘을 이해하는 중요한 로드맵을 제공했으며, 생쥐의 배아 연구는 인간 질병을 모델링하고 역분화의 연금술을 마스터하기 위한 진입점이 되어주었다. 이처럼 다양한 동물 종의 가르침 덕분에 우리는 인간이 어떻게 존재하게 되었는지에 대한 훨씬 더 명확한 그림을 갖게 되었다.

하지만 여전히 우리가 모르는 것이 많다. 가장 기본적인 질문들—기관의 모양과 크기를 제어하는 것은 무엇일까? 수명을 결정하는 것은 무엇일까? 발생은 어떻게 의식을 형성할까?—조차 여전히 밤의 과학 속에 머물러 있다. 이에 대한 해답은 당분간 나오지 않을지 모르지만, 적어도 우리는 이미 배운 것을 새로운 치료법의 개발에 사용할 수 있다. 암과 퇴행성 질환에 대한 세포 치료, 선천적인 유전적 오류를 교정하는 DNA 편집, 새로운 생식 기술 등 그 일부를 이미 살펴보기도 했다. 하지만 앞으로 올 가장 커다란 혁신은, 아마 지금의 우리로서는 아직 상상조차 할 수 없는 치료법이 될 것이다.

배아발생은 시간에 대한 우리의 인식을 바꾼다. 출생 후의 삶에서 변화는 천천히 다가온다. 유아에서 청년으로, 청년에서 노년으로 성장하며 생기는 신체의 변화는 너무나 미묘해, 알아차리기까지 몇 달 또는 몇 년이 걸리기도 한다. 하지만 발생 과정에서는 그 속도가 아주 빨라, 몇 시간 만에 극적인 변화가 나타날 수 있다. 하루도 채 지나지 않아 세포 한 장이 튜브 형태로 말리는가 하면, 땅에서 나무가 자라듯 기관이 싹을 틔우기도 한다. 동시에 배아는 수억 년에 걸쳐 이루어진 '설계'를 반영하여 매우 장대한 규모의 시간적 척도를 구현한다. 배아의 성숙을 관찰한다는 건, 마치 발생 과정과 진화 과정이라는 두 세트의 중첩된 타임랩스 이미지가 현재에서 교차하는 모습을 지켜보는 것과 같다. 요컨대, 이는 자연의 가장 웅장한 산물을 무대 뒤에서 엿보는 행위다.

스무 해 넘게 배아를 연구해왔지만, 나는 아리스토텔레스를 당황시키고 한스 드리슈를 초자연적인 세계로 이끈 질문에 대한 해답을 찾지 못했다. 우리 주변의 무생물들로 하여금 세포, 배아, 조직, 신체를 스스로 조립하게끔 만드는 생명력, 즉 '엔텔레키'는 무엇인가? 학문적 측면에서는 이 모든 것을 화학의 문제, 즉 반응물을 낮은 에너지 상태로 만드는 열역학적 계산에 의해 지배되는 다양한 유기 반응의 집합으로 간주하기 쉽다. 하지만 직관의 측면에서 보면 여전히 불만족스러운 설명이다. 우주 전체에 지구상의 모래알보다 더 많은 별이 있다는 사실을 인식하는 것이 거의 불가능하듯, 마음으로는 알 것 같지만 명확한 이해가 힘들다. 어쩌면 신비로움으로 이야기를 마무리하는 것이 가장 좋을지도 모르겠다. 우주학자 칼 세이건Carl Sagan의 말마따나, "과학은 영성spirituality과 양립할 수 있을 뿐 아니라 영성의 심오한 원천"[2]이니까. 그의 생각이 옳다. 많은 부모들이 아이의 탄생을 두고 비슷한 이야기를 한다. 그것만큼 환희, 겸손, 경외감이 뒤섞인 초월적인 경험은 인생에 없다고 말이다. 나도 마찬가지였다. 하지만 나의 경우 그러한 경이로움, 즉 영성은 배아발생에 대한 이해가 무르익으면서 더욱 커져갔다.

인간인 우리는 서로의 차이에만 집중하느라 훨씬 더 많은 유사점을 놓치곤 한다. 우리 모두 하나의 세포로 소박하게 시작했다는 사실은 연대의 원천이 되고, 우리의 '깊고 돌이킬 수 없는 연결'을 상기시켜줄 것이다. 이러한 관점에서 공통의 기원을 포용하면 서로의 차이를 폄하하기보다 축복하는 것이 훨씬 쉬워진다.

"우주의 관점에서 보면 우리 모두는 소중한 존재다." 다시 한 번, 세이건의 말을 떠올려보자. "누군가와 의견이 맞지 않는다면, 그냥 내버려두라. 1000억 개의 은하에 그런 사람은 또 없을 테니."[3]

감사의 글

  이 책은 시작에 관한 것이니, 그 첫 시작을 만든 이들에 감사하며 시작하는 것이 적절할 듯하다. 만일 그들이 없었다면 이 프로젝트는 결코 시작되지 못했을 것이다. 극작가이자 과학 애호가인 데브 라우퍼는 세상이 배아발생에 대해 더 많이 알아야 한다고 굳게 믿었을 뿐 아니라, 나의 걱정에도 불구하고 내가 이 책을 쓸 적임자임라고 확신했다. 라이터스 하우스의 에이전트인 알 저커먼은 내 아이디어의 잠재력을 알아보았고, 그의 격려 덕분에 나는 노력이 결실을 맺으리라는 자신감을 얻게 되었다. 논평과 지원으로 원고를 개선하고 가독성을 높인 노턴의 제시카 야오에게도 감사드린다. 그보다 더 훌륭한 편집자를 찾는 것은 불가능할 것이다. 더하여 원고의 여러 단계에서 통찰력 있는 의견을 제시해 준 피터 클라인, 제이 라자고팔, 유발 도르, 비크람 파랄카르, 섀넌 웰치, 그리고 어려운 개념과 기술記述을 삽화로 풀어낸 조비너 크리미언에게도 감사를 표한다.

  나의 학부, 대학원, 박사 후 과정의 지도교수였던 데이비드 하우스먼, 필 레더, 더글러스 멜튼 덕분에 나는 중요한 질문을 식별해내는 방법을 배울 수 있었다. 이는 여전히 내게 영감을 주니, 그들의 열정과 지혜에 늘 감사할 뿐이다. 2006년 나는 펜실베이니아 대학교에서 근무를 시작했다. 캠퍼스에 발을 디딘 순간부터 동료들은 언제나 나를 지원해주었다. 특히 신입 환영 차량을 몰았던 닐 러스트기와 설레스트 사이먼이 아니었다면, 나는 연구실을 생산적이고 협업적인 공간으로 만들어갈 수 없었을 것이다. 밥 폰더하이데, 켄 재럿, 클라우스 케스트너, 알리 나지, 존 엡스타인, 래리 제임슨, 마이크 퍼머섹 등 수많은 이들이 다양한 방식으로 지원해준 덕에 연구실 운영이라는 까다로운 일을 훨씬 쉽게 처리할 수 있었다. 연구에 대한 호기심과 헌신으로 과학에 대한 나 자신의 열정을 끊임없이 새롭게 해주는 과거와 현재의 연구실 구성원들에게도 감사드린다. 더하여 자신의 이야기를 공유할 수 있도록 허락한 캐런 마이너를 비롯하여 내 경력을 통해 만난 많은 환자들에게 감사를 전하고 싶다. 그들은 자신들의 경험과 고통으로써 내게 생명의 소중함과 과학의 힘, 유머 감각의 중요성을 일깨워주었다.

이 책에 수록된 내용 중 많은 부분은 배아의 비밀과 그 잠재력을 밝혀낸 수십 명의 연구자들에게 빚을 지고 있다. 안타깝게도 서사를 간결히 하고자 하는 욕심에 그 모두의 공헌 중 일부만 언급하게 되었다. 누락된 이들에게 용서를 구한다. 이 주제에 대해 더 깊이 있고 포괄적인 개요를 원하는 독자에게는, 여러 세대에 걸쳐 신진 발생생물학자들의 바이블이 되어온 스콧 길버트의 『발생생물학 Developmental Biology』 교과서를 적극 추천한다.

마지막으로, 아내 엘사와 우리의 아이들 세라, 제이콥에게 감사를 전한다. 그들의 사랑과 지원이 없었다면 이 모든 일은 불가능했을 것이다. 엘사의 인내와 격려가 이 책을 완성했다.

용어 해설

- **가소성** plasticity: 세포가 발생 궤적이나 분화된 정체성을 변경하는 능력.
- **갈락토시다아제** galactosidase: 대장균의 *lacZ* 유전자에 의해 코딩된 효소로, 세포가 젖당을 연료로 사용할 수 있도록 해준다.
- **골수이식** bone marrow transplantation: 골수를 공여자(동물 또는 사람)로부터 수혜자에게 이식하는 기술. 골수에 조혈줄기세포가 존재하면 혈액계를 재구성할 수 있다.
- **극성** polarity: 3차원 공간에 존재하는 세포에서 발생하는 세포 비대칭성. 예컨대 '정단부-기저부 극성 apical–basal polarity'은 세포의 상단과 하단의 차이를 설명하는 반면, **평면세포 극성**은 앞면과 뒷면의 차이를 설명한다.
- **기저막** basement membrane: 상피세포 층 아래 자리한 세포 외 단백질 extracellular protein 및 기타 거대분자 macromolecule의 시트형 층.
- **기형종** teratoma: 생식샘(난소 또는 고환)에서 발생하는 종양으로, 여러 분화 계통의 특징을 가진 세포를 포함한다.
- **난할** cleavage: 초기 배아의 세포분열. 이때 각 딸세포(할구)는 모세포의 절반 크기로 분열한다.
- **낭배형성** gastrulation: 배아에서 일어나는 최초의 주요 분화 사건으로, 단층 배아덩이위판이 외배엽, 내배엽, 중배엽이라는 세 가지 배엽을 형성하는 형태발생 과정이다.
- **내배엽** endoderm: 배아의 세 배엽 중 하나. 내배엽의 후손은 폐, 췌장, 간, 장 등을 형성한다.
- **네프론** nephron: 신장의 기능적 여과 장치.
- **뉴클레오솜** nucleosome: 염색질의 반복 단위. 히스톤 단백질의 코어를 감싸고 있는 이중 가닥 DNA로 구성되어 있다.
- **다능성** multipotency: 한 세포가 여러 유형의 전문화된 자손을 낳을 수 있는 능력.
- **다클론성** polyclonal: 많은 세포에서 유래함.
- **대립유전자** allele: 뉴클레오타이드 서열의 차이로 인해 발생하는 유전자(유전형)의 변이체. 단일 유전자에는 하나 이상의 대립유전자가 있을 수 있다.
- **동형접합체** homozygous: 두 개의 동일한 대립유전자로 구성된 이배체의 유전형.

- **DNA 메틸화**DNA methylation: 네 가지 DNA 염기 중 하나인 시토신에 화학적 변형이 일어나 '메틸' 그룹이 추가되는 현상. 유전자를 둘러싼 많은 시토신이 메틸화되면 **전사** 및 유전자 **발현** 수준이 낮아진다.
- **만능성**pluripotency: 동물의 모든 세포 유형을 생성할 수 있는 능력.
- **모자이크 모델**mosaic model: 생식질설의 핵심으로, '운명을 결정하는 요인들이 난자 내에 불균등하게 분포되어 있어, 난자의 각 부분이 미래 동물의 상이한 부위를 발생시킨다'는 가설을 제시한다.
- **무척추동물**invertebrate: 달팽이, 곤충, 산호, 벌레, 문어, 해파리 등 등뼈가 없는 모든 동물.
- **미세 전이**micrometastasis: 전이의 초기 단계. 이 단계에서는 표준 임상 수단으로 종양세포의 확산을 감지할 수 없다.
- **박테리오파지**bacteriophage: 파지 항목 참조.
- **반응력**competence: 세포 또는 그 자손이 특정 신호에 반응하거나 특정 방식으로 행동하는 능력. **전념성**은 특정한 세포 운명을 받아들이는 반응력의 상실과 관련된다.
- **발생모체**blastema: 특정 유기체의 상처 부위에 형성되는 미분화 세포의 집합체로, 으레 **부가적 재생**을 통해 완전히 새로운 부속물을 형성한다.
- **발현**expression/**유전자 발현**gene expression: 전사 수준에 따라 유전자가 켜져 있는 정도.
- **배반엽**blastoderm: 배아를 형성하기 위한 세포의 단일 층으로, 척추동물에서는 배아덩이위판이라고 한다.
- **배반포**blastocyst: 무척추동물의 포배에 해당하는 것으로, **속세포덩이**, **영양막**, 포배강blastocoel cavity으로 구성된다.
- **배아 치사성**embryonic lethality: 배아발생에 필요한 유전자의 파괴로 인해 발생하는 **표현형**.
- **배아덩이위판**epiblast: 낭배형성 전 척추동물 배아의 단층 상태로, 무척추동물에서는 배반엽이라 불린다.
- **배아암종세포**embryonal carcinoma cell, EC: **다능성**의 특성을 가진 기형종에서 유래한 세포.
- **배아줄기세포**embryonic stem cell, ESC: 배아의 **속세포덩이**에서 유래한 세포로 **만능성**을 갖는다.
- **배엽**germ layer: 낭배형성 후 발생하는 세 가지 세포 층으로, 이로부터 동물의 모든 기관과 조직이 발생한다.
- **번역**translation: mRNA 주형을 단백질 생성물로 변환하는 작업.
- **범생설**pangenesis: 순환하는 제뮬이 동물의 자손에게 전달된다는 생각에 기초한 다윈의 유전 이론.
- **보상적 성장**compensatory growth: **부가적 재생**과 대비되는 개념으로, 손상 후 남은 세포가 분열하여 정상적인 조직 덩어리를 재구성하는 조직 재생의 한 수단을 가리킨다.
- **복제**clone/**클로닝**cloning: 유기체 용어로는 단일세포에서 새로운 유기체를 만드는 행위(예컨대 핵이식을 통해)를 가리키며, 분자생물학 용어로는 특정 핵산의 서열을 분리한 뒤 조작하는 것을 말한다.
- **부가적 재생**epimorphic regeneration: 상처 **발생모체** 내의 미분화 전구체로부터 조직 전체가 재생되는 것.
- **부착 복합체**adhesion complex: 세포, 특히 **상피**세포의 표면 막에 결합(복합체를 형성)하는 **부착분자** 그룹. 한 세포의 부착 복합체는 인접한 세포에 존재하는 부착 복합체에 결합하여 상피를 구성하는 긴밀한 세포 결합을 형성한다.

- **부착분자** adhesion molecule: 부착 복합체를 형성하기 위해 결합하는 세포 표면 혹은 그 근처에 위치한 단백질.
- **분석** assay: 분자 또는 생물학적 특성이나 결과를 측정할 수 있는 분석 절차.
- **분지 형태발생** branching morphogenesis: 나무의 가지처럼 중앙 줄기에서 새로운 관상 구조가 가지를 뻗어 조직을 형성하는 과정. 폐, 신장, 젖샘이 그 예다.
- **분화** differentiation: 세포 및/또는 그 자손이 전문화된 특성을 획득하는 과정.
- **비대** hypertrophy: 조직 또는 세포의 성장(세포 수 증가와 반대되는 개념).
- **상동재조합** homologous recombination: 세포가 두 DNA 서열의 밀접한 유사성에 기초하여 한 DNA 조각을 다른 조각으로 교체하는 과정.
- **상실배** morula: 배아발생의 초기 단계. 이때 배아는 약 16~32개의 세포로 이루어진 공 형태를 띤다.
- **상피** epithelium: 신체 표면(내부 또는 외부)을 감싸는 얇은 조직 층으로, 장벽을 형성한다.
- **생식세포** gamete: 접합체를 형성하기 위해 결합하는 수컷과 암컷의 일배체 세포(정자와 난자).
- **생식질설** germ plasm theory: 19세기에 아우구스트 바이스만이 발전시킨 가설. 세포가 분화함에 따라 결정 요인(유전자)을 상실하고 남은 유전자에 따라 세포의 특수한 정체성이 결정된다는 주장이다.
- **세대 간 유전** transgenerational inheritance: 개체가 후천적으로 획득한 형질이 자손에게 전달되는 것을 말한다.
- **세포 운명** cell fate: 발생과 분화 과정에서 세포와 그 자손이 보여주는 기본 궤적.
- **세포 이론** cell theory: 모든 생명체는 세포로 구성되어 있다는 19세기 중반의 인식.
- **세포 이식** cellular transplantation: 배아의 한 영역에서 '동일하거나 다른 배아'의 '유사하거나 다른 영역'으로 세포를 이동시키는 기술.
- **세포 치료** cell therapy: 질병을 치료하기 위해 실험적으로 유도된 세포를 개별 환자에게 전달하는 개념.
- **세포골격** cytoskeleton: 세포에 형태를 부여하고 세포가 움직이거나 변형될 수 있도록 해주는 세포 내 단백질의 네트워크.
- **세포질** cytoplasm: 핵과 구별되는 세포체의 일부로, mRNA가 단백질로 번역되는 영역이다.
- **속세포덩이** inner cell mass, ICM: 배아를 탄생시키는 배반포의 세포 덩어리.
- **수렴적 확장** convergent extension: 세포 장력으로 인해 조직이 길어지는 형태발생 과정.
- **시냅스** synapse: 뉴런 간의 연결로, 신경계가 통합 네트워크를 형성할 수 있도록 해준다.
- **식균작용** phagocytosis: 한 세포가 다른 세포를 포식하는 과정.
- **암 줄기세포** cancer stem cell, CSC: 종양 내에 존재하는 가상의 세포 집단으로, 성장 능력이 보다 제한적인 종양세포의 대부분과 달리 종양의 성장을 촉진한다.
- **억제자** repressor: 전사 억제자 항목 참조.
- **엔텔레키** entelechy: 아리스토텔레스가 만든 용어로, 생명체의 형성을 추진하는 '생명력' 또는 '영혼'을 의미한다.

- **역분화** reprogramming: 분자 리모델링을 통해 세포가 새로운 정체성을 갖도록 만드는 것.
- **역유전학** reverse genetics: 알려진 유전자(들)가 **표현형**을 부여하는 능력을 평가하여, 발생 또는 정상 생리학에서 그 역할을 밝히는 방법.
- **열성** recessive: 대립유전자로, 공존하는 **우성** 대립유전자에 의해 저지되지 않을 때만 **표현형**을 부여한다.
- **염색질** chromatin: 진핵생물의 핵 내부에 있는 유전물질의 본래 상태. DNA와 단백질(히스톤)의 복합체로 구성되어 있다.
- **염색체** chromosome: 세포분열이 일어날 때마다 모세포에서 딸세포에게 전달되는 유전물질(염색질)의 개별 패키지. 이배체 세포는 두 세트의 염색체를 가지며, **일배체** 세포는 한 세트의 염색체를 가진다.
- **영양외배엽** trophectoderm: 배반포의 외부 표면을 감싸고 있는 세포들로, 태반을 생성한다.
- **외배엽** ectoderm: 배아의 세 가지 배엽 중 하나. 외배엽의 후손은 피부와 신경계를 형성한다.
- **용원 회로** lysogenic cycle: 파지 생활 주기의 휴면 부분으로, 바이러스가 세균 숙주 속에서 '수면'을 취한다.
- **용해 회로** lytic cycle: 파지 생활 주기의 활동 부분으로, 바이러스가 세균 숙주 속에서 복제하고 궁극적으로 세균 숙주를 파열('용해')시킨다.
- **우성** dominant: 하나의 대립유전자로서, **표현형**을 부여하기 위해 다른 **대립유전자**를 무시할 수 있는 능력을 가진다.
- **원핵생물** prokaryote: 핵이 없는 생물.
- **위치 정체성** positional identity: 세포가 3차원 공간에서 다른 세포와 비교하여 자신의 위치를 인식하는 속성.
- **유도** induction: (1) 파지의 맥락에서, 바이러스가 **용균 회로**에서 깨어나 **용원 회로**로 들어가게 하는 것. (2) 유전자 조절의 맥락에서, 전사를 활성화하여 유전자를 켜는 과정. (3) 발생의 맥락에서, 특정 세포가 다른 세포의 행동에 영향을 미치는 과정.
- **유도만능줄기세포** induced pluripotent stem cell, iPSC: 특정 세포를 만능 상태로 전환(역분화)함으로써 파생된 줄기세포.
- **유전자** gene: 유전단위를 구성하는 DNA의 한 부분으로, 단백질 또는 기타 기능적 산물을 코딩한다.
- **유전자 보인자** gene carrier: 변이 대립유전자 mutant allele를 자손에게 전달할 수 있지만 그 자체로는 표현형이 없는 동물(일반적으로 **열성** 변이 대립유전자가 이형접합 상태로 존재할 때 발생).
- **유전자 전달** gene transfer: 세포가 외부 DNA 조각을 받아들여 통합하도록 하는 방법.
- **유전자 조절** gene regulation: 유전자가 켜지거나(전사를 거침) 꺼지도록 유도하는 분자 과정.
- **유전자 탐색** genetic screen: 변이를 평가하여, 발생 또는 정상 생리학에서 중요한 역할을 하는 하위 집합을 식별하는 방법.
- **유전체** genome: 유기체의 전체 유전자 집합.
- **유전체 동등성** genomic equivalence: 유기체 내의 모든 세포가 동일한 **유전체**를 지닌다는 개념.
- **유전학** genetics/**유전학적 접근 방법** genetic approach: 변이를 평가하여 특정 표현형을 유발하는 하위

집합을 식별함으로써, 발생 또는 정상 생리학에서의 역할을 밝히는 방법.
- **유전형** genotype: 특정 유전자(들)에 대한 **대립유전자**의 특정 조합.
- **이배체** diploid: 두 개의 유전체 사본을 갖는 세포 또는 유기체.
- **이원영양 생장** diauxie: 세균세포가 서로 다른 당糖을 순차적으로 소비하는 과정.
- **이종이식** xenotransplantation: 한 종의 세포를 다른 종에게 이식하는 것을 말한다. 기관(예컨대 돼지의 기관을 인간에게) 또는 암(예컨대 인간의 암세포를 생쥐에게)에 적용될 수 있다.
- **E-카드헤린** E-cadherin: 막 부착 복합체의 단백질 성분으로, 인접한 상피세포의 긴밀한 결합을 촉진한다.
- **이형접합체** heterozygous: 두 개의 상이한 대립유전자로 구성된 이배체의 **유전형**.
- **일배체** haploid: 하나의 유전체 사본을 가진 세포 또는 유기체.
- **자연선택** natural selection: 다윈 진화론의 핵심으로, 동물의 적합성을 증가시키는 유전적 변이가 개체군에서 과도하게 나타나는 현상을 말한다.
- **전구세포** progenitor cell: 다른 분화 세포를 생성할 수 있는 잠재력을 가진 미분화 세포(줄기세포에 비해 잠재력이 낮음).
- **전념성** commitment: 가소성과 대비되는 개념으로, 세포의 정체성 또는 운명이 고정된 상태를 말한다.
- **전사** transcription: DNA 주형에서 mRNA 사본을 생성하는 것을 말하며, 이렇게 생겨난 mRNA는 유전자 발현 수준을 조절하는 데 사용된다.
- **전사 억제자** transcriptional repressor/**억제자** repressor: 전사를 억제하는 DNA 결합 단백질(첫 억제자는 대장균의 *lacI* 유전자에 의해 코딩된다).
- **전사 활성화자** transcriptional activator/**활성화자** activator: 전사를 촉진하는 DNA 결합 단백질.
- **전사인자** transcription factor: 유전자 발현 수준을 양성적(전사 활성화자) 또는 음성적(전사 억제자)으로 조절하는 DNA 결합 단백질.
- **전성설** preformationism: 신체가 난자나 정자 안에서 미리 형성된 상태로 존재한다는 구시대의 개념.
- **전이** metastasis: 종양세포가 원발 기관에서 다른 부위로 퍼지는 현상.
- **접합** conjugation: 세균의 교미 과정. '수컷' 세균세포가 '암컷' 세포와 유전물질을 공유할 수 있다.
- **접합체** zygote: 난자와 정자가 융합하여 형성된 단세포 배아.
- **제뮬** gemmule: 진화 과정에서 변이 형질의 유전을 설명하기 위해 다윈이 제안한 가상의 유전단위.
- **조혈** hematopoiesis: 혈액세포의 생성 및 분화 과정.
- **조혈줄기세포** hematopoietic stem cell, HSC: 일반적으로 골수에 존재하며, 혈액의 모든 세포 계통을 재구성할 수 있는 세포.
- **종양 미세 환경** tumor microenvironment: 암세포와 비암세포(섬유모세포, 면역세포, 혈관)로 구성된 종양 내의 세포 커뮤니티.
- **줄기세포** stem cell: 다능성(다른 유형의 세포로 분화할 수 있는 능력)과 자기재생(더 많은 줄기세포를 만들 수 있는 능력)의 특성을 가진 단일세포를 말한다. 성체 줄기세포의 경우 잠재력은 해당 세포가 존재하는 조

직에 일반적으로 존재하는 세포 유형으로 제한되며, 배아줄기세포(ESC)에서는 잠재력이 동물 전체로 확장된다(만능성).

- **중간엽**mesenchymal: 중배엽과 유사하거나 해당 층에서 파생된 것.
- **중배엽**mesoderm: 배아의 세 배엽 중 하나. 중배엽의 후손은 뼈, 근육, 연골을 형성한다.
- **진핵생물**eukaryote: 핵을 가진 유기체 또는 세포로 원핵생물과 구별된다.
- **집락**colony: 일반적으로 클론에서 유래한 세포들의 개별적인 집합체.
- **침습**invasion: 세포가 더 깊은 조직 층으로 이동하는 과정.
- **코돈**codon: 특이적인 세 개의 뉴클레오타이드nucleotide(DNA 또는 RNA의 단위체)로 이루어진 코드어.
- **클론성**clonal: 하나의 세포 또는 핵에서 유래함.
- **키메라 생쥐**chimera mouse: 두 배아의 할구를 결합하거나, 배반포에 줄기세포를 도입함으로써 생성된 생쥐.
- **탈분화**de-differentiation: 세포 및/또는 그 자손이 전문화된 특성을 잃는 과정.
- **투과효소**permease: 세균의 세포에 젖당이 들어갈 수 있도록 하는 단백질 채널로, 대장균의 *lacY* 유전자에 의해 코딩된다.
- **틈새**niche: 조직의 줄기세포가 고유한 특성을 유지하도록 돕는 특화된 영역.
- **파지**phage/**박테리오파지**bacteriophage: 세균의 세포를 감염시킬 수 있는 바이러스.
- **패턴화**patterning: 발생 기간 동안 배아에 공간적 조직화를 부여하는 과정.
- **평면세포 극성**planar cell polarity: 상피층 내의 세포가 앞면과 뒷면을 구분하는 현상.
- **포배**blastula: 상실배 단계 이후의 배아발생 단계. 이 시기 배아는 100~150개의 세포로 구성되며, 포유류에서는 배반포라 부른다.
- **표현형**phenotype: 유전형에 의해 나타나는 세포 또는 동물의 형질.
- **프로파지**prophage: 파지의 휴면 또는 용원 상태.
- **할구**blastomere: 접합체의 난할로 인해 생겨나는 초기 배아의 세포.
- **합포체**syncytium: 여러 개의 핵을 포함하는 세포.
- **핵**nucleus, nuclear: 유전물질이 들어 있는 세포의 일부로, DNA가 mRNA로 전사되는 부위다.
- **핵이식**nuclear transplantation: 한 세포에서 핵을 분리하여, 핵이 제거된 다른 세포의 세포질에 삽입하는 방법.
- **혈관 내 침입**intravasation: 암세포가 혈류로 유입되는 과정.
- **혈관신생**angiogenesis: 기존 혈관에서 발아sprouting를 통해 새로운 혈관이 형성되는 현상으로, 배아 성장과 종양 성장 모두에서 나타난다.
- **형성체**organizer: 유도를 통해 인접한 세포의 운명과 형태발생을 지시하는 능력을 가진 세포 그룹.
- **형질전환 생쥐**transgenic mouse: 외인성 DNA 조각이 유전체에 통합된 유전자조작 생쥐.
- **형태발생**morphogenesis: 조직의 형태를 획득하는 단계.

- **호메오 변이** homeotic mutation: 한 신체 부위를 다른 신체 부위로 대체하는 변이.
- **화이트** white: 초파리의 변이 유전자로, 이 유전자를 가진 초파리는 원래의 붉은 눈 대신 하얀 눈을 가지게 된다. 이는 실험실에서 최초로 확인된 동물의 변이다.
- **후성** epigenesis: 미분화 접합체로부터 유기체가 단계적으로 발생하는 과정(후성유전학과 혼동하지 말 것).
- **후성유전체** epigenome: 세포 또는 유기체에 존재하는 후성유전학적 변형의 총합.
- **후성유전학** epigenetics: DNA 염기서열을 변경하지 않고 발생하는 세포 기억의 메커니즘. 분자적 측면에서, 분화의 후성유전학적 조절은 DNA를 화학적으로 변형(예컨대 DNA 메틸화)하거나 DNA 관련 단백질(히스톤)을 변형함으로써 이루어진다.
- **히스톤** histone: 염색질을 형성하기 위해 DNA와 결합된 상태로 발견되는 단백질.

주

서곡: 잉태

1__ Stephen Hawking, *A Brief History of Time* (New York: Bantam Books, 1988), vi.

1장 단일세포 문제

1__ 아리스토텔레스는 정자와 난자가 결합할 때 보이지 않는 힘, 즉 그가 '생명' 또는 '영혼'이라고 부르는 힘이 생성된다고 주장하면서 이러한 부분들이 어떻게 조립되었는지에 대한 질문을 편리하게 회피했다.
2__ 이 무렵 아리스토텔레스는 많은 사상가들에게 외면받았고 그의 탐구 방법은 낡은 것으로 여겨져, 반대 견해가 쉽게 수용될 수 있는 발판이 마련되었다. Clara Pinto-Correia, *The Ovary of Eve* (Chicago: University of Chicago Press, 1997), 25. 참조.
3__ 돌이켜보면, 스바메르담의 관찰은 정확했지만 그의 해석은 잘못되었다. 스바메르담은 성충이 태어나기 직전의 발생단계인 '변태' 시기에 곤충을 관찰했다. 이 단계에서는 신체의 많은 부분이 이미 형성되어 있으며, 따라서 성충이 번데기 껍질이나 고치에서 나오는 것은 단순한 확장으로 볼 수 있다.
4__ Pinto-Correia, *The Ovary of Eve*, 65.
5__ Charles Darwin, *On the Origin of Species by Means of Natural Selection* (London: John Murray, 1859).
6__ 독일의 또 다른 과학자 발터 플레밍Walther Flemming은 세포분열에 대한 상세한 분석을 최초로 수행했다. 플레밍은 세포를 특정 염료로 처리하면 다양한 세포 하위 구조—소기관—가 더 잘 보인다는 사실을 발견했다. 그는 세포분열 중 염색체의 행동을 관찰하여 이 과정을 자세히 설명할 수 있게 되었는데, 그중에는 우리가 고등학교 생물 시간에 배우는 유사분열mitosis 단계(전기, 중기, 후기, 말기)가 포함되어 있다.
7__ August Weismann, *The Germ-Plasm: A Theory of Heredity*, trans. W. Newton Parker and Harriet Ronnfeldt (New York: Scribner, 1893).
8__ Stephen Jay Gould, *Ever Since Darwin* (New York: W. W. Norton, 1992), 205.
9__ Wilhelm Roux, "Contributions to the Developmental Mechanics of the Embryo. On the Artificial Production of Half-Embryos by Destruction of One of the First Two Blastomeres, and

the Later Development (Post-generation) of the Missing Half of the Body" (1888), in *Foundations of Experimental Embryology*, ed. Benjamin Willier and Jane Oppenheimer (Englewood Cliffs, NJ: Prentice-Hall, 1964).

10__ Laurent Chabry, "Contribution à l'embryologie normale tératologique des ascidies simples," *Journal de l'anatomie et de la physiologie normales et pathologiques de l'homme et des animaux* 23 (1887): 167-321.

11__ Hans Driesch, "The Pluripotency of the First Two Cleavage Cells in Echinoderm Development. Experimental Production of Partial and Double Formations" (1892), in *Foundations of Experimental Embryology*, ed. Benjamin Willier and Jane Oppenheimer (Englewood Cliffs, NJ: Prentice-Hall, 1964).

12__ 나중에 미국의 연구자 제시 매클런든Jessie McClendon이 개구리 할구의 잠재력을 시험하기 위해 드리슈의 접근 방법을 사용하여 개구리 세포를 죽이는 대신 분리했을 때, 개구리 세포는 성게 세포와 마찬가지로 행동함으로써 종의 차이가 다른 결과를 초래하지 않았다는 사실을 드러내었다. Jessie Francis McClendon, "The Development of Isolated Blastomeres of the Frog's Egg," *American Journal of Anatomy* 10 (1910): 425-30.

13__ 드리슈의 연구 결과는 무척추동물인 멍게에서 할구를 분리한 프랑스 과학자 샤브리의 연구 결과와도 일치하지 않았다. 새로운 동물을 형성한 드리슈의 할구와 달리, 샤브리의 할구는 독자적으로 행동했다. 이후 밝혀진바, 이러한 결과는 각 과학자가 사용한 종의 차이와 관련이 있었다. 일부 동물, 특히 멍게와 같은 무척추동물과 특정 연체동물은 배아발생 초기 단계에서 독자적인 방식으로 발생하는 반면, 척추동물에서는 그 같은 경우가 드물다. 이는 성게의 발생에도 영향을 미치지 않는 것으로 밝혀졌다. 그럼에도 불구하고 결정론과 가소성 사이의 상호작용은 모든 동물의 발달에 어느 정도 존재하며 시간, 종, 환경에 따라 그 균형이 변화한다.

14__ 이는 슈페만의 연구와 발생학에 대한 공헌을 수박 겉핥기식으로 다루는 설명이다. 그의 초기 실험에는 훨씬 어린 배아를 조작하는 과정이 포함되었지만, 그 역시 동일한 능숙함으로 수행되었다. 슈페만의 가장 유명한 실험 중 하나는, 자기 딸의 머리카락을 끈으로 사용하여 초기 도롱뇽 배아를 위축(부분적 분열)시킨 것이었다.

15__ 슈페만은 수십 년 전 미국의 발생학자 월터 루이스Walter Lewis와 함께 개구리의 눈 발생을 연구하던 중 유도에 대한 증거를 발견했다. 슈페만-만골트의 형성체 실험은 유도의 가장 유명하고 극적인 예로, 그 외에 많은 조직들이 발생 과정에서 '조직화 센터'—운명을 바꾸고, 조직화된 구조를 만드는 능력을 가진 세포 그룹—의 역할을 수행한다. 자세한 내용은 Viktor Hamburger, *The Heritage of Experimental Embryology: Hans Spemann and the Organizer* (New York: Oxford University Press, 1988)를 참고할 것.

16__ Hans Spemann and Hilde Mangold, "Induction of Embryonic Primordia by Implantation of Organizers from a Different Species (1924)," trans. Viktor Hamburger, *International Journal of Developmental Biology* 45 (2001): 13-38.

2장 세포의 언어

1__ Darwin, *Origin of Species*, 1.

2__ Brian Charlesworth and Deborah Charlesworth, "Darwin and Genetics," *Genetics* 183 (November 2009): 757–66.

3__ August Weismann, "The Supposed Transmission of Mutilations," chap. 8 in *Essays upon Heredity and Kindred Biological Problems*, trans. and ed. Edward B. Poulton, Selmar Schonland, and Arthur E. Shipley (Oxford: Clarendon Press, 1889).

4__ Charles Darwin, *The Variation of Animals and Plants under Domestication* (London: John Murray, 1868).

5__ Robin Marantz Henig, *The Monk in the Garden: The Lost and Found Genius of Gregor Mendel* (Boston: Mariner Books, 2000), 23.

6__ Kenneth Paigen, "One Hundred Years of Mouse Genet ics: An Intellectual History," Genetics 163 (April 2003): 1.

7__ Henig, Monk in the Garden, 16.

8__ 멘델과 다윈이 서로의 연구에 대해 어느 정도 알고 있었는지에 대해서는 많은 기록이 남아 있다. 멘델은 『종의 기원』(1863년 독일어판 2판)의 사본을 소장하고 있었고, 관심 있는 구절에 여러 번 표시했다. 멘델의 논문에는 다윈의 이름이 언급되지 않았는데, 아마도 유명한 생물학자와 대립하는 모습을 피하기 위해서였을 것이다. 나아가 멘델은 혼합 개념으로는 해결될 수 없는 다윈 이론의 결함—자연선택이 작용할 수 있는 변이의 근원은 무엇인가?—에 대한 해결책으로 자신의 '형태형성 요소'를 제시하려고 의도했을지도 모른다. 한편 멘델에 대한 다윈의 지식에 관해서는 그 내용이 명확하지 않다. 멘델은 자신의 논문을 40여 부 인쇄하여 유럽 전역의 저명인사들에게 보냈으며, 이 책에서 만나본 테오도어 보베리와 마티아스 슐라이덴을 비롯한 여러 과학자들이 그 수신자 명단에 포함되었다. 다윈도 분명 목록에 이름을 올렸을 것이다. 그럼에도 불구하고 다윈은 숫자에 중점을 둔 이 원고에 피상적인 관심만을 두었을 수 있다(다윈이 남긴 말 중 "생물학에서 수학은 목공소의 메스와 같아서 아무짝에도 쓸모가 없다"라는 내용이 있다). 보다 자세한 내용은 다음 문헌을 참고할 것. David Galton, *Standing on the Shoulders of Darwin and Mendel: Early Views of Inheritance* (Boca Raton, FL: Taylor and Francis Group, 2018); Gavin de Beer, "Mendel, Darwin, and Fisher (1865–1965)," *Notes and Records of the Royal Society of London* 19, no 2 (December 1964): 192–226; Hub Zwart, "Pea Stories: Why Was Mendel's Research Ignored in 1866 and Rediscovered in 1900?," in *Understanding Nature: Case Studies in Comparative Epistemology* (Dordrecht, Netherlands: Springer, 2014), 197.

9__ Elof Carlson, "How Fruit Flies Came to Launch the Chromosome Theory of Heredity," *Mutation Research* 753, no. 1 (July–September 2013):1–6.

10__ 모건의 관심 부족에도 불구하고, 페인은 총 49세대에 걸쳐(인간으로 치면 열다섯 세기에 해당한다) 어둠 속에서 파리를 사육했다. 아니나 다를까, 그는 파리가 시각 능력을 상실했다는 증거를 발견하지 못했다.

11__ Garland Allen, *Thomas Hunt Morgan: The Man and His Science* (Princeton, NJ: Princeton University Press, 1978), 153.

12__ 유전학자들은 일반적으로 변이 표현형을 반영하는 용어를 사용하여 해당 유전자와 그 유전자의 변이 버전을 가진 동물을 지칭한다. 이 경우, 흰 눈 파리를 발생시키는 유전자(변이되었을 때)를 화이트*white*라고 부르며, 따라서 화이트 유전자에 변이가 있는 변이 동물을 '흰 파리*white fly*'라는 약어로 지칭한다.

13__ Allen, *Thomas Hunt Morgan*, 139.

14__ Sarah Carey, Laramie Akozbek, and Alex Harkness, "The Contributions of Nettie Stevens to the Field of Sex Chromosome Biology," *Philosophical Transactions of the Royal Society* B 377 (2022): 1 -10.

15__ 본문의 논리에 따라 모건이 추가 번식을 통해 어떻게 흰 눈을 가진 암컷을 얻었는지 알 수 있다. 구체적으로, 하나의 흰색 변이 대립유전자(X^wX^+)를 가진 암컷 파리를 흰 눈을 가진 수컷(X^wY)과 교배하면 암컷의 절반은 흰 눈(X^wX^w)을, 절반은 붉은 눈(X^wX^+)을 갖게 된다.

16__ 멘델의 형태형성 요소를 간단하게 지칭하기 위해 빌헬름 요한센Wilhelm Johannsen과 윌리엄 베이트슨William Bateson이 각각 만들어낸 '유전자gene'와 '유전학genetics'이라는 용어는 그리스어 게노스genos('인종' 또는 '계통'을 의미함)에서 유래했다.

17__ '함께 이동하는' 유전자 모델은 벨기에의 생물학자 프란스 얀센스Frans Janssens의 발견, 즉 세포가 배우자를 형성하는 동안 염색체의 일부를 서로 교환할 수 있다는 사실—그는 이 과정을 '교차crossing over'라 불렀다—로 더욱 큰 지지를 받았다. 이는 한 쌍의 염색체 사이에서 교환이 일어난다는 직접적인 증거였다.

18__ 이 구체적인 예를 보다 분명하기 이해하기 위해, 주홍색 눈 형질은 두 개의 대립유전자—V(야생형 우성)와 v(변이 열성)—를 가진 '버밀리언' 유전자에 의해 코딩되고, 소형 날개 형질은 두 개의 대립유전자—M(야생형 우성)과 m(변이 열성)—을 가진 '미니어처' 유전자에 의해 코딩된다고 가정해보자. 이 정의에 따르면 주홍 파리의 원종(순종) 계통은 vv/MM(눈 형질은 변이, 날개 형질은 야생형)이라는 유전형을 가지며, 소형 날개 파리의 원종 계통은 VV/mm(눈 형질은 야생형, 날개 형질은 변이)이라는 유전형을 가지게 된다. 이 두 형질을 코딩하는 유전자는 서로 밀접하게 연관되어 있는데, 이는 곧 주홍색 눈 초파리에서는 v 대립유전자가 M 대립유전자 근처에 위치하며, 소형 날개 초파리에서는 V 대립유전자가 m 대립유전자 근처에 위치함을 뜻한다. 따라서 주홍색 눈과 소형 날개를 모두 가진 파리—유전형 vv/mm인 파리—를 생성하려면 변이 대립유전자가 야생형 대립유전자에서 분리되어야 하는데, 이를 위한 유일한 방법은 '교차' 사건이다.

19__ 오늘날에도 여전히 사용되는 유전자 지도의 단위는 '센티모건centimorgan'으로, 1센티모건은 한 세대에서 다음 세대로 전달될 때 두 유전자가 분리될 확률이 1퍼센트임을 뜻한다. 인간의 경우 1센티모건의 두 유전자 간 거리는 약 100만 개의 DNA 염기에 해당한다. Alfred Sturtevant, "The Linear Arrangement of Six Sex -Linked Factors in Drosophila, as Shown by Their Mode of Association," *Journal of Experimental Zoology* 14 (1913): 43 -59.

20__ Ralf Dahm, "Friedrich Miescher and the Discovery of DNA," *Developmental Biology* 278, no. 2 (2005): 274 -88.

21__ 물 분자(H_2O)는 U 자 형태인 반면 과산화수소 분자(H_2O_2)는 손상된 자전거의 뒤틀린 핸들 바 형태를 띤다. 일반적으로 화합물의 크기가 커질수록 그 구조를 해명하기가 더욱 어려워진다.

22__ 1940년대 이전에는 DNA가 유전물질이라는 사실이 공식적으로 확인되지 않았다. 그럼에도 발생생물학자이자 한스 드리슈의 친구였던 오스카 헤르트비히Oskar Hertwig는 1885년 "뉴클레인은 수정뿐 아니라 유전형질의 전달도 담당하는 물질이다"라고 기록한 바 있다. 당시 이에 주목한 사람은 거의 없었다. John

Gribben, *The Scientists: A History of Science Told through the Lives of Its Greatest Inventors* (New York: Random House, 2004), 547.

23__ 단백질의 조합적 코딩 능력은 각 위치의 아미노산 순서에서 비롯한다. 예컨대 다섯 개의 아미노산을 포함하는 단백질의 경우, 스무 개의 아미노산이 첫 번째 위치를 차지하고, 다시 스무 개가 두 번째 위치를 차지하며, 그런 식으로 스무 개가 다섯 번째 위치를 차지할 수 있다. 따라서 다섯 개의 아미노산이 포함된 단백질의 경우의수는 20^5, 즉 320만 개가 된다(대부분의 단백질은 수백 개의 아미노산을 포함한다). 반면 다섯 개의 DNA '염기'가 서로 연결되어 있는 경우에는, 다섯 개의 위치에서 선택할 수 있는 염기가 각각 네 개(A, G, C, T)이므로 경우의수가 4^5, 즉 1024개에 그친다.

24__ 치사율의 차이는 면역계가 두 세균주를 인식하고 제거하는 능력의 차이로 인한 것으로 밝혀졌다. R형 세균은 외피가 거칠기 때문에 면역세포가 쉽게 발견하고 제거할 수 있어서 양성적 경로를 밟는다. 반면, S형 세균은 외피가 매끄럽고 인식이 잘 되지 않아서 면역계를 회피하는 능력이 뛰어나므로 더 심각한 질병을 일으킬 수 있다.

25__ Oswald Avery, Colin MacLeod, and Maclyn McCarty, "Studies on the Chemical Nature of the Substance Inducing Transformation of Pneumococcal Types," *Journal of Experimental Medicine* 79, no. 2 (1944): 137–58.

3장 세포 사회

1__ "Sir John B. Gurdon: Biographical," Nobel Prize.org, Nobel Prize Outreach AB 2022, accessed October 22, 2022, https://www.nobelprize.org/prizes/medicine/2012/gurdon/biographical.

2__ 이 도서관 비유에서 '사서는 누구이며, 어떤 책을 빼고 어떤 책을 남겨야 하는지를 어떻게 결정하는지' 의구심이 생길 것이다. 바이스만의 이론은 잘못된 것으로 판명되었지만(발생 중에 제거되는 유전자는 없음), 이 비유는 유전자 조절— 발생 중 어떤 유전자가 켜져 있는지 또는 꺼져 있는지(4장의 핵심)—과 관련하여 여전히 유효하며, 오늘날에도 미스터리로 남아 있다. 세포 전문화로 이어지는 명령은 유전체에 내장되어 있지만, 이러한 명령이 발생 중 다양한 세포로 (그토록 재현 가능하게) 해석되는 메커니즘과 관련해 우리는 지극히 기본적인 개념만을 이해할 뿐이다.

3__ Hans Spemann, *Embryonic Development and Induction* (New Haven, CT: Yale University Press, 1938).

4__ 브리그스가 슈페만의 제안을 알고 있었는지는 확실하지 않지만, 처음에는 역사적 선례를 알지 못한 채 이 실험을 추진했을 가능성이 높다.

5__ Robert Briggs and Thomas King, "Transplantation of Living Nuclei from Blastula Cells into Enucleated Frogs' Eggs," *Proceedings of the National Academy of Sciences* USA 38 (May 1952): 455–63.

6__ 아프리카발톱개구리Xenopus laevis의 아름다운 분열 사진은 다음 동영상을 참고할 것. H. Williams and J. Smith, Xenopus laevis Single Cell to Gastrula, video posted by xenbasemod October 21, 2010, YouTube, http://www.youtube.com/watch?v=IjyemX7C_8U.

7_ Thomas King and Robert Briggs, "Serial Transplantation of Embryonic Nuclei," *Cold Spring Harbor Symposia on Quantitative Biology* 21 (1956): 271–90; Robert Briggs and Thomas King, "Changes in the Nuclei of Differentiating Endoderm Cells as Revealed by Nuclear Transplantation," *Journal of Morphology* 100 (March 1957): 269–312.

8_ 어쩌면 이것이 거든의 위험을 증폭시켰을지도 모른다. 실험에서 브리그스와 킹이 발견한 것과 동일한 결과, 즉 '분화된 핵은 발생을 지원할 수 없다'는 결론을 얻을 가능성이 충분했기 때문이다. 하지만 설사 그것이 사실로 밝혀지더라도, '발생 과정에서 유전자가 어떻게 손실되는가', '배아는 어떤 세포가 어떤 유전자를 잃을지를 어떻게 결정하는가'에 대한 의문이 제기될 터였다. 따라서 어떤 결과가 나오든, 결국에는(적어도 원칙적으로는) 또 다른 생산적인 연구로 이어질 수 있었을 것이다.

9_ John Gurdon, "Revolution in the Biological Sciences," interview by Harry Kreisler, Conversations with History, Institute of International Studies, University of California, Berkeley, https://conversations.berkeley.edu/gurdon_2006.

10_ 이 제노푸스 계통의 변이로 인해 핵이 정상적인 두 개가 아닌 하나만 생겼지만, 개구리의 건강, 생식력, 발생에는 아무런 영향을 미치지 않았다. 이 변이 표현형은 피시버그의 다른 학생인 실라 스미스Sheila Smith에 의해 우연히 발견되었다. 피시버그는 그에게 변이를 가진 개구리를 찾아내서 회수해달라고 부탁했고, 이후 거든의 후속 복제 실험에서 그 후손이 사용되었다. T. R. Elsdale, M. Fischberg, and S. Smith, "A Mutation That Reduces Nucleolar Number in Xenopus laevis," *Experimental Cell Research* 14, no. 3 (1958): 642–43.

11_ M. Fischberg, J. B. Gurdon, and T. R. Elsdale, "Nuclear Transplantation in Xenopus laevis," *Nature* 181 (February 1958): 424; M. Fischberg, J. B. Gurdon, and T. R. Elsdale, "Sexually Mature Individuals of Xenopus laevis from the Transplantation of Single Somatic Nuclei," *Nature* 182 (July 1958): 64–65.

12_ John Gurdon, "The Developmental Capacity of Nuclei Taken from Intestinal Epithelium Cells of Feeding Tadpoles," *Journal of Embryology and Experimental Morphology* 10 (December 1962): 622–40; J. Gurdon and V. Uehlinger, "'Fertile' Intestine Nuclei," *Nature* 210 (June 1966): 1240–41; Ronald Laskey and John Gurdon, "Genetic Content of Adult Somatic Cells Tested by Nuclear Transplantation from Cultured Cells," *Nature* 228 (December 1970): 1332–34.

13_ Aldous Huxley, *Brave New World* (London: Chatto and Windus Press, 1932).

14_ 거든이 브리그스와 킹이 확인한 것과 다른 결과를 얻어낸 이유(즉, 그들이 실패한 곳에서 그가 성공한 이유)는 명확하지 않다. 기술적인 차이로 인해 북방표범개구리의 핵이 난자의 회춘 효과에 덜 민감하게 반응했을 수 있다. 궁극적으로 북방표범개구리에서도 핵이식이 성공적으로 이루어졌으며, 이는 유전체 동등성이 이 계열에서도 작동한다는 것을 보여준다. 자세한 내용은 Nancy Hoffner and Marie DiBerardino, "Developmental Potential of Somatic Nuclei Transplanted into Meiotic Oocytes of Rana pipiens," *Science* 209 (July 1980): 517–19를 참고할 것.

15_ 지금까지의 논의에서 나는 확실하지는 않지만 중요한 한 가지 사실을 간과했다. 핵이식은 난자가 '재배치된 핵의 수용체' 역할을 할 때만 효과가 있으며, 다른 유형의 세포는 해당 사항이 없다는 점이다. 다시 말해, 난자의 세포질—난자의 몸체에서 핵을 뺀 나머지 부분을 구성하는 물질—이 새로운 손님의 발생 시

계를 되돌리는 역할을 한 것이다. 이 사실은 핵과 세포질 사이의 상호작용이 초기 발생 과정에서 특히 중요하다는 점을 시사한다(회춘 인자의 분자적 정체는 아직 밝혀지지 않았다). 이 복잡한 주제에 대한 자세한 논의는 Michael Barresi and Scott Gilbert, *Developmental Biology*, 12th ed. (New York: Sinauer Associates, 2020)을 참고할 것.

16__ I. Wilmut, A. E. Schnieke, J. McWhir, A. J. Kind, and K. H. Campbell, "Viable Offspring Derived from Fetal and Adult Mammalian Cells," *Nature* 385 (February 1997): 810–13.

17__ 몇몇 그룹이 핵이식을 사용하여 복제 인간 배아를 만드는 데 성공했지만, 그 모든 연구에서 배아가 배반포기 단계를 넘어서는 발생이 허용되지는 않았다. 이에 대해서는 다음 논문을 참조할 것. Andrew French, Catharine Adams, Linda Anderson, John Kitchen, Marcus Hughes, and Samuel Wood, "Development of Human Cloned Blastocysts Following Somatic Cell Nuclear Transfer with Adult Fibroblasts," *Stem Cells* 26 (February 2008): 485–93; Scott Noggle, Ho-Lim Fung, Athurva Gore, et al., "Human Oocytes Reprogram Somatic Cells to a Pluripotent State," *Nature* 478 (October 2011): 70–75; Masahito Tachibana, Paula Amato, Michelle Sparman, et al., "Human Embryonic Stem Cells Derived by Somatic Cell Nuclear Transfer," *Cell* 153 (June 2013): 1228–38.

18__ 저자와 존 거든과의 대담, 2012년 4월.

4장 유전자 켜고 끄기

1__ François Jacob, *The Statue Within*, trans. Franklin Philip (New York: Basic Books, 1988), 213.

2__ François Jacob, *The Statue Within*, 232–33.

3__ 예컨대 한 줄을 이룬 사람들이 서로 손을 잡고 하나씩 출입구를 통과한다고 상상해보라. 5초 후에 문을 닫으면 제인만 통과한다. 다시 시작해 10초 후에 문을 닫으면 제인과 패트릭이 통과한다. 이어 15초를 기다렸다가 다시 닫으면 제인, 패트릭, 이브가 모두 통과한다. 이를 통해 제인, 패트릭, 이브의 순서로 줄이 이어져 있다는 것을 유추할 수 있다.

4__ 미생물학계에 전하는 유명하지만 서글픈 이야기에 따르면, 울만은 아내에게 주방용 믹서를 선물한 후 실험을 위해 즉시 '빌렸다'고 한다. 당시 실험실에는 유럽에 아직 드물었던 믹서를 구입할 자금이 부족했기 때문이다.

5__ 인간의 장에서 비슷한 기능을 하는 효소인 락타아제 결핍은 유당불내증이라는 인간 증후군을 일으킨다.

6__ 새로운 시약은 갈락토시다아제 효소에 의해 대사되는 o-니트로페닐-베타-갈락토피라노사이드o-nitrophenyl–beta–galactopyranoside, ONPG라는 화학물질이다. 갈락토시다아제가 ONPG 기질에 작용하면, 물질이 노란색으로 변하여 갈락토시다아제 효소의 활성을 정량적으로 판독할 수 있다.

7__ Arthur Pardee, François Jacob, and Jacques Monod, "The Genetic Control and Cytoplasmic Expression of 'Inducibility' in the Synthesis of -Galactosidase by E. coli," *Journal of Molecular Biology* 1 (June 1959): 165–78.

8__ George Beadle and Edward Tatum, "Genetic Control of Biochemical Reactions in Neurospora," *Proceedings of the National Academy of Sciences USA* 27, no. 11 (November 1941): 499–506.

9__ 왓슨과 크릭은 핵산의 분자구조와 생명 물질의 정보 전달에 관한 발견에 대한 공로를 인정받아 1962년 모리스 윌킨스Maurice Wilkins와 함께 노벨상을 수상했다. 그들은 언급하지 않았지만, 이중나선 구조 발견에는 런던 킹스 칼리지의 구조생물학자인 로절린드 프랭클린Rosalind Franklin의 엑스선 연구가 결정적으로 작용했다. 안타깝게도 프랭클린은 1958년 난소암으로 사망했다.

10__ 세포에는 여러 종류의 RNA가 포함되어 있다. 가장 많은 것은 소위 운반 RNA(tRNA)와 리보솜 RNA(rRNA)다. 이러한 RNA 분자는 DNA 주형에서 단백질 생성물의 생성에 관여하며 마지막 단계인 번역에 작용한다. 이와 대조적으로, mRNA는 세포 내 전체 RNA의 극히 일부에 불과하다. 하지만 mRNA는 DNA와 단백질을 연결하는 유일한 매개체로서, 단일 유전자에 포함된 정보가 수많은 단백질 분자로 증폭될 수 있도록 해준다.

11__ Jacob, *The Statue Within*, 302.

12__ DNA와 RNA의 작은 차이점 중 하나는 염기의 당 성분이다. DNA가 디옥시리보뉴클레오타이드deoxyribonucleotide로 구성되는 반면, mRNA는 이와 연관되어 있지만 기능적으로 다른 리보뉴클레오타이드ribonucleotide로 구성된다. 이러한 차이로 인해 mRNA는 DNA보다 훨씬 불안정하다. 또 다른 차이점은, mRNA 분자는 단일 가닥이기 때문에 그것이 코딩하는 단백질은 궁극적으로 유전자를 구성하는 두 개의 DNA 가닥 중 하나만 추적할 수 있다는 사실이다.

13__ François Jacob and Jacques Monod, "Genetic Regulatory Mechanisms in the Synthesis of Proteins," *Journal of Molecular Biology* 3, no. 3 (June 1961): 318–56.

14__ 유전자가 각각 mRNA와 단백질 산물로 발현되는 정도를 결정하는 전사 및 번역의 조절에 더하여, 단백질은 합성 이후에도 화학적 변형을 거칠 수 있다. 글리코실화glycosylation, 인산화, 유비퀴틴화, 아세틸화, 메틸화 등의 변형은 단백질의 아미노산 골격에 다른 화학 그룹을 추가함으로써 단백질의 활성, 안정성, 세포 내 위치에 영향을 미친다. 이러한 '번역 후 변형post-translational modification'은 이 책에서 다루는 범위를 벗어난다. 자세한 내용은 Harvey Lodish, Arnold Berk, Chris Kaiser, et al., *Molecular Cell Biology*, 9th ed. (New York: W. H. Freeman, 2021)을 참고할 것.

5장 유전자와 발생

1__ Christiane Nüsslein-Volhard: Nobel Prize in Physiology or Medicine 1995," NobelPrize.org, accessed October 22, 2022, https://www.nobelprize.org/womenwhochangedscience/stories/christiane-nusslei-volhard.

2__ 다른 종의 비슷한 구조를 설명하기 위해 다른 용어가 사용된다. 예컨대 포유류와 비非포유류 종에서, 각각 '배반포'와 '포배'는 낭배형성 이전의 유사한 발생 시점을 가리킨다. 곤충에서 '배반엽'은 뒤이어 낭배형성을 거치게 되는 배아세포의 단일 층을 말하며, 6장에서 자세히 설명할 포유류의 '배아덩이위판'과 동등한 개념이다.

3__ 하이델베르크 과학자들은 약 2만 7000마리의 변이 유발 파리 계통으로 연구를 시작했는데, 그중 1만 8000마리의 변이는 배아에 치명적이었다. 그들은 후자의 변이들을 한 번에 하나씩 스캔하여 형태상으로 눈에 띄는 장애를 수반하는 약 600가지의 변이를 확인했다. 이 600가지의 변이는 120개의 유전자에서 비롯

하였으며, 이는 탐색을 통해 확인된 유전자가 각각 평균 다섯 차례의 변이를 일으켰음을 의미한다. (우리는 수십 년 전 모건과 스터티번트가 사용한 기술인 염색체 지도를 통해 각 변이의 염색체상 위치를 결정함으로써 여러 변이가 동일한 유전자에서 비롯하는지의 여부를 확인할 수 있다. 여러 변이가 동일한 염색체 위치에 매핑된다면, 그것들은 동일한 유전자에서 비롯한 독립적인 변이일 가능성이 높다.) 또한 대부분의 유전자가 두 번 이상 확인되었다는 사실에서, 이들은 최대한 많은 패턴화 유전자가 포착되었다는 사실(이를 탐색의 '포화'라고 부른다)을 확신할 수 있었다. 자세한 내용은 Christiane Nüsslein-Volhard and Eric Wieschaus, "Mutations Affecting Segment Number and Polarity in Drosophila," *Nature* 287 (1980): 795-801을 참고할 것.

4__ 초파리가 수정된 이후 애벌레 단계에 도달하기까지는 하루밖에 걸리지 않는다. 하이델베르크 연구는 배아의 패턴 형성에 관여하는 유전자 중 대부분을 포착했지만, 유전자 '중복성'으로 인해 두 개 이상의 유전자가 주어진 기능을 수행하게 될 때는 유전학적 접근 방법의 한계가 나타난다. 이 경우, 각 유전자가 다른 유전자의 역할을 대신함으로써 변이 표현형이 나타나지 않도록 방지할 수 있다. 이러한 중복성은 척추동물에서 흔히 나타나며, 초파리에서는 비교적 드물게 발생한다.

5__ Sydney Brenner, "Nature's Gift to Science" (Nobel lecture, Stockholm, December 8, 2002), NobelPrize.org, accessed October 22, 2022, https://www.nobelprize.org/uploads/2018/06/brenner-lecture.pdf.

6__ 브레너의 접근 방법과 하이델베르크 과학자들의 접근 방법 사이에는 육종과 관련된 사소한 차이점이 있다. 초파리와 달리 대부분의 예쁜꼬마선충은 암컷과 수컷의 생식기를 모두 가지고 있는 자웅동체다. 따라서 멘델의 모든 유전법칙이 여전히 적용되지만, 예쁜꼬마선충의 유전학 연구에는 몇 가지 추가적인 고려 사항이 필요하다.

7__ Sydney Brenner, "The Genetics of Caenorhabditis elegans," *Genetics* 77, no. 1 (May 1974): 71-94.

8__ John Sulston, "C. elegans: The Cell Lineage and Beyond" (Nobel lecture, Stockholm, December 8, 2002), NobelPrize.org, accessed October 22, 2022, https://www.nobelprize.org/uploads/2018/06/sulston-lecture.pdf.

9__ John Sulston and Sydney Brenner, "The DNA of Caenorhabditis elegans," *Genetics* 77, no. 1 (May 1974): 95-104.

10__ Edwin Conklin, "Organization and Cell Lineage of the Ascidian Egg," *Journal of the Academy of Natural Sciences of Philadelphia*, 2nd ser., vol. 13, pt. 1 (1905).

11__ 예쁜꼬마선충의 세포 수는 성별에 따라 달라질 수 있다. 암컷과 수컷의 성 기관을 모두 포함하는 자웅동체는 총 959개의 세포를 가지고 있는 반면, 수컷은 1033개의 세포를 가진다. 성충의 환경적 영향도 영향을 미쳐, 세포 수가 두 개 또는 세 개씩 증가하거나 감소할 수 있다.

12__ 앞서 배아발생의 가소성이 높다―즉, 이웃 세포로부터 받는 신호가 배아발생에 큰 영향을 미친다―고 설명한 바 있다. 발생 중인 벌레는 이러한 특성을 공유하지만, 세포가 독자적인 궤적을 따르는 모자이크 발생의 특징도 보인다. 예를 들어 2세포 단계에 있는 예쁜꼬마선충의 할구를 분리하면(드리슈가 성게의 2세포 배아를 흔든 것처럼), 한 세포는 그대로 두었을 때와 마찬가지로 발생하여 벌레의 '후반부'만 생겨나게 된다.

13__ J. E. Sulston, E. Schierenberg, J. G. White, and J. N. Thomson, "The Embryonic Lineage of the Nematode Caenorhabditis elegans," *Developmental Biology* 100, no. 1 (November 1983): 64-119.

14__ 재조합 DNA 기술로 알려진 분자 도구 상자는 1970년대 후반에 등장했다. 과학자들은 대장균과 그 박테리오파지인 람다(λ)를 활용하여 특정 DNA 조각을 분리한 뒤(이 과정을 '분자 복제'라고 한다), 수백만 개의 사본을 만들고 그 염기서열을 파악하는 방법을 개발했다. 세균과 파지는 여전히 DNA 조각을 다루는 수단으로 남아 있지만, 종전에 미생물에 국한되었던 분자 분석이 오늘날에는 모든 종의 핵산에 적용될 수 있다. 그 방법 자체가 그렇듯 재조합 DNA 기술과 DNA 시퀀싱의 역사는 폴 버그Paul Berg, 스탠리 코헨Stanley Cohen, 허버트 보이어Herbert Boyer, 월터 길버트Walter Gilbert, 프레더릭 생어Frederick Sanger 등 많은 인물들의 주도로 밀도 있게 전개된다. 이 방대한 주제 뒤에 숨겨진 이야기에 대해 더 자세히 알고 싶다면 Life Sciences Foundation, "The Invention of Recombinant DNA Technology," Medium, November 11, 2015, https://medium.com/lsf-magazine/the-invention-of-recombinant-dna-technology-e040a8a1fa22를 참고할 것.

15__ 호메오 변이는 20세기 초에 처음 관찰되었지만 그 존재의 근거는 미스터리였다. 하이델베르크 연구에 사용된 EMS 변이 유발 기법을 개발한 에드 루이스는 '호메오박스를 포함하는 종양 유전자 계열이 진화 초기에 단일 조상 유전자에서 탄생했고, 중복된 유전자들은 정렬된 클러스터를 형성했으며, 이 유전자군群의 염색체상 배열이 파리의 몸을 따라 각 분절의 정체성을 지정했다'는 가설을 증명했다. (따라서 날개가 네 개인 바이소락스 파리의 경우, 파리의 신체 분절 중 하나가 잘못 지정되는 바람에 '날개 없는 흉부 분절'이 '날개 있는 분절'로 바뀐 결과물이라 할 수 있다.)

16__ Lawrence Reiter, Lorrain Potocki, Sam Chien, Michael Gribskov, and Ethan Bier, "A Systematic Analysis of Human Disease-Associated Gene Sequences in Drosophila melanogaster," *Genome Research* 11, no. 6 (June 2001): 1114-25.

17__ 4장에서 소개한 전사 억제자와 활성화자—mRNA 메시지가 전사되는 속도를 조절함으로써 유전자의 발현을 조절한다—외에도, 벌레의 변이체를 분석한 결과 완전히 새로운 유전자 조절 메커니즘이 밝혀졌다. 새로운 유전자들은 '마이크로 RNA'라 불리는 RNA 산물을 코딩하는데, 이 분자는 상보적인 뉴클레오타이드 서열을 가진 mRNA 분자를 찾아낸 후 분해하여 메신저를 제거함으로써 해당 유전자를 끄게 된다. 비코딩 RNA에 의한 유전자 침묵의 과학, 즉 'RNA 간섭'은 그 자체로 하나의 주요 학문 분야가 되었다.

18__ 10년이 넘는 기간 동안 생물학자들은 파인먼의 과제를 부분적으로 충족시킬 수 있는 합성 생명체—정확히 말하면 미생물—을 만들기 위해 노력해왔으며, 어느 정도 성공을 거두었다. 합성 동물을 만드는 것은 그 당위의 여부를 떠나 현재 기술로는 불가능하지만, 동물의 발생을 모델링하는 것은 가능하다. 예쁜꼬마선충은 이러한 시도의 본보기가 되었고, 여러 연구 팀이 벌레 생물학의 모든 요소를 모델링 하고자 했다. 그중 가장 큰 노력 중 하나는 벌레의 뇌, 신체, 행동을 완벽하게 시뮬레이션하려는 국제 컨소시엄인 오픈웜OpenWorm의 시도로, 그들이 유튜브에 업로드한 동영상은 다음과 같다. OpenWorm Open House: Introduction to OpenWorm Foundation, https:// www.youtube.com/watch?v=ROoZHLemRAs.

19__ Jean Rostand, *Inquiétudes d'un biologiste* (Paris: Stock, 1967).

6장 길 찾기

1__ 낭배형성은 모든 동물의 발생에서 보편적인 특징이지만, 그 세부 사항은 다양하게 나타난다. 포유류는

다른 유기체에 비해 난할 속도가 느리고, 첫 번째 분열의 방향성―세포가 평면으로 분열하는지 아니면 90도 각도로 분열하는지―도 동물마다 다르다. 가장 큰 차이점은 위치다. 지금까지 살펴본 대부분의 동물은 모체 밖에서 발생하는 반면, 포유류의 발생은 자궁 내에서 이루어진다. 생쥐와 인간의 경우 수정 후 일주일 이내에 낭배형성이 일어나지만, 소牛와 같은 다른 종에서는 몇 주 후에 일어날 수 있다.

2__ 배아덩이위판이 세 가지 배엽과 그 후손을 생성함에 따라 태반에서도 유사한 분화 과정이 진행된다. 여기서 영양외배엽세포는 여러 계통으로 분화함으로써 초기 배아가 자궁벽에 삽입되고 모체 순환계와 통합되도록 돕는다. 여러 측면에서 태반은 배아의 희생적인 쌍둥이이자, 출생 후 자신의 미래가 없는 복잡한 조직이다.

3__ 장을 몸의 '내부'에 있다고 생각하는 것이 직관적으로 정확하지만, 장관腸管의 안쪽 표면인 '내강'은 엄밀히 말해 '외부'에 있다. 입에서 항문에 이르기까지 장 내강 전체는 장 상피세포 층으로 둘러싸여 음식물, 노폐물, 세균 등의 내용물의 체내 유입을 방지하는데, 이를테면 출입국 심사대를 통과해야만 국제선 터미널로 들어갈 수 있는 것과 비슷하다. 폐, 간, 췌장 등 다른 '내배엽 유래' 기관들은 자체적인 시스템을 통해 서로 다른 지점에서 장관과 연결되고, 이러한 관들은 장 상피와 연속되는 상피세포로 둘러싸여 있으므로, 관의 내강은 '외부'와 연결되어 있다고 볼 수 있다.

4__ 장 상피가 '체내에 들어갈 수 있는 것'과 '제외되는 것'을 얼마나 정확하게 조절하는지를 보여주는 예가 바로 유당불내증이다. 이당류인 젖당(모노가 세균의 이원영양 생장 연구에 사용한 것과 동일한 당)은 락타아제라는 효소에 의해 포도당과 갈락토스라는 두 가지 단당류로 분해된다. 이 효소가 없거나 낮은 수준으로 존재하면 포도당과 갈락토스 사이의 결합이 끊어지지 않는다. 젖당 자체는 흡수되지 않기 때문에(상피 수송 시스템은 단당류만을 위해 설계되었으므로), 소화되지 않은 당분은 다른 분자들과 함께 소화관 전체를 통과하며 소화불량과 설사를 유발하게 된다.

5__ 배아 형성에 작용하는 신호 중 가장 널리 퍼져 있으며 진화적으로 잘 보존된 신호는 골 형성 단백질 Bone Morphogenetic Protein 또는 형질전환 성장인자Transforming Growth Factor 계열, 섬유모세포 성장인자Fibroblast Growth Factor 경로, 노치 경로, WNT(Wingless/*Int-1*) 경로, 헤지호그 경로에 속한다.

6__ 태반의 존재는 포유류의 독특한 특징이다. 곤충, 양서류, 조류, 어류 등 다른 동물에는 태반이 없으므로 영양외배엽이 필요하지 않다. 태반의 발생은 배아발생과 유사하다. 특히 자궁 내부의 모체 혈액 공급과 상호 작용 할 수 있도록 해주는 일련의 '세포 운명 결정'과 '형태발생 사건'을 통해 발생하며, 따라서 태반 결함은 사산과 유산의 가장 흔한 원인 중 하나다.

7__ Andrzej Tarkowski and Joanna Wróblewska, "Development of Blastomeres of Mouse Eggs Isolated at the 4-and 8-Cell Stage," *Journal of Embryology and Experimental Morphology* 18, no. 1 (August 1967): 155-80.

8__ H. Balakier and R. A. Pedersen, "Allocation of Cells to Inner Cell Mass and Trophectoderm Lineages in Preimplantation Mouse Embryos," *Developmental Biology* 90, no. 2 (April 1982): 352-62.

9__ 평면세포 극성은 초파리 연구에서 명확히 드러난다. 특정 단백질의 변이가 파리의 털을 '직선 패턴'이 아닌 '소용돌이 패턴'으로 만드는 원인으로 작용하여, 이들 초파리는 '반 고흐 초파리(*vang*)'와 '별이 빛나는 밤 변이(*stan*)'로 명명되었다.

10__ 이 형태발생 과정의 분자생물학 및 세포역학 대부분은 UC 버클리의 생물학자인 레이 켈러Ray Keller에 의해 밝혀졌다. 자세한 내용은 Ray Keller and Ann Sutherland, "Convergent Extension in the

Amphibian, Xenopus laevis," *Current Topics in Developmental Biology* 136 (2020): 271-317을 참고할 것.

11__ Nandan Nerurkar, Chang-Hee Lee, L. Mahadevan, and Clifford Tabin, "Molecular Control of Macroscopic Forces Drives Formation of the Vertebrate Hindgut," *Nature* 565 (January 2019): 480-84; Amy Shyer, Tyler Huycke, Chang-Hee Lee, L. Mahadeva, and Clifford Tabin, "Bending Gradients: How the Intestinal Stem Cell Gets Its Home," *Cell* 161, no. 3 (April 2015): 569-80.

12__ Philip Townes and Johannes Holtfreter, "Directed Movements and Selective Adhesion of Embryonic Amphibian Cells," *Journal of Experimental Zoology* 128, no. 1 (1955): 53-120.

13__ Ewald Weibel, "What Makes a Good Lung?," *Swiss Medical Weekly* 139, no. 27-28 (July 2009): 375-86.

14__ 다른 관 형성 메커니즘에는 석회암 동굴이 형성되는 동안 암석의 속이 텅 비게 되는 것과 유사한 공동화 현상이 있다(공동화는 초파리의 기관과 같은 조직에서 '매끄러운' 관을 형성하는 단일세포 내부에서도 발생할 수 있다). 관은 또한 차등 부착 과정을 통해 형성되거나, 체액으로 채워진 작은 미세 내강이 합쳐져 연속적인 개방형 도관을 형성하기도 한다. 관 형성에 대한 총설은 다음 논문을 참고할 것. Brigid Hogan and Peter Kolodziej, "Organogenesis: Molecular Mechanisms of Tubulogenesis," *Nature Reviews Genetics* 3, no. 7 (July 2002): 513-23; Luisa Iruela-Arispe and Greg Beitel, "Tubulogenesis," *Development* 140, no. 14 (July 2013): 2851-55; Ke Xu and Ondine Cleaver, "Tubulogenesis during Blood Vessel Formation," *Seminars in Cell and Developmental Biology* 22, no. 9 (December 2011): 993-1004.

15__ Ian Conlon and Martin Raff, "Size Control in Animal Development," Cell 96, no. 2 (January 1999): 235-44; Alfredo Penzo-Mendez and Ben Stanger, "Organ Size Regulation in Mammals," *Cold Spring Harbor Perspectives in Biology* 7, no. 9 (July 2015): a019240.

16__ Nathan Sutter, Carlos Bustamante, Kevin Chase, et al., "A Single IGF1 Allele is a Major Determinant of Small Size in Dogs," *Science* 316 (April 2007): 112-15.

17__ Darcy Thompson, *On Growth and Form* (Cambridge: Cambridge University Press, 1942), 24.

18__ Ross Harrison, "Some Unexpected Results of the Hetero plastic Transplantation of Limbs," *Proceedings of the National Academy of Sciences* USA 10, no. 2 (February 1924): 69-74; Victor Twitty and Joseph Schwind, "The Growth of Eyes and Limbs Transplanted Heteroplastically between Two Species of Amblystoma," *Journal of Experimental Zoology* 59, no. 1 (February 1931): 61-86.

19__ Ben Stanger, Akemi Tanaka, and Douglas Melton, "Organ Size Is Limited by the Number of Embryonic Progenitor Cells in the Pancreas but Not the Liver," *Nature* 445 (February 2007): 886-91.

20__ 최근 히브리 대학교의 연구원 유발 도르는 수명과 특정 유형의 세포—췌장 샘꽈리세포pancreatic acinar cell—의 크기 사이에 예상치 못한 상관관계가 있음을 보고했다. 음식물 소화를 위한 효소를 만드는 췌장 샘꽈리세포는 우리 몸에서 가장 큰 세포 중 하나다. 놀랍게도 이 세포의 크기는 종에 따라 열 배 가까이 차이가 나는데, 가장 큰 동물이 가장 작은 췌도 세포를 가지고 있다는 역설적인 결과가 나왔다. 세포의 크기가 작을수록 수명이 길어지는 '샘꽈리세포와 수명 사이의 관계'는 '신체 크기와 수명 사이의 관계'보다 상관계수가 훨씬 높다. Shira Anzi, Miri Stolovich-Rain, Agnes Klochendler, et al., "Postnatal Exocrine Pancreas Growth by Cellular Hypertrophy Correlates with a Shorter Lifespan in Mammals,"

Developmental Cell 45, no. 6 (June 2018): 726 – 37를 참고할 것.
21__ 유전학적 접근 방법이 (배아의 패턴 형성이나 세포의 운명 결정과 같은 문제에서 혁혁한 공을 세웠던 것과 달리) 크기 조절 문제를 해결하지 못해 쩔쩔매는 이유를 이해하려면, 유전학적 탐색의 설계 과정에 대해 생각해야 한다. 이러한 탐색은 기관의 크기를 조절하는 유전자가 파괴될 경우 나타날 수 있는 표현형인 성장 장애나 과잉 성장을 초래하는 변이를 찾아내지만, 단지 '성장 **기구**'를 구성하는 유전자만 밝혀낼 수 있을 뿐이다. 근본적인 제어 메커니즘—조직에 적절한 크기가 어느 정도인지, 혹은 그 크기에 도달했는지 '**감지하는**' 방법—은 이러한 배경에 비해 파악하기가 훨씬 더 까다롭다.
22__ Hui Yi Grace Lim, Yanina Alvarez, Maxime Gasnier, et al., "Keratins Are Asymmetrically Inherited Fate Determinants in the Mammalian Embryo," *Nature* 585 (September 2020): 404 – 9.
23__ John Murray and Zhirong Bao, "Automated Lineage and Expression Profiling in Live Caenorhabditis elegans Embryos," *Cold Spring Harbor Protocols* 8 (August 2012): pdb.prot070615.

간주곡

1__ Scott Gilbert, "Developmental Biology, the Stem Cell of Biological Disciplines," *PLoS Biology* 15, no. 12 (December 2017): e2003691. 길버트는 이 분야의 결정적인 교과서인 『발생생물학』(참으로 적절한 제목이다)의 저자이자 과학사학자이기도 하다.
2__ Robert Remak, "Über die embryologische Grundlage der Zellenlehre," *Archiv für Anatomie, Physiologie und Wissenschaftliche Medicin* (1862): 230 – 41.
3__ Rudolf Virchow, *Cellular Pathology as Based upon Physiological and Pathological Histology*, trans. Frank Chance (London: John Churchill, 1859).

7장 줄기세포

1__ Joe Sornberger, *Dreams and Diligence* (Toronto: University of Toronto Press, 2011), 30.
2__ 육지를 집으로 삼기 시작한 최초의 동물에 관한 설명은 닐 슈빈, 『내 안의 물고기』(2009, 김영사)를 참고할 것.
3__ 베크렐의 방사능 발견은 우연한 사고였다. 그는 어둠 속에서 우라늄을 사진 인화판 옆에 놓으면 필름이 노출되어 이미지가 생성된다는 사실을 깨달았다. 이에 우라늄이 '태양 광선을 흡수했다가 나중에 방출하는 가상의 능력'을 지녔다고 생각한 그는 우라늄을 햇빛에 노출하고 이후 어둠 속에 보관된 사진 건판을 노출시킴으로써 자신의 생각을 확인하기로 마음먹었다. 하지만 실험을 시작하던 날, 파리의 날씨가 좋지 않아 우라늄은 태양 광선을 흡수할 수 없었다. 베크렐은 아무것도 보이지 않으리라 예상하며 필름을 노출했지만 우라늄 결정의 패턴에서 밝은 이미지가 관찰되었고, 이는 우라늄이 스스로 광선을 방출한다는 증거가 되었다. 그러나 이후 프랑스의 사진작가 클로드 펠릭스 아벨 니에프스 드 생-빅토르Claude Félix Abel Niépce de Saint-Victor가 거의 40년 전에 비슷한 관찰을 했다는 사실이 밝혀졌다. 따라서 방사능 발견에 대한 공로는

생-빅토르에게 돌리는 편이 더 적절할 것이다.

4__ 코발트-60은 자연적으로 발생하지 않는다. 자연 상태의 코발트 원자량은 59이며, 방사성 동위원소인 코발트-60은 자연적으로 발생하는 코발트-59에 중성자를 쏘는 고에너지물리학을 통해 만들어진다.

5__ 그레이(약칭 Gy)는 조직에 흡수된 방사선량을 측정하는 단위로, 전달된 에너지량, 즉 줄(joule)을 피폭된 조직의 질량으로 나눈 값으로 측정된다. 1그레이의 공식적인 정의는 '1킬로그램의 물질에 전달되는 1줄의 방사선 에너지'이다.

6__ 헤켈은 배아가 발생하는 동안(개체발생), 배아가 출현하기 이전의 모든 진화 단계(계통발생)를 거쳐야 한다고 믿었다. 예컨대 포유류 배아의 '아가미 같은 구조'나 '물갈퀴 있는 발'과 같이 배아에서 진화적 전구체가 관찰되는 경우도 있으며, 다양한 동물 종의 배아는 발생 후기까지 서로 닮아 있다. 그러나 대부분의 경우, 배아는 진화한 선조들의 발자취를 되짚지 않는다.

7__ Miguel Ramalho-Santos and Holger Willenbring, "On the Origin of the Term 'Stem Cell,'" *Cell Stem Cell* 1, no. 1:35-38.

8__ E. A. McCulloch and J. E. Till, "The Radiation Sensitivity of Normal Mouse Bone Marrow Cells, Determined by Quantitative Marrow Transplantation into Irradiated Mice," *Radiation Research* 13 (1960): 115-25; J. E. Till and E. A. McCulloch, "A Direct Measurement of the Radiation Sensitivity of Normal Mouse Bone Marrow Cells," *Radiation Research* 14 (1961): 213-22.

9__ A. J. Becker, E. A. McCulloch, and J. E. Till, "Cytological Demonstration of the Clonal Nature of Spleen Colonies Derived from Transplanted Mouse Marrow Cells," *Nature* 197 (February 1963): 452-54.

10__ 베커의 실험은 두 가지 사실에 대한 증거를 제공한다. 각 비장 내 군집에 다양한 혈액 계통(적혈구, 백혈구 등)이 포함되어 있다는 사실은 그것이 다능성 세포에서 발생했음을 확인시켜주었다. 한편 수백만 개의 세포를 포함하는 군집의 크기에는 자기재생의 특성이 내포되어 있었다. 그로부터 1년 뒤, OCI의 과학자 루이스 시미노비치Louis Siminovitch는 한 생쥐의 결절에서 분리한 세포가 다른 생쥐의 비장에서 울퉁불퉁한 비장을 생성하는 '연속 이식serial transplantation' 현상을 보여주었다. 이는 단일세포의 산물인 군집에 해당 과정을 반복하는 세포가 여전히 포함되어 있음을 드러내는 공식적인 증거였다.

11__ Ann Parson, *The Proteus Effect* (Washington, DC: Joseph Henry Press, 2004), 61.

12__ Parson, *The Proteus Effect*, 61.

13__ Dieter Niederwieser, Helen Baldomero, Yoshiko Atsuta, et al., "One and a Half Million Hematopoietic Stem Cell Transplants (HSCT)," *Blood* 134, no. S1 (November 2019): 2035.

8장 세포 연금술

1__ 대부분의 동물은 유성생식을 통해 자손을 생성하는데, 이 생식에서는 (한 세트의 염색체를 가진) **일배체** 생식세포들이 (두 세트의 염색체를 가진) **이배체** 세포를 낳는다. 유성생식은 흔히 개체군 내에서 변이를 강화하여 선택압에 적응하는 데 더 적합하도록 진화한 결과로 여겨진다. 그러나 이배체 유전체의 또 다른 장점이 있으니, 하나의 사본이 손상될 경우 상동재조합을 통해 이를 복구할 수 있는 두 번째 사본이 늘 주변에 존재

한다는 점이다.

2__ Kirk Thomas, Kim Folger, Mario Capecchi, "High Frequency Targeting of Genes to Specific Sites in the Mammalian Genome," *Cell* 44 (February 1986): 419–28.

3__ Oliver Smithies, Ronald Gregg, Sallie Boggs, Michael Koralewski, and Raju Kucherlapati, "Insertion of DNA Sequences into the Human Chromosomal β-Globin Locus by Homologous Recombination," *Nature* 317 (September 1985): 230–34.

4__ 동계교배 생쥐와 기타 육종 기술의 개발은 오늘날 장기이식 공여자와 수혜자를 연결하는 데 사용되는 특징인 '면역 적합성'의 세부 사항을 결정하는 데 매우 중요한 역할을 했다.

5__ Leroy Stevens, "Studies on Transplantable Testicular Teratomas of Strain 129 Mice," *Journal of the National Cancer Institute* 20, no. 6 (June 1958): 1257–75.

6__ Davor Solder, Nikola Skreb, and Ivan Damjanov, "Extra uterine Growth of Mouse Egg–Cylinders Results in Malignant Teratoma," *Nature* 227 (August 1970): 503–4.

7__ Lewis Kleinsmith and G. Barry Pierce, "Multipotentiality of Single Embryonal Carcinoma Cells," *Cancer Research* 24 (October 1964): 1544–51.

8__ Laila Moustafa and Ralph Brinster, "Induced Chimaerism by Transplanting Embryonic Cells into Mouse Blastocysts," *Journal of Experimental Zoology* 181, no. 2 (August 1972): 193–201.

9__ 최초의 키메라 생쥐는 1960년대에 폴란드의 발생학자 안제이 타르코프스키와 미국의 발생학자 비어트리스 민츠Beatrice Mintz가 상실배 단계 이전의 초기 배아를 융합하여 만들었다. 브린스터 접근 방법의 장점은, 키메라의 형성을 단순화함으로써 다른 유형의 세포를 발생 중인 배아에 통합할 수 있다는 점이다. 엄밀히 말해, 공여자와 숙주가 각각 두 명의 부모를 가지기 때문에 각 키메라에는 최대 네 명의 부모가 있을 수 있다.

10__ Ralph Brinster, "The Effect of Cells Transferred into the Mouse Blastocyst on Subsequent Development," *Journal of Experimental Medicine* 140, no. 4 (October 1974): 1049–56. 이 초기 실험에서 키메리즘의 명확한 증거를 보인 것은 단 한 마리의 생쥐뿐이었지만, 다른 생쥐들에서 EC 세포의 기여에 대한 간접적인 증거가 나타났다.

11__ Leroy Stevens, "The Development of Teratomas from Intra testicular Grafts of Tubal Mouse Eggs," *Journal of Embryology and Experimental Morphology* 20, no. 3 (November 1968): 329–41.

12__ 종양세포는 변이와 염색체 변형을 지닌다. EC 세포가 기형종에서 유래했다는 사실은, 유도가 용이하다는 점에서 유용하게 작용했다(종양세포가 배양에 빠르게 적응한 결과다). 그러나 생식세포 계열로의 전환—새로운 세대를 육성하는 능력—에 있어서는 그것이 오히려 문제가 되었다. 대부분의 분화된 세포는 EC 세포의 유전적 이상을 견딜 수 있지만, 생식세포 및/또는 접합체는 그러지 못하기 때문이다.

13__ M. J. Evans and M. H. Kaufman, "Establishment in Culture of Pluripotential Cells from Mouse Embryos," *Nature* 292 (July 1981): 154–56.

14__ Gail Martin, "Isolation of a Pluripotent Cell Line from Early Mouse Embryos Cultured in Medium Conditioned by Teratocarcinoma Stem Cells," *Proceedings of the National Academy of Sciences USA* 78, no. 12 (December 1981): 7634–38.

15__ Kirk Thomas and Mario Capecchi, "Site-Directed Mutagenesis by Gene Targeting in Mouse

Embryo-Derived Stem Cells," *Cell* 51, no. 3 (November 1987): 503-12.

16 Thomas Doetschman, Ronald Gregg, Nobuyo Maeda, et al., "Targeted Correction of a Mutant HPRT Gene in Mouse Embryonic Stem Cells," *Nature* 33 (December 1987): 576-78.

17 Beverly Koller, Lora Hagemann, Thomas Doetschman, et al., "Germ-Line Transmission of a Planned Alteration Made in a Hypoxanthine Phosphoribosyltransferase Gene by Homologous Recombination in Embryonic Stem Cells," *Proceedings of the National Academy of Sciences USA* 86, no. 22 (November 1989): 8927-31.

18 Suzanne Mansour, Kirk Thomas, and Mario Capecchi, "Disruption of the Proto-oncogene int-2 in Mouse Embryo-Derived Stem Cells: A General Strategy for Targeting Mutations to Non-selectable Genes," *Nature* 336 (November 1988): 348-52.

19 Kirk Thomas and Mario Capecchi, "Targeted Disruption of the Murine int-1 Proto-oncogene Resulting in Severe Abnormalities in Midbrain and Cerebellar Development," *Nature* 346 (August 1990): 847-50.

20 James Thomson, Joseph Itskovitz-Eldor, Sander Shapiro, et al., "Embryonic Stem Cell Lines Derived from Human Blastocysts," *Science* 282 (November 1998): 1145; Michael Shamblott, Joyce Axelman, Shuping Wang, et al., "Derivation of Pluripotent Stem Cells from Cultured Human Primordial Germ Cells," *Proceedings of the National Academy of Sciences USA* 95, no. 23 (November 1998): 13726-31.

21 '조건부 녹아웃'이라 알려진 이 기술은 또 다른 중요한 발전을 이끌었다. 비샤우스와 뉘슬라인 폴하르트가 하이델베르크 연구(5장 참조) 중 후보군을 좁힐 때 이용한 '배아 치사' 현상을 떠올려보자. 해당 유전자가 녹아웃 된 동물은 성체기에 도달할 수 없으며, 따라서 유전자 녹아웃 기술의 초기에는 '배아발생 중의 유전자 기능'에 대한 보고가 넘쳐났다. 하지만 연구자들이 '성체 조직에서의 유전자 기능'에 더 많은 관심을 기울임에 따라, 조건부 녹아웃 접근법은 배아 치사의 함정을 우회할 수 있다는 점에서 중요한 방법으로 부상했다.

22 '시험관 내 ESC 분화의 산물'과 '생체 내 정상세포' 사이의 가장 큰 차이점은 성숙—배아에서 성체의 기능적 상태로 전환—여부다. 성숙 결함의 근거는 명확하지 않지만, 체내에는 존재하되 배양접시에서 재현하기 어려운 미세 환경 또는 세포 주변 환경과 관련이 있을 수 있다.

23 Richard Lacayo, "How Bush Got There," *Time*, August 20, 2001.

24 Joseph Fiorenza, "Response to the Bush Policy from the U.S. Conference of Catholic Bishops," Catholic Culture, https://www.catholicculture.org/culture/library/view.cfm?recnum=3960.

25 Masako Tada, Yousuke Takahama, Kuniya Abe, Norio Nakatsuji, and Takashi Tada, "Nuclear Reprogramming of Somatic Cells by in Vitro Hybridization with ES Cells," *Current Biology* 11, no. 19 (October 2001): 1553-58.

26 Robert Davis, Harold Weintraub, and Andrew Lassar, "Expression of a Single Transfected cDNA Converts Fibroblasts to Myoblasts," *Cell* 51, no. 6 (December 1987): 987-1000.

27 네 가지 인자는 Oct4, Klf4, Sox2, c-Myc였다. Kazu toshi Takahashi and Shinya Yamanaka, "Induction of Pluripotent Stem Cells from Mouse Embryonic and Adult Fibroblasts Cultures by

Defined Factors," *Cell* 126, no. 4 (August 2006): 663–76.

28 야마나카 인자만이 역분화 과정을 시작할 수 있는 유일한 유전자는 아니며, 여러 다른 유전자 또는 화학물질이 각 구성 요소를 대체할 수 있다. 이 네 유전자와 대용 유전자의 가능성, 즉 발생 시계를 완전히 되돌리는 기능은 여전히 활발한 연구 대상으로 남아 있다. 그 필수적인 단계 중에는 후성유전체의 변화—줄기세포의 정체성과 관련된 유전자를 일괄적으로 활성화하고 섬유모세포 정체성과 관련된 유전자를 침묵시키는 DNA와 관련 단백질(염색질)의 화학적 변형—가 포함되어 있으며, 이 메커니즘은 11장에서 자세히 설명할 것이다.

29 Jiho Choi, Soohyun Lee, William Mal lard, et al., "A Comparison of Genetically Matched Cell Lines Reveals the Equivalence of Human iPSCs and ESCs," *Nature Biotechnology* 33, no. 11 (November 2015): 1173–81.

30 Brian Wainger, Eric Macklin, Steve Vucic, et al., "Effect of Ezogabine on Cortical and Spinal Motor Neuron Excitability in Amyotrophic Lateral Sclerosis: A Randomized Clinical Trial," *JAMA Neurology* 78, no. 2 (February 2021): 186–96.

31 Max Cayo, Sunil Mallanna, Francesca Di Furio, et al., "A Drug Screen Using Human iPSC-Derived Hepatocyte–Like Cells Reveals Cardiac Glycosides as a Potential Treatment for Hypercholesterolemia," *Cell Stem Cell* 20, no. 4 (April 2017): 478–89.

32 Robert Schwartz, Kartik Trehan, Linda Andrus, et al., "Modeling Hepatitis C Virus Infection Using Human Induced Pluripotent Stem Cells," *Proceedings of the National Academy of Sciences USA* 109, no. 7 (February 2012): 2544–48.

9장 한 세포의 폭주

1 Lynn Elber, "Hanks, Roberts among Stars on 'Stand Up to Cancer,'" *Spokesman-Review*, September 8, 2012에서 인용.

2 Nicole Aiello and Ben Stanger, "Echoes of the Embryo: Using the Developmental Biology Toolkit to Study Cancer," *Disease Models and Mechanisms* 9, no. 2 (February 2016): 105–14.

3 Theodor Boveri, "Concerning the Origin of Malignant Tumours (1914)," trans. and annotated by Henry Harris, *Journal of Cell Science* 121, no. S1 (January 2008): 1–84.

4 우리는 세포 수준에서 성장을 조절하는 경로에 대해 많은 것을 알고 있다. 그러나 앞서 살펴보았듯이(6장 참조), 크기 조절의 문제—이러한 성장 촉진 및 성장 억제 신호가 전체 동물 수준에서 어떻게 크기를 조절하는지—는 이해하지 못한다.

5 이 맥락에서 '변이'는 여러 의미를 지닌다. 가장 단순한 의미에서, 암을 유발하는 변이는 유전자 DNA 서열의 단일 뉴클레오타이드 변경을 수반하며, 해당 아미노산 서열을 변경함으로써 종양 유전자의 암 촉진 활성을 강화하거나 종양 억제 유전자의 활성을 무력화할 수 있다. 더 큰 분자 규모에서, 변이는 보베리가 상정했던 종류의 염색체 변형—염색체의 '결실'이나 '증폭', 또는 서로 다른 두 염색체를 융합하는 '전위'—을 포함한다. 마지막으로, 종양 유전자나 종양 억제 유전자의 발현은 **후성유전학적** 변형, 즉 유전자 발현의 '유전

가능한 변형heritable alteration'을 통해 조절될 수도 있다(11장 참조).

6__ 앞서 우리는 조직이 줄기세포(장, 피부, 혈액과 같이 빠른 교체율을 보이는 조직에서) 혹은 기존 세포(기존 세포가 분열하여 죽어가는 세포를 대체하는, 느린 교체율을 보이는 조직에서)를 통해 스스로를 유지할 수 있다는 점을 살펴보았다. 전자의 경우 종양 유전자가 정상적인 기능을 발휘하여 줄기세포 자손의 빠른 증식을 유도함으로써 새로운 세포의 실질적인 필요를 채우는 반면, 후자의 경우엔 종양 억제 유전자가 세포를 휴지 상태로 유지한다.

7__ '현미경을 통해 관찰된 형태만으로는 종양의 기원을 알 수 없다'는 인식은 암 생물학에서 이루어진 비교적 최근의 발전이다. 예컨대 췌장암의 정식 명칭은 '췌관 선암종pancreatic ductal adenocarcinoma'인데, 이는 종양이 췌장의 관에서 기원한다는 것을 의미한다. 그러나 본문의 설명과 같이, 특정 종양의 경우 이것은 사실일 수도 있고 아닐 수도 있다. 일반적으로 암종은 기원 조직에 관계없이 서로 유사하기 때문에 '원발 부위 불명의 전이성 암종metastatic carcinoma of unknown primary', 즉 '전이암이 존재하지만 그 기원 조직을 확인할 수 없는 증례'라는 임상 시나리오가 나올 수 있다.

8__ Douglas Hanahan, Erwin Wagner, and Richard Palmiter, "The Origins of Oncomice: A History of the First Transgenic Mice Genetically Engineered to Develop Cancer," *Genes and Development* 21, no. 18 (September 2007): 2258-70. 약물이 생체 내에서 발휘하는 항종양 효과를 평가하는 전통적인 방법은, 배양된 세포주의 종양세포를 생쥐의 옆구리에 이식한 다음 하나 이상의 약물의 효과를 평가하는 '이종이식'이다. 이종이식은 면역결핍 생쥐를 사용해야 하며(인간의 종양세포가 생쥐의 면역계에 의해 거부되어서는 안 되므로), 이때 종양은 정상적인 진화 과정을 거치지 못한다(이식된 종양세포는 생착 시점에 이미 진행 단계에 있으므로). 유전자조작 생쥐 모델(GEMM)의 경우, 종양이 생쥐의 체내에서 자라며 시간이 지남에 따라 자연적으로 진화할 뿐 아니라 온전한 면역계와 공존하기 때문에 이러한 한계를 피할 수 있다. 물론 GEMM의 가장 큰 한계는 인간의 종양이 아닌 생쥐의 종양을 발생시킨다는 점이다.

9__ Sunil Hingorani, Lifu Wang, Asha Multani, et al., "Trp53R172H and KrasG12D Cooperate to Promote Chromosomal Instability and Widely Metastatic Pancreatic Ductal Adenocarcinoma in Mice," *Cancer Cell* 7, no. 5 (May 2005): 469-83.

10__ 매년 1만 명 중 한 명꼴로 발병하는 뇌종양은 이 주장과 모순되는 듯 여겨질 수 있지만, 실제로는 그렇지 않다. 일반적으로 뇌종양은 뉴런에서 발생하지 않는다. 그보다는 중추신경계의 지지세포—교세포glial cell와 별아교세포astrocyte로, 이 세포들은 **분열한다**—가 뇌종양의 원인일 가능성이 높다.

11__ 현재 미국에서 가장 치명적인 5대 인간 종양은 폐, 결장 및 직장, 췌장, 유방, 전립선의 암종으로, 미국 암 협회에 따르면 이 종양들이 암으로 인한 사망 60만 건 가운데 절반 이상을 차지한다. (참고로 이 수치에는 치사율이 가장 낮은 유형에 속하는 두 종류의 피부암, 즉 편평세포 암종과 기저세포 암종이 누락되어 있다.) 암종의 유병률과 치사율이 높은 이유는 알려지지 않았지만, 한 가지 가능성은 상피세포가 '외부 세계'에 더 많이 노출되어 더 큰 손상을 입고, 따라서 변이가 발생할 위험 또한 더 높기 때문일 수 있다. 피부 암종은 가장 흔한 유형의 암으로, 자외선에 의한 변이의 결과라는 사실이 이 가설을 뒷받침한다. 그러나 다른 관찰 결과들은 이 손상 모델에 제대로 부합하지 않으며, 악성 스펙트럼은 종에 따라 다른 양상을 보인다. 예를 들어, 포획된 생쥐는 외부 요소에 덜 노출되는 조직인 백혈병, 림프종, 육종으로 사망하는 경우가 많다.

12__ ABL 유전자의 과활성화를 유발하는 변이는 일반적으로 염색체 9번과 22번이 서로 융합하는 오류와 관련된다. 1960년에 발견된 이 독특한 현상(발견된 장소의 이름을 따 '필라델피아 염색체'라고 명명되었다)은 암과

특정 유전적 사건 사이의 첫 번째 연결 고리를 제공했다.

13__ Katherine Hoadley, Christina Yau, Toshinori Hinoue, et al., "Cell-of-Origin Patterns Dominate the Molecular Classification of 10,000 Tumors from 33 Types of Cancer," *Cell* 173, no. 2 (April 2018): 291-304.

14__ 암과 관련된 탈분화는 흔하지만 보편적인 현상은 아니다. 예컨대 소위 신경내분비 종양에서, 암세포는 고도로 전문화된 임무인 호르몬 생성(인슐린 등)을 계속한다. 이러한 종양세포는 정상적인 인슐린 생산 세포와 구별되지만, 여전히 고도로 분화된 특징을 유지한다.

15__ 혈액계 작업의 주요 장점 중 하나는, 세포 표면에 있는 독특한 단백질, 소위 '분화 클러스터cluster of differentiation, CD'라는 표지자의 존재를 기반으로 세포를 구별할 수 있다는 사실이다. 서로 다른 CD 단백질을 인식하는 항체 혼합물로 세포를 염색하면 동일한 세포 표면 표현형을 공유하는 세포를 회수할 수 있다. 200개가 넘는 다양한 CD 단백질이 존재하며, (그중 다수가 단백질의 생물학적 기능을 반영하는 다른 이름으로 알려져 있긴 하지만) CD 명명법은 과학자들에게 다양한 유형의 세포를 설명하는 공통의 어휘를 제공한다.

16__ 전이암 환자, 심지어 공격적인 암의 환자라도 감지 가능한 전이성 병변이 1~2개를 넘는 경우는 거의 없다(간혹 수백 개의 전이가 있는 환자도 있지만). 이러한 수치는 CT 스캔이나 MRI 같은 표준 영상 촬영으로 발견할 수 있는 전이만을 반영한다. 전이암은 물론 대부분의 환자들에게 이는 빙산의 일각에 불과한데, 미세 전이라 불리는 더 많은 전이가 탐지 한계 너머에 존재할 수 있기 때문이다. 심지어 이러한 미세 병변을 포함하더라도 전이의 부하는 첫 번째 원칙에 따라 예상되는 수준에 훨씬 못 미친다.

17__ Judah Folkman, "Tumor Angiogenesis: Therapeutic Implications," *New England Journal of Medicine* 285, no. 21 (November 1971): 1182-86.

18__ Andrew Rhim, Paul Oberstein, Dafydd Thomas, et al., "Stromal Elements Act to Restrain, Rather Than Support, Pancreatic Ductal Adenocarcinoma," *Cancer Cell* 25, no. 6 (June 2014): 735-47; Berna Ozdemir, Tsvetelina Pentcheva-Hoang, Julienne Carstens, et al., "Depletion of Carcinoma-Associated Fibroblasts and Fibrosis Induces Immunosuppression and Accelerates Pancreas Cancer with Reduced Survival," *Cancer Cell* 25, no. 6 (June 2014): 719-34; Erik Sahai, Igor Astsaturov, Edna Cukierman, et al., "A Framework for Advancing Our Understanding of Cancer-Associated Fibroblasts," *Nature Reviews Cancer* 20, no. 3 (March 2020): 174-86.

10장 영원의 눈과 개구리의 발바닥

1__ 저자와의 대담, 2009년 9월 3일.

2__ National Spinal Cord Injury Statistical Center, *Facts and Figures at a Glance* (Birmingham, AL: University of Alabama at Birmingham, 2021).

3__ Monroe Berkowitz, Paul O'Leary, Douglas Kruse, and Carol Harvey, *Spinal Cord Injury: An Analysis of Medical and Social Costs* (New York: Demos Medical Publishing, 1998).

4__ 대소변은 괄약근에 의해 관리되며, 괄약근은 뇌가 척수를 통해 '이완하라'는 신경 신호를 보낼 때까지 닫힌 상태를 유지한다. 척수손상으로 이 회로가 중단되면 괄약근은 수축된 채 기능을 발휘하지 못한다. 제2차

세계대전 이전에는 SCI로 인한 주요 사망 원인이 요폐urinary retention와 역류로 인한 신부전이었으나, 이후 괄약근을 우회하는 요도 카테터 삽입술이 도입되면서 이 문제는 거의 사라졌다.

5__ 새로운 뉴런의 탄생인 신경 발생neurogenesis은 임신 2기에 가장 활발하게 이루어진다. 역설적이게도 이 시기에는 신경 전구세포의 분열이 매우 왕성하게 이루어져 배아가 궁극적으로 필요로 하는 것보다 더 많은 신경세포를 생성하는데, 처음에 형성된 뉴런의 절반 이상에 해당하는 과잉 세포는 '가지치기'로 알려진 과정을 통해 프로그래밍 된 세포 사멸(5장 참조)을 경유하여 출생 전후 몇 주 또는 몇 달 동안 도태된다. 따라서 생후 첫 수십 년 동안 신체의 나머지 부분에서는 세포가 계속 생성되는 반면, 신경계는 정적인 상태를 유지한다. 성인 뇌의 특정 영역에서 새로운 뉴런이 생성된다는 증거가 있긴 하지만, 이는 매우 낮은 수준에 머물기 때문에 학습이나 재생에 유의미한 영향을 미치지 않는다(성인기에 가장 큰 성장 능력을 가진 신체 부위가 '마음'이라는 점을 고려하면 이는 역설적인 결과이다). 새로운 언어를 습득하거나 비디오게임을 익히는 일은 더 많은 RAM이 필요할 때 PC에 메모리카드를 설치하는 경우와 달리 새로운 뉴런의 탄생을 수반하지 않는다. 뉴런의 성장이 거의 중단되는 이유는 알려지지 않았는데, 아마도 뇌의 복잡한 회로에 새로운 요소를 추가하면 속도만 느려질 뿐 실익이 없기 때문인 듯하다. 그 까닭이 무엇이든, 학습은 세포의 증식보다는 시냅스의 변화에 의해 매개되며, 이는 신경 퇴행성 질환과 뇌졸중에도 깊은 영향을 미친다.

6__ P. Kennedy and L. Garmon-Jones, "Self-Harm and Suicide before and after Spinal Cord Injury: A Systematic Review," *Spinal Cord* 55, no. 1 (January 2017): 2-7.

7__ 포유류의 재생(보상적 성장)은 줄기세포 또는 기존 세포의 복제를 통해 조직이 스스로를 유지하는 정상적인 메커니즘의 연장선상에서 이루어지며, 이는 세포 교체에 연료를 공급한다. 이러한 생리적 과정을 보여주는 예로 장을 들 수 있다. 장은 일반적인 상황에서도 며칠마다 전체 상피층이 교체되기 때문이다. 예컨대 방사선요법이나 화학요법 등으로 인해 상피층이 손상되면, 그 손상을 견뎌낸 나머지 줄기세포가 상피층을 대체한다. 플라이 룸의 토머스 헌트 모건은 부가적 재생이라는 용어를 새로 만들었다(모건은 파리로 관심을 돌리기 전에 재생을 연구했다). 그의 의도는 사지 전체를 새로 만드는 영원이나 도롱뇽과 같은 생물체의 극적인 재생 능력을, 기존 조직을 재배열하는 데 그치는 포유류의 시시한 능력과 구별하는 것이었다. 재생 과정에 대한 자세한 내용과 분류 체계는 Bruce Carlson, *Principles of Regenerative Biology* (Burlington, MA: Academic Press, 2007)를 참고할 것.

8__ Dorothy Skinner and John Cook, "New Limbs from Old: Some Highlights in the History of Regeneration in Crustacea," chap. 3 in *A History of Regeneration Research*, ed. Charles Dinsmore (Cambridge: Cambridge University Press, 1991).

9__ 갑각류의 사지 재생은 '자기 절단'이라는 생리적 프로그램과 관련된 것으로 여겨진다. 게나 랍스터의 집게발이 무언가에 갇혀 생명이 위태로워지면, 그들은 팔다리 관절을 탈구시킴으로써 몸을 빼내어 탈출한다. Skinner and Cook, "New Limbs from Old."

10__ 수 세기 동안 머리는 '영혼의 자리seat of the soul'로 인식되었다. 스팔란차니의 발견은 종교인들에게 수수께끼를 안겨주었으니, 이제 그들은 어떻게 영혼이 그렇게 쉽게 대체될 수 있는지 설명해내야 했다. 이 모든 일은 프랑스에서 단두대가 인기를 얻으며 참수에 대한 대중의 관심이 높아지는 가운데 벌어졌다.

11__ Marguerite Carozzi, "Bonnet, Spallanzani, and Voltaire on Regeneration of Heads in Snails: A Continuation of the Spontaneous Generation Debate," *Gesnerus* 42, nos. 2-3 (November 1985): 265-88.

12__ 이러한 탈분화를 고려하면, 사지 재생이 '만능성을 프로그래밍 하는 동안 사용되는 것'과 유사한 경로를 사용하는지 의구심을 갖는 것이 합리적이다. 한 연구에 따르면 발생모체의 세포가 만능성을 유도하는 역분화 인자 중 일부를 발현하지만, 그 세포 자신이 만능성 상태에 들어가지는 않는 것으로 보인다. 자세한 내용은 Bea Christen, Vanesa Robles, Marina Raya, Ida Paramonov, and Juan Carlos Izpisua Belmonte, "Regeneration and Reprogramming Compared," *BMC Biology* 8, no. 5 (January 2010)를 참고할 것.

13__ Lewis Wolpert, "Positional Information and the Spatial Pat tern of Cellular Differentiation," *Journal of Theoretical Biology* 25, no. 1 (October 1969): 1–47.

14__ 이 규칙에는 몇 가지 예외가 있다. 포유류(인간 포함)는 발생모체와 유사한 세포 응집체를 생성하는데, 여기에서 새로 형성된 구조가 나올 수 있다. 예컨대 어린아이가 손가락 끝을 잃을 경우, 그 그루터기에 발생모체와 유사한 구조가 형성되어 완전히 새로운 손가락 끝으로 다시 자라날 수 있다(이 현상은 손톱 뿌리의 일부가 유지되느냐에 달려 있으며, 어린이가 성장하면서 손가락 끝을 재생하는 능력은 상실된다). 이때 발생모체 형성은 필수적이다. 예컨대 의사가 선의로 절단 부위를 과도하게 봉합할 경우(즉 '폐맨다'면), 발생모체 형성이 불가능하므로 절단 부위는 다시 자라나지 못한다.

15__ Ken Overturf, Muhsen Al-Dhalimy, Ching-Nan Ou, Milton Finegold, and Markus Grompe, "Serial Transplantation Reveals the Stem-Cell-Like Regenerative Potential of Adult Mouse Hepatocytes," *American Journal of Pathology* 151, no. 5 (November 1997): 1273–80.

16__ Kostandin Pajcini, Stephane Corbel, Julien Sage, Jason Pomerantz, and Helen Blau, "Transient Inactivation of Rb and ARF Yields Regenerative Cells from Postmitotic Mammalian Muscle," *Cell Stem Cell* 7, no. 2 (August 2010): 198–213.

17__ 생명공학의 발전 속도를 따라잡기란 거의 불가능하다. 새로운 세대의 보철물이 운동 제어와 기초적인 감각 등 더 뛰어난 기능을 제공함에 따라 보철물 생산 비용은 감소하고 있다. Guoying Gu, Ningbin Zhang, Haipeng Xu, et al., "A Soft Neuroprosthetic Hand Providing Simultaneous Myoelectric Control and Tactile Feedback," *Nature Biomedical Engineering* 464 (August 2021)를 참고할 것.

18__ Ye Zhang, Ulf-G. Gerdtham, Helena Rydell, and Johan Jarl, "Quantifying the Treatment Effect of Kidney Transplantation Relative to Dialysis on Survival Time: New Results Based on Propensity Score Weighting and Longitudinal Observational Data from Sweden," *International Journal of Environmental Research and Public Health* 17, no. 19 (October 2020): 7318.

19__ Magdalena Jedrzejczak-Silicka, "History of Cell Culture," chap. 1 in *New Insights into Cell Culture Technology*, ed. Sivakumar Joghi Thatha Gowder (London: IntechOpen, 2017); Rebecca Skloot, *The Immortal Life of Henrietta Lacks* (New York: Crown Publishers, 2010).

20__ 캘리포니아, 코네티컷, 메릴랜드, 뉴욕, 일리노이, 뉴저지 주 정부는 재생의학 또는 줄기세포 이니셔티브에 대해 일정 수준의 지원을 제공한다.

21__ Hans Keirstead, Gabriel Nistor, Giovanna Bernal, et al., "Human Embryonic Stem Cell-Derived Oligodendrocyte Progenitor Cell Transplants Remyelinate and Restore Locomotion after Spinal Cord Injury," *Journal of Neuroscience* 25, no. 19 (May 2005): 4694–705; Paralyzed Rat Walks Again with Human Embryonic Stem Cells, video posted by chrisclub March 23, 2009, YouTube, http://www.youtube.com/watch?v=5x8e2qsAVGc&feature=related.

22__ Gideon Gross, Tova Waks, and Zelig Eshhar, "Expression of Immunoglobulin-T-Cell Receptor Chimeric Molecules as Functional Receptors with Antibody-Type Specificity," *Proceedings of the National Academy of Sciences USA* 86, no. 24 (December 1989): 10024-28.

23__ 빌 루트비히는 2021년에 코로나19로 사망했는데, 당시에는 암에서 해방된 상태였다. Marie McCullough, "Bill Ludwig, Patient Who Helped Pioneer Cancer Immunotherapy at Penn, Dies at 75 of COVID-19," *Philadelphia Inquirer*, February 17, 2021.

24__ 기술과 물류의 문제가 가장 큰 걸림돌로 작용하는 분야는 췌도 이식이다. 췌도 분리를 신속하게 수행할 만큼 역량 있는 의료 센터가 드물뿐더러, 이식 과정에서 상당한 소실이 일어나므로 한 명의 공여자로부터 분리된 췌도로는 불충분할 수 있다. 췌도 이식이 가능하려면 적어도 두 명의 공여자가 동시에 확인되어야 한다.

25__ 약물의 효능보다는 안전성을 확인하는 것이 우선인 초기 임상 시험에서 흔히 그렇듯, 셸턴은 연구자들이 생각한 적정 용량의 절반을 투여받았다. 여러 환자에게서 심각한 부작용이 관찰되지 않으면, 다음 환자에게는 더 많은 용량의 치료제가 투여된다.

26__ 셸턴의 치료 초기 반응은 지나 콜라타Gina Kolata의 기사로 《뉴욕 타임스》에 보도되었고(2021년 11월 27일), 보다 최근의 결과는 2022년 6월 버텍스의 보도 자료("Vertex Presents New Data from VX-880 Phase 1/2 Clinical Trial at the American Diabetes Association 82nd Scientific Sessions")에 발표되었다. 이 글을 작성한 시점에 버텍스는 "최소 한 명의 환자가 목표 용량의 절반을 주입한 뒤 혈당 개선을 보였으며, 다른 한 명의 환자는 부작용 없이 전체 용량의 세포를 투여받았다"고 밝혔다. 이 초기 임상 연구에는 열일곱 명의 환자가 등록된 것으로 알려져 있다. 버텍스의 제품을 만드는 데 사용된 세포의 출처는 공개되지 않았지만, 언젠가는 ESC 대신 iPSC를 사용함으로써 환자가 치료 중 자신의 세포를 투여받게 될 가능성이 있다.

27__ Kazuyoshi Yamazaki, Masahito Kawabori, Toshitaka Seki, and Kiyohiro Houkin, "Clinical Trials of Stem Cell Treatment for Spinal Cord Injury," *International Journal of Molecular Sciences* 21, no. 11 (June 2020): 3994.

11장 낮의 과학과 밤의 과학

1__ François Jacob, The Statue Within, trans. Franklin Philip (New York: Basic Books, 1988), 296.

2__ Uri Alon, "How to Choose a Good Scientific Problem," *Molecular Cell* 35, no. 6 (September 2009): 726-28.

3__ William Kaelin, "Why We Can't Cure Cancer with a Moon shot," Opinions, *Washington Post*, February 11, 2020.

4__ 물론 유전성 규칙에는 예외가 있다. 예를 들어 가소성은 세포로 하여금 부상이나 특정 실험적 자극에 따라 자신의 정체성을 바꾸게 한다. 그러나 이는 생리적 격변 상황에서만 발생하며, 교란이 없는 한 세포는 정체성을 유지한다.

5__ Conrad Waddington, "The Epigenotype (1942)," Endeavor 1:18-20, reprinted in *International Journal of Epidemiology* 41, no. 1 (February 2012): 10-13. 또한 혼동을 피하기 위해 '후성유전학'이라는 용어와 1장에서 접했던 '후성'을 구분할 필요가 있다. 전자는 유전정보를 암호화하는 메커니즘을 의미하고,

후자—아리스토텔레스가 창안한 개념으로 이후 전성설과 대립하는 주요 이론이 된다—는 신체의 단편적인 조립을 의미한다.

6__ Arthur Riggs, "X Inactivation, Differentiation, and DNA Methylation," Cytogenetics and Cell Genetics 14, no. 1 (1975): 9-25; R. Holliday and J. E. Pugh, "DNA Modification Mechanisms and Gene Activity during Development," Science 187 (January 1975): 226-32.

7__ Gary Felsenfeld, "A Brief History of Epigenetics," Cold Spring Harbor Perspectives in Biology 6, no. 1 (January 2014): a018200; Tally Naveh-Many and Howard Cedar, "Active Gene Sequences Are Undermethylated," Proceedings of the National Academy of Sciences USA 78, no. 7 (July 1981): 4246- 50; Reuven Stein, Yosef Gruenbaum, Yaakov Pollack, Aharon Razin, and Howard Cedar, "Clonal Inheritance of the Pattern of DNA Methylation in Mouse Cells," Proceedings of the National Academy of Sciences USA 79, no. 1 (January 1982): 61- 65; Adrian Bird, Mary Taggart, Marianne Frommer, Orlando Miller, and Donald Macleod, "A Fraction of the Mouse Genome That Is Derived from Islands of Non methylated CpG-Rich DNA," Cell 40, no. 1 (January 1985): 91-99.

8__ 'DNA 메틸화 삭제'는 중요한 패러다임이나, 생물학에서 대부분의 패러다임이 그렇듯이 예외가 존재한다. 즉, 메틸화된 시토신과 기타 후성유전학적 표지는 대부분 발생 초기에 제거되지만 그 일부가 여전히 남아 있다. 삭제의 불완전한 특성으로 인해, 이 장의 뒷부분에서 설명하는 세대 간 유전의 기회가 생긴다.

9__ 오늘날 '뉴클레오솜'이라 알려진 '반복되는 하위 단위'로 이루어진 세포 DNA의 구성은 돈과 에이다 올린스Don & Ada Olins 부부가 전자현미경을 사용하여 처음 관찰했으며(Ada Olins and Donald Olins, "Spheroid Chromatin Units [v Bodies]," Science 183 [January 1974]: 330-32), 이후 얼마 지나지 않아 생화학자 로저 콘버그Roger Kornberg가 표준 뉴클레오솜 모델을 제안했다(Roger Kornberg, "Chromatin Structure: A Repeating Unit of Histones and DNA," Science 184 [May 1974]: 868-71).

10__ Linda Durrin, Randall Mann, Paul Kayne, and Michael Grunstein, "Yeast Histone H4 N-Terminal Sequence Is Required for Promoter Activation in Vivo," Cell 65, no. 6 (June 1991): 1023-31.

11__ Jack Taunton, Christian Hassig, and Stuart Schreiber, "A Mammalian Histone Deacetylase Related to the Yeast Transcriptional Regulator Rpd3p," Science 272 (April 1996): 408-11; James Brownell, Jianxin Zhou, Tamara Ranalli, et al., "Tetrahymena Histone Acetyltransferase A: A Homology to Yeast Gcn5p Linking Histone Acetylation to Gene Activation," Cell 84, no. 6 (March 1996): 843-51.

12__ Nessa Carey, The Epigenetics Revolution (New York: Columbia University Press, 2012), 68-69.

13__ Thomas Jenuwein and David Allis, "Translating the Histone Code," Science 293 (August 2001): 1074-80.

14__ Hugh Morgan, Heidi Sutherland, David Martin, and Emma Whitelaw, "Epigenetic Inheritance at the Agouti Locus in the Mouse," Nature Genetics 23 (November 1999): 314-18.

15__ Gian-Paolo Ravelli, Zena Stein, and Mervyn Susser, "Obesity in Young Men after Famine Exposure in Utero and Early Infancy," New England Journal of Medicine 295 (August 1976): 349-53; Rebecca Painter, Tessa Roseboom, and Otto Bleker, "Prenatal Exposure to the Dutch Famine and Disease in Later Life: An Overview," Reproductive Toxicology 20, no. 3 (September-October 2005):

345-52.

16 L. H. Lumey and Aryeh Stein, "Offspring Birth Weights after Maternal Intrauterine Undernutrition: A Comparison with Sibships," *American Journal of Epidemiology* 146, no. 10 (November 1997): 810-19.

17 2021년 국제 줄기세포 연구학회(ISSCR)에서 발표한 가이드라인에 따르면, 이 시점을 넘어 배아를 배양하려는 연구자는 독립적인 심사 절차를 통해 규제 당국의 승인을 받아야 한다(Guidelines for Stem Cell Research and Clinical Translation, https://www.isscr.org/guidelines).

18 Leqian Yu, Yulei Wei, Jialei Duan, et al., "Blastocyst-Like Structures Generated from Human Pluripotent Stem Cells," *Nature* 591 (March 2021): 620-26; Xiaodong Liu, Jia Ping Tan, Jan Schroder, et al., "Modelling Human Blastocysts by Reprogramming Fibroblasts into iBlastoids," *Nature* 591 (March 2021): 627-32; Harunobu Kagawa, Alok Javali, Heidar Heidari Khoei, et al., "Human Blastoids Model Blastocyst Development and Implantation," *Nature* 601 (January 2022): 600-605.

19 다우드나와 샤르팡티에는 크리스퍼를 연구한 공로를 인정받아 2020년 노벨 화학상을 수상했다. 본문에 설명된 생물학 및 의학 분야 외에, 크리스퍼는 농업에도 큰 영향을 미쳐 질병에 저항하거나 더 많은 수확량을 생산하는 작물 혹은 가축을 개발하는 데 사용된다. Haocheng Zhu, Chao Li, and Caixia Gao, "Applications of CRISPR-Cas in Agriculture and Plant Biology," *Nature Reviews Molecular Cell Biology* 21 (September 2020): 661-77을 참고할 것. 크리스퍼의 기술적 세부 사항은 이 책의 범위를 벗어나지만, 그 발견과 잠재적 사용(및 오용)에 대해 설명하는 훌륭한 자료가 많이 있으며, 다우드나 박사의 설명이 그에 포함된다. Jennifer Doudna and Samuel Sternberg, *A Crack in Creation: Gene Editing and the Unthinkable Power to Control Evolution* (New York: Mariner Books, 2017)을 참고할 것.

20 연구자들은 이 장애를 교정하기 위해 최소한 두 가지 접근 방법을 취한다. 첫 번째는 크리스퍼를 사용해 유전적 결함 자체를 교정하는 것으로, 베타글로빈 유전자의 변이 버전을 야생형 버전으로 전환하는 유전자 편집 방식이다. 두 번째는 질병을 개선할 수 있는 대체 형태의 헤모글로빈, 즉 '태아 헤모글로빈'의 생성을 억제하는 유전자를 삭제하는 것이다. 현재까지는 후자의 접근 방법이 더 큰 성공을 거두고 있다. 자세한 내용은 아래의 미주를 참고할 것.

21 Haydar Frangoul, David Altshuler, Dominica Cappellini, et al., "CRISPR-Cas9 Gene Editing for Sickle Cell Disease and b-Thalassemia," *New England Journal of Medicine* 384 (January 2021): 252-60; Rob Stein, "First Sickle Cell Patient Treated with CRISPR Gene-Editing Still Thriving," *NPR*, December 31, 2021.

22 You Lu, Jianxin Xue, Tao Deng, et al., "Safety and Feasibility of CRISPR-Edited T Cells in Patients with Refractory Non-Small-Cell Lung Cancer," *Nature Medicine* 26, no. 5 (May 2020): 732-40; Morgan Maeder, Michael Stefanidakis, Christopher Wilson, et al., "Development of a Gene-Editing Approach to Restore Vision Loss in Leber Congenital Amaurosis Type 10," *Nature Medicine* 25, no. 2 (February 2019): 229-33.

23 이종이식을 둘러싼 다른 우려 중 하나는, 돼지 내인성 레트로바이러스porcine endogenous retrovirus, PERV, 즉 돼지 유전체에 내장된 바이러스 서열이 이식 수혜자에게 잠재적 위협을 가할 수 있다는 점이다. 따라서 크리스퍼를 이용하여 '알려진 62개의 PERV 서열이 모두 결여된 유전자 변형 돼지 계통'을 만들려는 독

립적인 노력도 진행 중이다.

24__ Antonio Regalado, "The Gene-Edited Pig Heart Given to a Dying Patient Was Infected with a Pig Virus," *Technology Review*, May 4, 2022.

25__ Carole Fehilly, S. M. Willadsen, and Elizabeth Tucker, "Interspecific Chimeaerism between Sheep and Goat," *Nature* 307 (February 1984): 634-36.

26__ Tao Tan, Jun Wu, Chenyang Si, et al., "Chime ric Contribution of Human Extended Pluripotent Stem Cells to Monkey Embryos ex Vivo," *Cell* 184, no. 8 (April 2021): 2020-32.

27__ Lei Shi, Xin Luo, Jin Jiang, et al., "Transgenic Rhesus Mon keys Carrying the Human MCPH1 Gene Copies Show Human-Like Neoteny of Brain Development," *National Science Review* 6, no. 3 (May 2019): 480-93.

28__ Antonio Regalado, "Chinese Scientists Have Put Human Brain Genes in Monkeys—and Yes, They May Be Smarter," *Technology Review*, April 10, 2019.

29__ Dennis Normile, "Researcher Who Created CRISPR Twins Defends His Work but Leaves Many Questions Unanswered," *Science*, November 28, 2018; Sharon Begley, "Amid Uproar, Chinese Scientist Defends Creating Gene-Edited Babies," *STAT*, November 28, 2018. 그는 2018년 11월 25일 유튜브 채널을 통해 자신의 연구 결과를 발표했다(https://www.youtube.com/watch?v=th0vnOmFltc).

30__ 세계 인구 중 소수는 면역계에서 중복 기능을 하는 CCR5가 자연적으로 결핍되어 있다. 이러한 사람들은 HIV 감염에 자연적 저항력을 가진다.

31__ 오펜하이머의 연설문「지식의 나무The Tree of Knowl edge」는 1958년 10월《하퍼스 매거진》에 게재되었다. The Scientist vs. the Humanist, edited by George Levine and Owen Thomas (Binghamton, NY: W. W. Norton, 1963)에서 허가를 받아 재인용.

32__ 1854년 12월 7일, 릴 대학교에서 행한 루이 파스퇴르의 연설.

33__ U.S. Bureau of Labor Statistics, "Employed Persons by Detailed Occupation, Sex, Race, and Hispanic or Latino Ethnicity," Labor Force Statistics from the Current Population Survey, Table 11, 2021, https://www.bls.gov/cps/cpsaat11.htm.

34__ 순수 기초과학에 직접적으로 기인하는 약물의 수는 정확하게 측정하기 어렵다. 그러나 여러 연구에서 FDA 승인 의약품과 공적 자금(주로 NIH)의 관계를 조사한 결과, 기초연구와 새로운 치료법 사이에 강력한 상관관계가 있는 것으로 확인되었다. 다음 논문들을 참고할 것. Ekaterina Galkina Cleary, Jennifer Beierlein, Navleen Surjit Khanuja, Laura McNamee, and Fred Ledley, "Contribution of NIH Funding to New Drug Approvals 2010-2016," *Proceedings of the National Academy of Sciences USA* 115, no. 10 (March 2018): 2329-34; Iain Cockburn and Rebecca Henderson, "Publicly Funded Science and the Productivity of the Pharmaceutical Industry," in *Innovation Policy and the Economy* (Cambridge: MIT Press, 2001), 1-34.

피날레

1   Scott Gilbert, "Developmental Biology, the Stem Cell of Biological Disciplines," *PloS Biology* 15, no. 12 (December 2017): e2003691.
2   Carl Sagan, *The Demon-Haunted World* (New York: Random House, 1995).
3   Carl Sagan, *Cosmos* (New York: Random House, 1980).

찾아보기

ㄱ

가소성 43~48, 52, 53, 70, 98, 159, 173, 201, 210, 301, 315, 316, 362, 363, 376
간 223~225
갈락토시다아제 142, 144~150, 152, 154, 157
거든, 존 93~95, 100, 101, 103, 105~125, 133, 169, 201, 258, 273, 290, 361, 362
게링, 발터 169, 170, 187~190, 193~195, 217, 218, 233, 241, 257, 260, 261, 271, 277
골수이식 250, 251, 254, 273
기형종 271~277, 293, 301, 314, 341, 353

ㄴ

난할 33, 34, 37, 171, 201, 234
낭배형성 33, 49, 51, 98, 112, 202~205, 212, 217, 218, 315
내배엽 202~204, 212, 218, 220, 224
네프론 345, 346
녹아웃 생쥐 267, 281~284, 289, 290, 375
뉘슬라인 폴하르트, 크리스티아네 168~170, 174, 175, 177, 180, 191, 193, 375
뉴클레오솜 365~367
뉴클레오타이드 149, 159, 160, 192, 248, 269, 365, 366

ㄷ

다능성 261, 263, 273, 279, 293, 351, 363
다윈, 찰스 30, 58, 60~62, 66, 68, 69, 137, 162, 317, 370, 372
당뇨병 350~353
대립유전자 66~68, 73, 74, 76, 77, 176, 306, 371
더 프리스, 휘호 69, 71, 73, 79, 143, 363
델브뤼크, 막스 136~138, 151
드리슈, 한스 39~45, 53, 70, 74, 102, 166, 172, 173, 257, 383
DNA 메틸화 363~371
딕, 존 312, 313, 315

ㄹ

라마르크, 장 바티스트 30, 62, 370
레더버그, 조슈아 138, 143, 144
루, 빌헬름 35~46, 53
르워프, 앙드레 129, 131~137, 140, 143, 155, 158
리보핵산(RNA) 151, 157
림프종 308, 314, 352

ㅁ

마이너, 캐런 327, 328, 330, 331, 352, 354, 392

만골트, 힐데 48~51, 118, 205, 206, 321
말브랑슈, 니콜라 26~28
매컬러, 어니스트 239, 240, 245~248, 251~264, 273, 288, 312, 313, 382
메신저 RNA(mRNA) 147, 151~161, 166, 170, 180, 359, 361, 367, 368, 381
멘델, 요한 62~69, 72~72, 77~79, 82, 87, 90, 162, 271, 363, 371, 372
모건, 토머스 헌트 58, 70~73, 76~79, 83, 87, 135, 138, 143, 167, 173, 175, 234, 363
모노, 자크 140~148, 155, 156, 158, 160, 166, 170, 181, 291, 361, 362
모자이크 모델 34~41, 45, 61, 172
미셔, 프리드리히 79~83, 288

ㅂ

바이러스 86, 87, 130~133, 139, 153, 158, 195, 297, 340, 377
바이스만, 아우구스트 34~38, 45, 61, 70, 101~103, 109, 111~113, 121, 172, 383
박테리오파지(파지) 86~89, 131~134, 136, 137, 139, 140, 142, 143, 145, 148, 151~158, 291, 346, 359, 361, 374
발현(유전자 발현) 134, 155, 158, 191, 193, 210, 235, 292, 293, 303, 308, 321, 341, 361, 364~370
배반엽 172, 173
배반포 33, 50, 202, 207, 208, 210, 274, 275, 277, 278, 293, 374, 378
배아덩이위판 202, 203, 205, 212, 272, 315, 316, 374
배아발생 16, 21~23, 29, 32~36, 100, 122, 124, 133, 134, 136, 168, 170, 171, 208, 210, 218, 221, 226, 227, 230, 234, 271, 272, 277,

295, 298, 301, 316, 320, 322, 342, 372, 373, 381, 387~389
배아암종세포(EC) 273~279
배아줄기세포(ESC) 16, 278~294, 347, 348, 351, 353
백혈병 251, 312, 314, 349, 350, 352, 353
번역 157~160
변이 31, 69, 72, 73, 76, 77, 84, 88, 137, 143~145, 148, 162, 167~170, 173~179, 182, 183, 190, 191, 194, 195, 204, 222, 270, 282~284, 289, 291, 303~311, 317, 371, 375, 379
보베리, 테오도어 74, 75, 103, 135, 234, 302, 322
보상적 성장 333, 339, 340
복제 86, 87, 97, 104, 120~124, 132, 139, 158, 196, 290, 361
부가적 재생 333, 336, 339~341
북방표범개구리(라나) 104, 110, 114, 121, 122
브레너, 시드니 51, 150, 151, 179~185, 194, 283, 375
브리그스, 밥 103, 104, 107, 109, 111~117, 120, 121, 124, 201
브러스터, 랠프 274, 275
비샤우스, 에리크 168~170, 174, 175, 191, 193, 375
비장 249~255, 258, 260, 382
비장 집락 255, 256, 258~260

ㅅ

상동재조합 269, 270, 282, 283
상실배 33, 201, 207, 208, 210, 228, 274
상피세포 96, 203~205, 211~214, 216, 219, 280, 311, 315~317

상피-중간엽 이행(EMT), 315~318
생식세포 32, 74, 270, 277, 283
생식질 이론 101, 111, 112
설스턴, 존 184~189, 193~195, 228, 283
성게 40~44, 50, 74, 79, 88, 102, 103, 136, 173, 302, 373, 388
세포 기억 360, 363~367
세포 역분화 15, 290, 291, 293, 347, 348, 361, 388
세포 이론 29, 31, 35, 74, 80, 234
세포 이식 46~48, 313
세포 이웃 44, 46, 50, 52, 185, 216, 217, 311, 316, 318, 320, 321, 363
세포질 157, 171, 192, 194, 205, 228
속세포덩이 202, 207, 208, 210, 211, 228, 274
슈페만, 한스 45~51, 53, 98, 103, 104, 118, 166, 173, 205, 206, 321
스미시스, 올리버 269, 270, 282, 283, 306, 375
스터티번트, 앨프리드 78, 83, 138
스티븐스, 로이 270~277, 301, 313, 382
스팔란차니, 라차로 27, 333, 334, 336
시냅스 205, 234, 329
실험생물학 29, 31, 32, 45

ㅇ

아리스토텔레스 25, 27, 29, 32, 45, 53, 165, 225, 331, 389
아우구스트, 바이스만 34~38, 45, 61, 70, 101~103, 111~113, 122, 172, 383
아프리카발톱개구리(제노푸스) 110, 114, 115, 118, 122
암 줄기세포 314, 317
RNA 중합효소 157, 158, 170
야마나카, 신야 288~295, 361

억제자 145, 148, 152~158, 361, 369
에번스, 마틴 276~279, 283, 284, 306
에이버리, 오즈월드 85, 86, 137
에틸메탄설포네이트(EMS) 175, 176, 183, 189
엔텔레키 45, 53, 165, 389
염기서열 156, 157, 161, 169, 190, 192, 194, 233, 283, 359, 363
염색체 33, 74~79, 83, 88, 103, 109, 132, 138, 139, 167, 190, 192, 201, 234, 259, 260, 268, 269, 278, 282, 302, 308, 312, 367, 368
영양외배엽 202, 207~211, 228, 374
예쁜꼬마선충(선충) 181~183, 185~189, 193~196, 208, 217, 228
5-메틸시토신 364, 367
외배엽 202~206, 214, 218
용원 회로 132, 134, 139, 153
용균 회로 132, 134, 53
위치 정체성 337, 341, 353, 354
월머트, 이언 122
유도자 147, 148, 152, 153
유도만능줄기세포(iPSC) 293~298, 347, 374
유전자 녹아웃 276, 284, 292, 306
유전자조작 생쥐 모델(GEMM) 305, 306
유전자 조절 133, 134, 149, 152~154, 156, 158, 160, 162, 229, 231, 276, 291, 357, 361, 369
유전자 지도 73, 79
유전자 탐색 176, 194, 196, 375
유전자 편집 15, 59, 196, 374, 377, 379, 380
유전자 코드 160, 161, 166, 223, 368
유전체 15, 88, 121, 132~134, 148, 158, 159, 176, 179, 181, 183~185, 190~194, 206, 259, 267~269, 277, 279, 281, 282, 284, 289, 302~306, 310, 311, 322, 342, 364, 366~369,

유전체 동등성 122, 133, 360, 361
유전학 57, 59, 77, 87, 89, 162, 166~170, 179, 182, 190, 193, 194, 196, 225, 283
유전형 67, 76, 167, 371
인슐린 206, 222, 350~353

ㅈ

자기재생 261, 263, 273, 286, 313
자연선택 30, 31, 60, 61, 68, 137, 233, 317, 370
자코브, 프랑수아 129~160, 170, 180, 181, 291, 357, 359, 382
잡종 65, 67, 72, 104, 147, 274, 275
전구세포 214, 261, 348
전념성 52, 53, 363
전사 156~161, 303, 365~370
전사 억제자 / 전사 활성화자 158, 361, 368
전사인자 159, 191, 195, 196, 209, 210, 229, 291, 292, 369, 370
전성설 24~29, 35, 52, 84, 172
전이 138, 253, 305, 316, 317
접합체 14, 16, 32~35, 41, 44, 53, 74, 97, 98, 101, 123, 139, 187, 189, 201, 211, 240, 256, 263, 271, 278, 305, 362, 374, 379
젖당 140~148, 153, 154, 157, 158, 361
제뮬 61, 62
제이컵슨, 레온 249, 250, 254, 255
조혈줄기세포(HSC) 262~264, 312, 376
줄기세포 14, 16, 257, 258, 260~264, 278, 284~294, 302, 305, 307, 312~314, 336, 351, 353, 357
줄무늬영원(영원) 46, 49, 50
중간엽 203, 204, 212~214, 308, 316, 317
중배엽 202~204, 206, 212, 216, 220

ㅊ

척수손상(SCI) 328, 348, 353
초파리 70~79, 89, 138, 162, 167~179, 181~183, 185, 188, 189, 191~193, 196, 213, 232, 283, 291, 359, 373, 384, 388

ㅋ

카페키, 마리오 267~270, 281~283, 306, 375
캠벨, 키스 122
코돈 160, 161
크리스퍼(CRISPR) 374~379
키메라 생쥐 274, 275, 277~279, 281, 282
키메라 항원 수용체(CAR) 349, 350, 352, 353
킹, 토머스 103, 104, 107, 109, 111~117, 120, 121, 124, 201

ㅌ

탈분화 291, 310, 311, 336,
투과효소 142, 144, 148, 153, 154, 157
틸, 제임스 239, 240, 245~248, 251~255, 258~264, 273, 312, 313

ㅍ

파디, 아트 146, 147
파스퇴르, 루이 130, 135, 138, 244, 382
파자모 실험 148~150, 152, 154
판 레이우엔훅, 안톤 26, 27, 30
패턴화 170, 179, 200
페인, 페르난두스 70, 71
평면세포 극성 211, 212
폐렴구균 84, 85
포배 33, 34, 41, 47~49, 98, 104, 108, 109, 111, 112, 202

포크먼, 주디 318~320
표현형 65, 66, 72, 77, 167
프로파지 131, 132, 139, 145, 153, 158, 175~177, 190, 283, 315, 337, 361, 369
플라나리아 336
피어스, 배리 273, 277, 313

ㅎ

하이델베르크 연구 173~183, 190~192, 194, 213, 283
할구 34, 37, 38, 41~44, 102, 228, 378, 388
핵산 82~86, 88
핵이식 104, 107, 109, 111~116, 119~124, 201, 273, 290
허, 젠쿠이 379
혈관신생 319, 320
형질전환물질 84~86, 137
형태발생 15, 201, 203, 211, 215, 220, 226, 228, 235, 316, 341
형태형성 요소 66, 68, 69, 76, 87, 316
호메오박스 191~193
호비츠, 밥 187, 193~195, 283
화이트 72, 75~77, 167, 168
후성설 25, 52
후성유전체 369, 372
후성유전학 206, 306, 360~364, 367~372, 380
히스톤 365~372
히포 경로 209, 210, 215

하나의 세포로부터

초판 1쇄 발행 2024년 9월 30일

지은이 벤 스탠거
옮긴이 양병찬

발행인 이봉주 **단행본사업본부장** 신동해
편집장 김예원 **책임편집** 정다이
디자인 데일리루틴 **교정교열** 홍상희
마케팅 최혜진 이인국 **국제업무** 김은정 김지민 **제작** 정석훈

브랜드 웅진지식하우스
주소 경기도 파주시 회동길 20
문의전화 031-956-7362(편집) 031-956-7089(마케팅)
홈페이지 www.wjbooks.co.kr
인스타그램 www.instagram.com/woongjin_readers
페이스북 www.facebook.com/woongjinreaders
블로그 post.naver.com/wj_booking

발행처 (주)웅진씽크빅
출판신고 1980년 3월 29일 제 406-2007-000046호

한국어판 출판권 ⓒ(주)웅진씽크빅, 2024
ISBN 978-89-01-28846-8 03470

웅진지식하우스는 (주)웅진씽크빅 단행본사업본부의 브랜드입니다.
저작권법에 의해 한국 내에서 보호를 받는 저작물이므로 무단전재와 무단복제를 금합니다.
이 책 내용의 전부 또는 일부를 이용하려면 반드시 저작권자와
㈜웅진씽크빅의 서면 동의를 받아야 합니다.

- 책값은 뒤표지에 있습니다.
- 잘못된 책은 구입하신 곳에서 바꾸어 드립니다.